버스운전 자격시험

문제지

시대에듀

머리말

이 책을 통해 합격의 감(感)을 잡으세요!!

버스 운전자의 전문성을 확보하고 자질 향상을 위해 여객자동차 운수사업법이 개정 · 공포됨에 따라 시내버스 · 농어촌버스 · 마을버스 · 시외버스 · 전세버스운송사업 또는 특수여객자동차운송사업의 사업용 버스 운전업무에 종사하려는 운전자는 버스운전자격시험에 응시해 버스운전 자격증을 취득하여야 한다.

운전자격 필기시험은 CBT 문제은행식으로 출제되고, 반복 출제되는 경향이 강하다. 시대에듀는 그동안 운전면허 자격, 택시운전면허 자격, 화물운송종사 자격, 기능강사, 기능검정원 등 다양한 운전 자격 관련 도서를 출판하였다. 이를 통해 얻은 문제 출제의 노하우로 이 책을 기획하여 출간하였다.

이 책은 최소한으로 요약된 이론과 자격시험 80문제 10회, 총 800문제를 수록하여 시험에 앞서 실제 시험처럼 문제를 풀어 보고 실력을 점검하여 최단기간에 합격에 이를 수 있도록 구성하였다.

부디 이 책을 통해 짧은 기간 동안 효율적으로 공부하여 수험생들이 꼭 합격할 수 있기를 바란다.

편저자 씀

시험안내

개 요

여객자동차 운수사업법령이 개정 · 공포(2012년 2월 1일)됨에 따라 노선 여객자동차 운송사업(시내 · 농어촌 · 마을 · 시외), 전세버스 운송사업 또는 특수여객자동차운송사업의 사업용 버스 운전업무에 종사하려는 운전자는 2012년 8월 2일부터 시행된 버스운전자격제도에 의해 자격시험에 합격 후 버스운전 자격증을 취득하여야 한다.

취득방법

❶ 시행처 : TS한국교통안전공단(www.kotsa.or.kr)

❷ 응시조건

㉠ 사업용 자동차를 운전하기에 적합한 제1종 대형 또는 제1종 보통 운전면허를 소지한 사람

㉡ 연령 : 만 20세 이상

㉢ 1종 보통 이상의 운전경력 1년 이상(운전면허 보유기간을 기준으로 하며, 취소 및 정지기간은 제외됨)

㉣ 여객자동차 운수사업법 제24조 제3항의 결격사유에 해당되지 않는 사람

㉤ 버스운전자격이 취소된 날부터 1년이 지나지 아니한 자는 운전자격시험에 응시할 수 없음

❸ 시험접수 및 시험안내

㉠ 시험과목 및 합격기준

구 분	교통 및 운수 관련 법규 및 교통사고 유형	자동차관리 요령	안전운행 요령	운송서비스
문항수	25문항	15문항	25문항	15문항
시험시간	총 80분			
합격기준	총점 100점 중 60점(총 80문제 중 48문제) 이상 획득 시 합격			

㉡ 시험접수

- 인터넷 접수 : TS국가자격시험 홈페이지(lic.kotsa.or.kr)에서 신청 · 조회 → 버스운전 → 예약접수 → 원서접수
- 방문 접수 : 전국 18개 시험장 방문

※ 현장 방문접수 시에는 응시 인원마감 등으로 시험 접수가 불가할 수도 있으니 가급적 인터넷으로 시험 접수현황을 확인하시고 방문해주시기 바랍니다.

㉢ 시험응시 : 각 지역본부 시험장(시험시작 20분 전까지 입실)

※ 상설시험장의 경우, 지역 특성을 고려하여 시험 시행 횟수는 조정 가능(소속별 자율 시행)

※ 1회차 09:20~10:40, 2회차 11:00~12:20, 3회차 14:00~15:20, 4회차 16:00~17:20

❹ 준비물

㉠ 시험접수 : 시험응시 수수료(11,500원), 운전면허증(모바일 운전면허증 제외), 6개월 이내 촬영한 3.5 X 4.5cm 컬러사진(미제출자에 한함)

㉡ 자격증 교부 : 자격증 교부 수수료(10,000원이며, 인터넷의 경우 우편료 포함하여 온라인 결제), 운전면허증, 운전경력증명서(전체기간), 버스운전 자격증 발급신청서(인터넷 신청 시 생략)

❺ 합격자 발표 : 시험 종료 후 시험 시행 장소에서 합격자 발표

목 차

www.sdedu.co.kr

제1편 핵심이론 요약

제1과목	교통안전법령 및 교통사고유형	회독 CHECK 1 2 3
제2과목	자동차관리 및 안전수칙	회독 CHECK 1 2 3
제3과목	안전운행 및 운행관리	회독 CHECK 1 2 3
제4과목	운송서비스(예절포함)	회독 CHECK 1 2 3

버스운전자격시험

문제지

제 1 과목 교통안전법령 및 교통사고유형

01 도로교통법의 목적 및 용어의 정의(도로교통법)

(1) 목적(법 제1조)

도로에서 일어나는 교통상의 모든 위험과 장해를 방지하고 제거하여 안전하고 원활한 교통을 확보하기 위함

(2) 용어의 정의(법 제2조)

① 도 로
㉠ 도로법에 의한 도로
㉡ 유료도로법에 의한 유료도로
㉢ 농어촌도로 정비법에 따른 농어촌도로
㉣ 그 밖에 현실적으로 불특정 다수의 사람 또는 차마가 통행할 수 있도록 공개된 장소로서 안전하고 원활한 교통을 확보할 필요가 있는 장소
② **자동차전용도로** : 자동차만 다닐 수 있도록 설치된 도로
③ **고속도로** : 자동차의 고속 운행에만 사용하기 위하여 지정된 도로
④ **차도** : 연석선(차도와 보도를 구분하는 돌 등으로 이어진 선), 안전표지 또는 그와 비슷한 인공구조물을 이용하여 경계를 표시하여 모든 차가 통행할 수 있도록 설치된 도로의 부분
⑤ **중앙선** : 차마의 통행 방향을 명확하게 구분하기 위하여 도로에 황색 실선이나 황색 점선 등의 안전표지로 표시한 선 또는 중앙분리대나 울타리 등으로 설치한 시설물. 다만, 가변차로가 설치된 경우에는 신호기가 지시하는 진행방향의 가장 왼쪽에 있는 황색 점선
⑥ **차로** : 차마가 한 줄로 도로의 정하여진 부분을 통행하도록 차선으로 구분한 차도의 부분
⑦ **차선** : 차로와 차로를 구분하기 위하여 그 경계지점을 안전표지로 표시한 선
⑦의2 **노면전차 전용로** : 도로에서 궤도를 설치하고, 안전표지 또는 인공구조물로 경계를 표시하여 설치한 도시철도법에 따른 도로 또는 차로
⑧ **자전거도로** : 안전표지, 위험방지용 울타리나 그와 비슷한 인공구조물로 경계를 표시하여 자전거 및 개인형 이동장치가 통행할 수 있도록 설치된 자전거 이용 활성화에 관한 법률에 따른 다음의 도로
㉠ 자전거 전용도로 : 자전거와 개인형 이동장치(이하 "자전거 등"이라 한다)만 통행할 수 있도록 분리대, 경계석, 그 밖에 이와 유사한 시설물에 의하여 차도 및 보도와 구분하여 설치한 자전거도로
㉡ 자전거・보행자 겸용도로 : 자전거 등 외에 보행자도 통행할 수 있도록 분리대, 경계석, 그 밖에 이와 유사한 시설물에 의하여 차도와 구분하거나 별도로 설치한 자전거도로
㉢ 자전거 전용차로 : 차도의 일정 부분을 자전거 등만 통행하도록 차선 및 안전표지나 노면표시로 다른 차가 통행하는 차로와 구분한 차로
㉣ 자전거 우선도로 : 자동차의 일일 통행량이 2천대 미만인 도로의 일부 구간 및 차로를 정하여 자전거 등과 다른 차가 상호 안전하게 통행할 수 있도록 도로에 노면표시로 설치한 자전거도로
⑨ **자전거횡단도** : 자전거 및 개인형 이동장치가 일반도로를 횡단할 수 있도록 안전표지로 표시한 도로의 부분
⑩ **보도** : 연석선, 안전표지나 그와 비슷한 인공구조물로 경계를 표시하여 보행자(유모차, 보행보조용 의자차, 노약자용 보행기 등 행정안전부령으로 정하는 기구・장치를 이용하여 통행하는 사람 및 제21호의3에 따른 실외이동로봇을 포함)가 통행할 수 있도록 한 도로의 부분
⑪ **길가장자리구역** : 보도와 차도가 구분되지 아니한 도로에서 보행자의 안전을 확보하기 위하여 안전표지 등으로 경계를 표시한 도로의 가장자리 부분
⑫ **횡단보도** : 보행자가 도로를 횡단할 수 있도록 안전표지로 표시한 도로의 부분
⑬ **교차로** : '십'자로, 'T'자로나 그 밖에 둘 이상의 도로(보도와 차도가 구분되어 있는 도로에서는 차도)가 교차하는 부분
⑬의2 **회전교차로** : 교차로 중 차마가 원형의 교통섬(차마의 안전하고 원활한 교통처리나 보행자 도로횡단의 안전을 확보하기 위하여 교차로 또는 차도의 분기점 등에 설치하는 섬 모양의 시설을 말함)을 중심으로 반시계방향으로 통행하도록 한 원형의 도로를 말한다.
⑭ **안전지대** : 도로를 횡단하는 보행자나 통행하는 차마의 안전을 위하여 안전표지나 이와 비슷한 인공구조물로 표시한 도로의 부분
⑮ **신호기** : 도로교통에서 문자・기호 또는 등화를 사용하여 진행・정지・방향전환・주의 등의 신호를 표시하기 위하여 사람이나 전기의 힘으로 조작하는 장치
⑯ **안전표지** : 교통안전에 필요한 주의・규제・지시 등을 표시하는 표지판이나 도로의 바닥에 표시하는 기호・문자 또는 선 등
⑰ **차마(車馬)** : 다음의 차와 우마
㉠ 차 : 자동차, 건설기계, 원동기장치자전거, 자전거, 사람 또는 가축의 힘이나 그 밖의 동력으로 도로에서 운전되는 것. 다만, 철길이나 가설된 선을 이용하여 운전되는 것, 유모차, 보행보조용 의자차, 노약자용 보행기, 제21호의3에 따른 실외이동로봇 등 행정안전부령으로 정하는 기구・장치는 제외
㉡ 우마 : 교통이나 운수에 사용되는 가축
⑰의2 **노면전차** : 도시철도법에 따른 노면전차로서 도로에서 궤도를 이용하여 운행되는 차
⑱ **자동차** : 철길이나 가설된 선을 이용하지 아니하고 원동기를 사용하여 운전되는 차(견인되는 자동차도 자동차의 일부로 봄)로서 다음의 차
㉠ 자동차관리법에 따른 승용자동차, 승합자동차, 화물자동차, 특수자동차, 이륜자동차(다만, 원동기장치자전거는 제외)
㉡ 건설기계관리법에 따른 덤프트럭, 아스팔트살포기, 노상안정기, 콘크리트믹스트럭, 콘크리트펌프, 천공기(트럭적재식), 도로보수트럭, 노면파쇄기, 노면측정장비, 콘크리트믹서트레일러, 아스팔트콘크리트재생기, 수목이식기, 터널용고소작업차, 트럭지게차

⑱의2 **자율주행시스템** : 자율주행자동차 상용화 촉진 및 지원에 관한 법률에 따른 자율주행시스템을 말한다. 이 경우 그 종류는 완전 자율주행시스템, 부분 자율주행시스템 등 행정안전부령으로 정하는 바에 따라 세분할 수 있다.

⑱의3 **자율주행자동차** : 자동차관리법에 따른 자율주행자동차로서 자율주행시스템을 갖추고 있는 자동차를 말한다.

⑲ **원동기장치자전거** : 다음의 어느 하나에 해당하는 차
- ㉠ 자동차관리법에 따른 이륜자동차 가운데 배기량 125cc 이하(전기를 동력으로 하는 경우에는 최고정격출력 11kW 이하)의 이륜자동차
- ㉡ 그 밖에 배기량 125cc 이하(전기를 동력으로 하는 경우에는 최고정격출력 11kW 이하)의 원동기를 단 차(자전거 이용 활성화에 관한 법률에 따른 전기자전거 및 제21호의3에 따른 실외이동로봇은 제외)

⑲의2 **개인형 이동장치** : ⑲ ㉡의 원동기장치자전거 중 25km/h 이상으로 운행할 경우 전동기가 작동하지 아니하고 차체 중량이 30kg 미만인 것으로서 행정안전부령으로 정하는 것

⑳ **자전거** : 자전거 이용 활성화에 관한 법률에 따른 자전거 및 전기자전거

㉑ **자동차 등** : 자동차와 원동기장치자전거

㉑의2 **자전거 등** : 자전거와 개인형 이동장치

㉑의3 : "실외이동로봇"이란 「지능형 로봇 개발 및 보급 촉진법」 제2조 제1호에 따른 지능형 로봇 중 행정안전부령으로 정하는 것

㉒ **긴급자동차** : 다음의 자동차로서 그 본래의 긴급한 용도로 사용되고 있는 자동차
- ㉠ 소방차, 구급차, 혈액 공급차량
- ㉡ 그 밖에 대통령령으로 정하는 자동차
  - 경찰용 자동차 중 범죄수사, 교통단속, 그 밖의 긴급한 경찰업무 수행에 사용되는 자동차
  - 국군 및 주한 국제연합군용 자동차 중 군 내부의 질서 유지나 부대의 질서 있는 이동을 유도하는 데 사용되는 자동차
  - 수사기관의 자동차 중 범죄수사를 위하여 사용되는 자동차
  - 교도소・소년교도소 또는 구치소, 소년원 또는 소년분류심사원, 보호관찰소의 자동차 중 도주자의 체포 또는 수용자, 보호관찰 대상자의 호송・경비를 위하여 사용되는 자동차
  - 국내외 요인에 대한 경호업무 수행에 공무로 사용되는 자동차
  - 전기사업, 가스사업, 그 밖의 공익사업을 하는 기관에서 위험 방지를 위한 응급작업에 사용되는 자동차
  - 민방위업무를 수행하는 기관에서 긴급예방 또는 복구를 위한 출동에 사용되는 자동차
  - 도로관리를 위하여 사용되는 자동차 중 도로상의 위험을 방지하기 위한 응급작업에 사용되거나 운행이 제한되는 자동차를 단속하기 위하여 사용되는 자동차
  - 전신・전화의 수리공사 등 응급작업에 사용되는 자동차
  - 긴급한 우편물의 운송에 사용되는 자동차
  - 전파감시업무에 사용되는 자동차
  - 경찰용 긴급자동차에 의하여 유도되고 있는 자동차
  - 국군 및 주한 국제연합군용의 긴급자동차에 의하여 유도되고 있는 국군 및 주한 국제연합군의 자동차
  - 생명이 위급한 환자 또는 부상자나 수혈을 위한 혈액을 운송 중인 자동차

㉓ **어린이통학버스** : 다음의 시설 중에서 어린이(13세 미만인 사람)를 교육 대상으로 하는 시설에서 어린이의 통학 등에 이용되는 자동차와 여객자동차 운수사업법에 따른 여객자동차운송사업의 한정면허를 받아 어린이를 여객대상으로 하여 운행되는 운송사업용 자동차
- ㉠ 유아교육법에 따른 유치원 및 유아교육진흥원, 초・중등교육법에 따른 초등학교, 특수학교, 대안학교 및 외국인학교
- ㉡ 영유아보육법에 따른 어린이집
- ㉢ 학원의 설립・운영 및 과외교습에 관한 법률에 따라 설립된 학원 및 교습소
- ㉣ 체육시설의 설치・이용에 관한 법률에 따라 설립된 체육시설
- ㉤ 아동복지법에 따른 아동복지시설(아동보호전문기관은 제외)
- ㉥ 청소년활동 진흥법에 따른 청소년수련시설
- ㉦ 장애인복지법에 따른 장애인복지시설(장애인 직업재활시설은 제외)
- ㉧ 도서관법에 따른 공공도서관
- ㉨ 평생교육법에 따른 시・도평생교육진흥원 및 시・군・구평생학습관
- ㉩ 사회복지사업법에 따른 사회복지시설 및 사회복지관

㉔ **주차** : 운전자가 승객을 기다리거나 화물을 싣거나 차가 고장 나거나 그 밖의 사유로 차를 계속 정지 상태에 두는 것 또는 운전자가 차에서 떠나서 즉시 그 차를 운전할 수 없는 상태에 두는 것

㉕ **정차** : 운전자가 5분을 초과하지 아니하고 차를 정지시키는 것으로서 주차 외의 정지 상태

㉖ **운전** : 도로(술에 취한 상태에서의 운전 금지, 과로한 때 등의 운전 금지, 사고발생 시의 조치 등은 도로 외의 곳을 포함)에서 차마 또는 노면전차를 그 본래의 사용방법에 따라 사용하는 것(조종 또는 자율주행시스템을 사용하는 것을 포함)

㉗ **초보운전자** : 처음 운전면허를 받은 날(처음 운전면허를 받은 날부터 2년이 지나기 전에 운전면허의 취소처분을 받은 경우에는 그 후 다시 운전면허를 받은 날을 말한다)부터 2년이 지나지 아니한 사람(원동기장치자전거면허만 받은 사람이 운전면허를 받은 경우에도 처음 운전면허를 받은 것으로 본다.)

㉘ **서행(徐行)** : 운전자가 차 또는 노면전차를 즉시 정지시킬 수 있는 정도의 느린 속도로 진행하는 것

㉙ **앞지르기** : 차의 운전자가 앞서가는 다른 차의 옆을 지나서 그 차의 앞으로 나가는 것

㉚ **일시정지** : 차 또는 노면전차의 운전자가 그 차 또는 노면전차의 바퀴를 일시적으로 완전히 정지시키는 것

㉛ **보행자전용도로** : 보행자만 다닐 수 있도록 안전표지나 그와 비슷한 인공구조물로 표시한 도로

㉛의2 **보행자우선도로** : 보행안전 및 편의증진에 관한 법률에 따른 보행자우선도로

㉜ **자동차운전학원** : 자동차등의 운전에 관한 지식・기능을 교육하는 시설로서 다음 외의 시설
- ㉠ 교육 관계 법령에 따른 학교에서 소속 학생 및 교직원의 연수를 위하여 설치한 시설
- ㉡ 사업장 등의 시설로서 소속 직원의 연수를 위한 시설
- ㉢ 전산장치에 의한 모의운전 연습시설
- ㉣ 지방자치단체 등이 신체장애인의 운전교육을 위하여 설치하는 시설 가운데 시・도경찰청장이 인정하는 시설

㉤ 대가(代價)를 받지 아니하고 운전교육을 하는 시설
㉥ 운전면허를 받은 사람을 대상으로 다양한 운전경험을 체험할 수 있도록 하기 위하여 도로가 아닌 장소에서 운전교육을 하는 시설

㉝ **모범운전자** : 무사고운전자 또는 유공운전자의 표시장을 받거나 2년 이상 사업용 자동차 운전에 종사하면서 교통사고를 일으킨 전력이 없는 사람으로서 경찰청장이 정하는 바에 따라 선발되어 교통안전 봉사활동에 종사하는 사람

㉞ **음주운전 방지장치** : 술에 취한 상태에서 자동차등을 운전하려는 경우 시동이 걸리지 아니하도록 하는 것으로서 행정안전부령으로 정하는 것 [㉞ 시행일 : 2024. 10. 25.]

02 차로에 따른 통행차의 기준(도로교통법 시행규칙 [별표 9])

도 로		차로구분	통행할 수 있는 차종
고속도로 외의 도로		왼쪽 차로	승용자동차 및 경형·소형·중형 승합자동차
		오른쪽 차로	대형승합자동차, 화물자동차, 특수자동차, 도로교통법에 따른 건설기계, 이륜자동차, 원동기장치자전거(개인형 이동장치는 제외)
고속도로	편도 2차로	1차로	앞지르기를 하려는 모든 자동차. 다만, 차량통행량 증가 등 도로상황으로 인하여 부득이하게 80km/h 미만으로 통행할 수밖에 없는 경우에는 앞지르기를 하는 경우가 아니라도 통행할 수 있다.
		2차로	모든 자동차
	편도 3차로 이상	1차로	앞지르기를 하려는 승용자동차 및 앞지르기를 하려는 경형·소형·중형 승합자동차. 다만, 차량통행량 증가 등 도로상황으로 인하여 부득이하게 80km/h 미만으로 통행할 수밖에 없는 경우에는 앞지르기를 하는 경우가 아니라도 통행할 수 있다.
		왼쪽 차로	승용자동차 및 경형·소형·중형 승합자동차
		오른쪽 차로	대형승합자동차, 화물자동차, 특수자동차, 도로교통법에 따른 건설기계

(비 고)

① 위 표에서 사용하는 용어의 뜻은 다음과 같다.
㉠ "왼쪽 차로"란 다음에 해당하는 차로를 말한다.
- 고속도로 외의 도로의 경우 : 차로를 반으로 나누어 1차로에 가까운 부분의 차로. 다만, 차로수가 홀수인 경우 가운데 차로는 제외
- 고속도로의 경우 : 1차로를 제외한 차로를 반으로 나누어 그중 1차로에 가까운 부분의 차로. 다만, 1차로를 제외한 차로의 수가 홀수인 경우 그중 가운데 차로는 제외

㉡ "오른쪽 차로"란 다음에 해당하는 차로를 말한다.
- 고속도로 외의 도로의 경우 : 왼쪽 차로를 제외한 나머지 차로
- 고속도로의 경우 : 1차로와 왼쪽 차로를 제외한 나머지 차로

② 모든 차는 위 표에서 지정된 차로보다 오른쪽에 있는 차로로 통행할 수 있다.

③ 앞지르기를 할 때에는 위 표에서 지정된 차로의 왼쪽 바로 옆 차로로 통행할 수 있다.

④ 도로의 진출입 부분에서 진출입하는 때와 정차 또는 주차한 후 출발하는 때의 상당한 거리 동안은 이 표에서 정하는 기준에 따르지 아니할 수 있다.

⑤ 이 표 중 승합자동차의 차종 구분은 자동차관리법 시행규칙 [별표 1]에 따른다.

⑥ 다음의 차마는 도로의 가장 오른쪽에 있는 차로로 통행하여야 한다.
㉠ 자전거 등
㉡ 우 마
㉢ 도로교통법에 따른 건설기계 이외의 건설기계
㉣ 다음의 위험물 등을 운반하는 자동차
- 위험물안전관리법에 따른 지정수량 이상의 위험물
- 총포·도검·화약류 등의 안전관리에 관한 법률에 따른 화약류
- 화학물질관리법에 따른 유독물질
- 폐기물관리법에 따른 지정폐기물과 의료폐기물
- 고압가스 안전관리법 및 시행령에 따른 고압가스
- 액화석유가스의 안전관리 및 사업법에 따른 액화석유가스
- 원자력안전법에 따른 방사성물질 또는 그에 따라 오염된 물질
- 산업안전보건법 및 시행령에 따른 제조 등이 금지되는 유해물질과 허가 대상 유해물질
- 농약관리법에 따른 원제

㉤ 그 밖에 사람 또는 가축의 힘이나 그 밖의 동력으로 도로에서 운행되는 것

⑦ 좌회전 차로가 2차로 이상 설치된 교차로에서 좌회전하려는 차는 그 설치된 좌회전 차로 내에서 위 표 중 고속도로 외의 도로에서의 차로 구분에 따라 좌회전하여야 한다.

03 전용차로의 종류와 전용차로로 통행할 수 있는 차(도로교통법 시행령 [별표 1])

전용차로 종류	통행할 수 있는 차	
	고속도로	고속도로 외의 도로
버스 전용차로	9인승 이상 승용자동차 및 승합자동차(승용자동차 또는 12인승 이하의 승합자동차는 6명 이상이 승차한 경우로 한정)	1. 36인승 이상의 대형승합자동차 2. 36인승 미만의 사업용 승합자동차 3. 증명서를 발급받아 어린이를 운송할 목적으로 운행 중인 어린이통학버스 4. 대중교통수단으로 이용하기 위한 자율주행자동차로서 자동차관리법에 따라 시험·연구 목적으로 운행하기 위하여 국토교통부장관의 임시운행허가를 받은 자율주행자동차 5. 1.에서 4. 외의 차로서 도로에서의 원활한 통행을 위하여 시·도경찰청장이 지정한 다음의 어느 하나에 해당하는 승합자동차 가. 노선을 지정하여 운행하는 통학·통근용 승합자동차 중 16인승 이상 승합자동차 나. 국제행사 참가인원 수송 등 특히 필요하다고 인정되는 승합자동차(시·도경찰청장이 정한 기간 이내에 한한다) 다. 관광숙박업자 또는 전세버스운송사업자가 운행하는 25인승 이상의 외국인 관광객 수송용 승합자동차(외국인 관광객이 승차한 경우에 한한다)
다인승 전용차로	3인 이상 승차한 승용·승합자동차(다인승전용차로와 버스전용차로가 동시에 설치되는 경우에는 버스전용차로를 통행할 수 있는 차는 제외한다)	
자전거 전용차로	자전거 등	

04 전용차로 통행차 외에 전용차로로 통행할 수 있는 경우(도로교통법 시행령 제10조)

① 긴급자동차가 그 본래의 긴급한 용도로 운행되고 있는 경우
② 전용차로 통행차의 통행에 장해를 주지 아니하는 범위에서 택시가 승객을 태우거나 내려주기 위하여 일시 통행하는 경우. 이 경우 택시 운전자는 승객이 타거나 내린 즉시 전용차로를 벗어나야 한다.
③ 도로의 파손, 공사, 그 밖의 부득이한 장애로 인하여 전용차로가 아니면 통행할 수 없는 경우

05 안전표지의 종류(도로교통법 시행규칙 제8조)

① **주의표지** : 도로상태가 위험하거나 도로 또는 그 부근에 위험물이 있는 경우에 필요한 안전조치를 할 수 있도록 이를 도로사용자에게 알리는 표지
② **규제표지** : 도로교통의 안전을 위하여 각종 제한 · 금지 등의 규제를 하는 경우에 이를 도로사용자에게 알리는 표지
③ **지시표지** : 도로의 통행방법 · 통행구분 등 도로교통의 안전을 위하여 필요한 지시를 하는 경우에 도로사용자가 이를 따르도록 알리는 표지
④ **보조표지** : 주의표지 · 규제표지 또는 지시표지의 주 기능을 보충하여 도로사용자에게 알리는 표지
⑤ **노면표시** : 도로교통의 안전을 위하여 각종 주의 · 규제 · 지시 등의 내용을 노면에 기호 · 문자 또는 선으로 도로사용자에게 알리는 표지

06 자동차 등과 노면전차의 도로통행속도(도로교통법 시행규칙 제19조)

(1) 도로별 · 차로수별 속도(제1항)

도로 구분			최고속도	최저속도
일반도로	주거지역 · 상업지역 및 공업지역		• 50km/h • 60km/h(시 · 도경찰청장이 원활한 소통을 위하여 특히 필요하다고 인정하여 지정한 노선 또는 구간)	제한 없음
일반도로	편도 2차로 이상		80km/h	제한 없음
일반도로	이외의 일반도로		60km/h	제한 없음
고속도로	편도 2차로 이상	고속도로	• 100km/h • 80km/h(적재중량 1.5t 초과 화물자동차, 특수자동차, 건설기계, 위험물운반자동차)	50km/h
고속도로	편도 2차로 이상	지정 · 고시한 노선 또는 구간의 고속도로	• 120km/h • 90km/h(적재중량 1.5t 초과 화물자동차, 특수자동차, 건설기계, 위험물운반자동차)	50km/h
고속도로	편도 1차로		80km/h	50km/h
자동차전용도로			90km/h	30km/h

(2) 비 · 안개 · 눈 등으로 인한 거친 날씨의 감속운행(제2항)

이상기후 상태	운행 속도
• 비가 내려 노면이 젖어 있는 경우 • 눈이 20mm 미만 쌓인 경우	최고속도의 20/100을 줄인 속도
• 폭우, 폭설, 안개 등으로 가시거리가 100m 이내인 경우 • 노면이 얼어붙은 경우 • 눈이 20mm 이상 쌓인 경우	최고속도의 50/100을 줄인 속도

※ 경찰청장 또는 시 · 도경찰청장이 가변형 속도제한표지로 최고속도를 정한 경우에는 이에 따라야 하며, 가변형 속도제한표지로 정한 최고속도와 그 밖의 안전표지로 정한 최고속도가 다를 때에는 가변형 속도제한표지에 따라야 한다.

07 앞지르기 방법(도로교통법)

(1) 앞지르기 방법(법 제21조)

① 모든 차의 운전자는 다른 차를 앞지르려면 앞차의 좌측으로 통행하여야 한다.
② 자전거 등의 운전자는 서행하거나 정지한 다른 차를 앞지르려면 ①에도 불구하고 앞차의 우측으로 통행할 수 있다. 이 경우 자전거 등의 운전자는 정지한 차에서 승차하거나 하차하는 사람의 안전에 유의하여 서행하거나 필요한 경우 일시정지하여야 한다.
③ ①과 ②의 경우 앞지르고자 하는 모든 차의 운전자는 반대방향의 교통과 앞차 앞쪽의 교통에도 주의를 충분히 기울여야 하며, 앞차의 속도 · 진로와 그 밖의 도로상황에 따라 방향지시기 · 등화 또는 경음기를 사용하는 등 안전한 속도와 방법으로 앞지르기를 하여야 한다.
④ 모든 차의 운전자는 ①부터 ③까지 또는 고속도로에서 다른 차를 앞지르기를 하는 차가 있을 때에는 속도를 높여 경쟁하거나 그 차의 앞을 가로막는 등의 방법으로 앞지르기를 방해하여서는 아니 된다.

(2) 앞지르기 금지(법 제22조)

① 앞지르기 금지 시기(제1 · 2항)
㉠ 앞차의 좌측에 다른 차가 앞차와 나란히 가고 있는 경우
㉡ 앞차가 다른 차를 앞지르고 있거나 앞지르려고 하는 경우
㉢ 도로교통법이나 동 법에 따른 명령에 따라 정지하거나 서행하고 있는 차
㉣ 경찰공무원의 지시에 따라 정지하거나 서행하고 있는 차
㉤ 위험을 방지하기 위하여 정지하거나 서행하고 있는 차

② 앞지르기 금지 장소(제3항)
㉠ 교차로, 터널 안, 다리 위
㉡ 도로의 구부러진 곳, 비탈길의 고갯마루 부근 또는 가파른 비탈길의 내리막 등 시 · 도경찰청장이 도로에서의 위험을 방지하고 교통의 안전과 원활한 소통을 확보하기 위하여 필요하다고 인정하는 곳으로서 안전표지로 지정한 곳

08 교차로 통행방법(도로교통법 제25조)

① 모든 차의 운전자는 교차로에서 우회전을 하려는 경우에는 미리 도로의 우측 가장자리를 서행하면서 우회전하여야 한다. 이 경우 우회전하는 차의 운전자는 신호에 따라 정지하거나 진행하는 보행자 또는 자전거 등에 주의하여야 한다.
② 모든 차의 운전자는 교차로에서 좌회전을 하려는 경우에는 미리 도로의 중앙선을 따라 서행하면서 교차로의 중심 안쪽을 이용하여 좌회전하여야 한다. 다만, 시·도경찰청장이 교차로의 상황에 따라 특히 필요하다고 인정하여 지정한 곳에서는 교차로의 중심 바깥쪽을 통과할 수 있다.
③ ②에도 불구하고 자전거 등의 운전자는 교차로에서 좌회전하려는 경우에는 미리 도로의 우측 가장자리로 붙어 서행하면서 교차로의 가장자리 부분을 이용하여 좌회전하여야 한다.
④ ①부터 ③까지의 규정에 따라 우회전이나 좌회전을 하기 위하여 손이나 방향지시기 또는 등화로써 신호를 하는 차가 있는 경우에 그 뒤차의 운전자는 신호를 한 앞차의 진행을 방해하여서는 아니 된다.
⑤ 모든 차 또는 노면전차의 운전자는 신호기로 교통정리를 하고 있는 교차로에 들어가려는 경우에는 진행하려는 진로의 앞쪽에 있는 차 또는 노면전차의 상황에 따라 교차로(정지선이 설치되어 있는 경우에는 그 정지선을 넘은 부분)에 정지하게 되어 다른 차 또는 노면전차의 통행에 방해가 될 우려가 있는 경우에는 그 교차로에 들어가서는 아니 된다.
⑥ 모든 차의 운전자는 교통정리를 하고 있지 아니하고 일시정지나 양보를 표시하는 안전표지가 설치되어 있는 교차로에 들어가려고 할 때에는 다른 차의 진행을 방해하지 아니하도록 일시정지하거나 양보하여야 한다.

09 긴급자동차의 우선 통행(도로교통법 제29조)

① 긴급자동차는 긴급하고 부득이한 경우에는 도로의 중앙이나 좌측 부분을 통행할 수 있다.
② 긴급자동차는 도로교통법이나 동법에 따른 명령에 따라 정지하여야 하는 경우에도 불구하고 긴급하고 부득이한 경우에는 정지하지 아니할 수 있다.
③ 긴급자동차의 운전자는 ①이나 ②의 경우에 교통안전에 특히 주의하면서 통행하여야 한다.
④ 교차로나 그 부근에서 긴급자동차가 접근하는 경우에는 차마와 노면전차의 운전자는 교차로를 피하여 일시정지하여야 한다.
⑤ 모든 차와 노면전차의 운전자는 ④에 따른 곳 외의 곳에서 긴급자동차가 접근한 경우에는 긴급자동차가 우선통행할 수 있도록 진로를 양보하여야 한다.
⑥ 긴급자동차(제2조 제22호)의 자동차 운전자는 해당 자동차를 그 본래의 긴급한 용도로 운행하지 아니하는 경우에는 자동차관리법에 따라 설치된 경광등을 켜거나 사이렌을 작동하여서는 아니 된다. 다만, 대통령령으로 정하는 바에 따라 범죄 및 화재 예방 등을 위한 순찰·훈련 등을 실시하는 경우에는 그러하지 아니하다.

10 긴급자동차에 대한 특례(도로교통법 제30조)

긴급자동차에 대하여는 다음의 사항을 적용하지 아니한다. 다만, ④부터 ⑫까지의 사항은 긴급자동차 중 제2조 제22호 가목부터 다목까지의 자동차와 대통령령으로 정하는 경찰용 자동차에 대해서만 적용하지 아니한다.

① 제17조에 따른 자동차 등의 속도 제한(단, 제17조에 따라 긴급자동차에 대하여 속도를 제한한 경우에는 같은 조의 규정을 적용)
② 제22조에 따른 앞지르기의 금지
③ 제23조에 따른 끼어들기의 금지
④ 제5조에 따른 신호위반
⑤ 제13조 제1항에 따른 보도침범
⑥ 제13조 제3항에 따른 중앙선 침범
⑦ 제18조에 따른 횡단 등의 금지
⑧ 제19조에 따른 안전거리 확보 등
⑨ 제21조 제1항에 따른 앞지르기 방법 등
⑩ 제32조에 따른 정차 및 주차의 금지
⑪ 제33조에 따른 주차금지
⑫ 제66조에 따른 고장 등의 조치

11 서행 또는 일시정지할 장소(도로교통법 제31조)

① 서행 장소
  ㉠ 교통정리를 하고 있지 아니하는 교차로
  ㉡ 도로가 구부러진 부근
  ㉢ 비탈길의 고갯마루 부근
  ㉣ 가파른 비탈길의 내리막
  ㉤ 시·도경찰청장이 도로에서의 위험을 방지하고 교통의 안전과 원활한 소통을 확보하기 위하여 필요하다고 인정하여 안전표지로 지정한 곳
② 일시정지 장소
  ㉠ 교통정리를 하고 있지 아니하고 좌우를 확인할 수 없거나 교통이 빈번한 교차로
  ㉡ 시·도경찰청장이 도로에서의 위험을 방지하고 교통의 안전과 원활한 소통을 확보하기 위하여 필요하다고 인정하여 안전표지로 지정한 곳

12 주차 및 정차(도로교통법)

(1) 정차 또는 주차의 방법 등(영 제11조)

① 차의 운전자가 지켜야 하는 정차 또는 주차의 방법 및 시간은 다음과 같다.

㉠ 모든 차의 운전자는 도로에서 정차할 때에는 차도의 오른쪽 가장자리에 정차할 것(단, 차도와 보도의 구별이 없는 도로의 경우에는 도로의 오른쪽 가장자리로부터 중앙으로 50cm 이상의 거리를 두어야 함)

㉡ 여객자동차의 운전자는 승객을 태우거나 내려주기 위하여 정류소 또는 이에 준하는 장소에서 정차하였을 때에는 승객이 타거나 내린 즉시 출발하여야 하며, 뒤따르는 다른 차의 정차를 방해하지 아니할 것

㉢ 모든 차의 운전자는 도로에서 주차할 때에는 시・도경찰청장이 정하는 주차의 장소・시간 및 방법에 따를 것

② 모든 차의 운전자는 ①에 따라 정차하거나 주차할 때에는 다른 교통에 방해가 되지 아니하도록 하여야 한다. 다만, 다음의 어느 하나에 해당하는 경우에는 그러하지 아니하다.

㉠ 안전표지 또는 다음의 어느 하나에 해당하는 사람의 지시에 따르는 경우

- 경찰공무원(의무경찰을 포함)
- 제주특별자치도의 자치경찰공무원(이하 "자치경찰공무원")
- 경찰공무원(자치경찰공무원을 포함)을 보조하는 다음의 어느 하나에 해당하는 사람(영 제6조)
  - 모범운전자
  - 군사훈련 및 작전에 동원되는 부대의 이동을 유도하는 군사경찰
  - 본래의 긴급한 용도로 운행하는 소방차・구급차를 유도하는 소방공무원

㉡ 고장으로 인하여 부득이하게 주차하는 경우

③ 자동차의 운전자는 경사진 곳에 정차하거나 주차(도로 외의 경사진 곳에서 정차하거나 주차하는 경우를 포함)하려는 경우 자동차의 주차제동장치를 작동한 후에 다음의 어느 하나에 해당하는 조치를 취하여야 한다(단, 운전자가 운전석을 떠나지 아니하고 직접 제동장치를 작동하고 있는 경우는 제외).

㉠ 경사의 내리막 방향으로 바퀴에 고임목, 고임돌, 그 밖에 고무, 플라스틱 등 자동차의 미끄럼 사고를 방지할 수 있는 것을 설치할 것

㉡ 조향장치를 도로의 가장자리(자동차에서 가까운 쪽을 말함) 방향으로 돌려놓을 것

㉢ 그 밖에 ㉠ 또는 ㉡에 준하는 방법으로 미끄럼 사고의 발생 방지를 위한 조치를 취할 것

(2) 정차 및 주차의 금지(법 제32조)

모든 차의 운전자는 다음의 어느 하나에 해당하는 곳에서는 차를 정차하거나 주차하여서는 아니 된다. 다만, 도로교통법이나 동법에 따른 명령 또는 경찰공무원의 지시를 따르는 경우와 위험방지를 위하여 일시정지하는 경우에는 그러하지 아니하다.

① 교차로・횡단보도・건널목이나 보도와 차도가 구분된 도로의 보도(주차장법에 따라 차도와 보도에 걸쳐 설치된 노상주차장은 제외)

② 교차로의 가장자리나 도로의 모퉁이로부터 5m 이내인 곳

③ 안전지대가 설치된 도로에서는 그 안전지대의 사방으로부터 각각 10m 이내인 곳

④ 버스여객자동차의 정류지임을 표시하는 기둥이나 표지판 또는 선이 설치된 곳으로부터 10m 이내인 곳(단, 버스여객자동차의 운전자가 그 버스여객자동차의 운행시간 중에 운행노선에 따르는 정류장에서 승객을 태우거나 내리기 위하여 차를 정차하거나 주차하는 경우에는 그러하지 아니함)

⑤ 건널목의 가장자리 또는 횡단보도로부터 10m 이내인 곳

⑥ **다음의 곳으로부터 5m 이내인 곳**

㉠ 소방기본법에 따른 소방용수시설 또는 비상소화장치가 설치된 곳

㉡ 소방시설 설치 및 관리에 관한 법률에 따른 소방시설로서 다음의 시설이 설치된 곳

- 옥내소화전설비(호스릴옥내소화전설비 포함), 스프링클러설비등, 물분무등소화설비의 송수구
- 소화용수설비
- 연결송수관설비, 연결살수설비, 연소방지설비의 송수구 및 무선통신보조설비의 무선기기접속단자

⑦ 시・도경찰청장이 도로에서의 위험을 방지하고 교통의 안전과 원활한 소통을 확보하기 위하여 필요하다고 인정하여 지정한 곳

⑧ 시장 등이 지정한 어린이 보호구역

(3) 주차금지의 장소(법 제33조)

① 터널 안 및 다리 위

② 도로공사를 하고 있는 경우에는 그 공사 구역의 양쪽 가장자리로부터 5m 이내인 곳

③ 다중이용업소의 영업장이 속한 건축물로 소방본부장의 요청에 의하여 시・도경찰청장이 지정한 곳으로부터 5m 이내인 곳

④ 시・도경찰청장이 도로에서의 위험을 방지하고 교통의 안전과 원활한 소통을 확보하기 위하여 필요하다고 인정하여 지정한 곳

13 운전면허(도로교통법)

(1) 운전할 수 있는 차의 종류(규칙 [별표 18])

운전면허 종별	운전면허 구분		운전할 수 있는 차량
제1종	대형면허		• 승용자동차 • 승합자동차 • 화물자동차 • 건설기계 – 덤프트럭, 아스팔트살포기, 노상안정기 – 콘크리트믹서트럭, 콘크리트펌프, 천공기(트럭적재식) – 콘크리트믹서트레일러, 아스팔트콘크리트재생기 – 도로보수트럭, 3t 미만의 지게차 • 특수자동차[대형견인차, 소형견인차 및 구난차(이하 "구난차 등"이라 한다)는 제외] • 원동기장치자전거
	보통면허		• 승용자동차 • 승차정원 15명 이하의 승합자동차 • 적재중량 12t 미만의 화물자동차 • 건설기계(도로를 운행하는 3t 미만의 지게차에 한정) • 총중량 10t 미만의 특수자동차(구난차 등은 제외) • 원동기장치자전거
	소형면허		• 3륜화물자동차 • 3륜승용자동차 • 원동기장치자전거
	특수면허	대형견인차	• 견인형 특수자동차 • 제2종 보통면허로 운전할 수 있는 차량
		소형견인차	• 총중량 3.5t 이하의 견인형 특수자동차 • 제2종 보통면허로 운전할 수 있는 차량
		구난차	• 구난형 특수자동차 • 제2종 보통면허로 운전할 수 있는 차량
제2종	보통면허		• 승용자동차 • 승차정원 10인 이하의 승합자동차 • 적재중량 4t 이하의 화물자동차 • 총중량 3.5t 이하의 특수자동차(구난차 등은 제외) • 원동기장치자전거
	소형면허		• 이륜자동차(운반차를 포함) • 원동기장치자전거
	원동기장치자전거면허		원동기장치자전거
연습면허	제1종 보통		• 승용자동차 • 승차정원 15명 이하의 승합자동차 • 적재중량 12t 미만의 화물자동차
	제2종 보통		• 승용자동차 • 승차정원 10명 이하의 승합자동차 • 적재중량 4t 이하의 화물자동차

(2) 결격사유(법 제82조 제1항)

① 18세 미만(원동기장치자전거의 경우에는 16세 미만)인 사람
② 교통상의 위험과 장해를 일으킬 수 있는 정신질환자 또는 뇌전증 환자로서 대통령령으로 정하는 사람
③ 듣지 못하는 사람(제1종 운전면허 중 대형면허·특수면허만 해당), 앞을 보지 못하는 사람(한쪽 눈만 보지 못하는 사람의 경우에는 제1종 운전면허 중 대형면허·특수면허만 해당)이나 그 밖에 대통령령으로 정하는 신체장애인
④ 양쪽 팔의 팔꿈치관절 이상을 잃은 사람이나 양쪽 팔을 전혀 쓸 수 없는 사람. 다만, 본인의 신체장애 정도에 적합하게 제작된 자동차를 이용하여 정상적인 운전을 할 수 있는 경우에는 그러하지 아니하다.
⑤ 교통상의 위험과 장해를 일으킬 수 있는 마약·대마·향정신성의약품 또는 알코올 중독자로서 대통령령으로 정하는 사람
⑥ 제1종 대형면허 또는 제1종 특수면허를 받으려는 경우로서 19세 미만이거나 자동차(이륜자동차는 제외)의 운전경험이 1년 미만인 사람
⑦ 대한민국의 국적을 가지지 아니한 사람 중 외국인등록을 하지 아니한 사람(외국인등록이 면제된 사람은 제외)이나 국내거소신고를 하지 아니한 사람

(3) 운전면허 행정처분기준의 감경(규칙 [별표 28])

① 감경사유

㉠ 음주운전으로 운전면허 취소처분 또는 정지처분을 받은 경우
운전이 가족의 생계를 유지할 중요한 수단이 되거나, 모범운전자로 처분 당시 3년 이상 교통봉사활동에 종사하고 있거나, 교통사고를 일으키고 도주한 운전자를 검거하여 경찰서장 이상의 표창을 받은 사람으로서 다음의 어느 하나에 해당되는 경우가 없어야 한다.

- 혈중알코올농도가 0.1%를 초과하여 운전한 경우
- 음주운전 중 인적피해 교통사고를 일으킨 경우
- 경찰관의 음주측정요구에 불응하거나 도주한 때 또는 단속경찰관을 폭행한 경우
- 과거 5년 이내에 3회 이상의 인적피해 교통사고의 전력이 있는 경우
- 과거 5년 이내에 음주운전의 전력이 있는 경우

㉡ 벌점·누산점수 초과로 인하여 운전면허 취소처분을 받은 경우
운전이 가족의 생계를 유지할 중요한 수단이 되거나, 모범운전자로서 처분당시 3년 이상 교통봉사활동에 종사하고 있거나, 교통사고를 일으키고 도주한 운전자를 검거하여 경찰서장 이상의 표창을 받은 사람으로서 다음의 어느 하나에 해당되는 경우가 없어야 한다.

- 과거 5년 이내에 운전면허 취소처분을 받은 전력이 있는 경우
- 과거 5년 이내에 3회 이상 인적피해 교통사고를 일으킨 경우
- 과거 5년 이내에 3회 이상 운전면허 정지처분을 받은 전력이 있는 경우
- 과거 5년 이내에 운전면허행정처분 이의심의위원회의 심의를 거치거나 행정심판 또는 행정소송을 통하여 행정처분이 감경된 경우

㉢ 그 밖에 정기 적성검사에 대한 연기신청을 할 수 없었던 불가피한 사유가 있는 등으로 취소처분 개별기준 및 정지처분 개별기준을 적용하는 것이 현저히 불합리하다고 인정되는 경우

(4) 벌점기준(규칙 [별표 28])

① 사고결과에 따른 벌점기준

구 분		벌 점	내 용
인적피해교통사고	사망 1명마다	90	사고발생 시로부터 72시간 내에 사망한 때
	중상 1명마다	15	3주 이상의 치료를 요하는 의사의 진단이 있는 사고
	경상 1명마다	5	3주 미만 5일 이상의 치료를 요하는 의사의 진단이 있는 사고
	부상신고 1명마다	2	5일 미만의 치료를 요하는 의사의 진단이 있는 사고

(비 고) 1. 교통사고 발생원인이 불가항력이거나 피해자의 명백한 과실인 때에는 행정처분을 하지 아니한다.
2. 자동차 등 대 사람 교통사고의 경우 쌍방과실인 때에는 그 벌점을 2분의 1로 감경한다.
3. 자동차 등 대 자동차 등 교통사고의 경우에는 그 사고원인 중 중한 위반행위를 한 운전자만 적용한다.
4. 교통사고로 인한 벌점산정에 있어서 처분받을 운전자 본인의 피해에 대하여는 벌점을 산정하지 아니한다.

② 조치 등 불이행에 따른 벌점기준

불이행 사항	벌 점	내 용
교통사고 야기 시 조치 불이행	15	• 물적 피해가 발생한 교통사고를 일으킨 후 도주한 때
	30	• 교통사고를 일으킨 즉시(그때, 그 자리에서 곧) 사상자를 구호하는 등의 조치를 하지 아니하였으나 그 후 자진신고를 한 때 – 고속도로, 특별시·광역시 및 시의 관할구역과 군(광역시의 군을 제외)의 관할구역 중 경찰관서가 위치하는 리 또는 동 지역에서 3시간(그 밖의 지역에서는 12시간) 이내에 자진신고를 한 때
	60	– 위의 규정에 따른 시간 후 48시간 이내에 자진신고를 한 때

③ 교통법규 위반 시 벌점기준

위반사항	벌 점
• 속도위반(100km/h 초과) • 술에 취한 상태의 기준을 넘어서 운전한 때(혈중알코올농도 0.03% 이상 0.08% 미만) • 자동차 등을 이용하여 형법상 특수상해 등(보복운전)을 하여 입건된 때	100
속도위반(80km/h 초과 100km/h 이하)	80
속도위반(60km/h 초과 80km/h 이하)	60
• 정차·주차위반에 대한 조치불응(단체에 소속되거나 다수인에 포함되어 경찰공무원의 3회 이상의 이동명령에 따르지 아니하고 교통을 방해한 경우에 한한다) • 공동위험행위로 형사입건된 때 • 난폭운전으로 형사입건된 때 • 안전운전의무위반(단체에 소속되거나 다수인에 포함되어 경찰공무원의 3회 이상의 안전운전 지시에 따르지 아니하고 타인에게 위험과 장해를 주는 속도나 방법으로 운전한 경우에 한한다) • 승객의 차내 소란행위 방치운전 • 출석기간 또는 범칙금 납부기간 만료일부터 60일이 경과될 때까지 즉결심판을 받지 아니한 때	40
• 통행구분 위반(중앙선 침범에 한함) • 속도위반(40km/h 초과 60km/h 이하) • 철길건널목 통과방법 위반 • 회전교차로 통행방법 위반(통행 방향 위반에 한정) • 어린이통학버스 특별보호 위반 • 어린이통학버스 운전자의 의무위반(좌석안전띠를 매도록 하지 아니한 운전자는 제외) • 고속도로·자동차전용도로 갓길통행 • 고속도로 버스전용차로·다인승전용차로 통행위반 • 운전면허증 등의 제시의무위반 또는 운전자 신원확인을 위한 경찰공무원의 질문에 불응	30
• 신호·지시위반 • 속도위반(20km/h 초과 40km/h 이하) • 속도위반(어린이보호구역 안에서 오전 8시부터 오후 8시까지 사이에 제한속도를 20km/h 이내에서 초과한 경우에 한정한다) • 앞지르기 금지시기·장소위반 • 적재 제한 위반 또는 적재물 추락 방지 위반 • 운전 중 휴대용 전화 사용 • 운전 중 운전자가 볼 수 있는 위치에 영상 표시 • 운전 중 영상표시장치 조작 • 운행기록계 미설치 자동차 운전금지 등의 위반	15
• 통행구분 위반(보도침범, 보도 횡단방법 위반) • 차로통행 준수의무 위반, 지정차로 통행위반(진로변경 금지장소에서의 진로변경 포함) • 일반도로 전용차로 통행위반 • 안전거리 미확보(진로변경 방법위반 포함) • 앞지르기 방법위반 • 보행자 보호 불이행(정지선위반 포함) • 승객 또는 승하차자 추락방지조치위반 • 안전운전 의무 위반 • 노상 시비·다툼 등으로 차마의 통행 방해행위 • 자율주행자동차 운전자의 준수사항 위반 • 돌·유리병·쇳조각이나 그 밖에 도로에 있는 사람이나 차마를 손상시킬 우려가 있는 물건을 던지거나 발사하는 행위 • 도로를 통행하고 있는 차마에서 밖으로 물건을 던지는 행위	10

(5) 범칙행위 및 범칙금액(영 [별표 8])

범칙행위	차종별 범칙금액(만원)			
	승 합	승 용	이 륜	자 전
• 속도위반(60km/h 초과) • 어린이통학버스 운전자의 의무 위반(좌석안전띠를 매도록 하지 않은 경우는 제외)	13	12	8	–
• 인적 사항 제공의무 위반(주·정차된 차만 손괴한 것이 분명한 경우에 한정)	13	12	8	6
• 개인형 이동장치 무면허 운전 • 약물의 영향과 그 밖의 사유로 정상적으로 운전하지 못 할 우려가 있는 상태에서 자전거 등을 운전	–	–	–	10 (손수레 등 제외)
• 속도위반(40km/h 초과 60km/h 이하) • 승객의 차 안 소란행위 방치 운전 • 어린이통학버스 특별보호 위반	10	9	6	–
• 소방관련 시설 주변에서의 정차 및 주차의 금지(영 제10조의3 제2항)에 따라 안전표지가 설치된 곳에서의 정차·주차 금지 위반 • 승차정원을 초과하여 동승자를 태우고 개인형 이동장치를 운전	9	8	6	4
• 신호·지시위반 • 중앙선 침범·통행구분 위반 • 자전거횡단도 앞 일시정지 의무 위반 • 속도위반(20km/h 초과 40km/h 이하) • 횡단·유턴·후진 위반 • 앞지르기 방법 위반 • 앞지르기 금지시기·장소 위반 • 철길건널목 통과방법 위반 • 회전교차로 통행방법 위반 • 횡단보도 보행자 횡단 방해(신호 또는 지시에 따라 도로를 횡단하는 보행자의 통행 방해와 어린이 보호구역에서의 일시정지 위반을 포함) • 보행자전용도로 통행 위반(보행자전용도로 통행방법 위반 포함) • 긴급자동차에 대한 양보·일시정지 위반 • 긴급한 용도나 그 밖에 허용된 사항 외에 경광등이나 사이렌 사용 • 승차 인원 초과·승객 또는 승하차자 추락 방지 조치 위반	7	6	4	3

범칙행위	차종별 범칙금액(만원)			
	승 합	승 용	이 륜	자 전
• 어린이 · 앞을 보지 못하는 사람 등의 보호 위반 • 운전 중 휴대용 전화 사용 • 운전 중 운전자가 볼 수 있는 위치에 영상 표시 • 운전 중 영상표시장치 조작 • 운행기록계 미설치 자동차 운전 금지 등의 위반 • 고속도로 · 자동차전용도로 갓길 통행 • 고속도로버스전용차로 · 다인승전용차로 통행 위반	7	6	4	3
• 통행금지 · 제한 위반 • 일반도로 전용차로 통행 위반 • 노면전차 전용로 통행 위반 • 고속도로 · 자동차전용도로 안전거리 미확보 • 앞지르기의 방해 금지 위반 • 교차로 통행방법 위반 • 회전교차로 진입 · 진행방법 위반 • 교차로에서의 양보운전 위반 • 보행자 통행 방해 또는 보호 불이행 • 정차 · 주차금지 위반(영 제10조의3 제2항에 따라 안전표지가 설치된 곳에서의 정차 · 주차 금지 위반은 제외) • 주차금지 위반 • 정차 · 주차방법 위반 • 경사진 곳에서의 정차 · 주차방법 위반 • 정차 · 주차 위반에 대한 조치 불응 • 적재 제한 위반 · 적재물 추락 방지 위반 또는 영유아나 동물을 안고 운전하는 행위 • 안전운전의무 위반 • 도로에서의 시비 · 다툼 등으로 인한 차마의 통행 방해 행위 • 급발진 · 급가속 · 엔진 공회전 또는 반복적 · 연속적인 경음기 울림으로 인한 소음 발생 행위 • 화물 적재함에의 승객 탑승 운행 행위 • 개인형 이동장치 인명보호 장구 미착용 • 자율주행자동차 운전자의 준수사항 위반 • 고속도로 지정차로 통행 위반 • 고속도로 · 자동차전용도로 횡단 · 유턴 · 후진 위반 • 고속도로 · 자동차전용도로 정차 · 주차 금지 위반 • 고속도로 진입 위반 • 고속도로 · 자동차전용도로에서의 고장 등의 경우 조치 불이행	5	4	3	2
• 혼잡 완화조치 위반 • 차로통행 준수의무 위반, 지정차로 통행 위반, 차로 너비보다 넓은 차 통행금지 위반(진로변경 금지 장소에서의 진로변경을 포함) • 속도위반(20km/h 이하) • 진로 변경방법 위반 • 급제동 금지 위반 • 끼어들기 금지 위반 • 서행의무 위반 • 일시정지 위반 • 방향전환 · 진로변경 및 회전교차로 진입 · 진출 시 신호 불이행 • 운전석 이탈 시 안전확보 불이행 • 동승자 등의 안전을 위한 조치 위반 • 시 · 도경찰청 지정 · 공고 사항 위반 • 좌석안전띠 미착용 • 이륜자동차 · 원동기장치자전거(개인형 이동장치는 제외) 인명보호장구 미착용 • 등화점등 불이행 · 발광장치 미착용(자전거 운전자 제외) • 어린이통학버스와 비슷한 도색 · 표지 금지 위반	3	3	2	1

범칙행위	차종별 범칙금액(만원)			
	승 합	승 용	이 륜	자 전
• 최저속도위반 • 일반도로 안전거리 미확보 • 등화 점등 · 조작 불이행(안개가 끼거나 비 또는 눈이 올 때는 제외) • 불법부착장치 차 운전(교통단속용 장비의 기능을 방해하는 장치를 한 차의 운전을 제외) • 사업용 승합자동차 또는 노면전차의 승차 거부 • 택시의 합승(장기 주 · 정차하여 승객을 유치하는 경우로 한정) · 승차거부 · 부당요금 징수행위 • 운전이 금지된 위험한 자전거 등의 운전	2	2	1	1
술에 취한 상태에서의 자전거 등 운전	개인형 이동장치(10), 자전거(3)			
술에 취한 상태에 있다고 인정할만한 상당한 이유가 있는 자전거 등 운전자가 경찰공무원의 호흡조사 측정에 불응	개인형 이동장치(13), 자전거(10)			
• 돌, 유리병, 쇳조각, 그 밖에 도로에 있는 사람이나 차마를 손상시킬 우려가 있는 물건을 던지거나 발사하는 행위(동승자 포함) • 도로를 통행하고 있는 차마에서 밖으로 물건을 던지는 행위(동승자 포함)	모든 차마(5)			
특별교통안전교육의 미이수 • 과거 5년 이내에 술에 취한 상태에서 운전금지를 1회 이상 위반하였던 사람으로서 다시 같은 내용을 위반하여 운전면허효력 정지처분을 받게 되거나 받은 사람이 그 처분기간이 끝나기 전에 특별교통안전교육을 받지 않은 경우 • 위 경우 외의 경우	차종 구분 없음(15) 차종 구분 없음(10)			
경찰관의 실효된 면허증 회수에 대한 거부 또는 방해	차종 구분 없음(3)			

(비 고) 1. 승합(승합자동차 등) : 승합자동차, 4t 초과 화물자동차, 특수자동차, 건설기계 및 노면전차
2. 승용(승용자동차 등) : 승용자동차 및 4t 이하 화물자동차
3. 이륜(이륜자동차 등) : 이륜자동차 및 원동기장치자전거(개인형 이동장치는 제외)
4. 손수레 등 : 손수레, 경운기 및 우마차

14 교통사고처리 특례법령

(1) 특례의 적용 및 배제(교통사고처리 특례법 제3조)

① 차의 운전자가 교통사고로 인하여 형법의 업무상과실 · 중과실 치사상의 죄를 범한 경우에는 5년 이하의 금고 또는 2,000만원 이하의 벌금에 처한다.

② 차의 교통으로 ①의 죄 중 업무상과실치상죄(業務上過失致傷罪) 또는 중과실치상죄(重過失致傷罪)와 도로교통법의 다른 사람의 건조물이나 그 밖의 재물을 손괴한 죄를 범한 운전자에 대하여는 피해자의 명시적인 의사에 반하여 공소(公訴)를 제기할 수 없다.

③ 다만, 차의 운전자가 ①의 죄 중 업무상과실치상죄 또는 중과실치상죄를 범하고도 피해자를 구호(救護)하는 등 사고발생 시의 조치를 하지 아니하고 도주하거나 피해자를 사고 장소로부터 옮겨 유기(遺棄)하고 도주한 경우, 같은 죄를 범하고 도로교통법의 술에 취한 상태에서의 운전 금지를 위반하여 음주측정 요구에 따르지 아니한 경우(운전자가 채혈 측정을 요청하거나 동의한 경우는 제외)와 다음의 어느 하나에 해당하는 행위로 인하여 같은 죄를 범한 경우에는 그러하지 아니하다.
- ㉠ 신호・지시를 위반하여 운전한 경우
- ㉡ 중앙선 침범, 고속도로 등에서의 횡단, 유턴 또는 후진한 경우
- ㉢ 제한속도(시속 20km/h)를 초과하여 운전한 경우
- ㉣ 앞지르기의 방법・금지시기・금지장소 또는 끼어들기 금지 위반하여 운전한 경우
- ㉤ 철길건널목 통과방법을 위반하여 운전한 경우
- ㉥ 횡단보도에서의 보행자 보호의무를 위반하여 운전한 경우
- ㉦ 무면허운전한 경우
- ㉧ 술에 취한 상태에서 운전・약물 복용 운전한 경우
- ㉨ 보도 침범・보도 횡단방법을 위반하여 운전한 경우
- ㉩ 승객의 추락 방지의무를 위반하여 운전한 경우
- ㉪ 어린이 보호구역에서 규정에 따른 조치를 준수하고 어린이의 안전에 유의하면서 운전하여야 할 의무를 위반하여 어린이의 신체를 상해(傷害)에 이르게 한 경우
- ㉫ 자동차의 화물이 떨어지지 아니하도록 필요한 조치를 하지 아니하고 운전한 경우

(2) 처벌의 가중(특정범죄 가중처벌 등에 관한 법률)

① 사고운전자가 피해자를 구호하는 등의 조치를 하지 않고 도주한 경우(제5조의3 제1항)
- ㉠ 피해자를 사망에 이르게 하고 도주하거나, 도주 후에 피해자가 사망한 경우에는 무기 또는 5년 이상의 징역
- ㉡ 피해자를 상해에 이르게 한 경우에는 1년 이상의 유기징역 또는 500만원 이상 3,000만원 이하의 벌금

② 사고운전자가 피해자를 사고 장소로부터 옮겨 유기하고 도주한 경우(제5조의3 제2항)
- ㉠ 피해자를 사망에 이르게 하고 도주하거나, 도주 후에 피해자가 사망한 경우에는 사형, 무기 또는 5년 이상의 징역
- ㉡ 피해자를 상해에 이르게 한 경우에는 3년 이상의 유기징역

③ 운행 중인 자동차 운전자에 대한 폭행 등의 가중처벌(제5조의10)
- ㉠ 운행 중(여객자동차운송사업 자동차를 운행하는 중 운전자가 여객의 승차・하차 등을 위하여 일시정차한 경우 포함)인 자동차의 운전자를 폭행하거나 협박한 사람은 5년 이하의 징역 또는 2,000만원 이하의 벌금
- ㉡ ㉠의 죄를 범하여 사람을 상해에 이르게 한 경우에는 3년 이상의 유기징역에 처하고, 사망에 이르게 한 경우에는 무기 또는 5년 이상의 징역

④ 위험운전 치사상(제5조의11 제1항)

음주 또는 약물의 영향으로 정상적인 운전이 곤란한 상태에서 자동차 등을 운전하여 사람을 상해에 이르게 한 사람은 1년 이상 15년 이하의 징역 또는 1,000만원 이상 3,000만원 이하의 벌금에 처하고, 사망에 이르게 한 사람은 무기 또는 3년 이상의 징역

15 여객자동차 운수사업법의 목적 및 용어의 정의 등(여객자동차 운수사업법)

(1) 목적(법 제1조)

여객자동차 운수사업에 관한 질서를 확립하고 여객의 원활한 운송과 여객자동차 운수사업의 종합적인 발달을 도모하여 공공복리를 증진하는 것을 목적으로 한다.

(2) 정의(법 제2조, 영 제2조, 규칙 제2조)

① "자동차"란 자동차관리법에 따른 승용자동차, 승합자동차 및 특수자동차(자동차관리법에 따른 캠핑용자동차를 말하며, 자동차대여사업에 한정한다)를 말한다.

② "여객자동차 운수사업"이란 여객자동차운송사업, 자동차대여사업, 여객자동차터미널사업 및 여객자동차운송플랫폼사업을 말한다.

③ "여객자동차운송사업"이란 다른 사람의 수요에 응하여 자동차를 사용하여 유상(有償)으로 여객을 운송하는 사업을 말한다.

④ "노선"이란 자동차를 정기적으로 운행하거나 운행하려는 구간을 말한다.

⑤ "운행계통"이란 노선의 기점(起點)・종점(終點)과 그 기점・종점 간의 운행경로・운행거리・운행횟수 및 운행대수를 총칭한 것을 말한다.

⑥ "여객운송 부가서비스"란 여객자동차를 이용하여 여객운송 외에 여객의 특성과 수요에 따른 업무지원 또는 도움 기능 등을 부가적으로 제공하는 서비스를 말한다.

⑦ "관할관청"이란 관할이 정해지는 국토교통부장관, 대도시권광역교통위원회나 특별시장・광역시장・특별자치시장・도지사 또는 특별자치도지사(이하 "시・도지사")를 말한다.

⑧ "정류소"란 여객이 승차 또는 하차할 수 있도록 노선 사이에 설치한 장소를 말한다.

(3) 여객자동차운송사업의 종류와 세분

① 여객자동차운송사업의 종류(법 제3조)
- ㉠ 노선(路線) 여객자동차운송사업 : 자동차를 정기적으로 운행하려는 구간(노선)을 정하여 여객을 운송하는 사업
- ㉡ 구역(區域) 여객자동차운송사업 : 사업구역을 정하여 그 사업구역 안에서 여객을 운송하는 사업
- ㉢ 수요응답형 여객자동차운송사업 : 다음의 어느 하나에 해당하는 경우로서 운행계통・운행시간・운행횟수를 여객의 요청에 따라 탄력적으로 운영하여 여객을 운송하는 사업
  - 농업・농촌 및 식품산업 기본법에 따른 농촌과 수산업・어촌발전 기본법에 따른 어촌을 기점 또는 종점으로 하는 경우
  - 신도시, 심야시간대 등 대중교통수단이 부족하여 교통불편이 발생하는 경우로서 대통령령으로 정하는 경우
  - 「스마트도시 조성 및 산업진흥 등에 관한 법률」이나 그 밖에 다른 법률에 따라 수요응답형 여객자동차운송사업 면허의 규제특례를 받아 운행 등 실증과정을 거친 지역에서 특별시장・광역시장・특별자치시장・도지사・특별자치도지사(이하 "시・도지사"라 한다)가 필요하다고 인정하는 경우

② 여객자동차운송사업의 세분(영 제3조)

㉠ 노선(路線) 여객자동차운송사업 : 시내버스운송사업, 농어촌버스운송사업, 마을버스운송사업, 시외버스운송사업

㉡ 구역(區域) 여객자동차운송사업 : 전세버스운송사업, 특수여객자동차운송사업, 일반택시운송사업, 개인택시운송사업

(4) 여객자동차운송사업에 사용되는 자동차의 종류(규칙 [별표 1])

구 분	자동차의 종류
1. 시내버스 운송사업 및 농어촌버스 운송사업	중형 이상의 승합자동차(관할관청이 필요하다고 인정하는 경우 농어촌버스운송사업에 대해서는 소형 이상의 승합자동차). 이 경우 운행형태에 따라 자동차의 종류를 다음과 같이 구분한다. • 시내좌석버스 : 광역급행형, 직행좌석형 및 좌석형에 사용되는 것으로 좌석이 설치된 것 • 시내일반버스 : 일반형에 사용되는 것으로서 좌석과 입석이 혼용 설치된 것
2. 시외버스 운송사업	중형 또는 대형승합자동차. 이 경우 운행형태에 따라 자동차의 종류를 다음과 같이 구분한다. • 시외우등고속버스 : 고속형에 사용되는 것으로서 원동기 출력이 자동차 총 중량 1t당 20마력 이상이고 승차정원이 29인승 이하인 대형승합자동차 • 시외고속버스 : 고속형에 사용되는 것으로서 원동기 출력이 자동차 총 중량 1t당 20마력 이상이고 승차정원이 30인승 이상인 대형승합자동차 • 시외고급고속버스 : 고속형에 사용되는 것으로서 원동기 출력이 자동차 총 중량 1t당 20마력 이상이고 승차정원이 22인승 이하인 대형승합자동차 • 시외우등직행버스 : 직행형에 사용되는 것으로서 원동기 출력이 자동차 총 중량 1t당 20마력 이상이고 승차정원이 29인승 이하인 대형승합자동차 • 시외직행버스 : 직행형에 사용되는 중형 이상의 승합자동차 • 시외고급직행버스 : 직행형에 사용되는 것으로서 원동기 출력이 자동차 총 중량 1t당 20마력 이상이고 승차정원이 22인승 이하인 대형승합자동차 • 시외우등일반버스 : 일반형에 사용되는 것으로서 원동기 출력이 자동차 총 중량 1t당 20마력 이상이고 승차정원이 29인승 이하인 대형승합자동차 • 시외일반버스 : 일반형에 사용되는 중형 이상의 승합자동차
3. 택시 운송사업	승용자동차 또는 다음에 해당하는 승합자동차. 다만, 승합자동차의 경우에는 광역시의 군이 아닌 군 지역의 택시운송사업의 경우에는 해당하지 않는다. • 배기량이 2,000cc 이상이고 승차정원이 13인승 이하인 승합자동차 • 환경친화적 자동차의 개발 및 보급 촉진에 관한 법률의 자동차로서 승차정원이 13인승 이하인 승합자동차
4. 마을버스 운송사업	중형승합자동차. 다만, 관할관청이 필요하다고 인정하는 경우에는 소형 또는 대형승합자동차로 할 수 있다.
5. 전세버스 운송사업	중형 이상의 승합자동차(승차정원 16인승 이상의 것만 해당)
6. 특수여객 자동차 운송사업	특수형 승합자동차 또는 승용자동차. 이 경우 일반장의자동차 및 운구전용 장의자동차로 구분한다.
7. 수요응답형 여객자동차 운송사업	승용자동차 또는 소형 이상의 승합자동차

16 여객자동차운송사업의 운전업무 종사자격
(여객자동차 운수사업법)

(1) 여객자동차운송사업의 운전업무 종사자격(법 제24조 제1항)

여객자동차운송사업의 운전업무에 종사하려는 사람은 ① 및 ②의 요건을 모두 갖추고, ③ 또는 ④(여객자동차운송사업에 한정)의 요건을 갖추어야 한다.

① 국토교통부령으로 정하는 나이와 운전경력 등 운전업무에 필요한 요건을 갖출 것

② 국토교통부령으로 정하는 바에 따라 국토교통부장관이 시행하는 운전 적성(適性)에 대한 정밀검사 기준에 맞을 것

③ 국토교통부장관 또는 시・도지사가 시행하는 여객자동차 운수 관계 법령과 지리 숙지도(熟知度) 등에 관한 시험에 합격한 후 국토교통부장관 또는 시・도지사로부터 자격을 취득할 것

④ 국토교통부장관이 교통안전법에 따른 교통안전체험에 관한 연구・교육시설에서 교통안전체험, 교통사고 대응요령 및 여객자동차 운수사업법령 등에 관하여 실시하는 이론 및 실기 교육을 이수하고 자격을 취득할 것

(2) 사업용 자동차 운전자의 자격요건 등(규칙 제49조 제1~3항)

① 여객자동차 운송사업용 자동차의 운전업무에 종사하려는 자의 요건

㉠ 사업용 자동차를 운전하기에 적합한 운전면허를 보유하고 있을 것

㉡ 20세 이상으로서 다음의 어느 하나에 해당하는 요건을 갖출 것

- 해당 사업용 자동차 운전경력이 1년 이상일 것
- 국토교통부장관 또는 지방자치단체의 장이 지정하여 고시하는 버스운전자 양성기관에서 교육과정을 이수할 것
- 운전을 직무로 하는 군인이나 의무경찰대원으로서 다음의 요건을 모두 갖출 것
  - 해당 사업용 자동차에 해당하는 차량의 운전경력 등 국토교통부장관이 정하여 고시하는 요건을 갖출 것
  - 소속 기관의 장의 추천을 받을 것

㉢ 국토교통부장관이 정하는 운전 적성에 대한 정밀검사 기준 또는 화물자동차 운수사업법 시행규칙 제18조의2에 따른 운전 적성에 대한 정밀검사 기준에 적합할 것

㉣ 운전자격시험 합격 또는 교통안전체험교육 수료의 요건을 갖추고 운전자격을 취득할 것

② ①의 ㉢에 따른 정밀검사기준에 적합한지에 관한 검사(운전적성정밀검사)는 기기형 검사와 필기형 검사로 구분한다.

③ 운전적성정밀검사는 신규검사・특별검사 및 자격유지검사로 구분하되, 그 대상은 다음과 같다.

㉠ 신규검사의 대상

- 신규로 여객자동차 운송사업용 자동차를 운전하려는 자
- 여객자동차 운송사업용 자동차 또는 「화물자동차 운수사업법」에 따른 화물자동차 운송사업용 자동차의 운전업무에 종사하다가 퇴직한 자로서 신규검사를 받은 날부터 3년이 지난 후 재취업하려는 자. 다만, 재취업일까지 무사고로 운전한 자는 제외한다.
- 신규검사의 적합판정을 받은 자로서 운전적성정밀검사를 받은 날부터 3년 이내에 취업하지 아니한 자(단, 신규검사를 받은 날부터 취업일까지 무사고로 운전한 사람은 제외)

㉡ 특별검사의 대상

- 중상 이상의 사상(死傷)사고를 일으킨 자
- 과거 1년간 「도로교통법 시행규칙」에 따른 운전면허 행정처분기준에 따라 계산한 누산점수가 81점 이상인 자
- 질병, 과로, 그 밖의 사유로 안전운전을 할 수 없다고 인정되는 자인지 알기 위하여 운송사업자가 신청한 자

㉢ 자격유지검사의 대상

- 65세 이상 70세 미만인 사람(자격유지검사의 적합판정을 받고 3년이 지나지 아니한 사람은 제외)
- 70세 이상인 사람(자격유지검사의 적합판정을 받고 1년이 지나지 아니한 사람은 제외)

제 2 과목 자동차관리 및 안전수칙

01 자동차의 구조

자동차는 많은 부품으로 구성되어 있으나 주요 부분을 크게 나누면 차체(Body & Frame)와 섀시(Chassis)로 구분할 수 있다.

(1) 차체(Body)

① 자동차의 겉을 이루고 있는 부분이며, 프레임 위나 현가장치와 직접 연결되어 있어 사람이나 화물을 싣는 부분을 말한다.
② 모양은 용도에 따라 승용차, 버스, 화물차 등 다르며, 차체는 엔진룸(Engine Room), 트렁크(Trunk) 등으로 구성되어 있다.

(2) 프레임(Frame)

프레임은 차량의 골격을 형성하고 주행 중의 차체하중, 각종 반력 등을 받아 지탱하는 빔으로서, 충분한 강도와 강성을 필요로 한다. 승용차의 경우는 대부분 바디구조와 일체형으로 차체골격을 형성하고 있다.

(3) 섀시(Chassis)

① 섀시란 그 자체가 자동차로서의 기능을 충분히 발휘할 수 있는 부분을 말한다.
② 주행의 원동력이 되는 엔진을 비롯하여 동력전달장치, 조향장치, 차륜, 차축, 현가장치 등의 주행장치 그리고 전기장치 등으로 나눌 수 있다.

02 자동차 안전과 관련된 주요 현상

(1) 계기판 용어

① **속도계** : 자동차의 단위 시간당 주행거리를 나타낸다.
② **회전계(타코미터)** : 엔진의 분당 회전수(rpm)를 나타낸다.
③ **수온계** : 엔진냉각수의 온도를 나타낸다.
④ **연료계** : 연료탱크에 남아 있는 연료의 잔류량을 나타낸다. 동절기에는 연료를 가급적 충만한 상태를 유지한다(연료탱크 내부의 수분침투를 방지하는 데 효과적).
⑤ **주행거리계** : 자동차가 주행한 총거리(km 단위)를 나타낸다.
⑥ **엔진오일 압력계** : 엔진오일의 압력을 나타낸다.
⑦ **공기 압력계** : 브레이크 공기탱크 내의 공기압력을 나타낸다.
⑧ **전압계** : 배터리의 충전 및 방전 상태를 나타낸다.

(2) 주요 안전장치

① **제동장치** : 제동장치는 주행하는 자동차를 감속 또는 정지시킴과 동시에 주차 상태를 유지하기 위하여 필요한 장치이다.
㉠ 핸드브레이크 : 차를 주차 또는 정차시킬 때 사용하는 제동장치로서 손으로 조작한다. 풋브레이크와 달리 레버를 당기면 와이어에 의해 좌우의 뒷바퀴가 고정된다.
㉡ 풋브레이크 : 주행 중에 발로써 조작하는 주요 제동장치로서 브레이크 페달을 밟으면 페달의 바로 앞에 있는 마스터 실린더 내의 피스톤이 작동하여 브레이크액이 압축되고, 압축된 브레이크액은 파이프를 따라 휠실린더로 전달된다. 휠실린더의 피스톤에 의해 브레이크 라이닝을 밀어 주어 타이어와 함께 회전하는 드럼을 잡아 멈추게 한다.
㉢ 엔진브레이크 : 가속페달을 밟았다 놓거나 고단기어에서 저단기어로 바꾸게 되면 엔진브레이크가 작용하여 속도가 떨어지게 된다. 내리막길에서 풋브레이크만 사용하게 되면 라이닝의 마찰에 의해 제동력이 떨어지므로 엔진브레이크를 사용하는 것이 안전하다.
㉣ ABS(Anti-lock Brake System) : 빙판이나 빗길 등 미끄러운 노면상이나 통상의 주행에서 제동 시에 바퀴를 로크시키지 않음으로써 핸들의 조정이 용이하고 가능한 최단거리로 정지시킬 수 있도록 하는 제동장치이다.

② 주행장치
㉠ 휠(Wheel) : 휠은 타이어와 함께 차량의 중량을 지지하고 구동력과 제동력을 지면에 전달하는 역할을 한다. 휠은 무게가 무겁고 노면의 충격과 측력에 견딜 수 있는 강성이 있어야 하고 타이어에서 발생하는 열을 흡수하여 대기 중으로 잘 방출시켜야 한다.
㉡ 타이어
- 휠의 림에 끼워져서 일체로 회전하며 자동차가 달리거나 멈추는 것을 원활히 한다.
- 자동차의 중량을 떠받쳐 준다.
- 지면으로부터 받는 충격을 흡수해 승차감을 좋게 한다.
- 자동차의 진행방향을 전환하거나 조정안정성을 향상시킨다.

③ 조향장치
㉠ 운전석에 있는 핸들(Steering Wheel)에 의해 앞바퀴의 방향을 틀어서 자동차의 진행방향을 바꾸는 장치이다.
㉡ 자동차가 주행할 때는 항상 바른 방향을 유지해야 하고, 핸들의 조작이나 외부의 힘에 의해 주행방향이 잘못되었을 때는 즉시 직전 상태로 되돌아가는 성질이 요구된다.
㉢ 주행 중의 안정성이 좋고 핸들의 조작이 용이하도록 앞바퀴 정렬이 잘 되어 있어야 한다.

④ 완충장치
㉠ 스프링 : 차체와 차축 사이에 설치, 주행 중 노면의 충격이나 진동을 흡수하여 차체에 전달되지 않게 하는 것으로 판 스프링, 코일 스프링, 토션바 스프링, 공기 스프링이 있다.
㉡ 쇽업소버 : 노면에서 발생한 스프링의 진동을 가급적 많이 흡수, 승차감 향상과 스프링의 피로를 줄이기 위해 설치하는 장치이다.

㉢ 스태빌라이저 : 좌우 바퀴가 동시에 상하 운동을 할 때에는 작용을 하지 않지만 좌우 바퀴가 서로 다르게 상하 운동을 할 때 작용하여 차체의 기울기를 감소시켜 주는 장치이다.

⑤ 공기식 브레이크 특징
㉠ 자동차 중량에 제한을 받지 않는다.
㉡ 공기가 다소 누출되어도 제동성능이 현저하게 저하되지 않아 안전도가 높다.
㉢ 페달을 밟는 양에 따라 제동력이 조절된다.
㉣ 엔진출력을 사용하므로 연료소비량이 많다.
㉤ 구조가 복잡하고 유압 브레이크보다 값이 비싸다.
㉥ 베이퍼 록 현상이 발생할 염려가 없다.
㉦ 압축공기의 압력을 높이면 더 큰 제동력을 얻을 수 있다.

⑥ 감속 브레이크의 특징
㉠ 브레이크 슈, 드럼 혹은 타이어의 마모를 줄일 수 있다.
㉡ 풋 브레이크를 사용하는 횟수가 줄기 때문에 주행할 때의 안전도가 향상되고, 운전자의 피로를 줄일 수 있다.
㉢ 눈, 비 등으로 인한 타이어 미끄럼을 줄일 수 있다.
㉣ 클러치 사용횟수가 줄게 됨에 따라 클러치 관련 부품의 마모가 감소한다.
㉤ 브레이크가 작동할 때 이상 소음을 내지 않으므로 승객에게 불쾌감을 주지 않는다.

(3) 물리적 현상

① 속도의 현실적 개념
㉠ 주행 중인 운전자가 하여야 하는 여러 가지 결정들은 '시속 몇 km'라는 개념보다는 1초에 얼마만큼 주행하는가와 결부시킬 때 보다 현실적이다.
㉡ 속도는 상대적인 것이며 중요한 것은 사고의 가능성과 사고의 회피를 가능하게 하는 데 필요한 공간과 시간이다.

② **원심력** : 원의 중심으로부터 벗어나려는 힘이 원심력이다. 차가 커브를 돌 때도 원심력이 작용하는데, 자동차가 커브에 고속으로 진입하면 노면을 잡고 있으려는 타이어의 접지력을 끊어버릴 만큼 원심력이 강해진다. 원심력이 더욱 커지면 결국 차는 도로 밖으로 기울면서 튀어나간다.
㉠ 커브에 진입하기 전에 속도를 줄여 노면에 대한 타이어의 접지력(Grip)이 원심력을 안전하게 극복할 수 있도록 하여야 한다.
㉡ 커브가 예각을 이룰수록 원심력은 커지므로 안전하게 돌려면 이러한 커브에서 보다 감속하여야 한다.
㉢ 타이어의 접지력은 노면의 모양과 상태에 의존한다. 노면이 젖어 있거나 얼어 있으면 타이어의 접지력은 감소한다. 이러한 커브에서 안전속도는 보다 저속이 된다.

③ 스탠딩 웨이브(Standing Wave) 현상
㉠ 타이어가 회전하면 이에 따라 타이어의 원주에서는 변형과 복원을 반복한다. 타이어의 회전속도가 빨라지면 접지부에서 받은 타이어의 변형(주름)이 다음 접지 시점까지도 복원되지 않고 접지의 뒤쪽에 진동의 물결이 일어나는데 이 현상을 스탠딩 웨이브라고 한다.
㉡ 일반구조의 승용차용 타이어의 경우 대략 150km/h 전후의 주행속도에서 이러한 스탠딩 웨이브 현상이 발생한다.

④ 수막(Hydroplaning) 현상
㉠ 자동차가 물이 고인 노면을 고속으로 주행할 때 타이어는 그루브(타이어 홈) 사이에 있는 물을 배수하는 기능이 감소되어 물의 저항에 의해 노면으로부터 떠올라 물 위를 미끄러지듯이 되는 현상이 발생하게 되는데, 이 현상을 수막 현상이라 한다.
㉡ 타이어 접지면의 앞쪽에서 물의 수막이 침범하여 그 압력에 의해 타이어가 노면으로부터 떨어지는 현상이다. 이러한 물의 압력은 자동차 속도의 2배, 그리고 유체밀도에 비례한다.
㉢ 타이어가 완전히 떠오를 때의 속도를 수막 현상의 발생 임계속도라 하고 이 현상이 일어나면 구동력이 전달되지 않는 축의 타이어는 물과의 저항에 의해 회전속도가 감소되고 구동축은 공회전과 같은 상태가 되기 때문에 자동차는 관성력만으로 활주하는 것이 되어 제동력은 물론 모든 타이어 본래의 운동기능이 소실되어 버려 핸들로 자동차를 통제할 수 없게 된다.
㉣ 수막 현상이 발생하는 최저의 물깊이는 자동차의 속도, 타이어가 마모된 정도, 노면의 거칠 등에 따라 다르지만 2.5~10mm 정도라고 알려져 있다.

⑤ 페이드(Fade) 현상
㉠ 비탈길을 내려가거나 할 경우 브레이크를 반복하여 사용하면 마찰열이 라이닝에 축적되어 브레이크의 제동력이 저하되는 경우가 있는데, 이 현상을 페이드라고 한다.
㉡ 페이드 현상은 브레이크의 온도가 상승하여 라이닝의 마찰계수가 저하되므로 일정하게 페달을 밟는 힘에 따라 제동력이 감소하기 때문에 발생한다.

⑥ 베이퍼 록(Vapor Lock) 현상
㉠ 액체를 사용하는 계통에서 열에 의하여 액체가 증기(베이퍼)로 되어 어떤 부분에 갇혀 계통의 기능이 상실되는 것을 말한다.
㉡ 유압식 브레이크의 휠실린더나 브레이크 파이프 속에서 브레이크액이 기화하여 페달을 밟아도 스펀지를 밟는 것 같고 유압이 전달되지 않아 브레이크가 작용하지 않는 현상을 말한다.

⑦ 현가장치 관련 현상
㉠ 노즈 다운(Nose Down) : 자동차를 제동할 때 바퀴는 정지하고 차체는 관성에 의해 이동하려는 성질 때문에 앞범퍼 부분이 내려가는 현상
㉡ 노즈 업(Nose Up) : 자동차가 출발할 때 구동 바퀴는 이동하려 하지만 차체는 정지하고 있기 때문에 앞범퍼 부분이 들리는 현상

(4) 정지거리와 정지시간

자동차의 정지거리는 공주거리와 제동거리를 합한 거리이다. 이때까지 소요된 시간이 정지소요시간(공주시간 + 제동시간)이다.

① **공주거리와 공주시간** : 운전자가 자동차를 정지시켜야 할 상황임을 지각하고 브레이크로 발을 옮겨 브레이크가 작동을 시작하는 순간까지의 시간을 공주시간이라고 한다. 이때까지 자동차가 진행한 거리를 공주거리라고 한다.

② **제동거리와 제동시간** : 운전자가 브레이크에 발을 올려 브레이크가 막 작동을 시작하는 순간부터 자동차가 완전히 정지할 때까지의 시간을 제동시간이라 한다. 이때까지 자동차가 진행한 거리를 제동거리라고 한다.

03 운전자의 기본 점검사항

(1) 엔진 오일의 점검

① 엔진 오일은 주 1회 정도 점검하도록 한다.
② 엔진 오일의 점검은 오일의 양은 적당한지, 오일의 점도는 적당한지를 점검한다.
③ 엔진 오일의 점검은 평탄한 곳에서 차량의 시동을 끄고 엔진의 열을 식힌 후 점검한다.
④ 오일의 양은 부족하지만 색깔이 맑다면 오일을 적당히 보충하면 되고, 오일의 양도 부족하고 색깔도 탁하다면 오일을 교환하도록 한다.
⑤ 엔진 오일은 반드시 동일 등급의 오일로 교환해야 한다.
⑥ 엔진 오일을 교환할 때에는 반드시 엔진 오일 필터도 함께 교환한다.
⑦ 엔진 오일의 교환주기는 보통 5,000~10,000km 사이가 적당하다.
⑧ 엔진 오일을 점검할 때에 에어 클리너도 함께 점검해서 더러워진 상태라면 교환한다.

(2) 배터리의 점검

① 차량의 모든 전기부품에 전기를 제공하는 곳이 배터리이므로 배터리의 상태가 좋지 못하면 사실상 차량의 운행은 불가능해진다.
② 배터리의 상태는 투시창의 색깔로 구분해서 판단할 수 있다. 색깔이 초록색을 띠면 양호한 상태이며, 붉은색을 띠면 증류수의 보충이 필요한 상태이고, 흰색을 띠면 배터리의 수명이 다한 것이므로 교환을 하도록 한다.
③ 배터리도 일종의 소모품이기 때문에 일정 기간마다 교환해 주는 것이 바람직하다.
④ 배터리의 교환주기는 3~4년 정도가 적당하다.
⑤ (+)와 (−)단자의 연결부분이 헐겁지는 않은지 확인한다. 조임이 좋지 못하면 전기가 제대로 공급되지 않아서 전기적인 결함이 생길 수 있다.

(3) 브레이크 오일의 점검

① 브레이크는 사고의 직접적인 원인을 제공할 수 있기 때문에 무엇보다도 브레이크 오일의 점검이 중요하다.
② 브레이크 오일의 점검은 수시로 해야 한다.
③ 브레이크 오일은 오일 탱크의 상한선(MAX)과 하한선(MIN) 사이에 있으면 적당하다.
④ 오일을 보충했음에도 불구하고 오일의 양이 줄어든다면 이때는 반드시 정비업체나 A/S센터에 문의하는 것이 바람직하다.
⑤ 오일이 줄어들면 브레이크 패드가 심하게 마모된 것이므로 패드를 확인하고 교환을 하는 것이 바람직하다.

(4) 냉각수 점검

① 냉각수는 주행하는 차량의 엔진을 알맞은 온도로 유지해 주므로 수시로 점검한다.
② 보조탱크의 냉각수의 양이 H와 L 사이에 있으면 적당하다.
③ 냉각수의 양이 적다면 보충을 해야 하고 보충을 했음에도 불구하고 냉각수의 양이 줄어든다면 냉각수가 새는 곳이 있는지 점검해야 한다.
④ 겨울철에는 냉각수를 부동액으로 바꾸어야 한다. 물과 부동액의 비율은 1 : 1로 하는 것이 적당하다.
⑤ 여름철에는 엔진과열의 발생이 높기 때문에 수시로 점검하고 보충할 수 있는 냉각수를 미리 준비해 두고 운행하는 것이 바람직하다.
⑥ 라디에이터의 캡을 열 때는 두꺼운 헝겊 등으로 감싸서 열도록 한다.
⑦ 냉각수의 보충을 위해서 물을 많이 사용했다면 날씨가 추워지기 전에 반드시 부동액으로 바꾸어 주어야 한다.

(5) 타이어의 점검

① 출발하기 전 타이어의 공기압은 적당한지, 찢어진 곳은 없는지 수시로 점검한다.
② 운전자는 출발하기 전에 반드시 차량의 바퀴상태를 점검해서 못이나 유리 등 이물질이 타이어에 박혀서 손상을 주지는 않았는지, 타이어가 파손된 부분은 없는지 확인한다.
③ 타이어의 마모 상태가 심하지는 않은지 확인해야 한다.
④ 핸들이 한쪽으로 쏠리는 현상이 생긴다면 타이어의 공기압을 점검해 볼 필요가 있다.
⑤ 타이어의 휠 조임은 풀려 있지 않은지 수시로 점검한다.
⑥ 타이어의 공기압이 맞지 않으면 제동력이 약해지고 이상 마모현상이 생긴다.
⑦ 예비타이어를 항상 준비하고 주행을 해야 타이어의 펑크 시 빠르게 조치를 취할 수 있다.

04 자동차의 일상점검

(1) 차량점검 및 주의사항

① 운행 전 점검을 실시한다.
② 적색경고등이 들어온 상태에서는 절대로 운행하지 않는다.
③ 운행 전에 조향핸들의 높이와 각도가 맞게 조정되어 있는지 점검한다.
④ 운행 중에는 조향핸들의 높이와 각도를 조정하지 않는다.
⑤ 주차 시에는 항상 주차브레이크를 사용한다.
⑥ 파워핸들(동력조향)이 작동되지 않더라도 트럭을 조향할 수 있으나 조향이 매우 무거움에 유의하여 운행한다.
⑦ 주차브레이크를 작동시키지 않은 상태에서 절대로 운전석에서 떠나지 않는다.
⑧ 트랙터 차량의 경우 트레일러 주차 브레이크는 일시적으로만 사용하고 트레일러 브레이크만을 사용하여 주차하지 않는다.
⑨ 라디에이터 캡은 주의해서 연다.
⑩ 캡을 기울일 경우에는 최대 끝 지점까지 도달하도록 기울이고 스트러트(캡지지대)를 사용한다.
⑪ 캡을 기울인 후 또는 원위치시킨 후에 엔진을 시동할 경우에는 반드시 기어레버가 중립위치에 있는지 다시 한 번 확인한다.
⑫ 캡을 기울일 때 손을 머드가드(흙받이 밀폐고무) 부위에 올려놓지 않는다(손이 끼어서 다칠 우려가 있다).
⑬ 컨테이너 차량의 경우 록장치가 작동되는지를 확인한다.

(2) 운행 전후 점검사항

① 운행 전 점검사항

㉠ 운전석에서 점검 : 연료 게이지량, 브레이크페달 유격 및 작동 상태, 에어압력 게이지상태, 룸미러 각도, 경음기 작동상태, 계기 점등상태, 와이퍼 작동상태, 스티어링 휠(핸들) 및 운전석 조정 등

㉡ 엔진점검 : 엔진오일의 양과 불순물, 냉각수의 색깔과 양, 각종 벨트의 손상과 적당량, 배선에서의 누전 등

㉢ 외관점검 : 유리, 차체굴곡, 후드(보닛)의 고정, 타이어 공기압력 및 마모 상태, 차체 기울기, 후사경의 위치와 청결, 차체의 먼지, 반사기 및 번호판의 오염이나 손상, 휠 너트의 조임상태, 파워스티어링 오일 및 브레이크액의 양과 상태, 차체에서 오일이나 연료, 냉각수의 누출, 라디에이터 캡과 연료탱크 캡의 이상 유무, 각종 등화 점검 등

② 운행 중 점검사항

㉠ 출발 전 확인사항 : 엔진 시동 시 배터리의 출력, 시동 시의 잡음, 계기장치 및 등화장치 점검, 브레이크나 엑셀레이터 페달 작동 이상 유무, 공기 압력, 후사경의 위치와 각도, 클러치 작동과 기어접속 이상 유무, 엔진소리 등

㉡ 운행 중 유의사항

- 조향장치는 부드럽게 작동되고 있는가?
- 제동장치는 잘 작동되며, 한쪽으로 쏠리지는 않는가?
- 각종 계기장치는 정상위치를 가리키고 있는가?
- 각종 계기는 정상적으로 작동하고 있는가?
- 엔진소리에 이상음이 발생하지는 않는가?
- 차체가 이상하게 흔들리거나 진동하지는 않는가?
- 클러치 작동은 원활하며 동력전달에 이상은 없는가?
- 차내에서 이상한 냄새가 나지는 않는가?

③ 운행 후 점검사항

㉠ 외관점검 : 차체 기울기, 부품 이상, 각종 등화, 후드(보닛)의 고리 점검 등

㉡ 엔진점검 : 냉각수나 엔진오일 이상 소모, 배터리액, 배선, 오일이나 냉각수 누수 점검 등

㉢ 하체점검 : 타이어, 볼트나 너트, 조향장치나 완충장치, 휠 너트 점검, 에어 누설이나 액체 유출 등

(3) 원동기 점검사항

① 시동이 쉽고 잡음이 없는가?
② 배기가스의 색이 깨끗하고 유독가스 및 매연이 없는가?
③ 엔진오일의 양이 충분하고 오염되지 않으며 누출이 없는가?
④ 연료 및 냉각수가 충분하고 새는 곳이 없는가?
⑤ 연료분사펌프조속기의 봉인상태가 양호한가?
⑥ 배기관 및 소음기의 상태가 양호한가?

(4) 동력전달장치 점검사항

① 클러치 페달의 유동이 없고 클러치의 유격은 적당한가?
② 변속기의 조작이 쉽고 변속기 오일의 누출은 없는가?
③ 추진축 연결부의 헐거움이나 이음은 없는가?

(5) 조향장치 점검사항

① 스티어링 휠의 유동・느슨함・흔들림은 없는가?
② 조향축의 흔들림이나 손상은 없는가?

(6) 제동장치 점검사항

① 브레이크 페달을 밟았을 때 상판과의 간격은 적당한가?
② 브레이크액의 누출은 없는가?
③ 주차 제동레버의 유격 및 당겨짐은 적당한가?
④ 브레이크 파이프 및 호스의 손상 및 연결 상태는 양호한가?
⑤ 에어브레이크의 공기 누출은 없는가?
⑥ 에어탱크의 공기압은 적당한가?

(7) 완충장치 점검사항

① 섀시스프링 및 쇽업소버 이음부의 느슨함이나 손상은 없는가?
② 섀시스프링이 절손된 곳은 없는가?
③ 쇽업소버의 오일 누출은 없는가?

(8) 주행장치 점검사항

① 휠볼트 및 허브볼트의 느슨함은 없는가?
② 타이어의 이상마모와 손상은 없는가?
③ 타이어의 공기압은 적당한가?

(9) 기 타

① 와이퍼의 작동은 확실한가?
② 유리세척액의 양은 충분한가?
③ 전조등의 광도 및 조사각도는 양호한가?
④ 후사경 및 후부반사기의 비침상태는 양호한가?
⑤ 등록번호판은 깨끗하며 손상이 없는가?

05 계절별 차량관리

(1) 봄 철

① 겨울철 노면의 결빙을 막기 위해 뿌려진 염화칼슘이나 모래 등은 차체의 부식을 촉진시키기 때문에 세차장을 찾아서 차량의 밑바닥까지 말끔히 세차한다.

② 차체 부분의 조임이 풀린 곳은 없는지, 기름이 새는 곳은 없는지, 겨울철 추위에 변형된 부분은 없는지를 확인한다.

③ 겨울을 나기 위해 필요했던 스노타이어, 체인 등 월동장비를 잘 정리해서 보관한다.

㉠ 스노타이어는 깨끗하게 씻어서 물기를 완전히 제거한 후 신문지로 포장해서 통풍이 잘되는 그늘진 곳에서 보관한다.

㉡ 체인은 폐유를 사용해서 깨끗이 씻어서 녹이 슬지 않도록 그리스를 칠해서 체인 주머니에 보관하도록 한다.

④ 냉각수는 부족하지는 않은지, 새는 부분은 없는지 확인한다. 특히 추운 겨울을 나면서 고무제품의 변형으로 인해 이음부분이 샐 우려가 있으므로 면밀히 살펴보도록 한다.

⑤ 엔진 오일의 상태를 점검하고 상태에 따라서 교환 혹은 보충해 주도록 한다.

⑥ 겨울철에는 다른 계절보다 전기사용량이 많으므로 전선의 피복이 벗겨진 부분이나 소켓 부분의 부식이 없는지 살펴본다.

(2) 여름철

① 여름에는 엔진의 과열이 쉬우므로 냉각수의 양은 충분한지, 냉각수가 새지는 않는지 수시로 점검을 해야 한다.

② 팬벨트의 장력도 수시로 점검하고 냉각수와 팬벨트는 여유분을 준비하는 것이 바람직하다.

③ 여름철에는 비가 많이 내리기 때문에 와이퍼의 작동이 정상적인지 확인해야 한다.

④ 워셔액은 깨끗하고 충분한지 확인한다.

⑤ 여름철에는 차량 내부에 습기가 찰 때가 있는데 이런 경우에는 고무매트 밑이나 트렁크 내에 신문지를 깔아 두면 습기가 제거되어 차체의 부식과 악취발생을 방지할 수 있다.

⑥ 물에 잠긴 차량의 경우는 각종 배선에서 수분이 완전히 제거되지 않아서 합선이 일어날 수 있으므로 시동을 거는 행위 등 전기장치를 작동하지 않도록 해야 한다.

⑦ 에어컨이 정상적으로 작동하는지 점검하고 냉매가스가 부족하지는 않은지도 점검해야 한다.

⑧ 에어컨에서 이상한 냄새가 나면 증발기를 떼어 내어 세척해야 한다.

⑨ 에어컨은 겨울철에도 한 달에 한 번 정도 작동시켜서 냉매가스 및 오일의 윤활작용을 시켜주어야 한다.

(3) 가을철

① 바닷가를 주행한 차량은 바닷가의 염분이 차체를 부식시키므로 깨끗이 씻어내고 페인트가 벗겨진 곳은 칠을 해서 녹이 슬지 않도록 한다.

② 기온이 급격히 떨어져서 유리창에 서리가 끼게 되므로 열선의 연결부분이 이상 없이 정상적으로 작동하는지를 점검한다.

③ 가을은 행사가 많은 계절이므로 장거리 운전이 많아 출발 전 점검은 필수사항이다. 타이어를 비롯해서 엔진 오일, 냉각수, 브레이크 오일, 팬벨트 등을 수시로 점검하고 항상 예비용을 준비하도록 한다.

④ 가을철에는 날이 빨리 어두워지기 때문에 등화장치의 점검도 빼놓지 않도록 해야 한다.

(4) 겨울철

① 겨울철에는 반드시 스노타이어로 교환하거나 체인을 준비하도록 해야 한다.

② 눈이 많이 내릴 때는 스노타이어가 효과적이지만 빙판길에서는 체인을 사용하는 것이 유리하다.

③ 냉각수의 동결을 막기 위해서 부동액을 사용할 때는 일반적으로 부동액과 물의 비율을 1 : 1로 해서 사용한다. 부동액은 피부를 상하게 하고 차체를 변색시키므로 피부나 차체에 묻지 않도록 주의해야 한다.

06 LPG자동차 안전관리

(1) 액화석유가스 사용시설의 설치와 검사(액화석유가스의 안전관리 및 사업법)

① **설치** : 액화석유가스를 사용하려는 자는 산업통상자원부령으로 정하는 시설기준과 기술기준에 맞도록 액화석유가스의 사용시설과 가스용품을 갖추어야 한다(법 제44조 제1항).

② **완성검사** : 가스시설시공업자는 액화석유가스를 사용하려는 자로서 산업통상자원부령으로 정하는 자(액화석유가스 특정사용자)의 액화석유가스 사용시설의 설치공사나 산업통상자원부령으로 정하는 변경공사를 완공하면 액화석유가스 특정사용자가 그 시설을 사용하기 전에 시장・군수・구청장의 완성검사를 받아야 한다(법 제44조 제2항).

③ 규정에 따른 액화석유가스 특정사용자는 다음의 구분에 따라 완성검사나 정기검사를 받은 것으로 본다(규칙 제71조 제9항).

㉠ 완성검사를 받은 것으로 보는 경우(액화석유가스 특정사용자가 다음의 어느 하나에 해당하는 경우)
- 자동차관리법에 따라 자기인증을 한 경우
- 자동차관리법에 따른 튜닝검사를 받은 경우

㉡ 정기검사를 받은 것으로 보는 경우 : 액화석유가스 특정사용자가 자동차관리법에 따른 정기검사를 받은 경우

(2) 자동차에 대한 액화석유가스 충전행위의 제한(액화석유가스의 안전관리 및 사업법 제29조)

① 액화석유가스를 자동차의 연료로 사용하려는 자는 액화석유가스 충전사업소에서 액화석유가스를 충전 받아야 하며, 자기가 직접 충전하여서는 아니 된다. 다만, 자동차의 운행 중 연료가 떨어지거나 자동차의 수리를 위하여 연료의 충전이 필요한 경우 등 산업통상자원부령으로 정하는 경우에는 그러하지 아니하다.

② ① 단서에 따른 액화석유가스의 충전방법 등에 필요한 사항은 산업통상자원부령으로 정한다.

(3) 일상점검(연료의 누출점검)

① 용기의 충전밸브(녹색)는 LPG 충전 시를 제외하고 잠겨 있는지 점검한다.

② 용기가 트렁크 내에 있는 잭, 부속공구, 예비타이어 등과 접촉하여 손상을 주지 않도록 단단하게 고정되어 있는지 점검한다.

③ LPG는 본래 무색・무취이나 극소량의 부취제를 첨가하여 LPG 특유의 냄새가 나므로 항상 냄새에 유의한다.

(4) 엔진시동 전 점검사항

① **LPG용기 밸브개폐 확인** : 용기의 충전밸브는 연료충전 시 이외에는 반드시 잠겨져 있는가 확인한다. 확인한 다음 연료출구밸브는 반드시 완전히 열어준다.

② **비눗물을 사용하여 각 연결부로부터 누출이 있는지 점검**

㉠ 가스가 샐 경우에는 냄새가 나며, 비눗물을 사용하여 점검하고, 만일 누출이 있다면 LPG누설방지용 씰테이프를 감아준다.

㉡ 연결부를 너무 과도하게 체결하면 나사부가 파손될 수 있다.

㉢ 고압 연결부의 플레어 너트 체결 토크는 1.4~1.8kg・m로 조여 준다.

㉣ 누출을 확인할 때에는 반드시 엔진점화스위치를 'On' 위치시킨다.

(5) 주행 중 준수사항

① 주행 중 LPG 스위치에 손을 대지 않는다. LPG 스위치가 꺼졌을 경우 엔진이 정지되어 안전운전에 지장을 초래할 우려가 있다.
② LPG 용기의 구조특성상 급가속, 급제동, 급선회 시 및 경사길을 지속 주행할 경우 경고등이 점등될 수 있으나 이상현상은 아니다.
③ 평탄길 주행상태에서 계속 경고등이 점등되면 바로 연료를 충전한다.

(6) 응급 시 조치요령

① 가스 누출 시
  ㉠ 엔진을 정지시킨다.
  ㉡ LPG 스위치를 끈 후 트렁크 안에 있는 용기의 연료출구밸브(적색, 황색) 2개를 잠근다.
  ㉢ 필요한 정비를 한다.
② 교통사고 발생 시
  ㉠ LPG 스위치를 끈 후 엔진을 정지한다.
  ㉡ 승객을 대피시킨다.
  ㉢ LPG 용기의 출구밸브를 잠근다.
  ㉣ 누출 부위에 불이 붙었을 경우 재빨리 소화기 또는 물로 불을 끈다.
③ 응급조치 불가능 시
  ㉠ 부근의 화기를 제거한다.
  ㉡ 경찰서, 소방서 등에 신고한다.
  ㉢ 차량에서 떨어져서 주변차량의 접근을 통제한다.

(7) 운전자 준수사항

① LPG 자동차의 일반적인 유지보수 방법, 가스누출 점검방법, 타르제거방법, 가스누출 시 조치방법, 각종 밸브의 종류 및 기능에 대하여 충분히 숙지하여야 한다.
② 과류방지밸브의 원활한 작동을 위하여 액체연료밸브를 완전히 개방한 상태로 운행하여야 한다.
③ 환기구가 밀폐되지 않은 상태에서 운행하고, 충전 중에는 반드시 엔진을 정지시켜 오발진의 가능성을 없애야 한다.
④ 연료 충전 후에는 반드시 먼지막이용 캡을 씌우고 충전밸브를 잠그고 운행하여야 한다.
⑤ 차량을 장기간 사용하지 않을 경우에는 모든 용기밸브를 잠그거나 엔진을 가동하여 배관 내 가스를 모두 소진하는 것이 바람직하다.
⑥ 취급설명서의 안전운전 및 취급요령을 숙지하여 생활화한다.

07 CNG(압축천연가스) 자동차

(1) 점검 시 유의사항

① 가스누출이 의심되면 주변의 화재원인 물질을 제거하고 전기장치의 작동을 멈춘다.
② 담뱃불, 모닥불, 스파크 등 인화성 물질을 피한다.
③ 가스선과 용기밸브의 연결부분을 운행 전후 늘 확인한다.
④ 시동이 걸린상태에서 가스연료 라인, 냉각수 라인, 엔진오일 라인 등의 파이프나 호스를 조이거나 푸는 것은 안 된다.
⑤ 가스 주입구 도어가 열리면 시동이 걸리지 않으므로 배관이나 밸브 실린더 보호용 덮개를 제거하지 않는다.

(2) CNG 자동차 구조

① **엔진의 연료장치** : 저장용기, 연료의 압력과 양을 제어하는 장치
② **연료의 흐름** : 천연가스 충전소의 충전노즐 → 자동차의 주입구(리셉터클) 체크밸브 → 용기 저장 → 배관라인을 통해 엔진의 연소실 주입
③ **연료장치의 구성품** : CNG 충전 용기, 자동실린더 밸브, 수동실린더 밸브, 압력방출장치, 과류 방지 밸브, 리셉터클, 체크밸브, 플렉시블 연료호스, CNG 필터, 압력조정기, 가스/공기 혼소기, 압력계 등

08 자동차 응급조치방법

(1) 오감으로 판별하는 자동차 이상 징후

① **전조현상** : 전조현상을 잘 파악하면, 고장을 사전에 예방할 수 있다.
② **고장이 자주 일어나는 부분**
  ㉠ 진동과 소리가 날 때
  - 엔진의 점화장치 부분 : 주행 전 차체에 이상한 진동이 느껴질 때는 엔진에서의 고장이 주원인이다. 플러그 배선이 빠져 있거나 플러그 자체가 나쁠 때 이런 현상이 나타난다.
  - 엔진의 이음 : 엔진의 회전수에 비례하여 쇠가 마주치는 소리가 날 때가 있다. 거의 이런 이음은 밸브장치에서 나는 소리로, 밸브 간극 조정으로 고쳐질 수 있다.
  - 팬 벨트 : 가속 페달을 힘껏 밟는 순간 "끼익!" 하는 소리가 나는 경우가 많은데, 이때는 팬 벨트 또는 기타의 V벨트가 이완되어 걸려 있는 풀리와의 미끄러짐에 의해 일어난다.
  - 클러치 부분 : 클러치를 밟고 있을 때 "달달달" 떨리는 소리와 함께 차체가 떨리고 있다면, 이것은 클러치 릴리스 베어링의 고장이다. 이것은 정비공장에 가서 교환하여야 한다.
  - 브레이크 부분 : 브레이크 페달을 밟아 차를 세우려고 할 때 바퀴에서 "끽!" 하는 소리가 나는 경우는 브레이크 라이닝의 마모가 심하거나 라이닝에 결함이 있을 때 일어나는 현상이다.
  - 조향장치 부분 : 핸들이 어느 속도에 이르면 극단적으로 흔들린다. 특히 핸들 자체에 진동이 일어나면 앞바퀴 불량이 원인일 때가 많다. 앞차륜 정렬(휠 얼라인먼트)이 맞지 않거나 바퀴 자체의 휠 밸런스가 맞지 않을 때 주로 일어난다.
  - 바퀴 부분 : 주행 중 하체 부분에서 비틀거리는 흔들림이 일어나는 때가 있다. 특히 커브를 돌았을 때 휘청거리는 느낌이 들 때는 바퀴의 휠 너트의 이완이나 타이어의 공기가 부족할 때가 많다.
  - 현가장치 부분 : 비포장도로의 울퉁불퉁한 험한 노면 위를 달릴 때 "딸각딸각" 하는 소리나 "킁킁" 하는 소리가 날 때에는 현가장치인 쇽업소버의 고장으로 볼 수 있다.

  ㉡ 냄새와 열이 날 때
  - 전기장치 부분 : 고무 같은 것이 타는 냄새가 날 때는 대개 엔진실 내의 전기 배선 등의 피복이 녹아 벗겨져 합선에 의해 전선이 타면서 나는 냄새가 대부분이다.

• 브레이크장치 부분 : 단내가 심하게 나는 경우는 주브레이크의 간격이 좁든가, 주차 브레이크를 당겼다 풀었으나 완전히 풀리지 않았을 경우이다.
• 바퀴 부분 : 바퀴마다 드럼에 손을 대보면 어느 한쪽만 뜨거울 경우가 있는데, 이때는 브레이크 라이닝 간격이 좁아 브레이크가 끌리기 때문이다.

㉢ 배출 가스 : 자동차 후부에 장착된 머플러(소음기) 파이프에서 배출되는 가스의 색을 자세히 살펴보면, 엔진의 건강 상태를 알 수 있다.
• 무색 : 완전 연소 시 배출 가스의 색은 정상 상태에서 무색 또는 약간 엷은 청색을 띤다.
• 검은색 : 농후한 혼합 가스가 들어가 불완전 연소되는 경우이다. 초크 고장이나 에어 클리너 엘리먼트의 막힘, 연료 장치 고장 등이 원인이다.
• 백색 : 엔진 안에서 다량의 엔진 오일이 실린더 위로 올라와 연소되는 경우로, 헤드 개스킷 파손, 밸브의 오일 씰 노후 또는 피스톤 링의 마모 등 엔진 보링을 할 시기가 됐음을 알려준다.

(2) 배터리 방전 시 응급조치 및 점검방법

① Key를 'On'으로 했을 경우에 자동차의 모든 전기장치가 작동되지 않는다.
② 계기판의 경고등이 희미하게 점등된다.
③ 시동을 걸었을 때 '딱딱' 소리만 나면서 시동이 불가능하다.
④ 오랜 시간 동안 운행을 하지 않고 주차를 했을 경우에도 배터리가 방전되어 시동이 불가능하게 된다.
⑤ 배터리액이 부족할 경우에도 시동이 불가능하다.
⑥ 인디게이터의 색깔이 적색으로 나타난다.
⑦ 경음기를 눌러보거나 전조등을 켜서 배터리의 방전 유무를 확인한다.
⑧ 배터리 옆면을 살펴보아 배터리액이 있는지 점검한다.
⑨ 배터리 (+), (−)케이블을 흔들어서 케이블의 장착상태를 확인한다.
⑩ 배터리 케이블을 분리해서 배터리 단자와 케이블의 접촉부위를 확인한다.
⑪ 항상 (−)케이블을 먼저 분리한다.
⑫ 발전기와 연결되는 퓨즈를 확인한다.
⑬ 배터리가 방전된 경우에는 배터리 점프로 시동을 건다.
⑭ 점프 케이블이 없을 경우 밀어서 시동을 건다.
㉠ 수동변속기 자동차의 경우에만 해당된다.
㉡ Key는 'On' 위치에 놓고 기어를 2~3단으로 넣은 후 클러치를 밟은 상태에서 자동차가 탄력을 받으면 클러치를 떼어서 시동을 건다.
㉢ 자동차를 미는 사람이 넘어질 수 있으므로 매우 주의해야 한다.

(3) 타이어 교환

① 휠캡이 있으면 드라이버로 휠캡을 탈거하고 탈거할 수 없는 경우에는 바로 휠너트를 푼다. 휠너트 렌치를 사용하여 휠너트를 한 바퀴 정도만 풀어 놓는다. 너무 많이 풀지 않아도 된다.
② 잭 설치위치에 잭을 설치하고, 잭핸들을 사용하여 자동차를 들어 올린다.
③ 타이어가 지면에서 떨어질 때까지 올린 다음 휠너트를 완전히 풀고 타이어를 분리한다. 분리된 타이어는 잭 옆의 차체 밑에 넣어 잭이 넘어져서 생길 수 있는 안전사고에 대비한다.
④ 예비타이어로 교환한 후 손으로 휠너트를 조인 후 휠너트 렌치를 사용하여 적당히 조인다.
⑤ 잭핸들을 사용하여 자동차를 내린 후 휠너트를 대각선 방향으로 완전히 조인다. 탈거한 휠캡을 끼우고 예비타이어와 공구들을 원위치시키고 주변을 정리한다.
⑥ 가까운 정비업소를 찾아 펑크 난 타이어를 수리하고 예비타이어와 다시 교환한다.

(4) 엔진의 과열 점검방법 및 조치

① 계기판의 온도게이지가 High로 올라간다.
② 전동팬이 작동하지 않는다.
③ 전동팬은 작동하지만 엔진이 과열된다.
④ 에어컨을 켰을 때 전동팬이 작동하지 않는다.
⑤ 온도게이지가 High로 올라가면서 엔진이 과열되면 에어컨을 켜본다.
⑥ 에어컨을 켜서 냉각팬과 콘덴서팬이 같이 구동이 되면 냉각팬 자체에는 이상이 없다. 그러나 구동이 되지 않으면 냉각팬에 이상이 있는 것이다.
⑦ 퓨즈와 릴레이를 점검하고 이상이 있으면 교환한다. 릴레이는 주행에 지장이 없는 품번이 같은 다른 릴레이를 응급조치로 사용한다.
⑧ 냉각팬의 작동이 이상이 없는데도 엔진이 과열되면 냉각수의 양을 점검(부족하면 보충)한다.
⑨ 엔진이 과열된 상태에서 라디에이터 캡을 열면 냉각수가 분출되어 위험하므로 엔진의 온도를 낮춘 후에 점검해야 한다.
⑩ 라디에이터와 연결되는 위아래 호스를 만져보아 온도차가 있으면 정온기(서모스탯)가 이상이 있는 것이다.

(5) 브레이크가 작동되지 않을 경우의 점검방법과 조치

① 브레이크 페달이 스펀지처럼 푹 들어갈 경우
② 브레이크액의 부족
③ 계속적인 브레이크의 사용으로 인한 베이퍼록 현상의 발생
④ 브레이크 라이닝이 타는 냄새가 나면서 제동이 잘되지 않을 경우
⑤ 계속적인 브레이크의 사용으로 인한 페이드 현상의 발생
⑥ 브레이크 오일의 양과 점도 등을 점검한다.
⑦ 브레이크 오일에 에어가 찼을 경우에는 2인이 1조가 되어 에어빼기 작업을 실시한다.
⑧ 에어빼기 작업을 할 수 없는 경우에는 자동차를 세우고 브레이크 라이닝의 온도를 낮춘 후에 서행하면서 정비공장으로 이동한다.

(6) 핸들조작이 힘들고 핸들이 떨릴 경우

① 공기압이 부족한 경우는 휴대용 공기펌프나 정비업소를 찾아 보충한다.
② 파워 벨트가 끊어졌을 경우에도 핸들 조작은 가능하므로 안전운행하면서 정비업소로 이동한다. 예비벨트가 있다면 현장에서 교환하면 된다.
③ 특정 속도에서 핸들이 떨릴 경우에는 휠밸런스가 맞지 않는 경우이므로 정비업소를 방문하여 수리한다.
④ 웜기어 마모가 심하여 웜기어를 교환했을 경우에는 교환하기 전보다 핸들의 조작이 힘들게 되는데 이것은 정상이다. 어느 정도 기간이 지나면 원래의 조향 상태로 회복된다.

(7) 장치별 응급조치 추정원인

① 엔진계통 응급조치 추정원인
- ㉠ 시동모터가 작동되나 시동이 걸리지 않는 경우 : 연료 떨어짐, 예열작동 불충분, 연료필터 막힘
- ㉡ 시동모터가 작동되지 않거나 천천히 회전하는 경우 : 배터리 방전, 배터리 단자의 부식이나 이완, 접지 케이블 이완, 엔진오일점도 높음
- ㉢ 저속 회전하면 엔진이 쉽게 꺼지는 경우 : 공회전 속도 낮음, 에어클리너 필터 오염, 연료필터 막힘, 밸브 간극 비정상
- ㉣ 엔진오일의 소비량이 많은 경우 : 사용되는 오일 부적당, 엔진오일 누유
- ㉤ 배기가스 색이 검은 경우 : 에어클리너 필터 오염, 밸브 간극 비정상
- ㉥ 오버히트(엔진과열)가 발생한 경우 : 냉각수 부족 누수 확인, 팬벨트 장력의 지나친 느슨함, 냉각팬 작동 안 됨, 라이에이터 캡의 장착 불완전, 서모스택 비정상 작동

② 조향계통 응급조치 추정원인
- ㉠ 핸들이 무거운 경우 : 앞바퀴 공기압 부족, 파워스티어링 오일 부족
- ㉡ 스티어링 휠(핸들)이 떨린 경우 : 타이어 무게 중심 맞지 않음, 휠 너트(허브 너트) 풀림, 타이어 공기압이 각 타이어마다 다름, 타이어의 편마모

③ 제동계통 응급조치
- ㉠ 브레이크 제동효과가 나쁜 경우 : 공기압 과다, 공기누설, 라이닝 간극 과다, 마모상태 심함, 타이어 마모 심함
- ㉡ 브레이크가 편제동된 경우 : 좌우 타이어 공기압이 다름, 타이어가 편마모 되어 있음, 좌우 라이닝 간극이 다름

09 자동차의 점검과 검사 등(자동차관리법)

(1) 점검 및 정비 명령 등(법 제37조)

① 시장・군수・구청장은 다음의 어느 하나에 해당하는 자동차 소유자에게 국토교통부령으로 정하는 바에 따라 점검・정비・검사 또는 원상복구를 명할 수 있다. 다만, ㉡에 해당하는 경우에는 원상복구 및 임시검사를, ㉢에 해당하는 경우에는 정기검사 또는 종합검사를, ㉣, ㉤에 해당하는 경우에는 임시검사를 각각 명하여야 한다.
- ㉠ 자동차안전기준에 적합하지 아니하거나 안전운행에 지장이 있다고 인정되는 자동차
- ㉡ 승인을 받지 아니하고 튜닝한 자동차
- ㉢ 정기검사 또는 자동차종합검사를 받지 아니한 자동차
- ㉣ 여객자동차 운수사업법 또는 화물자동차 운수사업법에 따른 중대한 교통사고가 발생한 사업용 자동차
- ㉤ 천재지변・화재 또는 침수로 인하여 국토교통부령으로 정하는 기준에 따라 안전운행에 지장이 있다고 인정되는 자동차

② 시장・군수・구청장은 ①에 따라 점검・정비・검사 또는 원상복구를 명하려는 경우 국토교통부령으로 정하는 바에 따라 기간을 정하여야 한다. 이 경우 해당 자동차의 운행정지를 함께 명할 수 있다.

③ 시장・군수・구청장은 ①의 ㉢에 해당하는 자동차 소유자가 ①에 따른 검사 명령을 이행하지 아니한 지 1년 이상 경과한 경우에는 해당 자동차의 운행정지를 명하여야 한다. 이 경우 시장・군수・구청장이 이행하여야 하는 사항에 관하여는 제24조의2 제3항부터 제5항까지를 준용한다.

④ ③ 전단에 따른 운행정지 명령 및 후단에 따른 이행 사항 등에 관하여 필요한 사항은 국토교통부령으로 정한다.

(2) 자동차검사(법 제43조 제1항)

자동차소유자(①의 경우에는 신규등록 예정자를 말한다)는 해당 자동차에 대하여 다음의 구분에 따라 국토교통부령으로 정하는 바에 따라 국토교통부장관이 실시하는 검사를 받아야 한다.

① **신규검사** : 신규등록을 하려는 경우 실시하는 검사
② **정기검사** : 신규등록 후 일정 기간마다 정기적으로 실시하는 검사
③ **튜닝검사** : 자동차를 튜닝한 경우에 실시하는 검사
④ **임시검사** : 명령이나 자동차소유자의 신청을 받아 비정기적으로 실시하는 검사
⑤ **수리검사** : 전손 처리 자동차를 수리한 후 운행하려는 경우에 실시하는 검사

(3) 자동차검사의 유효기간(규칙 [별표 15의2])

구 분				검사 유효기간
차 종	사업용 구분	규 모	차 령	
승용 자동차	비사업용	경형・소형・중형・대형	모든 차령	2년[신조차로서 신규검사를 받은 것으로 보는 자동차의 최초 검사 유효기간은 4년]
	사업용	경형・소형・중형・대형	모든 차령	1년(신조차로서 신규검사를 받은 것으로 보는 자동차의 최초 검사 유효기간은 2년)
승합 자동차	비사업용	경형・소형	차령이 4년 이하인 경우	2년
			차령이 4년 초과인 경우	1년
		중형・대형	차령이 8년 이하인 경우	1년(신조차로서 신규검사를 받은 것으로 보는 자동차 중 길이 5.5m 미만인 자동차의 최초 검사 유효기간은 2년)
			차령이 8년 초과인 경우	6개월
	사업용	경형・소형	차령이 4년 이하인 경우	2년
			차령이 4년 초과인 경우	1년
		중형・대형	차령이 8년 이하인 경우	1년
			차령이 8년 초과인 경우	6개월
화물 자동차	비사업용	경형・소형	차령이 4년 이하인 경우	2년
			차령이 4년 초과인 경우	1년
		중형・대형	차령이 5년 이하인 경우	1년
			차령이 5년 초과인 경우	6개월

구분				검사 유효기간
차 종	사업용 구분	규 모	차 령	
화물 자동차	사업용	경형·소형	모든 차령	1년(신조차로서 법 제43조 제5항에 따라 신규검사를 받은 것으로 보는 자동차의 최초 검사 유효기간은 2년)
		중 형	차령이 5년 이하인 경우	1년
			차령이 5년 초과인 경우	6개월
		대 형	차령이 2년 이하인 경우	1년
			차령이 2년 초과인 경우	6개월
특수 자동차	비사업용 및 사업용	경형·소형·중형·대형	차령이 5년 이하인 경우	1년
			차령이 5년 초과인 경우	6개월

(4) 자동차종합검사

① 운행차 배출가스 정밀검사 시행지역에 등록한 자동차 소유자 및 특정경유자동차 소유자는 정기검사와 배출가스 정밀검사 또는 특정경유자동차 배출가스 검사를 통합하여 국토교통부장관과 환경부장관이 공동으로 다음에 대하여 실시하는 자동차종합검사를 받아야 한다. 종합검사를 받은 경우에는 정기검사, 정밀검사, 특정경유자동차 검사를 받은 것으로 본다(법 제43조의2 제1항).

㉠ 자동차의 동일성 확인 및 배출가스 관련 장치 등의 작동 상태 확인을 관능검사 및 기능검사로 하는 공통 분야

㉡ 자동차 안전검사 분야

㉢ 자동차 배출가스 정밀검사 분야

② 종합검사의 대상과 유효기간(자동차종합검사의 시행 등에 관한 규칙 [별표 1])

검사 대상				검사 유효기간
차 종	사업용 구분	규 모	대상 차령	
승용 자동차	비사업용	경형·소형·중형·대형	차령이 4년 초과인 자동차	2년
	사업용	경형·소형·중형·대형	차령이 2년 초과인 자동차	1년
승합 자동차	비사업용	경형·소형	차령이 4년 초과인 자동차	1년
		중 형	차령이 3년 초과인 자동차	차령 8년까지는 1년, 이후부터는 6개월
		대 형	차령이 3년 초과인 자동차	차령 8년까지는 1년, 이후부터는 6개월
	사업용	경형·소형	차령이 4년 초과인 자동차	1년
		중 형	차령이 2년 초과인 자동차	차령 8년까지는 1년, 이후부터는 6개월
		대 형	차령이 2년 초과인 자동차	차령 8년까지는 1년, 이후부터는 6개월
화물 자동차	비사업용	경형·소형	차령이 4년 초과인 자동차	1년
		중 형	차령이 3년 초과인 자동차	차령 5년까지는 1년, 이후부터는 6개월
		대 형	차령이 3년 초과인 자동차	차령 5년까지는 1년, 이후부터는 6개월
	사업용	경형·소형	차령이 2년 초과인 자동차	1년
		중 형	차령이 2년 초과인 자동차	차령 5년까지는 1년, 이후부터는 6개월
		대 형	차령이 2년 초과인 자동차	6개월
특수 자동차	비사업용	경형·소형·중형·대형	차령이 3년 초과인 자동차	차령 5년까지는 1년, 이후부터는 6개월
	사업용	경형·소형·중형·대형	차령이 2년 초과인 자동차	차령 5년까지는 1년, 이후부터는 6개월

③ 검사 유효기간의 계산 방법과 종합검사기간 등(자동차종합검사의 시행 등에 관한 규칙 제9조)

㉠ 검사 유효기간은 다음의 방법으로 계산한다.

- 신규등록을 하는 자동차 : 신규등록일부터 계산
- ㉡에 따른 종합검사기간 내에 종합검사를 신청하여 적합 판정을 받은 자동차 : 직전 검사 유효기간 마지막 날의 다음날부터 계산
- ㉡에 따른 종합검사기간 전 또는 후에 종합검사를 신청하여 적합 판정을 받은 자동차 : 종합검사를 받은 날의 다음 날부터 계산
- 재검사 결과 적합 판정을 받은 자동차 : 종합검사를 받은 것으로 보는 날의 다음 날부터 계산

㉡ 종합검사기간 : 자동차 소유자가 종합검사를 받아야 하는 기간은 검사 유효기간의 마지막 날(검사 유효기간을 연장하거나 검사를 유예한 경우에는 그 연장 또는 유예된 기간의 마지막 날을 말한다) 전후 각각 31일 이내로 한다.

㉢ 소유권 변동 또는 사용본거지 변경 등의 사유로 종합검사의 대상이 된 자동차 중 정기검사의 기간 중에 있거나 정기검사의 기간이 지난 자동차는 변경등록을 한 날부터 62일 이내에 종합검사를 받아야 한다.

④ 자동차종합검사의 재검사(자동차종합검사의 시행 등에 관한 규칙 제7조)

㉠ 종합검사 실시 결과 부적합 판정을 받은 자동차의 재검사기간

- 종합검사기간 내에 종합검사를 신청한 경우
  - 최고속도제한장치의 미설치, 무단 해체·해제 및 미작동으로 부적합 판정을 받은 경우 : 부적합 판정을 받은 날부터 10일 이내
  - 자동차 배출가스 검사기준 위반으로 부적합 판정을 받은 경우 : 부적합 판정을 받은 날부터 10일 이내
  - 그 밖의 사유로 부적합 판정을 받은 경우 : 부적합 판정을 받은 날부터 종합검사기간 만료 후 10일 이내
- 종합검사기간 전 또는 후에 종합검사를 신청한 경우 : 부적합 판정을 받은 날부터 10일 이내

㉡ ㉠에 따른 기간을 산정하는 경우에는 토요일 및 일요일, 「공휴일에 관한 법률」에 따른 공휴일 및 대체공휴일, 「근로자의 날 제정에 관한 법률」에 따른 근로자의 날의 어느 하나에 해당 날은 제외한다.

㉢ ㉠에도 불구하고 「자동차관리법 시행규칙」 제81조제3항 각 호의 어느 하나에 해당하는 사유로 부적합 판정을 받은 자동차의 소유자는 자동차종합검사결과표등에 부적합 사유를 정비한 부분과 자동차등록번호판(이하 "등록번호판"이라 한다)이 함께 보이는 전체 사진을 첨부하여 자동차검사 전산정보처리조직을 통해 재검사를 신청할 수 있다. 다만, 종합검사대행자 또는 종합검사지정정비사업자가 자동차검사 전산정보처리조직을 통하여 자동차종합검사결과표등을 확인할 수 있는 경우에는 이를 제출한 것으로 본다.

㉣ ㉢에 따라 재검사의 신청을 받은 종합검사대행자 또는 종합검사지정정비사업자는 신청자가 제출한 사진만으로 적합 여부를 판정하는 것이 어렵다고 판단되는 경우에는 사진의 보완 또는 추가 제출을 요청할 수 있다.

㉤ ㉠ 또는 ㉢에 따라 재검사의 신청을 받은 종합검사대행자 또는 종합검사지정정비사업자는 제3조의 기준 및 방법 등에 따라 재검사(제3항에 따라 자동차검사 전산정보처리조직을 통한 재검사의 신청을 받은 경우에는 사진자료의 확인을 말한다)를 하고, 적합 여부를 판정해야 한다.

㉥ 재검사기간 내에 적합 판정을 받은 자동차는 자동차종합검사결과표등을 받은 날에 종합검사를 받은 것으로 본다.

㉦ 종합검사 결과 부적합 판정을 받은 자동차의 소유자가 재검사기간 내에 재검사를 신청하지 않은 경우(재검사기간 내에 법 제13조에 따라 말소등록한 경우는 제외한다) 또는 재검사기간 내에 재검사를 신청하였으나 그 기간 내에 적합 판정을 받지 못한 경우에는 종합검사를 받지 않은 것으로 본다.

㉧ 종합검사 결과 부적합 판정을 받은 자동차가 「대기관리권역의 대기환경개선에 관한 특별법」 제26조제4항에 따라 특정경유자동차의 배출허용기준에 맞는지에 대한 검사가 면제되는 경우 자동차 배출가스 정밀검사 분야에 대해서는 재검사기간 내에 적합 판정을 받은 것으로 본다.

⑤ 자동차종합검사의 대상인 자동차의 검사 유효기간 연장(자동차종합검사의 시행 등에 관한 규칙 제10조 제1항)

㉠ 전시·사변 또는 이에 준하는 비상사태로 인하여 관할지역에서 종합검사 업무를 수행할 수 없다고 판단되는 경우(대상 자동차, 유예기간 및 대상 지역 등을 공고)

㉡ 자동차를 도난당한 경우, 사고발생으로 인하여 자동차를 장기간 정비할 필요가 있는 경우, 형사소송법 등에 따라 자동차가 압수되어 운행할 수 없는 경우, 면허취소 등으로 인하여 자동차를 운행할 수 없는 경우 및 그 밖에 부득이한 사유로 자동차를 운행할 수 없다고 인정되는 경우

㉢ 자동차 소유자가 폐차를 하려는 경우

⑥ 자동차종합검사를 받지 않은 경우의 과태료 부가기준(영 [별표 2])

㉠ 검사 지연기간이 30일 이내인 경우 : 4만원

㉡ 검사 지연기간이 30일 초과 114일 이내인 경우 : 4만원에 31일째부터 계산하여 3일 초과 시마다 2만원을 더한 금액

㉢ 검사 지연기간이 115일 이상인 경우 : 60만원

(5) 튜닝검사 및 신규검사

① 튜닝검사

㉠ 개념 : 튜닝의 승인을 받은 날부터 45일 이내에 한국교통안전공단 자동차검사소에서 안전기준적합여부 및 승인받은 내용대로 변경하였는가에 대하여 검사를 받아야 하는 일련의 행정절차이다.

㉡ 튜닝승인신청 구비서류(규칙 제56조 제1항) : 튜닝승인신청서, 튜닝 전·후의 주요제원대비표(제원변경이 있는 경우), 튜닝 전·후의 자동차의 외관도(외관변경이 있는 경우), 튜닝하려는 구조·장치의 설계도

㉢ 구조·장치 변경승인 불가항목 : 총중량이 증가되는 튜닝, 승차정원 또는 최대적재량의 증가를 가져오는 승차장치 또는 물품적재장치의 튜닝, 자동차의 종류가 변경되는 튜닝, 튜닝 전보다 성능 또는 안전도가 저하될 우려가 있는 경우의 튜닝

㉣ 튜닝검사신청 구비서류(규칙 제78조) : 자동차검사신청서, 자동차등록규칙에 따른 말소등록사실증명서, 튜닝승인서, 튜닝 전·후의 주요제원대비표, 튜닝 전·후의 자동차외관도(외관의 변경이 있는 경우), 튜닝하려는 구조·장치의 설계도

② 신규검사

㉠ 개념 : 신규등록을 하고자 할 때 받는 검사

㉡ 신규검사를 받아야 하는 경우

- 여객자동차 운수사업법에 의하여 면허, 등록, 인가 또는 신고가 실효하거나 취소되어 말소한 경우
- 자동차를 교육·연구 목적으로 사용하는 등 대통령령이 정하는 사유에 해당하는 경우
  - 자동차 자기인증을 하기 위해 등록한 자
  - 국가 간 상호인증 성능시험을 대행할 수 있도록 지정된 자
  - 자동차 연구개발 목적의 기업부설연구소를 보유한 자
  - 해외 자동차업체와 계약을 체결하여 부품개발 등의 개발업무를 수행하는 자
  - 전기자동차 등 친환경·첨단미래형 자동차의 개발·보급을 위하여 필요하다고 국토교통부장관이 인정하는 자
- 자동차의 차대번호가 등록원부상의 차대번호와 달라 직권 말소된 자동차
- 속임수나 그 밖의 부정한 방법으로 등록되어 말소된 자동차
- 수출을 위해 말소한 자동차
- 도난당한 자동차를 회수한 경우

제 3 과목 안전운행 및 운행관리

01 안전운전을 위한 준비사항

(1) 휴대서류 및 표시

① 해당 차량 운전면허증
② 자동차등록증
③ 종합보험 가입 영수증
④ 책임보험 가입 영수증

(2) 자동차 점검

① 매일 첫 운행 전의 운전 전 점검 실시
② 기본 휴대공구, 고장표지판, 예비타이어, 경광등 확인

(3) 운행계획

① 운행 전에는 자신의 능력과 자동차 성능에 맞는 운행계획 수립
② 운행계획에 포함될 내용
  ㉠ 운행경로
  ㉡ 휴식(장거리 운전 시 2시간마다 휴식) 및 주차장소와 시간
  ㉢ 구간 및 전체 소요시간
  ㉣ 사고 다발지점, 공사구간 등의 교통정보

(4) 몸의 상태 조절

피곤한 때, 감기나 몸살 등 병이 난 때, 걱정이나 고민이 있는 때, 불안이나 흥분한 때 등은 기억력과 판단력이 떨어지기 때문에 운전을 삼가야 한다.

02 교통사고의 3대 요인

(1) 인적 요인(운전자, 보행자 등)

① 신체·생리·심리·적성·습관·태도 요인 등을 포함하는 개념
② 운전자 또는 보행자의 신체적·생리적 조건, 위험의 인지와 회피에 대한 판단, 심리적 조건 등에 관한 것과 운전자의 적성과 자질, 운전습관, 내적 태도 등에 관한 것이다.

(2) 차량적 요인

① 자동차의 정비불량이나 구조적 결함 등 차량적 요인으로 인한 교통사고
② 차량구조장치, 부속품 또는 적하(積荷) 등

(3) 도로·환경적 요인

교통사고의 3대 요인 중 하나인 도로·환경요인을 도로요인과 환경요인으로 나누어 4대 요인으로 분류하기도 한다.

① 도로요인 : 도로구조, 안전시설 등에 관한 것
  ㉠ 도로구조 : 도로의 선형, 노면, 차로수, 노폭, 구배 등
  ㉡ 안전시설 : 신호기, 노면표시, 방호책 등 도로의 안전시설 등
② 환경요인 : 자연환경, 교통환경, 사회환경, 구조환경 등의 하부요인으로 구성된다.
  ㉠ 자연환경 : 기상, 일광 등 자연조건에 관한 것
  ㉡ 교통환경 : 차량교통량, 운행차구성, 보행자교통량 등 교통상황에 관한 것
  ㉢ 사회환경 : 일반국민·운전자·보행자 등의 교통도덕, 정부의 교통정책, 교통단속과 형사처벌 등에 관한 것
  ㉣ 구조환경 : 교통여건변화, 차량점검 및 정비관리자와 운전자의 책임한계 등

03 운전 특성

(1) 운전자 특성

① 운전자의 정보처리과정
  ㉠ 지각 : 자극을 접수하는 과정으로서, 그 자극은 대부분 시각적 자극이다. 운전자는 운전 중에 시야에 들어오는 정보를 탐색하고 운전에 관계되는 것은 선별하며, 선별된 자극에 시선의 초점을 집중시킨다.
  ㉡ 식별 : 자극을 식별하고 이해하는 과정으로서, 식별대상은 그 물체뿐만 아니라 속도까지를 포함한다. 이와 같은 식별에 착오가 생기면 사고가 발생하기 쉽다.
  ㉢ 행동판단 : 위해요소에 대해서 취해야 할 적절한 행동(정지, 추월, 감속, 경적울림, 비켜감 등)을 결심하는 의사결정과정으로서, 그 능력은 운전경험에 크게 좌우된다. 이 과정에서 착오가 생기면 결정적인 사고가 발생한다.
  ㉣ 반응 : 운전자의 육체적인 반응 및 이에 따라 차량의 작동이 시작되기 직전까지의 과정으로서, 운전조작의 난이도에 따라 소요되는 시간이 틀리며, 중추신경계통이 예민한 사람일수록 반응능력이 크다.
② 영향을 미치는 조건
  ㉠ 중추신경계통의 능력을 저하시키는 요인으로는 알코올이나 약물복용, 피로 등이 있으며, 연령이 높아짐에 따라 이 능력도 현저히 감퇴된다.
  ㉡ 심리적 조건은 흥미·욕구·정서 등이다.
③ 운전 특성의 개인차 : 운전 특성은 일정하지 않고 사람 간에 차이(개인차)가 있다.

(2) 시각 특성-시각기준(도로교통법 시행령 제45조 제1항)

① 시력(교정시력을 포함)
㉠ 제1종 운전면허 : 두 눈을 동시에 뜨고 잰 시력이 0.8 이상이고, 두 눈의 시력이 각각 0.5 이상일 것. 다만, 한쪽 눈을 보지 못하는 사람이 보통면허를 취득하려는 경우에는 다른 쪽 눈의 시력이 0.8 이상이고, 수평시야가 120° 이상이며, 수직시야가 20° 이상이고, 중심시야 20° 내 암점(暗點) 또는 반맹(半盲)이 없어야 한다.
㉡ 제2종 운전면허 : 두 눈을 동시에 뜨고 잰 시력이 0.5 이상일 것. 다만, 한쪽 눈을 보지 못하는 사람은 다른 쪽 눈의 시력이 0.6 이상이어야 한다.
② 붉은색·녹색·노란색을 구별할 수 있을 것

(3) 동체시력

동체시력이란 움직이는 물체(자동차, 사람 등) 또는 움직이면서(운전하면서) 다른 자동차나 사람 등의 물체를 보는 시력을 말한다.
① 동체시력은 물체의 이동속도가 빠를수록 상대적으로 저하된다.
② 동체시력은 연령이 높을수록 더욱 저하된다.
③ 동체시력은 장시간 운전에 의한 피로상태에서도 저하된다.

(4) 야간시력

① **야간의 시력 저하** : 해질 무렵에는 전조등을 비추어도 주변의 밝기와 비슷하기 때문에 다른 자동차나 보행자를 보기가 어렵다. 더욱이 야간에는 어둠으로 인해 대상물을 명확하게 보기 어렵기 때문에 가로등이나 차량의 전조등이 사용된다.
② **야간시력과 주시대상**
㉠ 사람이 입고 있는 옷 색깔의 영향
- 무엇인가 있다는 것을 인지하는 데 좋은 옷 색깔은 흰색, 엷은 황색의 순이며 흑색이 가장 나쁘다.
- 무엇인가가 사람이라는 것을 확인하는 데 좋은 옷 색깔은 적색, 백색의 순이며 흑색이 가장 나쁘다.
- 주시대상인 사람이 움직이는 방향을 알아 맞추는 데 가장 좋은 옷 색깔은 적색이며 흑색이 가장 나쁘다.

㉡ 통행인의 노상위치와 확인거리 : 주간의 경우 운전자는 중앙선에 있는 통행인을 갓길에 있는 사람보다 쉽게 확인할 수 있지만 야간에는 대향차량 간의 전조등에 의한 현혹현상으로 중앙선상의 통행인을 우측 갓길에 있는 통행인보다 확인하기 어렵다.
㉢ 야간운전 시 주의사항
- 운전자가 눈으로 확인할 수 있는 시야의 범위가 좁아진다.
- 마주 오는 차의 전조등 불빛에 현혹되는 경우 물체식별이 어려워진다. 마주 오는 차의 전조등 불빛으로 눈이 부실 때에는 시선을 약간 오른쪽으로 돌려 눈부심을 방지하도록 한다.
- 술에 취한 사람이 차도에 뛰어드는 경우에 주의해야 한다.
- 전방이나 좌우 확인이 어려운 신호등 없는 교차로나 커브길 진입 직전에는 전조등(상향과 하향을 2~3회 변환)으로 자기 차가 진입하고 있음을 알려 사고를 방지한다.
- 보행자와 자동차의 통행이 빈번한 도로에서는 항상 전조등의 방향을 하향으로 하여 운행하여야 한다.

(5) 암순응과 명순응

① 암순응
㉠ 일광 또는 조명이 밝은 조건에서 어두운 조건으로 변할 때 사람의 눈이 그 상황에 적응하여 시력을 회복하는 것을 말한다.
㉡ 상황에 따라 다르지만 대개의 경우 완전한 암순응에는 30분 혹은 그 이상 걸리며 이것은 빛의 강도에 좌우된다(터널은 5~10초 정도).
㉢ 주간 운전 시 터널을 막 통과하였을 때 더욱 조심스러운 안전운전이 요구되는 이유이기도 하다.
② 명순응
㉠ 일광 또는 조명이 어두운 조건에서 밝은 조건으로 변할 때 사람의 눈이 그 상황에 적응하여 시력을 회복하는 것을 말한다.
㉡ 상황에 따라 다르지만 명순응에 걸리는 시간은 암순응보다 빨라 수 초~1분에 불과하다.

04 성격 특성

(1) 운전습관으로 보는 성격

① 침착한 사람은 침착하게 운전을 하고, 성급한 사람은 성급하게 운전을 하기 마련이다.
② 성급한 사람인 경우에는 속도가 빨라지기 마련이고, 추월을 많이 하게 될 뿐만 아니라 틈만 생기면 앞지르기를 하여 1초라도 앞서려고 노력한다.

(2) 사고다발자의 성격

타인을 생각하지 않고 싸움을 하려고 하는 일촉즉발의 운전자가 많으며, 적극적이기는 하지만 내적 자기통제가 약하고 반항심이 강해서 불만을 갖기 쉽다.
① 초조해 하며 행동이 즉흥적이다.
㉠ 사회성(협조성)이 결여되어 있다.
㉡ 충동적이며 자기통제력이 약하고 폭발적으로 격노하기 쉽다.
② 정서가 불안하고 사소한 일에도 감정을 노출하기 쉽다.
③ 주의가 치밀하지 못하고 산만하여 부주의에 빠지기 쉽다.

(3) 우수운전자의 성격

온후하고, 따뜻한 정이 들고, 남과 다투기를 좋아하지 않고 협조적이며, 주위를 융화하는 태도의 사람이 많고, 세심하고 주의 깊으며 직업의식에도 철저하고, 향상을 위한 노력을 하고, 사물을 냉정하게 객관적으로 관찰하고, 자기의 결점을 잘 알고 있으며 진실하고 착실하며 머리를 숙일 줄 안다.
① **안전에의 의식** : 사람의 생명에 대한 존엄성이 뿌리박힌 신중성
② **상호성** : 보행자나 다른 차량에게 길을 양보해주는 겸허한 성품을 지니고 타인과 좋은 인간관계를 만드는 협조적인 성품
③ **안정된 정서, 평정한 태도** : 자기의 감정을 억제·통제할 줄 아는 능력과 성품을 갖고 환경에 지배되지 않는 자주성
④ 일에 대한 애정, 생활에 대한 즐거움을 갖고 운전을 좋아하며 이를 자랑으로 알고 책임을 느낄 줄 아는 성품

05 사고의 심리

(1) 교통사고의 원인과 요인

교통사고의 원인이란 반드시 사고라는 결과를 초래한 그 어떤 것을 말하며, 사고의 요인이란 교통사고 원인을 초래한 인자를 말한다. 교통사고의 요인은 간접적 요인, 중간적 요인, 직접적 요인 등 3가지로 구분된다.

① **간접적 요인** : 교통사고 발생을 용이하게 한 상태를 만든 조건
㉠ 운전자에 대한 홍보활동 결여 또는 훈련의 결여
㉡ 차량의 운전 전 점검습관의 결여
㉢ 안전운전을 위하여 필요한 교육 태만, 안전지식 결여
㉣ 무리한 운행계획
㉤ 직장이나 가정에서의 인간관계 불량 등

② **중간적 요인**
㉠ 운전자의 지능
㉡ 운전자 성격
㉢ 운전자 심신기능
㉣ 불량한 운전태도
㉤ 음주・과로 등

③ **직접적 요인** : 사고와 직접 관계있는 것
㉠ 사고 직전 과속과 같은 법규 위반
㉡ 위험인지의 지연
㉢ 운전조작의 잘못
㉣ 잘못된 위기대처 등

(2) 교통사고의 심리적 요인

① **교통사고 운전자의 특성**
㉠ 선천적 능력(타고난 심신기능의 특성 : 시력, 현혹 회복력, 시야, 색맹 또는 색약, 청력, 지능, 지체부자유) 부족
㉡ 후천적 능력(학습에 의해서 습득한 운전에 관계되는 지식과 기능 : 차량조작능력, 도로조건의 인식능력, 교통조건의 인식능력, 주의력, 성격) 부족
㉢ 바람직한 동기와 사회적 태도(각양의 운전상태에 대하여 인지, 판단, 조작하는 태도) 결여
㉣ 불안정한 생활환경 등

② **착 각**
㉠ 크기의 착각 : 어두운 곳에서는 가로 폭보다 세로 폭의 길이를 보다 넓은 것으로 판단한다.
㉡ 원근의 착각 : 작은 것과 덜 밝은 것은 멀리 있는 것으로 느껴진다.
㉢ 경사의 착각
- 작은 경사는 실제보다 작게, 큰 경사는 실제보다 크게 보인다.
- 오름 경사는 실제보다 크게, 내림경사는 실제보다 작게 보인다.

㉣ 속도의 착각
- 좁은 시야에서는 빠르게 느껴진다. 비교 대상이 먼 곳에 있을 때는 느리게 느껴진다.
- 상대 가속도감(반대방향), 상대 감속도감(동일방향)을 느낀다.

㉤ 상반의 착각
- 주행 중 급정거 시 반대방향으로 움직이는 것처럼 보인다.
- 큰 것들 가운데 있는 작은 것은 작은 것들 가운데 있는 같은 것보다 작아 보인다.
- 한쪽 곡선을 보고 반대방향의 곡선을 봤을 경우 실제보다 더 구부러져 있는 것처럼 보인다.

06 운전피로

(1) 운전피로의 개념

운전작업에 의해서 일어나는 신체적인 변화, 신체적으로 느끼는 피로감, 객관적으로 측정되는 운전기능의 저하를 총칭한다. 순간적으로 변화하는 운전환경에서 오는 운전피로는 신체적 피로와 정신적 피로를 동시에 수반하지만, 신체적인 부담보다 오히려 심리적인 부담이 더 크다.

(2) 운전피로의 특징과 요인

① **운전피로의 특징**
㉠ 피로의 증상은 전신에 걸쳐 나타나고 이는 대뇌의 피로(나른함, 불쾌감 등)를 불러온다.
㉡ 피로는 운전작업의 생략이나 착오가 발생할 수 있다는 위험신호이다.
㉢ 단순한 운전피로는 휴식으로 회복되나 정신적, 심리적 피로는 신체적 부담에 의한 일반적 피로보다 회복시간이 길다.

② **운전피로의 요인**
㉠ 생활요인 : 수면・생활환경 등
㉡ 운전작업 중의 요인 : 차내 환경・차외 환경・운행조건 등
㉢ 운전자 요인 : 신체조건・경험조건・연령조건・성별조건・성격・질병 등

(3) 피로와 교통사고

① **피로의 진행과정**
㉠ 피로의 정도가 지나치면 과로가 되고 정상적인 운전이 곤란해진다.
㉡ 피로 또는 과로 상태에서는 졸음운전이 발생될 수 있고 이는 교통사고로 이어질 수 있다.
㉢ 연속운전은 일시적으로 급성피로를 낳게 한다.
㉣ 매일 시간상 또는 거리상으로 일정 수준 이상의 무리한 운전을 하면 만성피로를 초래한다.

② **운전피로와 교통사고** : 대체로 운전피로는 운전조작의 잘못, 주의력 집중의 편재, 외부의 정보를 차단하는 졸음 등을 불러와 교통사고의 직접・간접원인이 된다.

③ **장시간 연속운전** : 장시간 연속운전은 심신의 기능을 현저히 저하시킨다.

④ **수면 부족** : 적정한 시간의 수면을 취하지 못한 운전자는 교통사고를 유발할 가능성이 높다. 따라서 출발 전에 충분한 수면을 취한다.

(4) 피로와 운전착오

① 운전작업의 착오는 운전업무 개시 후 또는 종료 시에 많아진다. 개시 직후의 착오는 정적 부조화, 종료 시의 착오는 운전피로가 그 배경이다.
② 운전시간 경과와 더불어 운전피로가 증가하여 작업타이밍의 불균형을 초래한다. 이는 운전기능, 판단착오, 작업단절 현상을 초래하는 잠재적 사고로 볼 수 있다.
③ 운전착오는 심야에서 새벽 사이에 많이 발생한다. 각성수준의 저하, 졸음과 관련된다.
④ 운전피로에 정서적 부조나 신체적 부조가 가중되면 조잡하고 난폭하며 방만한 운전을 하게 된다.
⑤ 더욱이 피로가 쌓이면 졸음상태가 되어 차외, 차내의 정보를 효과적으로 입수하지 못한다.

07 보행자

(1) 보행 중 교통사고

① 우리나라 보행 중 교통사고 사망자 구성비는 미국, 프랑스, 일본 등에 비해 매년 높은 것으로 나타나고 있다.
② 차 대 사람의 사고가 가장 많은 보행유형은 횡단 중(횡단보도횡단, 횡단보도부근횡단, 육교부근횡단, 기타 횡단)의 사고가 가장 많다.
③ 연령층별로는 어린이와 노약자가 높은 비중을 차지한다.

(2) 보행자 사고의 요인

① 교통사고를 당했을 당시의 보행자 요인은 교통상황 정보를 제대로 인지하지 못한 경우가 가장 많고, 다음으로 판단착오, 동작착오의 순서로 많다.
② 보행자의 교통정보 인지결함의 원인
  ㉠ 술에 많이 취해 있었다.
  ㉡ 등교 또는 출근시간 때문에 급하게 서둘러 걷고 있었다.
  ㉢ 횡단 중 한쪽 방향에만 주의를 기울였다.
  ㉣ 동행자와 이야기에 열중했거나 놀이에 열중했다.
  ㉤ 피곤한 상태여서 주의력이 저하되었다.
  ㉥ 다른 생각을 하면서 보행하고 있었다.

(3) 비횡단보도 횡단보행자의 심리

① 횡단보도로 건너면 거리가 멀고 시간이 더 걸리기 때문이다.
② 평소 교통질서를 잘 지키지 않는 습관을 그대로 답습한다.
③ 자동차가 달려오지만 충분히 건널 수 있다고 판단한다.
④ 갈 길이 바쁘다.
⑤ 술에 취해 있다.

08 음주와 운전

(1) 과다음주의 문제점

① 질병 : 과다음주(알코올 남용)는 신체의 거의 모든 부분에 영향을 미쳐 간질환, 위염, 췌장염, 고혈압, 중풍, 식도염, 당뇨병, 그리고 심장병 등 많은 질환을 일으키는 것으로 보고되고 있다.
② 행동 및 심리 : 과도한 음주는 반사회적 행동, 정신장애, 기타 약물남용, 강박신경증 등을 유발할 가능성이 높고, 우울증과 자살도 음주와 밀접한 관련이 있는 것으로 나타나고 있다.
③ 교통사고 : 과도한 음주가 아니더라도 음주는 안전한 교통생활에 매우 부정적인 영향을 미친다.

(2) 음주운전 교통사고의 특징

① 치사율이 높다.
② 주차 중인 자동차와 같은 정지물체 등에 충돌한다.
③ 전신주, 가로시설물, 가로수 등과 같은 고정물체와 충돌한다.
④ 차량단독 사고의 가능성이 높다(차량단독 도로이탈사고 등).
⑤ 대향차의 전조등에 의한 현혹 현상 발생 시 정상운전보다 교통사고 위험이 증가된다.

09 교통약자

(1) 고령자(노인층) 교통안전

① 고령자의 교통행동
  ㉠ 고령자는 오랜 사회생활을 통하여 풍부한 지식과 경험을 가지고 있으며, 행동이 신중하여 모범적 교통 생활인으로서의 자질을 갖추고 있다.
  ㉡ 고령자는 신체적인 면에서 운동능력이 떨어지고 시력·청력 등 감지기능이 약화되어 위급 시 회피능력이 둔화되는 연령층이다.
  ㉢ 교통안전과 관련하여 움직이는 물체에 대한 판별능력이 저하되고 야간의 어두운 조명이나 대향차가 비추는 밝은 조명에 적응능력이 상대적으로 부족하다.
② 고령 운전자의 운전태도
  ㉠ 젊은 층에 비하여 상대적으로 신중하다.
  ㉡ 과속을 하지 않는다.
  ㉢ 반사신경이 둔하다.
  ㉣ 돌발사태 발생 시 대응력이 미흡하다.
③ 고령 운전자의 불안감
  ㉠ 고령 운전자의 '급후진, 대형차 추종운전' 등은 고령 운전자를 위험에 빠뜨리고 다른 운전자에게도 불안감을 유발시킨다.
  ㉡ 고령에서 오는 운전기능과 반사기능의 저하는 고령 운전자에게 강한 불안감을 준다.
  ㉢ '좁은 길에서 대형차와 교행할 때' 연령이 높을수록 불안감이 높아지는 경향이 있다.

㉣ 전방의 장애물이나 자극에 대한 반응은 60, 70대가 된다 해도 급격히 저하되거나 쇠퇴해지는 것은 아니지만, 후사경을 통해서 인지하고 반응해야 하는 '후방으로부터의 자극'에 대한 동작은 연령이 증가함에 따라서 크게 지연된다.

④ 고령자 교통안전 장애 요인
㉠ 자동차 주행속도와 거리의 측정능력 결여
㉡ 시력 약화
㉢ 위험한 교통상황에 대처함에 있어서 이를 회피할 수 있는 능력의 부족
㉣ 청력 약화
㉤ 기동성 결여
㉥ 자동차 교통의 주행속도와 교통량(자동차 대수)의 증대
㉦ 반사 동작의 둔화
㉧ 노화에 따른 전반적인 체력 약화
㉨ 도로 횡단시간이 부족함에 대한 두려움
㉩ 주의·예측·판단의 부족

(2) 어린이 교통안전

① 어린이 교통사고의 특징
㉠ 어릴수록 그리고 학년이 낮을수록 교통사고가 많다.
㉡ 보행 중 교통사고를 당하여 사상당하는 비율이 절반 이상으로 가장 높다.
㉢ 시간대별 어린이 사상자는 오후 4~6시 사이에 가장 많다.
㉣ 보행 중 사상자는 집에서 2km 이내의 거리에서 가장 많이 발생되고 있다.

② 어린이 교통사고의 유형
㉠ 도로에 갑자기 뛰어들기 : 어린이 보행자 사고의 대부분(약 70% 내외)은 도로에 갑자기 뛰어들기로 인하여 발생되고 있다. 특히 뛰어들기 사고는 주거지역 내의 폭이 좁고 보도와 차도가 구분되지 않는 이면도로에서 많이 발생하고, 어린이의 정서적·사회적 특성과도 관계가 있다.
㉡ 도로 횡단 중의 부주의 : 어린이는 몸이 작기 때문에 주차 또는 정차한 차량 바로 앞뒤로 도로를 횡단하면 차를 운전하는 운전자는 어린이를 볼 수 없는 경우가 있으며, 어린이 역시 주차나 정차된 차에 가려 다른 차를 볼 수 없는 경우가 있다.
㉢ 도로상에서 위험한 놀이 : 어린이들이 길거리나 주차한 차량 가까이서 놀다가 당하는 사고도 자주 발생한다.
㉣ 자전거 사고 : 차도에서 자전거를 타고 놀거나 골목길에서 일단 멈추지 않고 그대로 넓은 길로 달려 나오다가 자동차와 부딪치는 사고가 발생하기도 한다.
㉤ 차내 안전사고 : 자동차가 빠른 속도로 달리다 급정지할 경우에는 관성에 의해 몸이 앞으로 쏠리면서 차 내부의 돌기물에 부딪치게 된다. 그렇기 때문에 반드시 안전벨트를 착용하게 하고 차 안에서 장난치거나 머리나 손을 창 밖으로 내밀지 않도록 해야 한다.

③ 어린이가 승용차에 탑승했을 때의 안전사항
㉠ 안전띠 착용 : 자동차의 시트와 안전띠는 어른의 체격에 맞도록 되어 있어 어린이를 그냥 앉히고 안전띠를 착용시키면 위험하므로 가급적 어린이는 뒷좌석 2점 안전띠의 길이를 조정하여 사용한다.
㉡ 여름철 주차 시 : 여름철 차내에 어린이를 혼자 태우고 방치하면 탈수현상과 산소 부족으로 생명을 잃는 경우가 있으므로 주의하여야 한다.
㉢ 문을 열고 닫을 때 : 어린이가 문을 열고 닫을 때 부주의하여 손가락이나 다리를 다칠 경우도 있고 주위의 다른 차량이나 자전거 등에 부딪칠 경우도 있으므로 반드시 어린이는 제일 먼저 태우고 제일 나중에 내리도록 하며, 문은 어른이 열고 닫아야 안전하다.
㉣ 차를 떠날 때 : 어린이가 차 안에 혼자 남아 있으면 차의 시동을 걸거나 각종 장치를 만져 뜻밖의 사고가 생길 수 있으므로 어린이와 같이 차에서 떠나야 한다.
㉤ 어린이의 좌석 위치 : 어린이가 앞좌석에 앉으면 운전장치나 물건 등을 만져 운전에 지장을 줄 수 있고 사고의 위험도 있다. 반드시 뒷좌석에 태우고 도어의 안전잠금장치를 잠근 후 운행한다.

10 도로의 선형과 교통사고

(1) 도로 요인

도로 요인은 도로 구조, 안전시설 등에 관한 것이다.

① **도로 구조** : 도로의 선형, 노면, 차로수, 노폭, 구배 등에 관한 것이다.
② **안전시설** : 신호기, 노면표시, 방호책 등 도로의 안전시설에 관한 것이다.
③ **교통사고 발생과 도로 요인** : 인적 요인, 차량요인에 비하여 수동적 성격을 가지며, 도로 그 자체는 운전자와 차량이 하나의 유기체로 움직이는 터전이다.

(2) 차로수와 교통사고

차로수와 사고율의 관계는 아직 명확하지 않으나, 일반적으로 차로수가 많으면 사고가 많다.

(3) 차로폭과 교통사고

일반적으로 횡단면의 차로 폭이 넓을수록 교통사고예방의 효과가 있으므로, 교통량이 많고 사고율이 높은 구간의 차로 폭을 넓히면 그 효과는 더욱 크게 된다.

(4) 길어깨(노견, 갓길)와 교통사고

① 길어깨가 넓으면 차량의 이동공간이 넓고, 시계가 넓으며, 고장차량을 주행차로 밖으로 이동시킬 수 있기 때문에 안전성이 크다.
② 길어깨가 토사나 자갈 또는 잔디보다는 포장된 노면이 더 안전하며, 포장이 되어 있지 않을 경우에는 건조하고 유지관리가 용이할수록 안전하다.
③ 일반적으로 차도와 길어깨를 흰색 페인트칠로 구획하는 노면표시를 하면 교통사고는 감소한다.

(5) 중앙분리대와 교통사고

① 중앙분리대의 종류
㉠ 방호울타리형 중앙분리대는 중앙분리대 내에 충분한 설치폭의 확보가 어려운 곳에서 차량의 대향차로로의 이탈을 방지하는 곳에 비중을 두고 설치하는 형이다.
㉡ 연석형 중앙분리대는 좌회전 차로의 제공이나 향후 차로 확장에 쓰일 공간 확보, 연석의 중앙에 잔디나 수목을 심어 녹지공간 제공, 운전자의 심리적 안정감에 기여하지만 차량과 충돌 시 차량을 본래의 주행방향으로 복원해주는 기능이 미약하다.
㉢ 광폭 중앙분리대는 도로선형의 양방향 차로가 완전히 분리될 수 있는 충분한 공간확보로 대형차량의 영향을 받지 않을 정도의 넓이를 제공한다.

② 분리대의 폭이 넓을수록 분리대를 넘어가는 횡단사고가 적고 또 전체 사고에 대한 정면충돌사고의 비율도 낮다.

③ 중앙분리대로 설치된 방호울타리는 사고를 방지한다기보다는 사고의 유형을 변환시켜 주기 때문에 효과적이다(정면충돌사고를 차량단독사고로 변환시킴으로써 위험성이 덜하다).

11 방어운전

(1) 용어의 정의

① **안전운전** : 운전자가 자동차를 그 본래의 목적에 따라 운행함에 있어서 운전자 자신이 위험한 운전을 하거나 교통사고를 유발하지 않도록 주의하여 운전하는 것을 말한다.

② **방어운전** : 운전자가 다른 운전자나 보행자가 교통 법규를 지키지 않거나 위험한 행동을 하더라도 이에 대처할 수 있는 운전 자세를 갖추어 미리 위험한 상황을 피하여 운전하는 것, 위험한 상황을 만들지 않고 운전하는 것, 위험한 상황에 직면했을 때는 이를 효과적으로 회피할 수 있도록 운전하는 것을 말한다.
㉠ 자기 자신이 사고의 원인을 만들지 않는 운전
㉡ 자기 자신이 사고에 말려들어 가지 않게 하는 운전
㉢ 타인의 사고를 유발시키지 않는 운전

(2) 방어운전의 기본

① **능숙한 운전 기술** : 적절하고 안전하게 운전하는 기술을 몸에 익혀야 한다.

② **정확한 운전 지식** : 교통 표지판, 교통관련 법규 등 운전에 필요한 지식을 익힌다.

③ **세심한 관찰력** : 자신을 보호하는 좋은 방법 중의 하나는 언제든지 다른 운전자의 행태를 잘 관찰하고 타산지석으로 삼는 것이다.

④ **예측 능력과 판단력**
㉠ 예측력 : 앞으로 일어날 위험 및 운전 상황을 미리 파악하고, 안전을 위협하는 운전 상황의 변화요소를 재빠르게 파악하는 등 예측 능력을 키운다.
㉡ 판단력 : 교통 상황에 적절하게 대응하고 이에 맞게 자신의 행동을 통제하고 조절하면서 운행하는 능력이 필요하다.

⑤ **양보와 배려의 실천** : 운전할 때는 자기 중심적인 생각을 버리고 상대방의 입장을 생각하며 서로 양보하는 마음의 자세가 필요하다. 운전자 상호간에도 서로 상대방의 입장에서 운전해야 한다.

⑥ **교통 상황 정보 수집** : TV, 라디오, 신문, 컴퓨터, 도로상의 전광판 및 기상예보 등을 통해 입수되는 다양한 정보는 안전운전에 긴요하다. 특히 운전 중이라면 그 교통 현장의 정확하고 빠른 교통 정보의 인지가 더욱 중요하다.

⑦ **반성의 자세** : 운전 중에 다른 차의 잘못에 대해서는 신경과민이지만 자기 자신의 독선적인 운전에 대해서는 반성하지 않는 경향이 강하다. 따라서 자신의 운전행동에 대한 반성을 통하여 더욱 안전한 운전자로 거듭날 수 있다.

⑧ **무리한 운행 배제** : 졸음 상태, 음주 상태, 기분이 나쁜 상태 등 신체적·심리적으로 건강하지 않은 상태에서는 무리한 운전을 하지 않는다. 또한 자동차 고장이나 이상이 있는 경우에는 아무리 사소한 것이라도 수리·정비한 다음이 아니면 무리하게 차를 운행하지 않는다.

12 상황별 운전

(1) 교차로

① 교차로는 자동차, 사람, 이륜차 등의 엇갈림(교차)이 발생하는 장소로서, 교차로 및 교차로 부근은 횡단보도 및 횡단보도 부근과 더불어 교통사고가 가장 많이 발생하는 지점이다.

② 교차로 사고발생 유형
㉠ 앞쪽(또는 옆쪽) 상황에 소홀한 채 진행신호로 바뀌는 순간 급출발
㉡ 정지신호임에도 불구하고 정지선을 지나 교차로에 진입하거나 무리하게 통과를 시도하는 신호무시
㉢ 교차로 진입 전 이미 황색신호임에도 무리하게 통과시도

(2) 이면도로 운전법

① 항상 위험을 예상하면서 운전한다.
㉠ 자동차나 어린이가 갑자기 뛰어들지 모른다는 생각을 가지고 운전한다.
㉡ 언제라도 곧 정지할 수 있는 마음의 준비를 갖춘다.

② 위험 대상물을 계속 주시한다. 위험스럽게 느껴지는 자동차나 자전거·손수레·사람과 그 그림자 등 위험 대상물을 발견하였을 때에는, 그의 움직임을 주시하여 안전하다고 판단될 때까지 시선을 떼지 않는다.

(3) 커브길 안전운전

① 커브길에서는 미끄러지거나 전복될 위험이 있으므로 부득이 한 경우가 아니면 급핸들 조작이나 급제동은 하지 않는다.

② 핸들을 조작할 때는 가속이나 감속을 하지 않는다.

③ 중앙선을 침범하거나 도로의 중앙으로 치우쳐 운전하지 않는다.

④ 주간에는 경음기, 야간에는 전조등을 사용하여 내 차의 존재를 알린다.

⑤ 항상 반대 차로에 차가 오고 있다는 것을 염두에 두고 차로를 준수하며 운전한다.

⑥ 커브길에서 앞지르기는 대부분 안전표지로 금지하고 있으나 금지표지가 없더라도 절대로 하지 않는다.
⑦ 겨울철에는 빙판이 그대로 노면에 있는 경우가 있으므로 사전에 조심하여 운전한다.

(4) 철길 건널목

① 철길 건널목의 종류 : 철도와 도로법에서 정한 도로가 평면 교차하는 곳을 의미한다.
㉠ 1종 건널목 : 차단기, 경보기 및 건널목 교통안전 표지를 설치하고 차단기를 주・야간 계속하여 작동시키거나 또는 건널목 안내원이 근무하는 건널목
㉡ 2종 건널목 : 경보기와 건널목 교통안전 표지만 설치하는 건널목
㉢ 3종 건널목 : 건널목 교통안전 표지만 설치하는 건널목

② 철길 건널목의 사고원인
㉠ 운전자가 건널목의 경보기를 무시하거나, 일시정지를 하지 않고 통과하다가 주로 발생한다.
㉡ 일단 사고가 발생하면 인명피해가 큰 대형사고가 주로 발생하게 된다.

③ 철길 건널목의 안전운전 방어운전
㉠ 일시정지 후, 좌우의 안전을 확인한다.
㉡ 건널목 통과 시 기어는 변속하지 않는다.
㉢ 앞 차량을 따라 계속 건너갈 때는 앞 차량이 건너간 맞은편에 자기 차가 들어갈 여유 공간이 있을 때 통과한다.

④ 철길 건널목 내 차량고장 대처요령
㉠ 즉시 동승자를 대피시킨다.
㉡ 철도 공무원에게 알리고 차를 건널목 밖으로 이동시키도록 조치한다.
㉢ 시동이 걸리지 않을 때는 당황하지 말고 기어를 1단 위치에 넣은 후 클러치 페달을 밟지 않은 상태에서 엔진 키를 돌리면 시동 모터의 회전으로 바퀴를 움직여 철길을 빠져 나올 수 있다.

13 계절별 운전

(1) 봄 철

① 교통사고의 특징
㉠ 도로조건 : 날씨가 풀리면서 겨우내 얼어 있던 땅이 녹아 지반 붕괴로 인한 도로의 균열이나 낙석의 위험이 크며, 특히 포장된 도로를 운행할 때 노변을 통하여 운행하는 것은 노변의 붕괴 또는 함몰로 인한 대형 사고의 위험이 높다.
㉡ 운전자 : 춘곤증에 의한 졸음운전으로 전방주시태만과 관련된 사고의 위험이 높다.
㉢ 보행자 : 교통상황에 대한 판단능력이 부족하고 어린이와 신체능력이 약화된 노약자들의 보행이나 교통수단 이용이 겨울에 비해 늘어나는 계절적 특성으로 어린이・노약자 관련교통 사고가 늘어난다. 주택가나 학교 주변 또는 정류소 등 보행자가 많은 지역에서는 차간거리를 여유 있게 확보하고 서행하여야 한다.

② 안전운행 및 교통사고 예방
㉠ 교통 환경 변화 : 봄철 안전운전을 위해 중요한 것은 무리한 운전을 하지 말고 긴장을 늦추어서는 안 된다는 것이며, 도로의 지반 붕괴와 균열로 인해 도로 노면 상태가 1년 중 가장 불안정하여 사고의 원인이 되므로 시선을 멀리 두어 노면 상태 파악에 신경을 써야 한다.
㉡ 주변 환경 대응 : 포근하고 화창한 외부환경 여건으로 보행자나 운전자 모두 집중력이 떨어져 사고 발생률이 다른 계절에 비해 높다. 특히 본격적인 행락철을 맞아 교통수요가 많아져 통행량도 증가하게 되므로, 충분한 휴식을 취하고 운행 중에는 주변 교통 상황에 대해 집중력을 갖고 안전 운행하여야 한다.
㉢ 춘곤증 : 춘곤증은 피로・나른함 및 의욕저하를 수반하여 운전하는 과정에서 주의력 저하와 졸음운전으로 이어져 대형사고를 일으키는 원인이 될 수 있다. 따라서 무리한 운전을 피하고 장거리 운전 시에는 충분한 휴식을 취해야 한다.

③ 자동차관리
㉠ 세차 : 겨울을 보낸 다음에는 전문 세차장을 찾아 차체를 들어 올리고 구석구석 세차를 해야 한다. 노면의 결빙을 막기 위해 뿌려진 염화칼슘이 운행 중에 자동차의 바닥부분에 부착되어 차체의 부식을 촉진시키기 때문이다.
㉡ 월동장비 정리 : 겨울을 나기 위해 필요했던 스노타이어, 체인 등 월동장비를 잘 정리해서 보관한다.
㉢ 엔진오일 점검 : 주행거리와 오일의 상태에 따라 교환해 주거나 부족 시 보충해야 한다.
㉣ 배선상태 점검 : 전선의 피복이 벗겨진 부분은 없는지, 소켓 부분이 부식되지는 않았는지 등을 살펴보고 낡은 배선은 새것으로 교환해주어 화재발생을 예방할 수 있도록 한다.

(2) 여름철

① 교통사고의 특징
㉠ 도로조건 : 여름철에 발생되는 무더위, 장마, 폭우로 인한 교통환경의 악화를 운전자들이 극복하지 못하여 교통사고를 일으킬 수 있으므로 기상 변화에 잘 대비하여야 한다.
㉡ 운전자 : 기온과 습도 상승으로 불쾌지수가 높아져 적절히 대응하지 못하면 이성적 통제가 어려워져 난폭운전, 불필요한 경음기 사용, 사소한 일에도 언성을 높이며 잘못을 전가하려는 행동이 나타난다. 또한 수면부족과 피로로 인한 졸음운전 등도 집중력 저하 요인으로 작용한다.
㉢ 보행자 : 장마철에는 우산을 받치고 보행함에 따라 전・후방시야를 확보하기 어렵고, 장마 이후엔 무더운 날씨로 인해 낮에는 더위에 지치고 밤에는 잠을 제대로 자지 못해 피로가 쌓여 불쾌지수가 증가하므로 위험한 상황에 대한 인식이 둔해지고 안전수칙을 무시하려는 경향이 강하게 나타난다.

② 안전운행 및 교통사고 예방
㉠ 뜨거운 태양 아래 오래 주차 시 : 기온이 상승하면 차량의 실내온도는 뜨거운 양철 지붕 속과 같이 되므로 출발하기 전에 창문을 열어 실내의 더운 공기를 환기시키고 에어컨을 최대로 켜서 실내의 더운 공기가 빠져나간 다음에 운행하는 것이 좋다.

㉡ 주행 중 갑자기 시동이 꺼졌을 때 : 기온이 높은 날에는 운행 도중 엔진이 저절로 꺼지는 일이 발생하기도 한다. 이같은 현상은 연료 계통에서 열에 의한 증기로 통로의 막힘 현상이 나타나 연료 공급이 단절되기 때문으로, 자동차를 길 가장자리 통풍이 잘되는 그늘진 곳으로 옮긴 다음, 보닛을 열고 10여분 정도 열을 식힌 후 재시동을 건다.

㉢ 비가 내리는 중에 주행 시 : 비에 젖은 도로를 주행할 때는 건조한 도로에 비해 마찰력이 떨어져 미끄럼에 의한 사고 가능성이 있으므로 감속 운행해야 한다.

③ 자동차관리

㉠ 냉각장치 점검 : 여름철에는 무더운 날씨 속에 엔진이 과열되기 쉬우므로 냉각수의 양은 충분한지, 냉각수가 새는 부분은 없는지, 그리고 팬벨트의 장력은 적절한지를 수시로 확인해야 하며, 팬벨트는 여유분을 휴대하는 것이 바람직하다.

㉡ 와이퍼의 작동상태 점검 : 장마철 운전에 없어서는 안 될 와이퍼의 작동이 정상적인가 확인해야 하는데, 유리면과 접촉하는 부위인 브레이크가 닳지 않았는지, 모터의 작동은 정상적인지, 노즐의 분출구가 막히지 않았는지, 노즐의 분사각도는 양호한지, 그리고 워셔액은 깨끗하고 충분한지를 점검해야 한다.

㉢ 타이어 마모상태 점검 : 과마모 타이어는 빗길에서 잘 미끄러질뿐더러 제동거리가 길어지므로 교통사고의 위험이 높다. 노면과 맞닿는 부분인 트레드 홈 깊이가 최저 1.6mm 이상이 되는지 확인하고 적정 공기압을 유지하고 있는지 점검한다.

㉣ 차량 내부의 습기 제거 : 차량 내부에 습기가 찰 때에는 습기를 제거하여 차체의 부식과 악취발생을 방지한다.

(3) 가을철

① 교통사고의 특징

㉠ 도로조건 : 한가위 귀향 교통량의 증가로 전국 도로가 몸살을 앓기는 하지만 다른 계절에 비하여 도로조건은 비교적 좋은 편이다.

㉡ 운전자 : 국도 주변에는 경운기・트랙터 등의 통행이 늘고, 주변 경관을 감상하다보면 집중력이 떨어져 교통사고의 발생 위험이 있다.

㉢ 보행자 : 맑은 날씨, 곱게 물든 단풍, 풍성한 수확, 추석, 단체여행객의 증가 등으로 들뜬 마음에 의한 주의력 저하 관련 사고가능성이 높다.

② 안전운행 및 교통사고 예방

㉠ 이상기후 대처 : 안개 속을 주행할 때 갑작스럽게 감속을 하면 뒤차에 의한 추돌이 우려되고 반대로 감속하지 않으면 앞차를 추돌하기 쉽다. 안개 지역에서는 처음부터 감속 운행한다.

㉡ 보행자에 주의하여 운행 : 보행자도 교통 상황에 대처하는 능력이 저하되므로 보행자가 있는 곳에서는 보행자의 움직임에 주의하여 운행한다.

㉢ 행락철 주의 : 단체 여행의 증가로 행락질서를 문란케 하고 운전자의 주의력을 산만하게 만들어 대형 사고를 유발할 위험성이 높으므로 과속을 피하고, 교통법규를 준수하여야 한다.

㉣ 농기계 주의 : 추수 시기를 맞아 경운기 등 농기계의 빈번한 사용도 교통사고의 원인이 되므로, 농촌지역 운행 시에는 농기계의 출현에 대비하여야 한다.

③ 자동차관리

㉠ 세차 및 차체 점검 : 바닷가로 여행을 다녀온 차량은 바닷가의 염분이 차체를 부식시키므로 깨끗이 씻어내고 페인트가 벗겨진 곳은 부분적으로 칠을 해서 녹이 슬지 않도록 한다.

㉡ 서리제거용 열선 점검 : 기온의 하강으로 인해 유리창에 서리가 끼게 되므로 열선의 연결부분이 이탈하지 않았는지, 열선이 정상적으로 작동하는지를 미리 점검한다.

(4) 겨울철

① 교통사고의 특징

㉠ 도로조건 : 겨울철에는 눈이 녹지 않고 쌓여 적은 양의 눈이 내려도 바로 빙판이 되기 때문에 자동차의 충돌・추돌・도로 이탈 등의 사고가 많이 발생한다.

㉡ 운전자 : 한 해를 마무리하고 새해를 맞이하는 시기로 사람들의 마음이 바쁘고 들뜨기 쉬우며 각종 모임의 한잔 술로 인한 음주운전 사고가 우려된다. 추운 날씨로 인해 방한복 등 두터운 옷을 착용함에 따라 움직임이 둔해져 위기상황에 대한 민첩한 대처능력이 떨어지기 쉽다.

㉢ 보행자 : 겨울철 보행자는 추위와 바람을 피하기 위해 두터운 외투와 방한복 등을 착용하고 앞만 보면서 최단거리로 목적지까지 이동하고자 하는 경향이 있어서 안전한 보행을 위하여 보행자가 확인하고 통행하여야 할 사항을 소홀히 하거나 생략하여 사고에 직면하기 쉽다.

② 안전운행 및 교통사고 예방

㉠ 빙판길 출발 시

- 승용차의 경우 평상시에는 1단 기어로 출발하는 것이 정상이지만, 미끄러운 길에서는 기어를 2단에 넣고 반클러치를 사용하는 것이 효과적이고, 만일 핸들이 꺾여 있는 상태에서 출발하면 앞바퀴의 회전각도 자체가 브레이크 역할을 해서 바퀴가 헛도는 결과를 초래하므로 앞바퀴를 직진 상태에서 출발한다.
- 눈이 내린 후 차바퀴 자국이 나 있을 때에는 선(앞)차량의 타이어 자국 위에 자기 차량의 타이어 바퀴를 넣고 달리면 미끄러짐을 예방할 수 있고, 눈이 새로 내렸을 때는 타이어가 눈을 다지는 기분으로 주행하고, 기어는 2단 혹은 3단으로 고정하여 구동력을 바꾸지 않는 방법으로 주행한다.
- 눈이 쌓인 미끄러운 오르막길에서는 주차 브레이크를 절반쯤 당겨 서서히 출발하며, 자동차가 출발한 후에는 주차 브레이크를 완전히 푼다.

㉡ 전・후방 주시 철저 : 겨울철은 밤이 길고, 약간의 비나 눈만 내려도 물체를 판단할 수 있는 능력이 감소하므로 전・후방의 교통 상황에 대한 주의가 필요하다. 특히 미끄러운 도로를 운행할 때에는 돌발 사태에 대처할 수 있는 시간과 공간이 필요하므로 보행자나 다른 자동차의 흐름을 잘 살피고 자신의 자동차가 다른 사람의 눈에 잘 띌 수 있도록 한다.

㉢ 주행 시 : 미끄러운 도로에서의 제동 시 정지거리가 평소보다 2배 이상 길기 때문에 충분한 차간거리 확보 및 감속이 요구된다.

- 미끄러운 오르막길에서는 앞서가는 자동차가 정상에 오르는 것을 확인한 후 올라가야 하며, 도중에 정지하는 일이 없도록 밑에서부터 탄력을 받아 일정한 속도로 기어 변속 없이 한번에 올라가야 한다.
- 주행 중 노면의 동결이 예상되는 그늘진 장소도 주의해야 한다.

• 눈 쌓인 커브 길 주행 시에는 기어 변속을 하지 않는다. 기어 변속은 차의 속도를 가감하여 주행 코스 이탈의 위험을 가져온다.

㉣ 장거리 운행 시 : 장거리 운행을 할 때는 목적지까지의 운행계획을 평소보다 여유 있게 세워야 하며, 도착지·행선지·도착시간 등을 타인에게 고지하여 기상악화나 불의의 사태에 신속히 대처할 수 있도록 한다. 특히, 비포장 도로나 산악도로 운행 시에는 월동 비상장구를 휴대하도록 한다.

③ 자동차관리

㉠ 월동장비 점검 : 겨울철의 눈길이나 빙판길을 안전하게 주행하기 위해 스노타이어로 교환하거나 체인을 장착한다.

㉡ 부동액 점검 : 냉각수의 동결을 방지하기 위해 부동액의 양 및 점도를 점검한다.

㉢ 정온기 상태 점검 : 엔진의 온도를 일정하게 유지시켜 주는 역할을 하는 정온기를 점검하여 엔진의 워밍업이 길어지거나, 히터의 기능이 떨어지는 것을 예방한다.

14 경제운전

(1) 경제운전의 기본적인 방법

① 가·감속을 부드럽게 한다.
② 불필요한 공회전을 피한다.
③ 급회전을 피하고 부드럽게 회전한다.
④ 일정한 차량속도를 유지한다.

(2) 경제운전의 효과

① 차량 관리비용, 고장 수리비용, 타이어 교체비용 등의 감소효과
② 수리 및 유지관리 작업 등의 시간 손실 감소효과
③ 공해배출 등 환경문제의 감소효과
④ 교통안전 증진효과
⑤ 운전자 및 승객의 스트레스 감소효과

(3) 주행방법과 연료소모율

① 버스 엔진의 시동을 걸 때는 적정속도로 엔진을 회전시켜 적정한 오일압력이 유지되도록 하여야 한다. 오일압력이 적정해지면 부드럽게 출발한다. 이때 적정한 공회전 시간은 여름은 20~30초, 겨울은 1~2분 정도가 적당하다.
② 도중에 가감속이 없는 일정속도로 주행하는 것이 중요하다.
③ 기어변속은 엔진 회전속도 2,000~3,000RPM 상태에서 고단기어로 변속하는 것이 좋다.
④ 운전 중 가속페달에서 발을 떼고 관성으로 차를 움직일 수 있을 때는 제동을 피하는 것이 좋다. 관성주행은 연료소모를 줄이고 제동장치와 타이어의 불필요한 마모도 줄일 수 있다.
⑤ 지선에서 차량속도가 높은 본선으로 합류할 때는 안전이 중요하므로 경제운전보다 가속이 필수적이다.

15 유형별 차로

(1) 가변차로

① 특정 시간대에 방향별 교통량이 현저하게 차이 나는 도로에서 교통량이 많은 쪽으로 차로수가 확대되도록 신호기로 차로 진행방향을 지시하는 차로이다.
② 차량의 운행속도를 향상시켜 구간 통행시간을 줄여주고, 차의 연료 소모율 및 배기가스 배출량의 감소효과를 볼 수 있다.
③ 가변차로를 시행할 때에는 가로변 주정차 금지, 좌회전 통행 제한, 충분한 신호시설의 설치, 차선 도색 등 노면표시에 대한 개선이 필요하다.

(2) 양보차로

① 양방향 2차로 앞지르기 금지구간에서 차의 원활한 소통을 위해 갓길 쪽으로 설치하는 저속자동차의 주행차로이다.
② 저속자동차로 인해 교통흐름이 지체되고 반대차로를 이용한 앞지르기가 불가능할 경우 원활한 소통을 위해 설치한다.

(3) 앞지르기차로

① 교통흐름이 지체되고 앞지르기가 불가능할 경우, 원활한 소통을 위해 도로 중앙 측에 설치하는 고속자동차의 주행차로이다.
② 앞지르기차로는 2차로 도로에서 주행속도를 확보하기 위해 오르막차로와 교량 및 터널 구간을 제외한 구간에 설치된다.

(4) 오르막차로

① 대형차와 같이 단위중량당 마력수가 작은 차량은 오르막에서 속도가 저하되어 다른 차들이 추월하지 못하고 그 뒤를 따르게 되어, 경우에 따라서는 교통사고의 원인이 된다.
② 오르막구간에서 안전사고를 예방하기 위하여 저속자동차와 다른 자동차를 분리하여 통행시키기 위해 설치하는 차로이다.

(5) 회전차로

① 교차로 등에서 차가 좌회전, 우회전, 유턴을 할 수 있도록 직진차로와 별도로 설치하는 차로로서 좌회전차로, 우회전차로, 유턴차로 등이 있다.
② 회전차로는 직진차를 위한 차로와 인접하여 설치하기도 하고 교통섬 등으로 분리하여 설치하기도 한다.

(6) 변속차로

① 차가 다른 도로로 유입하는 경우 본선의 교통흐름을 방해하지 않고 안전하게 감속 또는 가속하도록 설치하는 차로이다. 고속자동차가 감속하여 다른 도로로 유입하는 경우에 감속차로라고 하고, 저속자동차가 고속자동차들 사이로 유입할 경우에 가속차로라 한다.
② 주로 고속도로의 인터체인지 연결로, 휴게소 및 주유소의 진입로, 공단진입로, 상위도로와 하위도로가 연결되는 평면교차로 등 차량의 유출입이 잦은 곳에 설치한다.

16 도로요인 용어 설명

(1) 도류화

① 차와 보행자를 안전하게 이동시킬 목적으로 회전차로, 변속차로, 교통섬, 노면표시 등을 이용하여 상충하는 교통류를 분리・통제하고 명확한 통행경로를 지시해 주는 것을 말한다.

② 교차로 내에서 도류화의 목적

㉠ 자동차가 합류, 분류, 교차하는 위치와 각도를 조정한다.

㉡ 교차로 면적을 조정함으로써 자동차 간 상충되는 면적을 줄인다.

㉢ 차의 통행경로를 명확히 제공하고, 통행속도를 안전하게 통제한다.

㉣ 보행자 안전지대를 설치하기 위한 장소를 제공한다.

㉤ 분리된 회전차로는 회전차량의 대기장소를 제공한다.

(2) 교통섬

① 자동차의 안전하고 원활한 교통처리나 보행자 도로횡단의 안전을 확보하기 위하여 교차로 또는 차도의 분기점 등에 설치하는 섬 모양 시설이다.

② 설치 목적

㉠ 도로교통의 흐름을 안전하게 유도

㉡ 보행자가 도로를 횡단할 때 대피장소 제공

㉢ 신호등, 도로표지, 안전표지, 조명 등 노상시설의 설치장소 제공

(3) 기타 용어

① **차로수** : 양방향 차로(오르막차로, 회전차로, 변속차로 및 양보차로 제외)의 수를 합한 것을 말한다.

② **측대** : 길어깨(갓길) 또는 중앙분리대의 일부분으로 포장 끝부분 보호, 측방의 여유 확보, 운전자의 시선을 유도하는 기능을 갖는다.

③ **분리대** : 차의 통행방향에 따라 분리하거나 성질이 다른 같은 방향의 교통을 분리하기 위하여 설치하는 도로의 부분이나 시설물을 말한다.

④ **편경사** : 평면곡선부에서 차가 원심력에 저항할 수 있도록 설치하는 횡단경사를 말한다.

⑤ **시거(視距)** : 운전자가 자동차 진행방향에 있는 장애물 또는 위험요소를 인지하고 제동・정지하거나 또는 장애물을 피해서 주행할 수 있는 거리를 말한다. 주행상의 안전과 쾌적성을 확보하는 데 매우 중요한 요소로 정지시거와 앞지르기시거가 있다.

17 기본 운행 수칙

(1) 출 발

① 매일 운행을 시작할 때에는 후사경, 제동등, 주차브레이크등을 확인한다.

② 시동을 걸 때에는 기어가 들어가 있는지 확인한다. 기어가 들어간 상태에서는 클러치를 밟지 않고 시동을 걸지 않는다.

③ 정류소에서 출발할 때에는 차문을 완전히 닫은 상태에서 방향지시등을 작동시켜 도로주행 의사를 표시한 후 출발한다.

(2) 정 지

① 정지할 때에는 미리 감속하여 급정지로 인한 타이어 흔적이 발생하지 않도록 한다.

② 정지할 때까지 여유가 있는 경우에는 브레이크페달을 가볍게 2~3회 나누어 밟는 '단속조작'을 통해 정지한다.

③ 미끄러운 노면에서는 제동으로 인해 차량이 회전하지 않도록 주의한다.

(3) 주 행

① 교통량이 많은 곳이나 도로조건・조명조건이 불량한 경우, 악천후에는 감속하여 주행한다.

② 핸들을 조작할 때마다 상체가 한쪽으로 쏠리지 않도록 왼발은 발판에 놓아 상체 이동을 최소화시킨다.

③ 신호대기 등으로 잠시 정지할 때에는 주차브레이크를 당기거나 브레이크페달을 밟아 차량이 미끄러지지 않도록 한다.

④ 급격한 핸들조작으로 타이어가 옆으로 밀리는 경우, 핸들복원이 늦어 차로를 이탈하는 경우, 운전조작 실수로 차체가 균형을 잃는 경우 등이 발생하지 않도록 주의한다.

⑤ 다른 차로를 침범하거나, 2개 차로에 걸쳐 주행하지 않는다.

⑥ 적재물이 떨어질 위험이 있는 차에 근접하여 주행하지 않는다.

⑦ 앞 차량에 근접하여 주행하지 않고, 좌우측 차량과 일정거리를 유지한다.

(4) 진로변경

① 도로별 차로에 따른 통행차의 기준을 준수하여 주행차로를 선택한다.

② 도로노면에 표시된 백색 점선에서 진로를 변경하고, 급차로 변경을 하지 않는다.

③ 일반도로에서 차로를 변경하는 경우에는 변경지점에 도착하기 전 30m(고속도로는 100m) 이상의 지점에 이르렀을 때 방향지시등을 작동시킨다.

④ 진로변경이 끝날 때까지 신호를 계속 유지하고, 진로변경이 끝난 후에 신호를 중지한다.

⑤ 다른 통행차량 등에 대한 배려나 양보 없이 본인 위주의 진로변경을 하지 않는다.

⑥ **진로변경 위반에 해당하는 경우**

㉠ 두 개의 차로에 걸쳐 운행하는 경우

㉡ 여러 차로를 연속적으로 가로지르는 행위

㉢ 갑자기 차로를 바꾸어 옆 차로로 끼어드는 행위

㉣ 진로변경이 금지된 곳에서 진로를 변경하는 행위 등

(5) 앞지르기

① 앞지르기할 때에는 방향지시등을 작동시키고, 허용된 구간에서만 시행한다.

② 반대방향 차량, 추월차로에 있는 차량, 앞뒤 차량과의 안전 여부를 확인한다.

③ 앞 차량의 좌측 차로로 앞지르기를 하며, 제한속도 범위 내에서 시행한다.

④ 앞지르기를 해서는 안 되는 경우
㉠ 구부러진 곳, 오르막길의 정상 부근, 급한 내리막길, 교차로, 터널 안, 다리 위
㉡ 앞차가 좌측으로 진로를 바꾸려 하거나 다른 차를 앞지르려고 하는 경우
㉢ 앞차의 좌측에 다른 차가 나란히 가는 경우
㉣ 뒤차가 자기 차를 앞지르려고 하는 경우
㉤ 마주 오는 차의 진행을 방해할 우려가 있는 경우
㉥ 앞차가 교차로나 철길건널목 등에서 정지·서행하는 경우
㉦ 앞차가 경찰공무원 등의 지시에 따르거나 위험방지를 위해 정지·서행하는 경우
㉧ 어린이통학버스가 어린이 또는 유아를 태우고 있다는 표시를 하고 통행하는 경우

(6) 교차로 통행

① 회전이 허용된 차로에서만 회전하고, 회전지점에 이르기 전 30m(고속도로는 100m) 이상 지점에 이르렀을 때 방향지시등을 작동시킨다.
② 좌회전 차로가 2개 설치된 교차로에서 좌회전할 때에는 1차로(중·소형승합차), 2차로(대형승합차) 통행기준을 준수한다.
③ 대향차가 교차로를 통과하고 있을 때에는 완전히 통과시킨 후 좌회전한다.
④ 우회전할 때에는 내륜차 현상으로 인해 보도를 침범하지 않도록 주의한다.
⑤ 회전할 때에는 원심력이 발생하여 차량이 이탈하지 않도록 감속하여 진입한다.

18 고속도로 교통안전

(1) 교통사고 대처요령

① 2차(후속)사고 방지 안전행동
㉠ 신속히 비상등을 켜고 갓길로 차량을 이동시킨다. 차량 이동이 어려운 경우 탑승자들을 신속하고 안전하게 가드레일 바깥 등의 안전한 장소로 대피시킨다.
㉡ 고장자동차의 표지(안전삼각대)를 한다. 야간에는 적색 섬광신호·전기제등 또는 불꽃신호를 추가로 설치한다(안전조끼 착용 권장).
㉢ 경찰관서(112), 소방관서(119) 또는 한국도로공사(1588-2504)로 연락하여 도움을 요청한다.

② 부상자의 구호
㉠ 사고 현장에 의사나 구급차가 도착할 때까지 가능한 응급조치를 한다.
㉡ 함부로 부상자를 움직여서는 안 되며, 특히 두부 부상자는 움직이지 말아야 한다. 단 2차 사고의 우려가 있을 경우에는 부상자를 안전한 장소로 이동시킨다.

③ 사고 관련 신고
㉠ 사고차량 운전자는 사고 발생장소, 사상자수, 부상 정도 등의 조치상황을 경찰공무원에게 알리고, 현장에 경찰공무원이 없을 때에는 가까운 경찰관서에 신고한다.
㉡ 신고 후 사고차량 운전자는 경찰공무원이 말하는 부상자 구호와 교통안전상 필요한 사항을 지킨다.

(2) 고속도로 터널 안전운전

① 터널 안전운전 수칙
㉠ 터널 진입 전에 입구 주변에 표시된 도로정보를 확인한다.
㉡ 선글라스를 벗고 라이트를 켠다.
㉢ 터널 진입 시 라디오를 켜고, 교통신호를 확인한다.
㉣ 안전거리를 유지하고, 차선을 바꾸지 않는다.
㉤ 비상시를 대비하여 피난연결통로, 비상주차대 위치를 확인한다.

② 터널 내 화재 시 행동요령
㉠ 터널 밖으로 신속히 이동한다. 이동이 불가능한 경우 최대한 갓길 쪽으로 정차한다.
㉡ 엔진을 끈 후 키를 꽂아둔 채 신속하게 하차한다.
㉢ 비상벨을 누르거나 비상전화로 화재발생을 알린다.
㉣ 사고차량의 부상자를 돕는다(비상전화 및 휴대폰을 사용하여 터널 관리소 및 119 구조요청 / 한국도로공사 1588-2504).
㉤ 터널에 설치된 소화기나 소화전으로 조기진화를 시도한다. 조기진화가 불가능할 경우, 젖은 수건이나 손등으로 코·입을 막고 낮은 자세로 유도등을 따라 신속히 대피한다.

(3) 고속도로 2504 긴급견인 서비스(1588-2504, 한국도로공사 콜센터)

① 고속도로 본선, 갓길에 멈춰 2차사고가 우려되는 소형차량을 안전지대(휴게소, 영업소, 쉼터 등)까지 견인하는 제도로서 한국도로공사에서 비용을 부담하는 무료서비스이다.
② **대상차량** : 승용차, 16인 이하 승합차, 1.4t 이하 화물차

19 사업용자동차 위험운전 행태별 안전운전요령

위험운전행동		안전운전요령
과속 유형	과 속	버스는 차체가 높기 때문에 과속을 하면 커브길, 고속도로 진출입램프에서 전도·전복의 위험성이 크다. 따라서 계기판을 수시로 확인하며 규정속도를 유지하고, 커브길 진입 전에는 충분히 감속한다.
	장기과속	버스는 장기 과속의 위험에 항상 노출되어 있어 운전자의 속도감각 저하, 거리감 저하를 가져올 수 있다. 특히 야간의 경우 사고위험이 크므로 항상 규정속도를 준수한다.
급가속 유형	급가속	• 황색신호에 무리한 교차로 진입을 하지 말고, 교차로 접근 시 미리 감속한다. • 버스는 입석승객이 많고 안전띠를 매지 않기 때문에 급가속 행동은 차내 사고를 유발하므로 천천히 가속한다.
	급출발	내리막·오르막길에서의 급출발은 시동을 꺼지게 하거나 사고의 원인이 될 수 있으므로 속도를 줄이고 서서히 출발한다.
급감속 유형	급감속	• 버스 운전석은 승용차에 비해 1.5~2배 높아 같은 거리라도 길게 느껴지기 때문에 전방차량과 거리를 좁혀 주행하는 특성이 있다. 이 경우, 야간주행이나 고속주행 시 전방차량 제동 등과 같은 돌발상황을 인지하지 못하여 급감속하는 경우가 발생하므로 항상 규정속도로 주행하고 차간거리를 확보해야 한다. • 버스의 경우 입석승객이 많고 안전띠를 매지 않기 때문에 급감속 행동은 차내 사고를 유발하므로 신호교차로나 정류장 등에서 차로변경을 미리하고 감속한다.
급 차로변경 유형	급 진로변경	고속도로나 간선도로 등에서 차체가 큰 버스의 급진로변경은 연쇄추돌사고 등으로 연결되기 쉽다. 진로변경을 하려면 먼저 방향지시등을 켜고 차로를 천천히 변경하여 옆 차로의 차량이 이를 인지하도록 하고, 차로 전방뿐만 아니라 후방의 교통상황도 고려한다.
	급 앞지르기	속도가 느린 상태에서 옆 차로로 진행하기 위해 진로변경을 시도하는 경우 급앞지르기가 발생하기 쉽다. 이 경우 후행차량도 급하게 진행하려는 운전심리가 있어 진로변경 중 접촉사고가 발생될 수 있다.
급회전 유형	급좌회전	버스는 차체가 높아 급좌회전으로 차량이 전도·전복될 수 있다. 따라서 교차로 접근 시 미리 감속하고, 모든 방향의 차량상황을 인지하고 신호에 따라 좌회전한다. 급좌회전, 꼬리물기 등을 삼가고, 저속으로 회전하는 습관이 필요하다.
	급우회전	• 급우회전은 전도·전복의 위험이 크고 보행자사고를 유발하므로 교차로 접근 시 충분히 감속하고 보행자에 주의하여 우회전한다. • 버스는 회전 시 뒷바퀴가 앞바퀴보다 안쪽으로 회전하는 특징이 있으므로 횡단대기 중인 보행자에 각별히 유의해야 한다.
	급유턴	버스는 차체가 길기 때문에 유턴 시 대향차로의 많은 공간이 요구되므로 대향차로 상의 과속차량에 유의한다.

제 4 과목 운송서비스(예절포함)

01 고객만족과 고객서비스

(1) 서비스의 기본자세

① 서비스의 특징
㉠ 무형성 : 형태가 없는 무형의 상품으로, 서비스를 측정하기는 어렵지만 느낄 수는 있다.
㉡ 동시성 : 공급자에 의해 제공됨(생산)과 동시에 승객에 의해 소비되는 성질이 있어서 재고가 발생하지 않는다.
㉢ 인적의존성 : 사람에 의해 만들어지고 사람에게 제공되는 서비스는 그것을 행하는 사람에 따라 품질의 차이가 발생한다.
㉣ 소멸성 : 제공이 끝나면 즉시 사라져 오래 남지 않는다.
㉤ 무소유권 : 누릴 수는 있으나 소유할 수는 없다.
㉥ 변동성 : 공간적 제약요인으로 인하여 상황의 발생 정도에 따라 시간, 요일, 계절별로 변동성이 있다.
㉦ 다양성 : 승객 욕구의 다양함과 감정의 변화, 서비스 제공자에 따라 상대적이며, 승객의 평가 역시 주관적이어서 일관되고 표준화된 서비스 질을 유지하기 어렵다.

② 일반적인 고객의 욕구
㉠ 기억되고 싶어한다.
㉡ 환영받고 싶어한다.
㉢ 관심을 받고 싶어한다.
㉣ 중요한 사람으로 인식되고 싶어한다.
㉤ 편안해지고 싶어한다.
㉥ 존경받고 싶어한다.
㉦ 기대와 욕구를 수용하고 인정받고 싶어한다.

③ 고객 응대 마음가짐 10가지
㉠ 고객의 입장에서 생각한다.
㉡ 고객이 호감을 가질 수 있도록 한다.
㉢ 공사를 구분하고 공평하게 대하도록 한다.
㉣ 끊임없이 반성하고 개선해 나간다.
㉤ 사명감을 가진다.
㉥ 투철한 서비스 정신을 가진다.
㉦ 행동을 할 때 자신감을 갖는다.
㉧ 원만하게 대한다.
㉨ 겸손하고 예의를 지켜 대한다.
㉩ 항상 긍정적으로 생각한다.

④ 올바른 인사 방법
㉠ 표정은 부드럽고 밝은 미소를 짓는다.
㉡ 고개는 반듯하게 들고, 턱을 내밀지 않고 자연스럽게 당긴다.
㉢ 인사 전후에 상대방의 눈을 바라보고, 진심을 담은 눈빛으로 인사한다.
㉣ 머리와 상체는 일직선이 되도록 하며, 천천히 숙인다.
- 가벼운 인사(목례) : 인사 각도 15°, 기본적인 예의표현
- 보통 인사(보통례) : 인사 각도 30°, 승객 앞에 섰을 때
- 정중한 인사(정중례) : 인사 각도 45°, 정중한 인사표현

㉤ 입가에 미소를 짓는다.
㉥ 말할 때에는 적당한 크기와 속도로 자연스럽게 한다.
㉦ 인사는 본 사람이 먼저 하는 것이 좋으며, 상대방이 먼저 인사한 경우에는 응대한다.

⑤ 올바른 악수방법
㉠ 악수는 신체접촉을 통한 친밀감을 표현하는 행위로 바른 동작이 필요하다.
㉡ 윗사람이 아랫사람에게 먼저 손을 내민다.
㉢ 윗사람이 악수를 청할 경우 아랫사람은 먼저 가볍게 목례를 한 후 오른손을 내민다.
㉣ 악수할 때 손끝만 잡거나, 손을 꽉 잡거나, 악수하는 손을 흔드는 것은 좋은 태도가 아니다.
㉤ 악수할 때 상대방의 시선을 피하거나 다른 곳을 응시하지 않는다.
㉥ 악수를 청하는 사람과 받는 사람
- 기혼자가 미혼자에게 청한다.
- 선배가 후배에게 청한다.
- 여자가 남자에게 청한다.
- 승객이 직원에게 청한다.

(2) 운전자의 사명과 자세

① 운전자의 사명
㉠ 남의 생명도 내 생명처럼 존중
㉡ 운전자는 '공인'이라는 자각이 필요

② 운전자가 가져야 할 기본적 자세
㉠ 교통법규의 이해와 준수
㉡ 여유 있고 양보하는 마음으로 운전
㉢ 주의력 집중
㉣ 심신상태의 안정
㉤ 추측 운전의 삼가
㉥ 운전기술의 과신은 금물
㉦ 저공해 등 환경보호, 소음공해 최소화 등

(3) 올바른 운전예절

① 운전예절의 중요성 : 예절 바른 운전습관은 명랑한 교통질서를 가져오며, 교통사고를 예방케 할 뿐 아니라, 교통문화를 선진화하는 데 지름길이 된다.

② 예절 바른 운전습관
㉠ 명랑한 교통질서 유지
㉡ 교통사고의 예방
㉢ 교통문화를 정착시키는 선두주자

(4) 지켜야 할 운전예절

① **과신은 금물** : 안전운전은 운전 기술만이 뛰어나다고 해서 되는 것이 아니며, 교통규칙을 준수함은 물론 예절 바른 행동이 뒷받침될 때만이 비로소 가능해진다.

② **횡단보도에서의 예절** : 보행자가 먼저 지나가도록 일시 정지하여 보행자를 보호하는 데 앞장서고, 횡단보도 내에 자동차가 들어가지 않도록 정지선을 반드시 지킨다.

③ **전조등 사용법** : 야간에 교차로나 좁은 길에서 마주 오는 차끼리 만나면 먼저 가도록 양보해 주고 전조등을 하향으로 하여 상대방 운전자의 눈이 부시지 않도록 한다.

④ **고장차량의 유도** : 도로상에서 고장차량을 발견하였을 때에는 즉시 서로 도와 길 가장자리 구역으로 유도한다.

⑤ **올바른 방향전환 및 차로변경** : 방향지시등을 켜고 끼어들려고 하는 차량이 있을 때에는 속도를 줄여 원활하게 진입하도록 도와주고, 이웃 운전자에게 도움이나 양보를 받았을 때에는 비상등을 2~3회 작동시켜 고마움을 표현한다.

⑥ **여유 있는 교차로 통과 등** : 교차로에 정체현상이 있을 때에는 교차로에 진입하지 않고 대기한다.

(5) 삼가야 할 운전행동

① 욕설이나 경쟁심의 운전행위
② 도로상에서 사고 등으로 차량을 세워 둔 채로 시비, 다툼 등의 행위를 하여 다른 차량의 통행을 방해하는 행위
③ 음악이나 경음기 소리를 크게 하여 다른 운전자를 놀라게 하거나 불안하게 하는 행위
④ 신호등이 바뀌기 전에 빨리 출발하라고 전조등을 켰다 껐다 하거나 경음기로 재촉하는 행위
⑤ 과속으로 운행하며 급브레이크를 밟거나 지그재그 운전을 하여서 다른 운전자를 불안하게 하는 행위
⑥ 교통 경찰관의 단속 행위에 불응하고 항의하는 행위
⑦ 방향지시등을 켜지 않고 갑자기 끼어들거나, 버스 전용차로를 무단 통행하거나 갓길로 주행하는 행위 등

(6) 운전자의 기본적 주의사항

① 법규 및 사내 안전관리 규정 준수
㉠ 배차지시 없이 임의운행 금지
㉡ 정당한 사유 없이 지시된 운행경로를 임의 변경운행 금지
㉢ 승차 지시된 운전자 이외의 타인에게 대리운전 금지
㉣ 사전승인 없이 타인을 승차시키는 행위 금지
㉤ 운전에 악영향을 미치는 음주 및 약물복용 후 운전 금지
㉥ 철도 건널목에서는 일시정지 준수 및 정차행위 금지
㉦ 본인이 소지하고 있는 면허로 관련법에서 허용하고 있는 차종 이외의 차량 운전 금지
㉧ 자동차 전용도로, 급한 경사길 등에 주정차 금지
㉨ 기타 사회적인 물의를 야기하거나 회사의 신뢰를 추락시키는 난폭운전 등의 운전행위 금지
㉩ 차량은 이동 홍보물로서 외관뿐 아니라 운전석 등 내부의 청결함이 요구됨(차량의 청결은 회사든 개인이든 신뢰도를 제고하고 적재된 물품의 상태까지 신뢰하게 할 수 있는 요인으로 작용함)

② 운행 전 준비
㉠ 용모 및 복장 확인(단정하게)
㉡ 항상 친절하여야 하며, 고객 및 화주에게 불쾌한 언행 금지
㉢ 차의 내부와 외부를 항상 청결하게 유지
㉣ 일상점검을 철저히 하고, 이상 발견 시 정비관리자에게 즉시 보고하여 조치받은 후 운행
㉤ 배차사항 및 지시, 전달사항을 확인하고 운행

③ 운행상 주의
㉠ 주정차 후 운행을 개시하고자 할 때에는 차량 주변의 보행자, 승하차자, 노상취객·유희자 등을 확인 후 안전하게 운행
㉡ 내리막길에서는 풋 브레이크 장시간 사용을 삼가고, 엔진 브레이크 등을 적절히 사용하여 안전운행
㉢ 보행자, 이륜차, 자전거 등과 교행, 병진운행 시 서행하며 안전거리를 유지하고 주의의무를 강화하여 운행
㉣ 후진 시에는 유도요원을 배치, 신호에 따라 안전하게 후진
㉤ 후방카메라를 설치한 경우, 카메라를 통해 후방의 이상 유무 확인 후 안전하게 후진
㉥ 노면의 적설·빙판 시 즉시 체인을 장착한 후 안전운행
㉦ 후속차량이 추월하고자 할 때에는 감속 등으로 양보운전

④ 교통사고 발생의 조치
㉠ 교통사고를 발생시켰을 때에는 법이 정하는 현장에서의 인명구호, 관할경찰서에 신고 등의 의무를 성실히 수행
㉡ 어떠한 사고라도 임의처리는 불가하며, 사고발생 경위를 육하원칙에 의거 거짓 없이 정확하게 회사에 보고
㉢ 사고처리 결과를 개인적으로 통보받았을 경우, 회사에 보고한 후 회사의 지시에 따라 조치

⑤ 신상변동 등의 보고
㉠ 결근, 지각, 조퇴가 필요하거나 운전면허증 기재사항 변경, 질병 등 신상변동 시 회사에 즉시 보고
㉡ 운전면허 정지, 취소 등의 면허행정 처분 시 즉시 회사에 보고하여야 하며, 어떠한 경우라도 운전금지

02 운송사업자 및 운수종사자의 준수사항 등 (여객자동차 운수사업법)

(1) 일반적인 준수사항(규칙 [별표 4])

① 운송사업자는 노약자·장애인 등에 대해서는 특별한 편의를 제공해야 한다.

② 운송사업자는 여객에 대한 서비스의 향상 등을 위하여 관할관청이 필요하다고 인정하는 경우에는 운수종사자로 하여금 단정한 복장 및 모자를 착용하게 해야 한다.

③ 운송사업자는 자동차를 항상 깨끗하게 유지해야 하며, 관할관청이 단독으로 실시하거나 관할관청과 조합이 합동으로 실시하는 청결상태 등의 검사에 대한 확인을 받아야 한다.

④ 운송사업자[대형(승합자동차를 사용하는 경우로 한정한다) 및 고급형 택시운송사업자는 제외한다]는 다음의 사항을 승객이 자동차 안에서 쉽게 볼 수 있는 위치에 게시하여야 한다. 이 경우 택시운송사업자는 앞좌석의 승객과 뒷좌석의 승객이 각각 볼 수 있도록 2곳 이상에 게시하여야 한다.

㉠ 회사명(개인택시운송사업자의 경우는 게시하지 아니한다), 자동차 번호, 운전자 성명, 불편사항 연락처 및 차고지 등을 적은 표지판
㉡ 운행계통도(노선운송사업자만 해당한다)

⑤ **운수종사자의 여객 운송 시 준수사항**
운송사업자는 이를 항시 지도・감독해야 한다.
㉠ 정류소 또는 택시승차대에서 주차 또는 정차할 때에는 질서를 문란하게 하는 일이 없도록 할 것
㉡ 정비가 불량한 사업용 자동차를 운행하지 않도록 할 것
㉢ 위험방지를 위한 운송사업자・경찰공무원 또는 도로관리청 등의 조치에 응하도록 할 것
㉣ 교통사고를 일으켰을 때에는 긴급조치 및 신고의 의무를 충실하게 이행하도록 할 것
㉤ 자동차의 차체가 헐었거나 망가진 상태로 운행하지 않도록 할 것

⑥ 운송사업자는 속도제한장치 또는 운행기록계가 장착된 운송사업용 자동차를 해당 장치 또는 기기가 정상적으로 작동되는 상태에서 운행되도록 해야 한다.

⑦ 노선운송사업자는 다음의 사항을 일반 공중이 보기 쉬운 영업소 등의 장소에 사전에 게시해야 한다.
㉠ 사업자 및 영업소의 명칭
㉡ 운행시간표(운행횟수가 빈번한 운행계통에서는 첫차 및 막차의 출발시각과 운행 간격)
㉢ 정류소 및 목적지별 도착시각(시외버스운송사업자만 해당한다)
㉣ 사업을 휴업 또는 폐업하려는 경우 그 내용의 예고
㉤ 영업소를 이전하려는 경우에는 그 이전의 예고
㉥ 그 밖에 이용자에게 알릴 필요가 있는 사항

(2) 운수종사자의 금지사항(법 제26조 제1항)

① 정당한 사유 없이 여객의 승차(수요응답형 여객자동차운송사업의 경우 여객의 승차예약을 포함)를 거부하거나 여객을 중도에서 내리게 하는 행위(구역 여객자동차운송사업 중 대통령령으로 정하는 여객자동차운송사업은 제외)
② 부당한 운임 또는 요금을 받는 행위(구역 여객자동차운송사업 중 대통령령으로 정하는 여객자동차운송사업은 제외)
③ 일정한 장소에 오랜 시간 정차하여 여객을 유치(誘致)하는 행위
④ 문을 완전히 닫지 아니한 상태에서 자동차를 출발시키거나 운행하는 행위
⑤ 여객이 승・하차하기 전에 자동차를 출발시키거나 승・하차할 여객이 있는데도 정차하지 아니하고 정류소를 지나치는 행위
⑥ 안내방송을 하지 아니하는 행위(국토교통부령으로 정하는 자동차 안내방송 시설이 설치되어 있는 경우만 해당한다)
⑦ 여객자동차운송사업용 자동차 안에서 흡연하는 행위
⑧ 휴식시간을 준수하지 아니하고 운행하는 행위
⑨ 운전 중에 방송 등 영상물을 수신하거나 재생하는 장치(휴대전화 등 운전자가 휴대하는 것을 포함)를 이용하여 영상물 등을 시청하는 행위(단, 지리안내 영상 또는 교통정보안내 영상, 국가비상사태・재난상황 등 긴급한 상황을 안내하는 영상, 운전 시 자동차의 좌우 또는 전후방을 볼 수 있도록 도움을 주는 영상에 해당하는 경우에는 그러하지 아니하다.)
⑩ 택시요금미터를 임의로 조작 또는 훼손하는 행위
⑪ 그 밖에 안전운행과 여객의 편의를 위하여 운수종사자가 지키도록 국토교통부령으로 정하는 사항을 위반하는 행위

(3) 운수종사자의 준수사항(규칙 [별표 4])

① 여객의 안전과 사고예방을 위하여 운행 전 사업용 자동차의 안전설비 및 등화장치 등의 이상 유무를 확인해야 한다.
② 질병・피로・음주나 그 밖의 사유로 안전한 운전을 할 수 없을 때에는 그 사정을 해당 운송사업자에게 알려야 한다.
③ 자동차의 운행 중 중대한 고장을 발견하거나 사고가 발생할 우려가 있다고 인정될 때에는 즉시 운행을 중지하고 적절한 조치를 해야 한다.
④ 운전업무 중 해당 도로에 이상이 있었던 경우에는 운전업무를 마치고 교대할 때에 다음 운전자에게 알려야 한다.
⑤ 여객이 다음 행위를 할 때에는 안전운행과 다른 여객의 편의를 위하여 이를 제지하고 필요한 사항을 안내해야 한다.
㉠ 다른 여객에게 위해(危害)를 끼칠 우려가 있는 폭발성 물질, 인화성 물질 등의 위험물을 자동차 안으로 가지고 들어오는 행위
㉡ 다른 여객에게 위해를 끼치거나 불쾌감을 줄 우려가 있는 동물(장애인 보조견 및 전용 운반 상자에 넣은 애완동물은 제외한다)을 자동차 안으로 데리고 들어오는 행위
㉢ 자동차의 출입구 또는 통로를 막을 우려가 있는 물품을 자동차 안으로 가지고 들어오는 행위
㉣ 운행 중인 전세버스운송사업용 자동차 안에서 안전띠를 착용하지 않고 좌석을 이탈하여 돌아다니는 행위
㉤ 운행 중인 전세버스운송사업용 자동차 안에서 가요반주기・스피커・조명시설 등을 이용하여 안전 운전에 현저히 장해가 될 정도로 춤과 노래를 하는 등 소란스럽게 하는 행위
⑥ 관계 공무원으로부터 운전면허증, 신분증 또는 자격증의 제시 요구를 받으면 즉시 이에 따라야 한다.
⑦ 여객자동차운송사업에 사용되는 자동차 안에서 담배를 피워서는 안된다.
⑧ 사고로 인하여 사상자가 발생하거나 사업용 자동차의 운행을 중단할 때에는 사고의 상황에 따라 적절한 조치를 취해야 한다.
⑨ 영수증발급기 및 신용카드결제기를 설치해야 하는 택시의 경우 승객이 요구하면 영수증의 발급 또는 신용카드결제에 응해야 한다.
⑩ 관할관청이 필요하다고 인정하여 복장 및 모자를 지정할 경우에는 그 지정된 복장과 모자를 착용하고, 용모를 항상 단정하게 해야 한다.
⑪ 택시운송사업의 운수종사자는 승객이 탑승하고 있는 동안에는 미터기를 사용하여 운행해야 한다. 다만, 구간운임제 시행지역 및 시간운임제 시행지역의 운수종사자, 대형(승합자동차를 사용하는 경우로 한정한다) 및 고급형 택시운송사업의 운수종사자, 운송가맹점의 운수종사자(플랫폼가맹사업자가 확보한 운송플랫폼을 통해서 사전에 요금을 확정하여 여객과 운송계약을 체결한 경우에만 해당한다)의 경우에는 그렇지 않다.
⑫ 전세버스운송사업의 운수종사자는 대열운행을 해서는 안 된다.
⑬ 여객의 안전한 승차・하차 여부를 확인하고 자동차를 출발시켜야 한다.
⑭ 그 밖에 이 규칙에 따라 운송사업자가 지시하는 사항을 이행해야 한다.

03 버스운영체제

(1) 공영제

① 정부가 버스노선의 계획에서부터 버스차량의 소유·공급, 노선의 조정, 버스의 운행에 따른 수입금 관리 등 버스운영체계의 전반을 책임지는 방식이다.

② 공영제의 장단점

㉠ 장 점

- 종합적 도시교통계획 차원의 운행서비스 공급이 가능
- 노선 공유화로 수요의 변화 및 교통수단 간 연계 차원에서 노선 조정, 신설, 변경 등이 용이
- 연계·환승시스템, 정기권 도입 등 효율적인 운영체계의 시행이 용이
- 서비스의 안정적 확보와 개선이 용이
- 수익노선 및 비수익노선에 대해 동등한 양질의 서비스를 제공하기에 용이
- 저렴한 요금을 유지할 수 있어 서민 대중을 보호하고 사회적 분배효과 고양

㉡ 단 점

- 책임의식 결여로 생산성이 저하
- 요금인상에 대한 이용자들의 압력을 정부가 직접 받게 되어 요금 조정이 어려움
- 운전자 등 근로자들이 공무원화가 될 경우 인건비 증가 우려
- 노선 신설, 정류소 설치, 인사 청탁 등 외부 간섭의 증가로 비효율성이 증대

(2) 민영제

① 민간이 버스노선의 결정과 버스운행 및 서비스의 공급 주체가 되고, 정부규제는 최소화하는 방식이다.

② 민영제의 장단점

㉠ 장 점

- 민간이 버스노선을 결정하고, 운행서비스를 공급함으로 공급비용을 최소화
- 업무성적과 보상이 연관되어 있고, 엄격한 지출통제를 받지 않기 때문에 보다 효율적
- 민간 회사보다 혁신적
- 버스시장의 수요·공급체계의 유연성
- 정부규제 최소화 및 행정비용, 정부재정지원의 최소화

㉡ 단 점

- 노선의 사유화로 노선의 합리적 개편이 적시 적소에 이루어지기 어려움
- 노선의 독점적 운영으로 업체 간 수입격차가 극심하여 서비스 개선이 곤란
- 비수익노선에 운행서비스를 공급하기 어려움
- 타 교통수단과의 연계교통체계를 구축하기 어려움
- 과도한 버스운임의 상승

(3) 준공영제

① 버스준공영제는 노선버스 운영에 공공개념을 도입한 형태로 운영은 민간, 관리는 공공영역에서 담당하게 하는 운영체제를 말한다.

② 준공영제의 특징

㉠ 버스의 소유·운영은 각 버스업체가 유지
㉡ 버스노선 및 요금의 조정, 버스운행관리에 대해서는 지방자치단체가 개입
㉢ 지방자치단체의 판단에 의해 조정된 노선 및 요금으로 인해 발생된 운송수지 적자에 대해서는 지방자치단체가 보전
㉣ 노선체계의 효율적인 운영
㉤ 표준운송원가를 통한 경영효율화 도모
㉥ 수준 높은 서비스 제공

(4) 버스준공영제의 유형

① 형태에 따른 분류

㉠ 노선 공동관리형
㉡ 수입금 공동관리형
㉢ 자동차 공동관리형

② 버스업체 지원형태에 따른 분류

㉠ 직접지원 : 운영비용이나 자본비용을 보조하는 형태
㉡ 간접지원 : 기반시설이나 수요증대를 지원하는 형태

※ 국내 버스준공영제의 일반적인 형태 : 수입금 공동관리제를 바탕으로 표준운송원가 대비 운송수입금 부족분을 지원하는 직접지원형

(5) 주요 도입 배경

① 현행 민영체제하에서 버스운영의 한계

㉠ 오랫동안 버스서비스를 민간 사업자에게 맡김으로 인해 노선이 사유화되고 이로 인해 적지 않은 문제점이 내재하고 있음

㉡ 버스노선의 사유화로 비효율적 운영

- 도시구조의 변화, 수요의 변화 등으로 노선의 합리적 개편이 필요하나 적시 적소에 이루어지지 못하고 있음
- 노선의 독점적 운영으로 업체 간 수입격차가 극심하여 서비스 개선이 곤란할 뿐만 아니라 서비스 수준이 하향 평준화되고 있음
- 버스 수요에 적합한 버스 운행서비스 공급구조 확보 곤란
- 고령자의 급증에 따라 접근성 확보 시급

㉢ 버스업체의 자발적 경영개선의 한계

- 수요 감소에 따른 업체의 수익성 악화로 자발적 서비스 개선을 기대하기 어려움
- 인건비, 유류비의 비중이 상대적으로 높아 비용절감에 한계
- 급격한 자가용 승용차 이용 증가에 따른 버스 수요 이탈로 버스 업계의 자구적 경영 개선에 한계

㉣ 노사 대립으로 인한 사회적 갈등

② 버스교통의 공공성에 따른 공공부문의 역할분담 필요

㉠ 버스서비스는 공공성이 강조되는 공공재의 성격이 강한 재화이고 운행중단 등의 사회적 문제발생 예방 필요
㉡ 타 운송수단과의 효율적 연계를 위해서는 일정 부분에 공적 개입이 필요

③ 복지국가로서 보편적 버스 교통서비스 유지 필요
㉠ 기초적인 대중교통수단의 접근성과 이용 보장을 위해 정부의 기본적인 임무수행 필요
㉡ 사회적 형평성 확보
• 경제적, 신체적 약자의 교통권 보장
• 낙후지역의 생활여건 개선으로 지역균형과 사회적 안정성 제고
④ 교통효율성 제고를 위해 버스교통의 활성화 필요
㉠ 버스교통 활성화를 통해 도로교통 혼잡완화로 사회·경제적 비용 경감
㉡ 도로 등 교통시설 건설투자비 절감
㉢ 국가물류비 절감, 유류소비 절약 등

(6) 주요 시행 내용과 목적

내 용	목 적
운영비용에 대한 재정지원	서비스 안정성 제고
표준운송원가 및 표준경영모델 도입	• 도덕적 해이 방지 • 적정한 원가보전 기준마련 및 경영개선 유도
운송수입금 공동관리 및 정산시스템 구축	투명한 관리와 시민의 신뢰 확보
시내버스 서비스 평가제 도입	• 도덕적 해이 방지 • 운행질서 등 전반적인 서비스 품질 향상
시내버스 차량 및 이용시설 개선	• 버스이용의 쾌적·편의성 증대 • 버스에 대한 이미지 개선
무료환승제 도입	대중교통 이용 활성화 유도

04 버스요금체계

(1) 버스요금체계의 유형

① 단일(균일)운임제
㉠ 이용거리와 관계없이 일정하게 설정된 요금을 부과하는 요금체계이다.
㉡ 상대적으로 단거리에서는 비싸고, 장거리에서는 저렴해지는 특징이 있다.
㉢ 복잡한 통행에 대해서도 간단히 요금을 계산할 수 있어 요금징수 시스템 등도 다양한 형태를 취할 수 있으나, 요금이 비싼 경우에는 단거리 이용에 부담이 발생한다.
② 구역운임제
㉠ 운행구간을 몇 개의 구역으로 나누어 구역별로 요금을 설정하고, 동일 구역 내에서는 균일하게 요금을 설정하는 요금체계이다.
㉡ 요금체계가 비교적 단순하여 이용이 편리하다.
㉢ 구역설정이 어렵고, 획정구역에 따른 운임격차가 커져 구역 경계를 넘으면 거리에 관계없이 요금이 비싸다.
㉣ 단거리에서는 상대적으로 비싸고, 장거리에서는 저렴해져 요금부담의 불공평이 발생하고 광역 지역에서는 적용이 곤란하다.
③ 거리운임요율제(거리비례제)
㉠ 단위거리당 요금(요율)과 이용거리를 곱해 요금을 산정하는 요금체계이다.
㉡ 노선별로 정류장 간의 거리를 기준으로 거리에 비례해 요금을 산정한 요금표를 기초로 요금이 부과, 징수된다.
㉢ 현재 버스정류장 간의 거리가 긴 시외버스, 고속버스 등에 주로 적용되고 있다.
㉣ 최근에는 교통카드시스템의 도입으로 비교적 적용이 용이해져 대도시 등 광역 지역의 요금 체계에서 주로 이용되고 있다.
㉤ 요금 구분이 세분화되어 매우 복잡해져 이용자가 이해하기 까다롭고, 장거리 승객의 부담이 가중되는 단점이 있다.
㉥ 이용한 거리만큼의 요금이 부과되는 합리성을 확보할 수 있다는 장점을 지니고 있다.
④ 거리체감제 : 이용거리가 증가함에 따라 단위당 운임이 낮아지는 요금체계이다.

(2) 업종별 요금체계

① 시내·농어촌버스 : 단일운임제, 시(읍)계 외 초과구간에는 구역제·구간제·거리비례제
② 시외버스 : 거리운임요율제, 기본구간(10km 이하) 최저 운임, 거리체감제
③ 고속버스 : 거리체감제
④ 마을버스 : 단일운임제
⑤ 전세버스, 특수여객 : 자율요금

05 간선급행버스체계(BRT ; Bus Rapid Transit)

(1) 개 념

① 도심과 외곽을 잇는 주요 간선도로에 버스전용차로를 설치하여 급행버스를 운행하게 하는 대중교통시스템을 말한다.
② 버스전용차로, 편리한 환승시설, 교차로에서의 버스 우선통행 및 그 밖의 국토교통부령이 정하는 사항을 갖추어 급행으로 버스를 운행하는 대중교통 체계를 말한다.
③ 이것은 버스운행에 철도시스템의 개념을 접목하여 버스의 속도 및 서비스 수준을 도시 철도 수준으로 끌어올릴 수 있게 한 것으로 '땅 위의 지하철'로도 불린다.
④ 간선급행버스체계는 버스전용차로와 BRT 전용 자동차만을 운영하는 초보적인 수준의 것(초급 BRT로 규정되어 있음)부터, 입체화된 버스전용차로와 전용 신호, 환승시설을 갖춘 높은 수준의 것(상급 BRT)까지 다양하게 존재한다.

(2) 간선급행버스체계의 특성

① 중앙버스차로와 같은 분리된 버스전용차로 제공 및 환경친화적인 고급버스를 제공함으로써 버스에 대한 이미지 혁신 가능
② 정류장 및 승차대의 쾌적성 향상 및 신속한 승하차 가능
③ 지능형교통시스템(ITS ; Intelligent Transportation System)을 활용한 첨단신호체계 운영으로 실시간으로 승객에게 버스운행정보 제공 가능
④ 환승 정류장 및 터미널을 이용하여 다른 교통수단과의 연계 가능
⑤ 효율적인 사전 요금징수 시스템 채택
⑥ 대중교통에 대한 승객 서비스 수준 향상

(3) 간선급행버스체계 운영을 위한 구성요소

① 독립된 전용도로 또는 차로 등을 활용한 통행권 확보
② 버스우선신호, 버스전용 지하 또는 고가 등을 활용한 입체교차로 운영 등 교차로 시설 개선
③ 저공해, 저소음, 승객들의 수평 승하차 및 대량수송 등 자동차 개선
④ 편리하고 안전한 환승시설 운영
⑤ 지능형교통시스템을 활용한 운행관리

06 버스정보시스템 및 버스운행관리시스템

(1) BIS(Bus Information System)

① BIS는 버스와 정류장에 무선 송수신기를 설치하여 버스의 위치를 실시간으로 파악하고, 이를 이용해 이용자에게 정류장에서 해당 노선 버스의 도착예정시간을 안내하고 이와 동시에 인터넷 등을 통하여 운행정보를 제공하는 시스템이다.
② 버스정보시스템(BIS) 운영
　㉠ 정류장의 대기 승객에게 정류장 안내기를 통하여 도착예정시간 등을 제공
　㉡ 차내에서 다음 정류장 안내, 도착예정시간 안내
　㉢ 유무선 인터넷을 통한 특정 정류장 버스도착예정시간 정보 제공
　㉣ 버스이용자에게 편의 제공과 이를 통한 활성화가 주목적

(2) BMS(Bus Management System)

① BMS는 차내장치를 설치한 버스와 종합사령실을 유·무선 네트워크로 연결해 버스의 위치나 사고 정보 등을 승객, 버스회사, 운전자에게 실시간으로 보내주는 시스템이다.
② 버스운행관리시스템(BMS) 운영
　㉠ 버스운행관리센터 또는 버스회사에서 버스운행 상황과 사고 등 돌발적인 상황 감지
　㉡ 관계기관, 버스회사, 운수종사자를 대상으로 정시성 확보
　㉢ 버스운행관제, 운행상태(위치, 위반사항) 등 버스정책 수립 등을 위한 기초자료 제공
　㉣ 버스운행관리, 이력관리 및 버스운행 정보제공 등이 주목적

07 버스전용차로

(1) 개 념

① 버스전용차로는 일반차로와 구별되게 버스가 전용으로 신속하게 통행할 수 있도록 설정된 차로이다.
② 버스전용차로의 유형에는 가로변버스전용차로, 역류버스전용차로, 중앙버스전용차로 등이 있다.
③ 버스전용차로의 설치는 일반차량의 차로수를 줄이기 때문에 일반차량의 교통상황이 나빠지는 문제가 발생할 수 있다.
④ 버스전용차로는 허가받은 버스만 통행하도록 하여 버스의 통행 속도를 높이고 도로 정체를 피하게 하기 위해 지정한 차선이다.
⑤ 버스전용차로는 간선급행버스체계(BRT)의 중요한 구성 요소가 된다.

(2) 전용차로 유형별 특징

① 가로변버스전용차로
　㉠ 가로변버스전용차로는 일방통행로 또는 양방향 통행로에서 가로변차로를 버스가 전용으로 통행할 수 있도록 제공하는 것을 말한다.
　㉡ 가로변버스전용차로는 종일 또는 출퇴근 시간대 등을 지정하여 운영할 수 있다.
　㉢ 버스전용차로 운영시간대에는 가로변의 주정차를 금지하고 있으며, 시행구간의 버스 이용자수가 승용차 이용자수보다 많아야 효과적이다.
　㉣ 가로변버스전용차로는 우회전하는 차량을 위해 교차로 부근에서는 일반차량의 버스전용차로 이용을 허용하여야 하며, 버스전용차로에 주정차하는 차량을 근절시키기 어렵다.
② 역류버스전용차로
　㉠ 역류버스전용차로는 일방통행로에서 차량이 진행하는 반대방향으로 1~2개 차로를 버스전용차로로 제공하는 것을 말한다. 이는 일방통행로에서 양방향으로 대중교통 서비스를 유지하기 위한 방법이다.
　㉡ 역류버스전용차로는 일반 차량과 반대방향으로 운영하기 때문에 차로분리시설과 안내시설 등의 설치가 필요하며, 가로변버스전용차로에 비해 시행비용이 많이 든다.
　㉢ 역류버스전용차로는 일방통행로에 대중교통수요 등으로 인해 버스노선이 필요한 경우에 설치한다.
　㉣ 대중교통 서비스는 계속 유지되면서 일방통행의 장점을 살릴 수 있지만, 시행준비가 까다롭고 투자비용이 많이 소요되는 단점이 있다.
③ 중앙버스전용차로
　㉠ 중앙버스전용차로는 도로 중앙에 버스만 이용할 수 있는 전용차로를 지정함으로써 버스를 다른 차량과 분리하여 운영하는 방식을 말한다.
　㉡ 중앙버스전용차로는 버스의 운행속도를 높이는 데 도움이 되며, 승용차를 포함한 다른 차량들은 버스의 정차로 인한 불편을 피할 수 있다. 버스의 잦은 정류소의 정차 및 갑작스런 차로 변경은 다른 차량의 교통흐름을 단절시키거나 사고 위험을 초래할 수 있다.
　㉢ 중앙버스전용차로는 일반 차량의 중앙버스전용차로 이용 및 주정차를 막을 수 있어 차량의 운행속도 향상에 도움이 된다.
　㉣ 버스 이용객의 입장에서 볼 때 횡단보도를 통해 정류소로 이동함에 따라 정류소 접근 시간이 늘어나고, 보행자사고 위험성이 증가할 수 있는 단점이 있다.
　㉤ 중앙버스전용차로는 일반적으로 편도 3차로 이상 되는 기존 도로의 중앙차로에 버스전용차로를 제공하는 것으로 다른 차량의 진입을 막기 위해 방호울타리 또는 연석 등의 물리적 분리시설 등의 안전시설이 필요하기 때문에 설치비용이 많이 소요되는 단점이 있다.
　㉥ 차로수가 많을수록 중앙버스전용차로 도입이 용이하고, 만성적인 교통 혼잡이 발생하는 구간 또는 좌회전하는 대중교통 버스노선이 많은 지점에 설치하면 효과가 크다.

08 응급처치요령

(1) 응급처치의 의의

응급의료행위의 하나로서 응급환자에게 행하여지는 기도의 확보, 심장박동의 회복, 기타 생명의 위험이나 증상의 현저한 악화를 방지하기 위하여 긴급히 필요로 하는 처치를 말한다.

(2) 응급처치의 필요성

① 환자의 생명을 구하고 유지한다.
② 질병 등 병세의 악화를 방지한다.
③ 환자의 고통을 경감시킨다.
④ 환자의 치료, 입원기간을 단축시킨다.
⑤ 기타 불필요한 의료비 지출 등을 절감시킬 수 있다.

(3) 응급처치의 일반 원칙

① **환자를 수평으로 눕힘** : 심한 쇼크 시 머리는 낮게, 발은 높게 함
② **구토 또는 토혈해서 의식이 있을 때** : 얼굴을 옆으로 돌리고 머리를 발보다 낮게 함
③ **호흡 장애가 있는 경우 편한 자세 유지** : 대개 앉은 자세 또는 상체를 약간 눕힌 자세를 말함
④ **출혈, 질식, 쇼크 시 신속히 처리** : 인공호흡과 지혈 등
⑤ 부상자에게 상처를 보이지 말 것
⑥ 지혈 등(필요시 예외) 환부에 불필요한 접촉을 하지 말 것
⑦ 기도유지를 위해 의식불명 환자에게 먹을 것을 주지 말 것
⑧ 가능한 한 환자를 움직이지 않게 할 것
⑨ 들것 운반 시 부상자의 발을 앞으로 두고 운반할 것
⑩ 정상적인 체온 유지를 위하여 보온을 유지할 것

(4) 응급처치 준비자세

① 당황하지 말고 침착하게 행동한다.
② 확신과 자신감을 갖는다.
③ 환자에게 믿음을 준다.
④ 인공호흡 시 바이러스, 간염 등에 감염되지 않도록 주의한다.

(5) 응급처치 순서

① **의식확인** : 조심스럽게 흔들어 본다.
② **도움요청** : 주위사람 또는 119에 신고한다.
③ **기도확보** : 머리를 뒤로 젖힌다(단, 경추손상 환자와 외상환자에 대해서는 주의가 필요함).
④ **호흡확인** : 보고, 듣고, 느낀다.
⑤ **인공호흡** : 구강 대 구강법, 구강 대 비강법
⑥ **맥박확인** : 경동맥
⑦ 심폐소생술 실시

(6) 인공호흡법

① 제일 먼저 머리를 뒤로 젖혀 기도 확보
㉠ 가슴이 위아래로 움직이고 있는지 확인한다.
㉡ 귀를 가까이 대고, 입과 코에서 숨이 느껴지는지 살펴본다.
㉢ 기도확보를 시행했는데도 호흡이 멎거나 호흡의 양이 극히 적을 때는 구강 대 구강 인공호흡을 실시한다.

② 구강 대 구강법
㉠ 환자의 코를 쥐고, 입 주위에서 숨이 새지 않도록 입을 덮고 숨을 불어 넣는다.
㉡ 숨이 잘 불어 넣어지고 있는가를 확인한다(숨을 불어 넣으면서 환자의 가슴이 불룩해지는가 확인한다).
㉢ 처음에는 강하게 그 후에는 5초 간격으로 1회씩 반복한다.

③ 구강 대 비강법
㉠ 환자의 입을 막고 코를 통해서 인공호흡을 실시한다.
㉡ 한 손으로 환자의 턱을 잡고 엄지손가락으로 환자의 입이 열리지 않도록 막는다.
㉢ 환자의 콧속으로 공기를 불어 넣는다.
㉣ 환자의 입을 열어 흡입된 공기가 외부로 유출될 수 있도록 한다.

④ 유아 인공호흡법
㉠ 1세 이하의 유아는 숨을 지나치게 강하게 불어 넣지 않도록 한다.
㉡ 기준은 명치가 불룩해지지 않을 정도로 하고 횟수도 성인보다 적게 1분간 20회 정도로 한다.

⑤ 맥박확인
㉠ 2회의 인공호흡 후 경동맥을 손가락으로 눌러본 후 맥박을 확인한다.
㉡ 경동맥을 손가락으로 눌렀을 때 맥박이 없으면 즉시 심장 마사지를 실시한다.

⑥ 심폐소생술
㉠ 시행자가 1인일 때 : 흉골압박 심장마사지 30회, 숨을 불어 넣는 인공호흡(구강 대 구강, 또는 구강 대 비강의 인공호흡법) 2회를 반복 실시한다.
㉡ 시행자가 2인일 때
- 1명이 매 2분간 15 : 2로 흉부압박과 구조호흡을 실시하고, 심폐소생술을 실시하는 구조자의 피곤함을 예방하기 위하여 다른 구조자와 교대를 한다.
- 구조자의 역할을 교대할 경우에는 흉부압박의 중단시간을 최소화하기 위하여 5초 이내에 이루어지도록 한다.

㉢ 정상적인 심장박동과 호흡이 돌아오는지, 동공의 크기가 수축되어지는지 계속 관찰한다.

(7) 심폐소생술법

① 환자를 단단히 지면 위에 누인다.
② 무릎 자세로 환자의 가슴 옆에 앉는다.
③ 손바닥의 손목에 가까운 부위를 포개서 흉골돌기 끝에서 5cm 위쪽에 놓는다.
④ 팔을 일직선으로 뻗어 체중을 실어서 흉골이 4~5cm 들어갈 정도로 누르기 시작한다(압박과 이완의 비율은 50 : 50 정도가 바람직함). 이때 동작은 규칙적이고 부드러워야 하며 중단되어서는 안 된다.
⑤ 동작과 동작 사이에 손을 그대로 댄 채 힘을 충분히 빼주어서 심장에 피가 차도록 한다.

(8) 지혈법

① 대출혈의 경우
㉠ 손과 팔은 상완부, 발은 대퇴부에 지혈띠를 감는다.
㉡ 지혈대는 30분에 1회로 느슨하게 해준다.
㉢ 가느다란 끈과 철사는 지혈띠로 사용하지 않는다.

② 지혈띠 사용법
㉠ 지혈띠는 상처 부위에서 심장 가까운 곳에 감는다.
㉡ 넓이가 좁은 지혈띠는 사용하지 않는다.
㉢ 30분에 한 번씩 느슨하게 한다.
※ 주의 : 지혈시간을 기록하여 둔다.

(9) 출혈의 응급처치

① 외부출혈
㉠ 직접 압박
- 상처 부위를 직접 압박하면 대부분 출혈이 멈춘다.
- 소독된 거즈를 덮고 압박붕대로 덮는다.
- 상처 부위를 심장보다 높게 한다.

㉡ 압박점 압박 : 팔이나 다리에서의 출혈이 직접 압박으로 지혈되지 않을 시 동맥 근위부를 압박하면 심한 출혈을 조절할 수 있다.
㉢ 지혈대 사용
- 지혈대는 신경이나 혈관에 손상을 줄 수 있으며 팔, 다리에 괴사를 초래할 수 있으므로 다른 방법으로 출혈을 멈추게 할 수가 없는 경우 최후의 수단으로 사용한다.
- 여러 가지 부목을 이용하여 골절 부위를 고정하고 때로는 출혈부위를 압박한다.

② 내부출혈의 처치
㉠ 적어도 생체 징후 10분마다 측정한다.
㉡ 구토에 대비하여 환자에게 어떠한 음식물도 제공하지 않는다.
㉢ 심장으로부터 15~20cm 정도 높게 해준다.
㉣ 산소를 투여한다.

③ 혈액을 대량으로 토했을 경우
㉠ 얼굴을 옆으로 돌리게 하고, 안정을 취하게 한다.
㉡ 몸을 죄고 있는 벨트는 느슨하게 풀어주고 옷옷의 단추를 푼다.
㉢ 젖은 타월과 얼음주머니로 상복부를 냉각시킨다.

④ 가벼운 출혈이 있는 경우
㉠ 상처 부위의 지혈에 사용할 청결한 거즈, 수건, 손수건 등을 상처 부위에 대고 붕대로 압박한다.
㉡ 상처 부위는 심장보다 높게 한다.

09 교통사고 발생 시 조치요령

(1) 교통사고 현장에서 운전자의 의무

① 연속적인 사고의 방지 : 다른 차의 소통에 방해가 되지 않도록 길 가장자리나 공터 등 안전한 장소에 차를 정차시키고 엔진을 끈다.

② 부상자의 구호
㉠ 사고현장에 의사, 구급차 등이 도착할 때까지 부상자에게는 가제나 깨끗한 손수건으로 지혈시키는 등 가능한 응급조치를 한다.
㉡ 함부로 부상자를 움직여서는 안 된다. 특히, 두부에 상처를 입었을 때에는 움직이지 말아야 한다.
㉢ 후속 사고의 우려가 있을 경우에는 부상자를 안전한 장소로 이동시킨다.

③ 경찰공무원 등에게 신고
㉠ 사고를 낸 운전자는 사고발생 장소, 사상자 수, 부상 정도, 손괴한 물건과 정도, 그 밖의 조치상황을 경찰공무원이 현장에 있는 때에는 그 경찰공무원에게, 경찰공무원이 없을 때에는 가장 가까운 경찰관서에 신고하여 지시를 받는다.
㉡ 사고발생 신고 후 사고차량의 운전자는 경찰공무원이 현장에 도착할 때까지 대기하면서 경찰공무원이 명하는 부상자 구호와 교통안전상 필요한 사항을 지켜야 한다.

(2) 교통사고 현장에서 부상자에 대한 응급처치

① 119구조대 및 구급차에 즉시 신고 : 응급전문가가 빠른 시간에 현장에 출동할 수 있도록 우선 신고부터 하는 것이 중요하다.

② 부상자의 호흡상태 파악
㉠ 숨을 쉴 수 있도록 기도를 열어주는 것이 중요하다.
㉡ 매 5초마다 1번의 호흡을 1~1.5초 내로 실시하는 인공호흡을 시행한다.

③ 경추보호대 착용 : 교통사고 부상의 경우 대개 목 부위, 즉 경추를 다치기 쉬운데 경추골절의 경우 구호과정에서 척수신경이 손상되어 사지마비까지 올 수 있으므로 반드시 경추보호대를 착용시킨다.

④ 출혈 부위의 지혈 : 출혈이 심한 경우에는 골절부위를 피하여 출혈부위보다 심장에 가까운 부위를 헝겊 및 손수건 등으로 꼭 매주고, 출혈이 적을 경우에는 깨끗한 천 등으로 상처를 꽉 누른다.

⑤ 골절 부위의 응급처치 : 부상자 스스로 골절된 팔 등을 움직이지 못하도록 스타킹이나 천 등으로 띠를 만들어 팔을 고정시킨다.

⑥ 내출혈 상태의 응급처치 : 내출혈에 의한 쇼크가 일어난 경우 옷이 가슴을 조이지 않도록 풀어주고 하반신을 높게 한 후 햇빛을 차단하면서 춥지 않도록 덮어준다.

⑦ 부상자의 이동
㉠ 부상자의 이동 시에는 반드시 경추보호대 및 골절 부위를 악화시키지 않도록 부목 등으로 고정시킨 후 허리 등을 보호하기 위해 침대 등에 눕혀서 이동하여야 한다.
㉡ 침대가 없는 경우에는 팔이나 다리를 들고 이동시켜서는 안 되고 골절 부위를 고정시킨 상태로 등에 업거나 여러 사람이 허리 등을 받히고 이동시키는 것이 안전하다.

(3) 추가 교통사고 방지를 위한 조치

① 사고 직후 후속차량에 의해 추가 교통사고가 발생하지 않도록 조치를 하여야 한다.
② 고속도로나 자동차전용도로 등 추가사고가 대형사고로 이어질 위험성이 있는 곳에서는 후속조치가 매우 중요하다.
③ 먼저 차량에 비상등을 켜고 차량 내에 비치된 안전삼각대를 그 자동차의 후방에서 접근하는 자동차의 운전자가 확인할 수 있는 위치에 설치하여야 한다(다만, 야간에는 사방 500m 지점에서 식별할 수 있는 적색의 섬광신호・전기제등 또는 불꽃신호를 설치한다).

제 2 편 실제유형 시험보기

제1~10회 실제유형 시험보기 회독 CHECK 1 2 3

정답 및 해설 회독 CHECK 1 2 3

버스운전자격시험

문제지

제 1 회

실제유형 시험보기

01 다음 중 도로교통법상의 주차에 해당하는 것은?

㉮ 운전자가 차에서 떠나서 즉시 그 차를 운전할 수 없는 상태에 두는 것
㉯ 차가 5분을 초과하지 아니하고 정지하는 것으로서 주차 외의 정지한 상태
㉰ 운전자가 시동을 끄지 않은 상태에서 잠시 차량을 떠난 상태
㉱ 차량고장으로 5분 이내 정지한 상태

02 다음 중 자격취소에 해당하는 위반사유가 아닌 것은?

㉮ 부정한 방법으로 버스운전자격을 취득한 경우
㉯ 도로교통법위반으로 사업용 자동차를 운전할 수 있는 운전면허가 취소된 경우
㉰ 운전업무와 관련하여 버스운전자격증을 타인에게 대여한 경우
㉱ 중대한 교통사고로 사망자 1명 및 중상자 3명 이상의 사상자를 발생하게 한 경우

03 다음 안전표지가 의미하는 것은 무엇인가?

㉮ 흙탕물 도로
㉯ 미끄러운 도로
㉰ 낙석도로
㉱ 강변도로

04 종합보험에 가입하고 피해자와 합의했다고 하더라도 형사처벌을 받는 경우는?

㉮ 난폭운전으로 인한 사고
㉯ 고속도로에서 유턴하다 발생한 사고
㉰ 교차로 통행방법 위반으로 인한 사고
㉱ 제한속도보다 10km/h 초과하여 발생한 사고

05 다음 중 자가용자동차를 유상운송용으로 제공하거나 임대할 수 있는 경우가 아닌 것은?

㉮ 천재지변, 긴급 수송, 교육 목적을 위한 운행
㉯ 사업용 자동차 및 철도 등 대중교통수단의 운행이 불가능하여 이를 일시적으로 대체하기 위한 수송력 공급이 긴급히 필요한 경우
㉰ 병원의 자동차로서 장애인 등의 교통편의를 위하여 운행하는 경우
㉱ 학생의 등·하교나 그 밖의 교육목적을 위하여 일정한 요건을 갖춘 통학버스를 운행하는 경우

06 다음은 사고운전자 가중처벌의 경우에 대한 설명이다. 옳지 않은 것은?

㉮ 피해자를 구호하는 등의 조치를 하지 아니하고 피해자를 사망에 이르게 하고 도주하거나, 도주 후에 피해자가 사망한 경우에는 무기 또는 5년 이상의 징역
㉯ 피해자를 구호하는 등의 조치를 하지 아니하고 피해자를 상해에 이르게 한 경우에는 1년 이상의 유기징역 또는 500만원 이상 3,000만원 이하의 벌금
㉰ 피해자를 사고 장소로부터 옮겨 유기한 후 피해자를 사망에 이르게 하고 도주하거나, 도주 후에 피해자가 사망한 경우에는 사형, 무기 또는 5년 이상의 징역
㉱ 위험운전 치사상으로 피해자를 상해에 이르게 한 경우 5년 이하의 징역 또는 500만원 이상 3,000만원 이하의 벌금

07 승객추락 방지의무 위반사고의 사례로 볼 수 없는 것은?

㉮ 문을 연 상태에서 출발하여 타고 있는 승객이 추락한 경우
㉯ 승객이 타거나 또는 내리고 있을 때 갑자기 문을 닫아 문에 충격된 승객이 추락한 경우
㉰ 승객이 임의로 차문을 열고 상체를 내밀어 차 밖으로 추락한 경우
㉱ 버스 운전자가 개·폐 안전장치인 전자감응장치가 고장이 난 상태에서 운행 중에 승객이 내리고 있을 때 출발하여 승객이 추락한 경우

08 차도와 보도의 구별이 없는 도로에서 정차할 때, 오른쪽 가장자리로부터 얼마 이상의 거리를 두어야 하는가?

㉮ 30cm 이상
㉯ 50cm 이상
㉰ 60cm 이상
㉱ 90cm 이상

09 여객자동차 운수사업법에 정의되어 있는 것 중 틀린 것은?

㉮ 노선 : 자동차를 정기적으로 운행하거나 운행하려는 구간
㉯ 정류소 : 여객이 승차 또는 하차할 수 있도록 노선 사이에 설치한 장소
㉰ 관할관청 : 관할이 정해지는 특별시장만을 의미
㉱ 여객자동차터미널 : 도로의 노면, 그 밖에 일반교통에 사용되는 장소가 아닌 곳으로 승합 자동차를 정류시키거나 여객을 승하차시키기 위하여 설치된 시설과 장소

10 노선버스 자동차의 장치 및 설비 등에 관한 준수사항으로 옳지 않은 것은?

㉮ 하차문이 있는 노선버스는 하차문의 동작이 멈추거나 열리도록 하는 압력감지기 또는 전자감응장치를 설치하고, 하차문이 열려 있으면 가속페달이 작동하지 않도록 하는 가속페달 잠금장치를 설치해야 한다.
㉯ 농어촌버스 및 수요응답형 여객자동차의 경우 도지사가 운행노선상의 도로사정 등으로 냉방장치를 설치하는 것이 적합하지 않다고 인정할 때를 제외하고는 난방장치 및 냉방장치를 설치해야 한다.
㉰ 마을버스의 차 안에는 안내방송장치를 갖춰야 한다.
㉱ 시내버스, 농어촌버스, 마을버스, 일반형 시외버스 및 수요응답형 여객자동차의 차실에는 입석 여객의 안전을 위하여 손잡이대 또는 손잡이를 설치해야 한다(냉방장치에 지장을 줄 우려가 있다고 인정되지 않을 경우).

11 다음 중 횡단보도 보행자인 경우는?

㉮ 횡단보도에서 원동기장치자전거나 자전거를 타고 가는 사람
㉯ 손수레를 끌고 횡단보도를 건너는 사람
㉰ 횡단보도 내에서 교통정리를 하고 있는 사람
㉱ 횡단보도 내에서 화물 하역작업을 하고 있는 사람

12 여객자동차 운수사업법의 목적으로 옳지 않은 것은?

㉮ 여객의 원활한 운송
㉯ 공공복리 증진
㉰ 여객자동차 운수사업의 선택적인 발달 도모
㉱ 여객자동차 운수사업에 관한 질서 확립

13 운전자격의 취소 및 효력정지의 처분기준에 대한 설명으로 틀린 것은?

㉮ 관할관청은 처분기준을 적용할 때 위반행위의 동기 및 횟수 등을 고려하여 처분기준의 1/2의 범위에서 경감이나 가중할 수 있다.
㉯ 관할관청은 처분하였을 때에는 그 사실을 처분대상자, 한국교통안전공단에 각각 통지하고 처분대상자에게 운전자격증 등을 반납하게 해야 한다.
㉰ 관할관청은 운전자격증 등을 반납받은 경우 운전자격 취소나 정지처분을 받은 사람이 반납한 운전자격증을 폐기하여야 한다.
㉱ 관할관청이 운전자격증 등을 폐기한 경우 한국교통안전공단은 운전자격 등록을 말소하고 운전자격 등록대장에 그 사실을 적어야 한다.

14 자동차의 운행속도에 대한 규정 중 옳은 것은?

㉮ 자동차전용도로의 최저속도 30km/h, 최고속도 90km/h
㉯ 일반도로에서는 90km/h 이내
㉰ 편도 1차로 고속도로의 최저속도 30km/h, 최고속도 80km/h
㉱ 편도 2차로 이상 고속도로의 최저속도 40km/h, 최고속도 90km/h

15 교통사고를 주요 요인별로 분류할 때 이에 해당되지 않는 것은?

㉮ 적성 요인
㉯ 인적 요인
㉰ 환경 요인
㉱ 운반구 요인

16 다음 중 자가용자동차가 노선을 정하여 운행할 수 있는 경우가 아닌 것은?

㉮ 영유아보육법에 따른 어린이집 이용자를 위하여 운행하는 경우
㉯ 금융기관 또는 병원 이용자를 위하여 운행하는 경우
㉰ 호텔, 종교시설을 이용자를 위하여 운행하는 경우
㉱ 대중교통수단이 없는 지역 등 대통령령으로 정하는 사유에 해당하는 경우

17 다음 중 서행을 이행하여야 할 장소로 옳은 것은?

㉮ 철길건널목을 통과하고자 하는 경우
㉯ 어린이에 대한 교통사고의 위험이 있는 것을 발견한 경우
㉰ 교차로에서 좌・우회전하는 경우
㉱ 보행자가 횡단보도를 통행하고 있는 경우

18 **다음 노면표시의 뜻은?**

㉮ 안전지대 표시
㉯ 유도선 표시
㉰ 횡단보도 표시
㉱ 정차금지지대 표시

19 **삼색등화로 표시되는 신호등에서 등화를 종으로 배열할 경우 순서로 맞는 것은?**

㉮ 위로부터 적색, 황색, 녹색(녹색화살표)의 순서로 한다.
㉯ 위로부터 녹색, 황색, 적색의 순서로 한다.
㉰ 위로부터 녹색화살표, 황색, 녹색 순서로 한다.
㉱ 위로부터 녹색, 적색, 녹색화살표 순서로 한다.

20 **도로선형에서의 사고특성에 대한 다음 설명 중 틀린 것은?**

㉮ 한 방향으로 진행하는 일방도로에서 왼쪽으로 굽은 도로에서의 사고가 오른쪽으로 굽은 도로에서보다 사고를 많이 일으킨다.
㉯ 곡선부가 종단경사와 중복되는 곳은 사고 위험성이 훨씬 더 크다.
㉰ 종단선형이 자주 바뀌면 종단곡선의 정점에서 시거가 단축되어 사고가 일어나기 쉽다.
㉱ 긴 직선구간 끝에 있는 곡선부는 짧은 직선구간 다음의 곡선부에 비해 사고율이 높다.

21 **교통사고처리 특례법상 보험에 가입되었어도 공소권이 있는 경우는?**

㉮ 교차로 통행방법 위반으로 인한 치상 사고
㉯ 고속도로 또는 자동차전용도로에서 후진하다가 일어난 치상 사고
㉰ 난폭운전으로 사람을 다치게 한 사고
㉱ 정비 불량차를 운전하다가 재물 피해를 야기한 사고

22 **음주운전으로 사람을 사상한 후 사고발생 후의 조치규정을 위반한 사람이 운전면허를 받을 수 없는 기간은?**

㉮ 1년
㉯ 2년
㉰ 3년
㉱ 5년

23 **다음 중 보험에 가입했더라도 형사처벌을 받는 12개 항목이 아닌 것은?**

㉮ 보도침범
㉯ 20km/h 초과 운행
㉰ 난폭운전
㉱ 신호위반

24 **시내버스운송사업 및 농어촌버스운송사업의 운행형태로 옳지 않은 것은?**

㉮ 좌석형
㉯ 직행좌석형
㉰ 특수형
㉱ 일반형

25 자동차의 안전운행을 위해서는 인간–자동차–도로의 계가 안전해야 한다. 자동차와 도로는 어느 정도까지는 고정시킬 수 있지만, 다음 중 변동되기 쉬운 것은?

㉮ 관리적 요소
㉯ 차량적 요소
㉰ 인간적 요소
㉱ 연속적 요소

26 앞바퀴의 중심을 지나는 수직면에서 자동차의 맨 앞부분까지의 수평거리를 무엇이라고 하는가?

㉮ 축 거
㉯ 전 폭
㉰ 최저 지상고
㉱ 앞 오버행

27 다음 중 내연기관이 아닌 것은?

㉮ 가스터빈
㉯ 로켓기관
㉰ 제트기관
㉱ 증기터빈

28 자동차가 움직이는 데 필요한 동력을 발생하는 장치는?

㉮ 주행장치
㉯ 엔 진
㉰ 차 체
㉱ 프레임

29 다음 중 윤활장치의 기능이 아닌 것은?

㉮ 동력전달
㉯ 방청작용
㉰ 냉각작용
㉱ 마멸감소

30 교통사고 시 운송사업자가 해야 하는 조치사항으로 틀린 것은?

㉮ 신속한 응급수송수단의 마련
㉯ 사상자의 보호
㉰ 교통사고 장소에 여객을 무조건 하차
㉱ 가족, 연고자에 대한 빠른 통지

31 일상점검의 주의사항으로 옳지 않은 것은?

㉮ 약간의 경사가 있는 장소에서 점검한다.
㉯ 배터리를 만질 때에는 미리 배터리의 ⊖단자를 분리한다.
㉰ 점검은 환기가 잘되는 장소에서 실시한다.
㉱ 연료장치나 배터리 부근에서는 불꽃을 멀리한다.

32 **LPG 연료가 가솔린 연료에 비해 좋은 점이 아닌 것은?**

㉮ 가스상태의 연료를 사용하므로 한랭시동이 용이하다.
㉯ 연료비가 경제적이다.
㉰ 옥탄가가 높아 노킹의 발생이 적다.
㉱ 배기가스의 유해를 줄일 수 있다.

33 **다음 중 디젤기관에 사용되는 과급기와 관계가 있는 것은?**

㉮ 윤활성의 증대
㉯ 출력의 증대
㉰ 냉각 효율의 증대
㉱ 배기의 정화

34 **노면표시에서 버스전용차로표시 및 다인승차량 전용차선표시를 하는 색채는?**

㉮ 백 색
㉯ 황 색
㉰ 청 색
㉱ 적 색

35 **도어의 개폐에 대한 설명으로 옳지 않은 것은?**

㉮ 차 밖에서 도어 개폐 스위치에 키를 꽂고 오른쪽으로 돌리면 닫히고, 왼쪽으로 돌리면 열린다.
㉯ 차 밖에서 키 홈이 얼어서 열리지 않을 때에는 가볍게 두드리거나 키를 뜨겁게 하여 연다.
㉰ 후방으로부터 오는 보행자를 확인 후 도어를 개폐한다.
㉱ 장시간 자동으로 문을 열어 놓으면 배터리가 방전될 수 있다.

36 **계기판 용어로 틀린 것은?**

㉮ 수온계 : 엔진 냉각수의 온도를 나타냄
㉯ 전압계 : 배터리의 충전, 방전 상태를 나타냄
㉰ 속도계 : 자동차의 시간당 주행거리를 나타냄
㉱ 타코미터 : 자동차가 주행한 총거리를 나타냄

37 **변속기의 필요성과 가장 관계가 먼 것은?**

㉮ 자동차의 후진
㉯ 기관의 회전력 증대
㉰ 기관의 회전속도 대비 바퀴의 회전속도 증대
㉱ 정차 중 기관의 작동상태 유지

38 **자동차 정지 시 발생하는 마찰열은 주로 무엇에 의해 발산되는가?**

㉮ 브레이크 드럼
㉯ 브레이크 패드
㉰ 브레이크 라이닝
㉱ 휠실린더

39 공기 브레이크의 특징으로 옳은 것은?

㉮ 차량 중량의 제한을 받지 않는다.
㉯ 에너지 소비가 작다.
㉰ 구조가 간단하다.
㉱ 저가이다.

40 자동차의 고장별 점검방법 및 조치방법으로 틀린 것은?

㉮ 엔진오일 과다소모 - 배기 배출가스 육안 확인 - 엔진 피스톤 링 교환
㉯ 엔진온도 과열 - 냉각수 및 엔진오일의 양 확인 - 냉각수 보충
㉰ 엔진 과회전 현상 - 엔진 내부 확인 - 급격한 엔진 브레이크 사용 지양
㉱ 엔진 매연 과다 발생 - 엔진 오일 및 필터 상태 점검 - 연료공급 계통의 공기빼기 작업

41 다음 중 교통사고의 요인으로 볼 수 없는 것은?

㉮ 운전자
㉯ 차 량
㉰ 도 로
㉱ 건 물

42 젊은 층의 운전자가 보여주는 일반적인 특징으로 옳지 못한 것은?

㉮ 방어적인 운전태도
㉯ 자기도취 및 과잉반응의 운전태도
㉰ 충동적이고 자기과시적인 운전태도
㉱ 공격적이며 비협조적인 운전태도

43 운전자의 시력에 대한 설명 중 틀린 것은?

㉮ 도로교통법상 시각기준에서 시력은 교정시력을 포함한다.
㉯ 제1종 운전면허는 두 눈의 시력이 각각 0.5 이상이어야 한다.
㉰ 제2종 운전면허에서 한쪽 눈을 보지 못하는 사람은 다른 쪽 눈의 시력이 0.6 이상이어야 한다.
㉱ 색채식별은 적색 식별만 가능하면 된다.

44 운전 중 운전자의 착각이 아닌 것은?

㉮ 시간의 착각
㉯ 경사의 착각
㉰ 속도의 착각
㉱ 원근의 착각

45 음주운전으로 인한 교통사고의 특성이 아닌 것은?

㉮ 주차 중인 자동차와 같은 정지물체 등에 충돌한다.
㉯ 전신주, 가로시설물, 가로수 등과 같은 고정물체와 충돌한다.
㉰ 치사율이 낮다.
㉱ 차량단독사고의 가능성이 높다.

46 자동차 차체의 사각을 설명한 것으로 틀린 것은?

㉮ 운전석에서는 차체의 우측보다 좌측에 사각이 크다.
㉯ 사각지대 거울 등을 부착하면 사각지대 해소에 도움이 된다.
㉰ 후사경은 자동차의 사각 부분을 보완하는 기능을 갖는다.
㉱ 자동차 차체의 사각 부분은 자동차 구조에 따라 약간의 차이가 있다.

47 운전 시 대형자동차에 대한 태도로 옳지 않은 것은?

㉮ 다른 차와 충분한 안전거리를 유지한다.
㉯ 대형차로 회전할 때는 회전할 수 있는 충분한 공간을 확보한다.
㉰ 승용차 등이 대형차의 사각지점에 들어오지 않도록 주의한다.
㉱ 대형자동차를 앞지르는 것은 금지이다.

48 다음은 앞지르기에 대한 설명이다. 틀린 것은?

㉮ 앞지르기는 좌측으로 통행하여야 한다.
㉯ 황색 실선 중앙선이 설치된 곳이라도 앞차 운전자가 수신호를 할 때에는 앞지르기할 수 있다.
㉰ 점선의 중앙선을 넘어 앞지르기하는 때에는 대향차의 움직임을 주시한다.
㉱ 앞지르기에 필요한 속도가 그 도로의 최고속도 범위 이내일 때 앞지르기를 시도한다.

49 운전 중 피로를 낮추는 방법이 아닌 것은?

㉮ 차내에 신선한 공기가 유입되도록 한다.
㉯ 정기적으로 정차 후 산책이나 가벼운 체조를 한다.
㉰ 태양빛이 강할 때는 선글라스를 착용한다.
㉱ 졸음을 이기기 위해 친구와 통화한다.

50 운전자의 실전방어운전의 방법이 아닌 것은?

㉮ 교통량이 너무 많은 길이나 시간을 피해 운전하도록 한다.
㉯ 과로로 피로하거나 심리적으로 흥분한 상태에서는 운전을 자제한다.
㉰ 앞차를 뒤따라 갈 때는 앞차가 급제동을 하더라도 추돌하지 않도록 차간거리를 충분히 유지한다.
㉱ 뒤에 다른 차가 접근해 올 때는 속도를 높인다.

51 야간운전의 기초 지식에 대한 설명이다. 바르지 못한 것은?

㉮ 마주 오는 차의 전조등 불빛을 정면으로 보지 않는다.
㉯ 낮의 경우보다 낮은 속도로 주행한다.
㉰ 차 실내를 가능한 밝게 하고 주행한다.
㉱ 전조등이 비추는 범위의 앞쪽까지도 살핀다.

52 시선유도시설로 옳지 않은 것은?

㉮ 시선유도표지
㉯ 이정표
㉰ 갈매기표지
㉱ 표지병

53 다음 설명 중 틀린 것은?

㉮ 중앙분리대에 설치된 방호책은 사고를 방지한다기보다는 사고의 유형을 변환시켜 주기 때문에 효과적이다.
㉯ 중앙분리대의 폭이 넓을수록 분리대를 넘어가는 횡단사고가 적다.
㉰ 교량 접근로의 폭에 비하여 교량의 폭이 넓을수록 사고가 더 많이 발생한다.
㉱ 교량의 접근로 폭과 교량의 폭이 같을 때 사고율이 가장 낮다.

54 비횡단보도로 횡단하는 보행자의 심리가 아닌 것은?

㉮ 횡단보도로 건너면 시간이 더 빠르기 때문에
㉯ 평소 교통질서를 잘 지키지 않는 습관을 그대로 답습
㉰ 자동차가 달려오지만 충분히 건널 수 있다고 판단해서
㉱ 갈 길이 바빠서

55 커브길 사각에 대한 설명으로 틀린 것은?

㉮ 같은 커브라도 장애물이 있으면 사각의 범위가 달라질 수 있다.
㉯ 좁은 커브길에는 차량이나 보행자가 튀어나오는 등 사고위험이 높다.
㉰ 좁은 커브길에서는 즉시 정지 가능한 속도로 운전해야 한다.
㉱ 같은 커브라도 장애물이 있으면 사각의 범위가 작아진다.

56 다음 중 방호책의 성질로 부적합한 것은?

㉮ 횡단을 방지할 수 있어야 한다.
㉯ 충돌 시 반탄력이 커야 한다.
㉰ 차량을 감속시킬 수 있어야 한다.
㉱ 차량의 손상이 적도록 하여야 한다.

57 회전교차로의 특징으로 틀린 것은?

㉮ 일반 교차로에 비해 상충 횟수가 적다.
㉯ 신호교차로에 비해 유지관리 비용이 저렴하다.
㉰ 사고빈도가 낮다.
㉱ 지체시간이 증가한다.

58 교차로에서의 안전운전과 방어운전에 대한 설명으로 틀린 것은?

㉮ 교통경찰관의 지시에 따라 통행한다.
㉯ 통행의 우선순위에 따라 주의하며 진행한다.
㉰ 섣부른 추측운전은 하지 않는다.
㉱ 신호가 바뀌는 순간 출발한다.

59 철길건널목에서의 안전운전 요령으로 바르지 못한 것은?

㉮ 건널목 통과 중 차바퀴가 철길에 빠지지 않도록 중앙 부분으로 통과해야 한다.
㉯ 철길건널목에서 좌우를 살피거나 일시정지하지 않고 통과할 수 있다.
㉰ 철길건널목 좌우가 건물 등에 가려져 있거나 커브지점에서는 더욱 조심한다.
㉱ 건널목 통과 중 기어변속을 하면 위험하다.

60 **고속도로 통행방법에 대한 설명 중 잘못된 것은?**

㉮ 주행차로가 정체된 때에는 앞지르기 차로로 계속 진행할 수 있다.

㉯ 앞지르기는 방향지시기, 등화 또는 경음기를 사용하여 안전하게 해야 한다.

㉰ 횡단, 유턴, 후진하여서는 안 된다.

㉱ 편도 3차로의 고속도로에서 2차로 주행차량은 1차로로 앞지르기할 수 있다.

61 **빗길 안전운전에 대한 설명으로 바르지 않은 것은?**

㉮ 물이 고인 도로를 지나갈 때는 속도를 줄인다.

㉯ 보행자 옆을 통과할 때는 천천히 운행하여 흙탕물이 튀지 않도록 한다.

㉰ 공사현장의 철판 위를 지날 때는 급브레이크를 밟지 않는다.

㉱ 노면이 젖어 있는 경우에는 최소속도의 10%를 줄인 속도로 운행한다.

62 **겨울철 교통사고의 특성으로 틀린 것은?**

㉮ 교통의 3대 요소인 사람, 자동차, 도로환경 등 모든 조건이 다른 계절에 비하여 열악한 계절이다.

㉯ 눈길, 빙판길, 바람과 추위는 운전에 악영향을 미치는 기상특성을 보인다.

㉰ 음주운전 사고가 우려된다.

㉱ 단체 여행의 증가로 행락질서를 문란케 하고 운전자의 주의력을 산만하게 한다.

63 **봄철의 안전운전에 대한 설명으로 옳지 않은 것은?**

㉮ 황사현상에 의한 모래바람을 주의한다.

㉯ 춘곤증에 의한 졸음운전을 주의한다.

㉰ 이른 봄에는 일교차가 심해 새벽에 결빙된 도로가 있을 수 있으므로 주의한다.

㉱ 불쾌지수가 높아지게 된다.

64 **여름철 안전운전 요령으로 틀린 것은?**

㉮ 출발하기 전에 창문을 열어 실내의 더운 공기를 환기시킨다.

㉯ 에어컨을 최대로 켜서 실내의 더운 공기가 빠져나간 다음에 운행하는 것이 좋다.

㉰ 주행 중 갑자기 시동이 꺼졌을 때는 운전을 멈추고 견인한다.

㉱ 비에 젖은 도로를 주행할 때는 건조한 도로에 비해 마찰력이 떨어져 미끄럼에 의한 사고 가능성이 있으므로 감속 운행해야 한다.

65 **자동차의 안전운전에 대한 설명으로 잘못된 것은?**

㉮ 교통법규를 반드시 지킨다.

㉯ 차량을 항상 청결하게 하고, 대인관계를 좋게 유지한다.

㉰ 시시각각 변화하는 교통정보와 상황을 파악한다.

㉱ 자신의 운전능력의 한계를 인식한다.

66 **고객응대의 명심사항으로 틀린 것은?**

㉮ 자신의 입장에서 생각하라.

㉯ 고객을 공평하게 대하라.

㉰ 자신감을 가져라.

㉱ 투철한 서비스 정신으로 무장하라.

67 고객을 응대하는 자세가 아닌 것은?

㉮ 항상 긍정적으로 생각한다.
㉯ 고객의 입장에서 생각한다.
㉰ 공사를 구분하고 공평하게 대한다.
㉱ 자신감을 버린다.

68 다음 중 바른 악수가 아닌 것은?

㉮ 상대와 적당한 거리에서 손을 잡는다.
㉯ 계속 손을 잡은 채로 말한다.
㉰ 상대의 눈을 바라보며 웃는 얼굴로 악수한다.
㉱ 손을 너무 세게 쥐거나 또는 힘없이 잡지 않는다.

69 교통사고 발생 시 조치가 아닌 것은?

㉮ 교통사고를 발생시켰을 때에는 현장에서의 인명구호, 관할 경찰서에 신고 등의 의무를 성실히 수행
㉯ 경우에 따라 교통사고의 임의처리 가능
㉰ 사고로 인한 행정, 형사처분(처벌) 접수 시 임의처리 불가
㉱ 회사손실과 직결되는 보상업무는 일반적으로 수행 불가

70 버스운영체제 중 공영제의 장점이 아닌 것은?

㉮ 운행서비스 공급이 종합적 도시교통계획 차원에서 가능하다.
㉯ 노선의 조정, 신설, 변경 등이 용이하다.
㉰ 환승시스템, 정기권 도입 등 효율적 운영체계의 시행이 용이하다.
㉱ 책임의식이 강하여 생산성이 향상된다.

71 버스준공영제의 도입배경으로 옳지 않은 것은?

㉮ 버스수용에 적합한 버스운행서비스 공급구조 확보가 곤란하다.
㉯ 고령자의 급증에 따라 접근성 확보가 시급하다.
㉰ 국가물류운송의 활성화를 위해서 필요하다.
㉱ 수요 감소로 인한 업체의 수익성 악화로 자발적 서비스개선을 기대하기 곤란하다.

72 간선급행버스체계 운영을 위한 구성요소로 옳지 않은 것은?

㉮ 독립된 전용도로 또는 차로 등을 활용한 이용통행권 확보
㉯ 교차로 시설과 인도의 개선
㉰ 저공해, 저소음 등의 자동차 개선
㉱ 편리하고 안전한 환승시설 운영

73 가로변버스전용차로의 특징으로 옳지 않은 것은?

㉮ 일방통행로 또는 양방향 통행로에서 가로변 차로를 버스가 전용으로 통행할 수 있도록 제공하는 것이다.
㉯ 종일 또는 출・퇴근 시간대 등을 지정하여 운영할 수 있다.
㉰ 가로변버스전용차로는 좌회전하는 차량을 위해 교차로 부근에서는 일반차량의 버스전용차로 이용을 허용하여야 한다.
㉱ 버스전용차로 운영시간대에는 가로변의 주・정차를 금지하고 있으며, 시행구간의 버스이용자수가 승용자 이용자수보다 많아야 효과적이다.

74 중앙버스전용차로에 대한 설명으로 옳지 않은 것은?

㉮ 중앙버스전용차로는 일반적으로 편도 3차로 이상되는 기존 도로의 중앙차로에 버스전용차로를 제공한다.
㉯ 대중교통의 통행속도 제고 및 정시성 확보가 불리하다.
㉰ 다른 차량의 진입을 막기 위해 방호울타리, 연석 등 물리적 분리시설 등의 안전시설이 필요하기 때문에 설치비용이 많이 소요되는 단점이 있다.
㉱ 도로 중앙에 설치된 버스정류소로 인해 무단횡단 등 안전문제가 발생한다.

75 응급처치 시 지켜야 할 사항으로 잘못된 것은?

㉮ 본인의 신분을 제시한다.
㉯ 처치원 자신의 안전을 확보한다.
㉰ 신속하게 환자에 대한 생사의 판정을 한다.
㉱ 원칙적으로 의약품은 사용하지 않는다.

76 무의식 환자의 응급처치 우선순위로 옳은 것은?

㉮ 기도 확보 - 순환 - 호흡유지 - 약물요법
㉯ 기도 확보 - 호흡유지 - 순환 - 약물요법
㉰ 호흡유지 - 기도 확보 - 순환 - 약물요법
㉱ 호흡유지 - 순환 - 기도 확보 - 약물요법

77 차가 주행 중 도로 또는 도로 이외의 장소에 뒤집혀 넘어진 사고를 무엇이라 하는가?

㉮ 충돌사고
㉯ 전복사고
㉰ 전도사고
㉱ 추락사고

78 교통카드시스템의 이용자 측면의 도입효과로 보기 어려운 것은?

㉮ 현금소지의 불편을 해소한다.
㉯ 운송수입금 관리가 용이하다.
㉰ 하나의 카드로 다수의 교통수단을 이용할 수 있다.
㉱ 요금할인 등으로 교통비를 절감할 수 있다.

79 버스운전사의 직업병으로 관련이 적은 것은?

㉮ 요 통
㉯ 스트레스
㉰ 만성피로
㉱ 빈 혈

80 다음은 교통사고 발생 시 운전자의 조치사항에 대한 설명이다. 옳지 않은 것은?

㉮ 교통사고 발생 시 엔진을 멈추어 연료가 인화되지 않도록 하고, 신속하게 탈출해야 한다.
㉯ 보험회사나 경찰 등에 연락을 취한다.
㉰ 통과차량에게 알리기 위해 차선으로 뛰어나와 손을 흔든다.
㉱ 부상자가 있는 경우 응급처치 등 부상자 구호에 필요한 조치를 해야 한다.

제 2 회 실제유형 시험보기

01 다음에서 설명하고 있는 것은 어느 경우인가?

복합원인의 연쇄반응에서 생기고 있는 것이므로 원인이나 유발 특성에 대해 고찰할 필요가 있다.

㉮ 교통사고
㉯ 교통환경
㉰ 교통조직
㉱ 정보관리

02 교통안내표지에 대한 다음 설명 중 틀린 것은?

㉮ 노선을 명확히 나타내야 한다.
㉯ 도로변 표지가 가공식 표지보다 사고율이 훨씬 낮다.
㉰ 교차로의 부도로 접근로에 양보표지를 설치하면 사고예방에 도움이 된다.
㉱ 양보표지는 램프를 사용하여 고속도로에 진입하는 유입램프 쪽에서 설치해도 큰 효과가 있다.

03 여객의 특수성이나 수요의 불규칙성 등으로 노선 여객자동차운송사업자가 노선버스를 운행하기 어려운 경우가 아닌 것은?

㉮ 관광지를 기점 또는 종점으로 하는 경우, 관광의 편의를 제공하기 위하여 필요하다고 인정되는 경우
㉯ 고속철도 정차역을 기점 또는 종점으로 하는 경우로서 고속철도 이용자의 교통편의를 위하여 필요하다고 인정되는 경우
㉰ 대통령이 정하여 고시하는 출퇴근 또는 심야 시간대에 대중교통 이용자의 교통불편을 해소하기 위하여 필요하다고 인정되는 경우
㉱ 공장밀집지역을 기점 또는 종점으로 하는 경우로서 산업단지 또는 공장밀집지역의 접근성 향상을 위하여 필요하다고 인정되는 경우

04 교통사고처리 특례법에서의 특례적용 예외에 해당되지 않는 경우는?

㉮ 피해자를 구호하는 등의 조치를 하지 아니하고 도주한 경우
㉯ 피해자를 사고 장소로부터 옮겨 유기하고 도주한 경우
㉰ 제한속도를 10km/h 초과한 경우
㉱ 승객의 추락 방지의무를 위반하여 운전한 경우

05 다음 중 범칙금납부통고서로 범칙금을 납부할 것을 통고할 수 있는 사람은?

㉮ 경찰서장
㉯ 관할 구청장
㉰ 시・도지사
㉱ 국토교통부장관

06 **주차금지에 대한 다음 설명 중 틀린 것은?**

㉮ 터널 안 및 다리 위에서는 주차할 수 없다.
㉯ 다중이용업소의 영업장이 속한 건축물로 소방본부장의 요청에 의하여 시·도경찰청장이 지정한 곳으로부터 7m 이내에는 주차할 수 없다.
㉰ 시·도경찰청장이 도로에서의 위험을 방지하고 교통의 안전과 원활한 소통을 확보하기 위하여 필요하다고 인정하여 지정한 곳에는 주차할 수 없다.
㉱ 도로공사를 하고 있는 경우에는 그 공사구역의 양쪽 가장자리로부터 5m 이내에는 주차할 수 없다.

07 **다음 노면표시의 뜻은?**

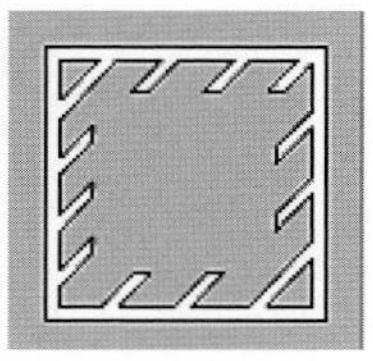

㉮ 안전지대 표시
㉯ 횡단보도 표시
㉰ 정차 금지 표시
㉱ 주차 금지 표시

08 **다음 중 교통신호에 대한 설명으로 틀린 것은?**

㉮ 가변차로의 가변신호등은 교통신호가 아니다.
㉯ 운전자는 자기가 가는 방향의 신호를 정확히 확인하여야 한다.
㉰ 주변 신호만을 보고 전방으로 달려나가지 않도록 한다.
㉱ 모든 보행자와 운전자는 신호기의 신호에 따라 통행하여야 한다.

09 **다음 중 교통사고 야기 후 피해자와 합의하여도 공소권이 있는 것은?**

㉮ 다른 사람의 건조물, 재물 등을 손괴한 죄
㉯ 업무상 과실 치상죄
㉰ 업무상 과실 치사죄
㉱ 중과실 치상죄

10 **다음 중 철도건널목 통과방법을 위반한 운전자의 과실이 아닌 사항은?**

㉮ 건널목 직전 일시정지 불이행
㉯ 안전 미확인 통행 중 사고
㉰ 고장 시 승객대피, 차량이동 조치 불이행
㉱ 철도건널목 신호기, 경보기 등의 고장으로 일어난 사고

11 **시외버스운송사업의 운행형태로 옳지 않은 것은?**

㉮ 고속형
㉯ 직행형
㉰ 그물형
㉱ 일반형

12 **다음 중 위반행위에 따른 처분기준이 바르게 연결된 것은?**

㉮ 운행기록증을 식별하기 어렵게 하거나, 그러한 자동차를 운행한 경우 - 자격정지 5일
㉯ 운전업무와 관련하여 버스운전자격증을 타인에게 대여한 경우 - 자격정지 40일
㉰ 부정한 방법으로 버스운전자격을 취득한 경우 - 자격정지 60일
㉱ 교통사고와 관련하여 거짓이나 그 밖의 부정한 방법으로 보험금을 청구하여 금고 이상의 형을 선고받고 그 형이 확정된 경우 - 자격정지 60일

13 술에 취한 상태의 기준은?

㉮ 혈중알코올농도가 0.01% 이상
㉯ 혈중알코올농도가 0.03% 이상
㉰ 혈중알코올농도가 0.08% 이상
㉱ 혈중알코올농도가 0.1% 이상

14 운전면허에 대한 설명으로 틀린 것은?

㉮ 시・도경찰청장은 운전면허에 필요한 조건을 붙일 수 없다.
㉯ 연습운전면허에는 제1종 보통연습면허와 제2종 보통연습면허가 있다.
㉰ 제2종 운전면허에는 보통, 소형, 원동기장치자전거면허가 있다.
㉱ 제1종 운전면허에는 대형, 보통 소형, 특수면허가 있다.

15 고속도로 외의 도로에서 왼쪽 차로로 통행할 수 없는 차종은?

㉮ 소형 승합자동차
㉯ 중형 승합자동차
㉰ 대형 승합자동차
㉱ 승용자동차

16 운전자가 업무상 필요한 주의를 게을리하거나 중대한 과실로 다른 사람의 건조물이나 그 밖의 재물을 손괴한 경우에 대한 벌칙은?

㉮ 2년 이하의 징역 또는 2,000만원 이하의 벌금
㉯ 1년 이하의 징역 또는 1,000만원 이하의 벌금
㉰ 2년 이하의 금고 또는 500만원 이하의 벌금
㉱ 1년 이하의 금고 또는 500만원 이하의 벌금

17 다음 중 사업의 구분에 따른 자동차의 차령으로 바르게 연결한 것은?

㉮ 차종이 승용자동차인 특수여객자동차운송사업용(대형) - 8년
㉯ 차종이 승합자동차인 시내버스운송사업용 - 9년
㉰ 차종이 승합자동차인 시외버스운송사업용 - 12년
㉱ 차종이 승합자동차인 전세버스운송사업용 - 5년

18 신호등의 성능에 관한 다음 설명에서 괄호 안에 알맞은 내용은?

> 등화의 밝기는 낮에 (㉠)m 앞쪽에서 식별할 수 있도록 하여야 하며, 등화의 빛의 발산각도는 사방으로 각각 (㉡)(으)로 하여야 한다.

㉮ 120, 45° 이내
㉯ 130, 45° 이내
㉰ 140, 45° 이상
㉱ 150, 45° 이상

19 다음은 도로교통법의 용어의 정의이다. 정차에 대한 설명으로 옳은 것은?

㉮ 5분 이상의 정지상태를 말한다.
㉯ 5분을 초과하지 아니하고 차를 정지시키는 것으로서 주차 외의 정지상태를 말한다.
㉰ 운전자가 그 차로부터 떠나서 즉시 운전할 수 없는 상태를 말한다.
㉱ 차가 일시적으로 그 바퀴를 완전 정지시키는 것을 말한다.

20 **신청에 의해 시·도경찰청장이 긴급자동차로 지정하지 않는 경우는?**

㉮ 전기사업·가스사업 그 밖의 공익사업을 하는 기관에서 위험방지를 위한 응급작업에 사용되는 자동차
㉯ 민방위업무를 수행하는 기관에서 긴급예방 또는 복구를 위한 출동에 사용되는 자동차
㉰ 도로관리를 위하여 사용되는 자동차 중 도로상의 위험을 방지하기 위한 응급작업에 사용되거나 운행이 제한되는 자동차를 단속하기 위하여 사용되는 자동차
㉱ 국내외 요인의 사적 업무 수행에 사용되는 자동차

21 **팔을 차체의 밖으로 내어 45° 밑으로 펴서 위아래로 흔드는 신호가 의미하는 것은?**

㉮ 정지할 때
㉯ 후진할 때
㉰ 뒷차에게 앞지르기를 시키고자 할 때
㉱ 서행할 때

22 **위험방지 등의 조치에 따른 경찰공무원의 요구·조치 또는 명령에 따르지 아니하거나 이를 거부 또는 방해한 사람에 대한 벌칙은?**

㉮ 6개월 이하의 징역이나 200만원 이하의 벌금 또는 구류의 형
㉯ 200만원 이하의 벌금
㉰ 6개월 이하의 징역이나 200만원 이하의 벌금
㉱ 1년 이하의 징역이나 300만원 이하의 벌금 또는 구류의 형

23 **교통사고처리 특례법 시행령에 의거 교통사고 피해자가 보험회사와의 합의 여부에 관계없이 우선 지급받을 수 있는 손해배상금의 범위로 옳지 않은 것은?**

㉮ 대물손해의 경우 대물배상액의 50/100에 해당하는 금액
㉯ 후유장애의 경우 위자료 전액과 상실수익액의 50/100에 해당하는 금액
㉰ 부상의 경우 위자료 전액과 휴업손해액의 70/100에 해당하는 금액
㉱ 치료비 전액

24 **특별교통안전 의무교육이 아닌 것은?**

㉮ 배려운전교육
㉯ 법규준수교육
㉰ 음주운전교육
㉱ 교통보충교육

25 **공소권이 있는 12가지 법규위반 항목이 아닌 것은?**

㉮ 신호위반
㉯ 안전운전 불이행
㉰ 중앙선 침범
㉱ 승객의 추락 방지의무 위반

26 다음 중 도주(뺑소니) 사고가 아닌 것은?

㉮ 사고운전자를 바꿔치기 하여 신고한 경우
㉯ 현장에 도착한 경찰관에게 거짓으로 진술한 경우
㉰ 피해자 일행의 구타·폭언·폭행이 두려워 현장을 이탈한 경우
㉱ 피해자 사상 사실을 인식하거나 예견됨에도 가버린 경우

27 터보차저에 대한 설명으로 틀린 것은?

㉮ 초기 시동 시 공회전을 삼간다.
㉯ 터보차저는 고속 회전운동을 하는 부품으로 회전부의 원활한 윤활과 터보차저에 이물질이 들어가지 않도록 한다.
㉰ 시동 전 오일량을 확인하고 시동 후 오일압력이 정상적으로 상승되는지를 확인한다.
㉱ 공회전 또는 워밍업 시 무부하 상태에서 급가속을 하는 것도 터보차저 각부의 손상을 가져올 수 있으므로 삼간다.

28 ABS 조작에 대한 설명으로 옳지 않은 것은?

㉮ ABS 차량이라도 옆으로 미끄러지는 위험은 방지할 수 없다.
㉯ Anti-lock Brake System의 약자이다.
㉰ 급제동할 때는 브레이크 페달을 힘껏 밟고 버스가 완전히 정지할 때까지 밟고 있어야 한다.
㉱ ABS 차량은 급제동할 때는 핸들조향이 불가능하다.

29 여객자동차운송사업의 운전자격을 취득할 수 있는 사람은?

㉮ 마약류관리에 관한 법률에 따른 죄를 범하여 금고 이상의 실형을 선고받고 그 집행이 끝나거나 면제된 날부터 2년이 지나지 아니한 사람
㉯ 살인, 약취, 유인, 강간, 추행죄, 성폭력범죄, 절도와 강도 중 어느 하나의 죄를 범하여 금고 이상의 실형을 선고받고 그 집행이 끝나거나 면제된 날부터 2년이 지나지 아니한 사람
㉰ 버스운전 자격시험 공고일 기준으로 7년 전 술에 취해 음주운전을 1회 위반한 사람
㉱ 폭력단체 구성·활동 죄를 범하여 금고 이상의 실형을 선고받고 그 집행이 끝나거나 면제된 날부터 2년이 지나지 아니한 사람

30 자동차를 앞에서 보았을 때 앞바퀴가 수직선에 대해 어떤 각도를 두고 설치되어 있는 것을 말하는 것은?

㉮ 토 인
㉯ 조향축 경사각
㉰ 캠 버
㉱ 캐스터

31 현가장치의 주요기능이 아닌 것은?

㉮ 차체 무게를 지지하는 기능
㉯ 자동차의 높이를 최대한 높게 유지하는 기능
㉰ 타이어의 접지상태를 유지하는 기능
㉱ 주행방향을 조정하는 기능

32 클러치를 밟고 있을 때 '달달달' 떨리는 소리와 함께 차체가 떨리고 있다. 이것은 어떤 부분의 고장일 때 나타나는 현상인가?

㉮ 클러치 릴리스 베어링
㉯ 브레이크
㉰ 조향 장치
㉱ 팬 벨트

33 **다음 중 자동차의 전기장치 구성부품에 해당하는 것은?**

㉮ 오일 펌프
㉯ 점화플러그 및 배전기
㉰ 흡・배기밸브
㉱ 발전기

34 **변속기의 구비조건으로 옳지 않은 것은?**

㉮ 동력전달 효율이 높아야 한다.
㉯ 불연속적으로 변속되어야 한다.
㉰ 가볍고 단단해야 한다.
㉱ 조작이 쉽고 소음이 작아야 한다.

35 **차로에 따른 통행차의 기준으로 틀린 것은?**

㉮ 고속도로가 아닌 편도 4차로의 1차로를 통행할 수 있는 차종은 승용자동차, 경・중・소형 승합자동차이다.
㉯ 고속도로 편도 2차로의 2차로는 모든 자동차의 주행차로이다.
㉰ 고속도로의 편도 4차로의 4차로에는 화물자동차만 주행가능하다.
㉱ 고속도로가 아닌 편도 2차로의 2차로에는 이륜자동차, 특수자동차, 건설기계 등이 통행 가능하다.

36 **내리막 길에서 브레이크 페달을 자주 밟으면 마찰열로 인해 브레이크액이 끓어올라 브레이크 파이프에 기포가 발생되면서 브레이크가 잘 듣지 않는다. 다음 중 이 상태를 나타내는 것은?**

㉮ 베이퍼 록
㉯ 스탠딩 웨이브
㉰ 페이드 현상
㉱ 수막 현상

37 **계절별 자동차관리 중 여름철에 신경써야 할 사항이 아닌 것은?**

㉮ 서리제거용 열선 점검
㉯ 에어컨 관리
㉰ 와이퍼의 작동상태 점검
㉱ 냉각장치 점검

38 **자동차의 이상징후에 대한 설명으로 틀린 것은?**

㉮ 주행 전 차체에 이상한 진동이 느껴질 때는 엔진 고장이 원인이다.
㉯ 엔진의 회전수에 비례하여 쇠가 마주치는 소리가 날 때 밸브간극 조정으로 고칠 수 있다.
㉰ 클러치를 밟고 있을 때 "달달달" 떨리는 소리와 함께 차체가 떨리고 있다면, 클러치 릴리스 베어링의 고장이다.
㉱ 비포장 도로의 울퉁불퉁한 험한 노면상을 달릴 때 "딱각딱각" 하는 소리가 나면 조향장치의 고장이다.

39 **신규로 자동차에 관한 등록을 하고자 하는 자는 누구에게 신규자동차등록을 신청하여야 하는가?**

㉮ 시・도지사
㉯ 관할관청
㉰ 국토교통부장관
㉱ 산업자원부장관

40 다음 중 천연가스의 형태별 종류에 대한 설명으로 옳지 않은 것은?

㉮ LPG는 프로판과 부탄이 섞여 제조된 가스이다.
㉯ CNG는 액화석유가스이다.
㉰ LNG는 천연가스를 액화시켜 부피를 현저하게 작게 만든 것이다.
㉱ LNG는 저장, 운반 등 사용상의 효용성이 높다.

41 교통사고의 주요 원인에 포함되지 않는 것은?

㉮ 인적 요인
㉯ 환경 요인
㉰ 운반구 요인
㉱ 적성 요인

42 다음 중 운전 시 스트레스와 흥분을 줄이는 방법으로 옳지 않은 것은?

㉮ 방어운전을 위해서 다른 사람의 실수를 항상 염두에 둔다.
㉯ 사전에 주행 계획을 세우고 여유 있게 출발한다.
㉰ 스트레스 해소를 위해 음악을 크게 들으면서 운전한다.
㉱ 좀 더 기다리거나 잠시 주변을 산책한다.

43 다음 중 혈중알코올농도 0.05%부터 0.15%까지의 주취상태로 부적당한 것은?

㉮ 운전에 별 영향을 주지 않는다.
㉯ 말이 많아지고 공격적이다.
㉰ 지나치게 활동적인 행동양상을 보인다.
㉱ 근육운동의 조정능력이 줄어든다.

44 운전과정에 대한 설명으로 틀린 것은?

㉮ 운전자는 자신은 물론 자동차, 도로 등 운전에 관한 본질적인 사항을 이해해야 한다.
㉯ 행동이란 판단에 의해 결정된 행동을 실제 운전장치조작에 적용하는 과정이다.
㉰ 관찰이란 교통상 정보를 시각을 통해 입수하는 과정이다.
㉱ 인지는 전·후방은 물론 측방 등 넓은 범위에서 이루어져야 한다.

45 다음 설명 중 틀린 것은?

㉮ 야간에 사고율이 높은 이유는 운전자의 피로 때문이기도 하지만 대부분이 가로조명 때문이다.
㉯ 노상주차의 방법은 각도주차가 평행주차보다 사고율이 낮다.
㉰ 경제적인 조명방법으로 많이 사용되는 것은 시간적 또는 공간적으로 조명을 달리하는 방법이다.
㉱ 도시부의 교차로에서는 조도를 조금만 증가시켜도 보행자 사고가 크게 감소한다.

46 다음 중 야간 안전보행요령으로 옳지 않은 것은?

㉮ 야간에는 운전자가 쉽게 식별할 수 있는 색상의 복장이나 반사체를 휴대한다.
㉯ 도로의 중앙부근에 멈추는 일이 없도록 횡단하기 전에 충분한 주의를 한다.
㉰ 야간에는 운전자의 주의력과 시력이 높아진다.
㉱ 야간에는 보행자가 차를 볼 수 있어도 운전자는 보행자를 잘 볼 수 없다.

47 앞지르기 시 안전운전 요령이 아닌 것은?

㉮ 어느 정도 과속이 필요하다.
㉯ 앞지르기에 필요한 충분한 거리와 시야가 확보되었을 때 앞지르기를 시도한다.
㉰ 앞차가 앞지르기를 하고 있을 때에는 앞지르기를 시도하지 않는다.
㉱ 앞차의 오른쪽으로 앞지르기를 하지 않는다.

48 다음 중 방어운전의 기술이 아닌 것은?

㉮ 능숙한 운전기술
㉯ 정확한 운전지식
㉰ 예언능력
㉱ 교통상황정보 수집

49 야간 운전 요령으로 틀린 것은?

㉮ 자동차가 교행할 때에는 조명장치를 하향 조정할 것
㉯ 문제가 발생했을 때의 정차 시는 소등할 것
㉰ 노상에 주정차를 하지 말 것
㉱ 운전 시 흡연을 하지 말 것

50 오르막길 안전운행 요령으로 틀린 것은?

㉮ 정차할 때는 앞차가 뒤로 밀려 충돌할 가능성을 염두에 두고 충분한 차간거리를 유지한다.
㉯ 마주 오는 차가 바로 앞에 다가올 때까지는 보이지 않으므로 서행하여 위험에 대비한다.
㉰ 출발 시에는 풋 브레이크를 사용하는 것이 안전하다.
㉱ 오르막길에서 앞지르기할 때는 힘과 가속력이 좋은 저단 기어를 사용하는 것이 안전하다.

51 내리막길을 내려갈 때 브레이크를 반복하여 사용하면 마찰열이 라이닝에 축적되어 브레이크의 제동력이 저하되는 현상을 무엇이라 하는가?

㉮ 베이퍼 록 현상
㉯ 수막현상
㉰ 모닝 록 현상
㉱ 페이드 현상

52 운전석에서 볼 때 자동차의 사각거리가 가장 짧은 곳은?

㉮ 자동차의 우측방
㉯ 자동차의 전방
㉰ 자동차의 좌측방
㉱ 자동차의 후방

53 야간에 무엇인가가 있다는 것을 인지하는 데 가장 좋은 옷 색깔은?

㉮ 녹 색
㉯ 흰 색
㉰ 보라색
㉱ 흑 색

54 다음 중 교통사고와 중요한 관련성이 있다고 볼 수 없는 운전자는?

㉮ 예측이 부족한 운전자
㉯ 울컥하고 화를 잘 내는 운전자
㉰ 타인중심적인 운전자
㉱ 경솔한 운전자

55 중앙분리대의 기능으로 적절하지 않은 것은?

㉮ 야간 주행 시 전조등으로 인한 눈부심 방지
㉯ 신호등 및 차량 제어
㉰ 도로표지판 및 교통시설 설치 공간 제공
㉱ 유턴 금지 및 교통 혼잡 방지

56 중앙버스전용차로의 교차로 통과 전 정류소 위치에 따른 장단점으로 옳지 않은 것은?

㉮ 교차로가 버스전용차로상에 있는 차량의 감속에 이용된다.
㉯ 교통량이 많을 때 혼잡을 최소화할 수 있다.
㉰ 교차로 통과 전 오른쪽에 정차한 자동차의 시야가 제한받는다.
㉱ 버스가 출발할 때 교차로를 가속거리로 이용할 수 있다.

57 차로폭에 따른 방어운전의 요령이 아닌 것은?

㉮ 차로폭이 넓을 경우 주관적인 판단을 적극적으로 해야 한다.
㉯ 차로폭이 넓은 경우 계기판의 속도계에 표시되는 객관적인 속도를 준수할 수 있도록 노력하여야 한다.
㉰ 차로폭이 좁은 경우 보행자, 노약자, 어린이 등에 주의해야 된다.
㉱ 차로폭이 좁을 경우 즉시 정지할 수 있는 안전한 속도로 주행속도를 감속하여 운행한다.

58 다음 중 사고율이 가장 높은 노면은?

㉮ 건조노면
㉯ 습윤노면
㉰ 눈덮인 노면
㉱ 결빙노면

59 철길건널목의 안전운전 요령으로 틀린 것은?

㉮ 일시정지 후 좌우의 안전을 확인한다.
㉯ 건널목 통과 시 기어를 변속한다.
㉰ 건널목 건너편의 여유 공간을 확인 후 통과한다.
㉱ 건널목 앞쪽이 혼잡하여 건널목을 완전히 통과할 수 없게 될 염려가 있을 때에는 진입하지 않는다.

60 다음 중 안전운전을 위한 적성의 조건과 관계가 먼 것은?

㉮ 의학적인 조건
㉯ 심리적 조건
㉰ 도로교통 적성
㉱ 감각·동작의 기초적인 기능 조건

61 **다음 중 도로교통법에서 고속도로 등에서의 정차 및 주차를 하면 안 되는 경우는?**

㉮ 고장 등 부득이한 사유로 갓길에 정차 또는 주차하는 경우
㉯ 통행료를 받는 곳에서 정차하는 경우
㉰ 자치경찰공무원의 지시에 따라 일시정차 또는 주차하는 경우
㉱ 교통이 밀릴 때 고속도로 등의 차로에 일시정차 또는 주차시키는 경우

62 **가을철 안전운전 요령으로 틀린 것은?**

㉮ 안개 지역에서는 처음부터 감속 운행한다.
㉯ 늦가을에 안개가 끼면 노면이 동결되는 경우가 있는데, 이때는 급핸들 조작 및 급브레이크 조작을 삼간다.
㉰ 과속을 피하고, 교통법규를 준수하여야 한다.
㉱ 경운기 옆을 지나갈 때는 절대 경적을 울려서는 안 된다.

63 **다음 중 여름철에 발생하는 사고를 대비하는 방법으로 옳지 않은 것은?**

㉮ 온도가 매우 높을 때 장시간 주차했을 경우 실내 공기를 환기시킨 후 운전한다.
㉯ 운전 중에 시동이 꺼졌을 때는 차를 잠시 그늘에 세우고 열을 식힌다.
㉰ 비가 많이 내릴 때 운전할 경우 미끄럼 방지를 위해 속도를 줄인다.
㉱ 차량 연료 계통에서 자체적으로 열이 발생하므로 기온이 상승해도 별다른 문제가 없다.

64 **고속도로 통행 방법에 대한 설명으로 틀린 것은?**

㉮ 고속도로에서는 갓길로 통행하여서는 안 된다.
㉯ 주행 차선에 통행 차가 많을 경우 승용차에 한하여 앞지르기 차선으로 계속 통행할 수 있다.
㉰ 앞지르기할 때는 지정 속도를 초과할 수 없다.
㉱ 주행 중 주행 속도계를 수시로 확인해야 한다.

65 **다음 설명 중 틀린 것은?**

㉮ 차도와 갓길을 구획하는 노면표시를 하면 사고가 감소한다.
㉯ 교통량이 많고 사고율이 높은 구간의 차선을 넓히면 사고율이 감소한다.
㉰ 갓길은 포장된 것보다 토사나 자갈 또는 잔디가 안전하다.
㉱ 갓길이 넓으면 차량의 이동 공간이 넓고, 시계가 넓으며, 고장난 차를 주행차선 밖으로 치울 수가 있기 때문에 안정성이 크다.

66 **고객 서비스의 특성에 해당되지 않는 것은?**

㉮ 무형성(Intangibility)
㉯ 소멸성(Perishability)
㉰ 가분성(Separability)
㉱ 이질성(Heterogeneity)

67 **고객만족의 간접적 요소에 해당하는 것은?**

㉮ 상품의 하드적 가치
㉯ 회사 분위기
㉰ 고객응대 서비스
㉱ 사회공헌활동

68 다음 중 지켜야 할 운전예절로 틀린 것은?

㉮ 예절 바른 운전습관은 명랑한 교통질서를 가져오며 교통사고를 예방한다.
㉯ 횡단보도 내에 자동차가 들어가지 않도록 정지선을 반드시 지킨다.
㉰ 교차로에서 마주 오는 차끼리 만나면 전조등을 꺼서는 안 된다.
㉱ 교차로에 정체 현상이 있을 때에는 다 빠져나간 후에 여유를 가지고 서서히 출발한다.

69 운전을 삼가야 하는 이유가 아닌 것은?

㉮ 주차 위반으로 범칙금 납부통지서를 받은 경우
㉯ 걱정이나 흥분·불안한 상태에 있을 경우
㉰ 피로하거나 감기·몸살 등 병이 났을 경우
㉱ 졸음이 오는 감기약을 복용하거나 술이 덜 깬 경우

70 다음 버스운영체제 중 공영제의 단점과 거리가 먼 것은?

㉮ 책임의식이 철저하여 생산성이 증대된다.
㉯ 요금인상에 대한 이용자들의 압력을 정부가 직접 받게 되어 요금조정이 어렵다.
㉰ 노선 신설, 정류소 설치, 인사 청탁 등 외부간섭의 증가로 비효율성이 증대된다.
㉱ 운전자 등 근로자들이 공무원화될 경우 인건비 증가가 우려된다.

71 다음 중 버스요금의 관할관청에 대한 설명으로 옳지 않은 것은?

㉮ 마을버스요금은 운수사업자가 정하여 신고한다.
㉯ 전세버스 및 특수여객의 요금은 운수사업자가 자율적으로 정해 요금을 수수할 수 있다.
㉰ 시내버스 요금은 상한인가요금 범위 내에서 운수사업자가 정하여 관할관청에 신고한다.
㉱ 농어촌버스 요금은 운수사업자가 자율적으로 정해 요금을 수수할 수 있다.

72 버스운행관리시스템(BMS ; Bus Management System)에 대한 설명으로 옳지 않은 것은?

㉮ 유무선 인터넷을 통한 특정 정류장 버스도착예정시간 정보를 제공한다.
㉯ 버스운행관리센터 또는 버스회사에서 버스운행 상황과 사고 등 돌발적인 상황을 감지한다.
㉰ 관계기관, 버스회사, 운수종사자를 대상으로 정시성을 확보한다.
㉱ 버스운행관리, 이력관리 및 버스운행 정보제공 등이 주목적이다.

73 다음은 중앙버스전용차로에 대한 설명이다. 옳지 않은 것은?

㉮ 일반 차량의 중앙버스전용차로 이용 및 주정차를 막을 수 있어 차량의 운행속도 향상에 도움이 된다.
㉯ 버스 이용객의 입장에서 볼 때 보행자 사고 위험성이 감소한다.
㉰ 차로수가 많을수록 중앙버스전용차로 도입이 용이하다.
㉱ 만성적인 교통 혼잡이 발생하는 구간 또는 좌회전하는 대중교통 버스노선이 많은 지점에 설치하면 효과가 크다.

74 **다음 중 자신이 도로의 장애물 등을 확인하는 능력과 다른 운전자나 보행자가 자신을 볼 수 있게 하는 능력을 무엇이라 하는가?**

㉮ 안전성
㉯ 방어력
㉰ 공간성
㉱ 시인성

75 **응급처치를 할 때의 실시 범위와 준수사항에 대한 설명으로 옳지 않은 것은?**

㉮ 우선적으로 생사의 판정을 해야 한다.
㉯ 원칙적으로 의약품의 사용을 피한다.
㉰ 의사의 치료를 받기 전까지의 응급처치로 끝난다.
㉱ 의사에게 응급처치 내용을 설명하고 인계한 후에는 모든 것을 의사의 지시에 따른다.

76 **교통사고 발생 시 사지가 손상하였을 때 해야 할 처치순서가 맞는 것은?**

㉮ 호흡 > 순환 > 기도 유지 > 출혈 > 부목
㉯ 부목 > 기도 유지 > 호흡 > 순환 > 출혈
㉰ 기도 유지 > 호흡 > 순환 > 출혈 > 부목
㉱ 출혈 > 부목 > 기도 유지 > 호흡 > 순환

77 **심장마사지(심폐소생법)는 언제 실시해야 하는가?**

㉮ 환자가 몹시 지쳐 있을 때
㉯ 맥박이 뛰지 않거나 심장이 정지한 때
㉰ 호흡을 하지 않을 때
㉱ 의식이 없을 때

78 **다음 중 운전자가 가져야 할 기본적인 자세로 옳지 않은 것은?**

㉮ 심신상태의 안정
㉯ 노하우를 바탕으로 한 추측운전
㉰ 방심하지 않는 집중력
㉱ 양보운전할 수 있는 너그러운 마음

79 **좋은 표정을 만드는 법이 아닌 것은?**

㉮ 얼굴 전체가 웃는 표정
㉯ 입의 양 꼬리가 올라간 표정
㉰ 밝고 상쾌한 표정
㉱ 입은 가볍게 벌린다.

80 **교통사고조사규칙에 따른 교통사고의 용어에 대한 설명으로 옳지 않은 것은?**

㉮ 충돌사고는 차가 반대방향 또는 측방에서 진입하여 그 차의 정면으로 다른 차의 정면 또는 측면을 충격한 것을 말한다.
㉯ 접촉사고는 2대 이상의 차가 동일방향으로 주행 중 뒤차가 앞차의 후면을 충격한 것이다.
㉰ 전도사고는 차가 주행 중 도로 또는 도로 이외의 장소에 차체의 측면이 지면에 접하고 있는 상태이다.
㉱ 추락사고는 차가 도로변 절벽 또는 교량 등 높은 곳에서 떨어진 사고이다.

제 3 회 실제유형 시험보기

01 차량신호기가 표시하는 적색등화의 신호의 뜻에 대한 설명으로 옳은 것은?

㉮ 신호에 따라 진행하는 다른 차마의 교통을 방해하지 아니하고 우회전할 수 있다.
㉯ 차마는 직진할 수 없으나 언제나 우회전할 수 있다.
㉰ 차마는 직진할 수 없으나 필요에 따라 우회전할 수 있다.
㉱ 차마는 직진할 수도 없고 우회전할 수도 없다.

02 자가용 자동차가 노선을 정하여 운행할 수 있는 경우가 아닌 것은?

㉮ 학교, 학원, 유치원, 영유아보육법에 따른 어린이집 이용자를 위해 운행되는 경우
㉯ 호텔, 교육・문화・예술・체육시설, 종교시설, 금융기관, 병원 이용자를 위해 운행되는 경우
㉰ 국토교통부령으로 정하는 사유로 특별자치도지사・시장・군수・구청장의 허가를 받은 경우
㉱ 노선버스 및 철도 등 대중교통수단이 운행되지 아니하거나 그 접근이 극히 불편한 지역의 고객을 수송하는 경우

03 다음 안전표지가 의미하는 것은 무엇인가?

㉮ 좌우로 이중 굽은 도로 표지
㉯ 우로 굽은 도로 표지
㉰ 우좌로 이중 굽은 도로 표지
㉱ 2방향 통행 표지

04 편도 2차로 이상의 고속도로에서의 최저속도는?

㉮ 30km/h
㉯ 40km/h
㉰ 50km/h
㉱ 60km/h

05 차마의 통행방법으로 맞는 것은?

㉮ 비보호 좌회전구역을 제외하고는 좌회전을 할 수 없다.
㉯ 차마의 운전자는 도로의 중앙으로부터 우측 부분을 통행하여야 한다.
㉰ 편도 2차선 도로에서는 언제나 한산한 차선으로 통행하여야 한다.
㉱ 차마는 안전지대에서 주차하여야 한다.

06 술에 취한 상태에 있다고 인정할 만한 상당한 이유가 있는 사람으로서 경찰공무원의 측정에 응하지 아니한 사람의 벌칙은?

㉮ 6개월 이상 1년 이하의 징역이나 300만원 이상 500만원 이하의 벌금에 처한다.
㉯ 6개월 이하의 징역이나 300만원 이하의 벌금에 처한다.
㉰ 1년 이상 5년 이하의 징역이나 500만원 이상 2,000만원 이하의 벌금에 처한다.
㉱ 3년 이하의 징역이나 500만원 이상 1,000만원 이하의 벌금에 처한다.

07 야간 통행 시 켜야 하는 등화의 구분이 잘못된 것은?

㉮ 승용자동차 – 전조등, 차폭등, 미등, 번호등, 실내조명등
㉯ 승합자동차 – 전조등, 차폭등, 미등, 번호등, 실내조명등
㉰ 원동기장치자전거 – 전조등, 미등
㉱ 견인되는 차 – 미등, 차폭등, 번호등

08 **노면표시 중 중앙선표시는 차도 폭이 최소 몇 m 이상인 도로에 설치하는가?**

㉮ 10m
㉯ 8m
㉰ 7m
㉱ 6m

09 **면허를 받거나 등록한 차고지를 이용하지 아니하고 차고지가 아닌 곳에서 밤샘주차를 한 경우 부과되는 업종별 과징금으로 옳은 것은?**

㉮ 시내버스 - 10만원
㉯ 시외버스 - 15만원
㉰ 전세버스 - 30만원
㉱ 특수여객버스 - 30만원

10 **2년간 누산점수가 몇 점 이상이면 그 면허를 취소하여야 하는가?**

㉮ 121점 이상
㉯ 151점 이상
㉰ 201점 이상
㉱ 271점 이상

11 **보도침범, 통행방법위반 사고의 성립요건에 대한 설명 중 옳지 않은 것은?**

㉮ 보도와 차도의 구분이 없는 도로는 장소적 요건에 해당한다.
㉯ 보도 내에서 보행 중 사고는 피해자요건에 해당한다.
㉰ 불가항력적 과실, 단순 부주의 과실은 운전자 과실에 해당하지 않는다.
㉱ 보도설치권한이 있는 행정관서에서 설치하여 관리하는 보도는 시설물 설치요건에 해당한다.

12 **주취운전 중 인피사고를 일으킨 운전자에 대하여 치사상죄를 적용하려 할 때 고려사항이 아닌 것은?**

㉮ 가해자가 마신 술의 양
㉯ 사고발생 경위, 사고위치 및 피해 정도
㉰ 사고 상황을 기억하는 여부 및 동석자 존재 여부
㉱ 비정상적 주행 여부 및 말할 때 혀가 꼬였는지 여부

13 **다음 중 모든 차가 서행하여야 할 장소로 틀린 것은?**

㉮ 교통정리를 하고 있지 아니하는 교차로
㉯ 비탈길의 고갯마루 부근
㉰ 가파른 비탈길의 내리막
㉱ 교통정리를 하고 있지 아니하고 좌우를 확인할 수 없는 교차로

14 **과징금의 용도로 옳지 않은 것은?**

㉮ 터미널 시설의 정비·확충
㉯ 여객자동차 운수사업의 경영 개선이나 그 밖에 여객자동차 운수사업의 발전을 위해 필요한 사업
㉰ 벽지노선이나 그 밖에 수익성이 없는 노선으로 국토교통부장관이 정하는 노선을 운행해서 생긴 손실의 보전
㉱ 지방자치단체가 설치하는 터미널을 건설하는 데 필요한 자금의 지원

15 통행에 대한 설명으로 틀린 것은?

㉮ 보행자는 보도에서는 우측통행을 원칙으로 한다.
㉯ 보행자는 횡단보도가 설치되어 있지 아니한 도로에서는 가장 짧은 거리로 횡단하여야 한다.
㉰ 보행자는 안전표지 등에 의해 횡단이 금지되어 있는 도로의 부분에서는 그 도로를 조심해서 횡단한다.
㉱ 차도를 통행할 수 있는 사람은 말·소 등의 큰 동물을 몰고 가는 사람, 장의 행렬, 도로에서 청소나 보수 등 작업을 하고 있는 사람 등이 있다.

16 운전자의 앞지르기 금지 위반 행위가 아닌 것은?

㉮ 병진 시 앞지르기
㉯ 앞차의 좌회전 시 앞지르기
㉰ 좌측 앞지르기
㉱ 앞지르기 금지장소에서 앞지르기 또는 앞지르기 방법 위반 행위

17 여객자동차 운수사업법상 중대한 교통사고에 해당되지 않는 경우는?

㉮ 사망자 2명 이상
㉯ 사망자 1명과 중상자 3명 이상
㉰ 중상자 3명 이상과 경상자 3명 이상
㉱ 중상자 6명 이상

18 교통사고의 정의를 올바르게 기술한 것은?

㉮ 차의 교통으로 인하여 물건을 손괴하는 것을 말한다.
㉯ 자동차의 운행으로 인해 사람만을 사상한 것을 말한다.
㉰ 차의 교통으로 인하여 사람을 사상하거나 물건을 손괴하는 것을 말한다.
㉱ 자전거의 통행으로 인하여 보행자를 다치게 한 행위를 말한다.

19 도로교통법에 제시된 정의로 틀린 것은?

㉮ 자동차전용도로는 자동차만 다닐 수 있도록 설치된 도로이다.
㉯ 차선은 차로와 차로를 구분하기 위해 그 경계지점을 안전표지로 표시한 선이다.
㉰ 차로는 자동차의 고속 운행에만 사용하기 위해 지정된 도로이다.
㉱ 횡단보도는 보행자가 도로를 횡단할 수 있도록 안전표지로 표시한 도로의 부분이다.

20 운전자격의 취소, 효력정지의 처분기준으로 옳지 않은 것은?

㉮ 위반행위가 둘 이상인 경우로서 그에 해당하는 각각의 처분기준이 다른 경우에는 그중 가벼운 처분기준에 따른다.
㉯ 위반행위의 횟수에 따른 행정처분의 기준은 최근 1년간 같은 위반행위로 행정처분을 받은 경우에 해당한다.
㉰ 가중 처분을 할 경우에 그 가중된 기간은 6개월을 초과할 수 없다.
㉱ 위반행위가 고의나 중대한 과실이 아닌 사소한 부주의나 오류로 인한 것으로 인정되는 경우에는 처분을 감경할 수 있다.

21 여객자동차운송사업자에게 사업정지 대신 부과하는 과징금의 용도로 틀린 내용은?

㉮ 벽지노선이나 그 밖에 수익성이 없는 노선으로서 대통령령으로 정하는 노선을 운행하여서 생긴 손실의 보전
㉯ 지방자치단체가 설치하는 터미널을 건설하는 데에 필요한 자금의 지원
㉰ 여객운송사업조합의 운용에 필요한 자금의 지원
㉱ 터미널 시설의 정비 및 확충

22 연석의 기능이 아닌 것은?

㉮ 배수유도
㉯ 차도의 경계구분
㉰ 차량의 이탈방지
㉱ 고장차량의 대피소

23 인간행동을 규제하는 환경 요인이 아닌 것은?

㉮ 자연적 조건
㉯ 심 리
㉰ 물 리
㉱ 시 간

24 도로교통운전자의 운전 여유시간을 기초로 운전을 서행 · 정상 · 과속운전 등으로 나눌 때 정상운전에 해당하는 여유시간은 다음 중 어느 것인가?

㉮ 1초
㉯ 2초
㉰ 3초
㉱ 4초

25 교통사고의 인적요인에 대한 다음 설명 중 틀린 것은?

㉮ 주의표시에 운전자가 취해야 할 행동을 구체적으로 명시하면 행동판단 시간을 현저히 줄일 수 있다.
㉯ 지각 – 반응과정에서 착오를 줄이고 경과시간을 단축하는 것이 사고방지의 요체이다.
㉰ 젊은 운전자는 회전, 추월 및 통행권 양보위반이 많고 나이 든 운전자는 속도위반이 많다.
㉱ 중추신경계통의 능력을 저하시키는 요인으로는 알코올이나 약물복용, 피로 등이 있다.

26 특별교통안전교육의 종류가 아닌 것은?

㉮ 배려운전교육
㉯ 법규준수교육
㉰ 교통보충교육
㉱ 현장참여교육

27 운행 전 운전석에서의 점검사항으로 옳지 않은 것은?

㉮ 벨트의 장력과 손상 여부
㉯ 연료 게이지량
㉰ 와이퍼 작동상태
㉱ 브레이크 페달 유격 및 작동상태

28 스위치에 대한 설명으로 옳지 않은 것은?

㉮ 와셔액 탱크가 비어 있을 경우에 와이퍼를 작동시키면 와이퍼 모터가 손상된다.
㉯ 마주오는 차가 있거나 앞 차를 따라갈 경우에는 하향등을 사용한다.
㉰ 다른 차의 주의를 환기시킬 경우에는 상향점멸을 사용한다.
㉱ 유리창이 건조할 때 와이퍼를 작동시킨다.

29 다음 중 차량부착용 센서의 종류가 아닌 것은?

㉮ 자석감지용 센서
㉯ 공기압 센서
㉰ 이동거리측정용 센서
㉱ 기어 변속감지 센서

30 도어의 개폐에 대한 설명으로 틀린 것은?

㉮ 키 홈이 얼어 열리지 않을 때는 가볍게 두드리거나 키를 뜨겁게 한다.
㉯ 주행 중에는 도어를 개폐하지 않는다.
㉰ 장시간 자동으로 문을 열어 놓으면 배터리가 방전될 수도 있다.
㉱ 엔진시동을 끈 후 자동도어 개폐조작을 반복하면 에어탱크의 공기압이 급격히 상승한다.

31 다음 중 축전지의 자기방전 원인은?

㉮ 발전기의 발전량이 많을 때
㉯ 축전지 표면에 전기회로가 생겼을 때
㉰ 증류수의 양이 많을 때
㉱ 황산의 양이 적을 때

32 감속 브레이크의 특성으로 옳지 않은 것은?

㉮ 브레이크 슈, 타이어의 마모를 줄일 수 있다.
㉯ 클러치 관련 부품의 마모를 감소시킨다.
㉰ 이상 소음을 내지 않는다.
㉱ 타이어 미끄럼을 줄일 수는 없다.

33 '달달달' 떨리는 소리와 함께 차체가 떨리는 것은 어느 부분의 고장 때문일까?

㉮ 조향장치 부분
㉯ 엔진 부분
㉰ 팬 벨트
㉱ 클러치 부분

34 다음 중 캠버각의 역할이 아닌 것은?

㉮ 작은 힘으로 조향
㉯ 수직하중에 의한 앞차축의 휨 방지
㉰ 바퀴의 토아웃(Toe-out) 방지
㉱ 주행 중 바퀴가 벗어나려는 것을 방지

35 초크 고장, 에어클리너 엘리먼트의 막힘, 연료 장치 고장 등으로 인해 농후한 혼합 가스가 불완전 연소되는 경우 배출 가스는 어떤 색인가?

㉮ 무 색
㉯ 검은색
㉰ 백 색
㉱ 파란색

36 LPG의 주성분으로 맞는 것은?

㉮ 프로판, 부탄
㉯ 프로판, 메탄
㉰ 프로판, 부틸렌
㉱ 부탄, 프로필렌

37 배터리의 점검 및 방전 시 응급조치 방법이다. 잘못된 것은?

㉮ 점프 케이블이 없는 경우 자동변속기 차량은 밀어서 시동을 건다.
㉯ 시동을 걸었을 때 "딱딱" 소리만 나면서 시동이 안 걸리면 방전된 것이다.
㉰ 항상 ⊖케이블을 먼저 분리한다.
㉱ 배터리 케이블을 분리해서 배터리 단자와 케이블의 접촉부위를 확인한다.

38 조향장치의 구비조건이다. 맞지 않는 것은?

㉮ 조향조작이 주행 중의 충격에 영향을 받지 않을 것
㉯ 조향핸들의 회전과 바퀴 선회의 차가 클 것
㉰ 회전반경이 작을 것
㉱ 조작하기 쉽고 방향의 변환이 원활하게 행하여질 것

39 다음 중 자동차의 운행 제한과 관련된 내용으로 옳지 않은 것은?

㉮ 극심한 교통체증 지역의 발생 예방 또는 해소를 위해 운행 제한을 할 수 있다.
㉯ 국토교통부장관은 자동차 운행 제한을 명할 시 미리 경찰청장과 협의한다.
㉰ 자동차운행제한에 관한 사항은 국무회의의 심의를 거쳐야 한다.
㉱ 운행제한 명령을 위반하여 자동차를 운행한 자에게는 50만원 이하의 과태료를 부과한다.

40 압축천연가스 자동차 점검 시 주의사항으로 틀린 것은?

㉮ 운전자는 가스라인과 용기밸브와의 연결 부분의 이상 유무를 운행 전후에 육안으로 확인하는 습관을 생활화한다.
㉯ 버스 내에서 가스 누출 시 화재의 위험이 있으므로 담배를 피우지 않는다.
㉰ 엔진시동이 걸린 상태에서 엔진오일 라인, 냉각수 라인 등의 파이프나 호스를 조이거나 풀어야 한다.
㉱ 차량 승하차 시 가스냄새를 확인하는 자세가 필요하다.

41 전체 차량 간 사고에 가장 많은 비중을 차지하는 사고유형은?

㉮ 차량단독사고
㉯ 정면충돌사고
㉰ 추돌사고
㉱ 측면충돌사고

42 다음 중 시야에 대한 설명으로 틀린 것은?

㉮ 정지한 상태에서 눈의 초점을 고정시키고 양쪽 눈으로 볼 수 있는 범위를 시야라고 한다.
㉯ 정상적인 시력을 가진 사람의 시야범위는 180~200°이다.
㉰ 시야의 범위는 자동차 속도에 비례하여 넓어진다.
㉱ 어느 특정한 곳에 주의가 집중되었을 경우의 시야 범위는 집중의 정도에 비례해 좁아진다.

43 다음 운전자의 시각 특성 중 틀린 것은?

㉮ 운전자는 운전에 필요한 정보의 대부분을 시각을 통하여 획득한다.
㉯ 속도가 빨라질수록 시력은 떨어진다.
㉰ 속도가 빨라질수록 시야의 범위가 넓어진다.
㉱ 속도가 빨라질수록 전방주시점은 멀어진다.

44 타이어 마모에 영향을 주는 요소에 대한 설명이다. 틀린 것은?

㉮ 타이어의 공기압이 높으면 승차감이 나빠지며, 트레드 중앙 부분의 마모가 촉진된다.
㉯ 포장도로는 비포장도로를 주행하였을 때보다 타이어 마모를 줄일 수 있다.
㉰ 기온이 올라가는 여름철은 타이어 마모가 촉진되는 경향이 있다.
㉱ 타이어가 노면과의 사이에서 발생하는 마찰력은 타이어의 마모를 줄여준다.

45 차도에 뛰어든 어린이를 늦게 발견함으로써 사고가 발생한 경우는 어느 단계에서의 실수인가?

㉮ 조작단계
㉯ 인지단계
㉰ 판단단계
㉱ 해당 없음

46 사고를 일으키기 쉬운 성격적 경향의 특징이 아닌 것은?

㉮ 인지, 판단과 동시에 행동하는 사람
㉯ 매사에 끙끙 앓는 등 신경질적인 사람
㉰ 추월당할 때마다 발끈하는 등 자신의 감정을 조절하는 힘이 약한 사람
㉱ 주변 교통상황에 신속·정확하게 대응하는 동작이 부정확한 사람

47 운전피로의 3요인이 아닌 것은?

㉮ 생활 요인
㉯ 운전작업 중의 요인
㉰ 운전자 요인
㉱ 도로 요인

48 혈중알코올농도에 따른 행동적 증후로 틀린 것은?

㉮ 혈중알코올농도가 0.02~0.04% 정도이면 쾌활해지고 기분이 상쾌해진다.
㉯ 혈중알코올농도가 0.05~0.10% 정도이면 체온이 상승하고 얼큰히 취한 기분이 든다.
㉰ 혈중알코올농도가 0.11~0.15% 정도이면 마음이 관대해지고 서면 휘청거린다.
㉱ 혈중알코올농도가 0.41~0.50% 정도이면 갈지자 걸음을 걷고 호흡이 빨라진다.

49 **오르막길에서의 안전운전 수칙으로 잘못된 것은?**

㉮ 출발 시에는 핸드 브레이크를 사용하는 것이 안전하다.
㉯ 좁은 언덕길에서 대향차와 교차할 때 우선권은 올라가는 차에 있다.
㉰ 정차할 때는 앞차가 뒤로 밀려 충돌할 가능성을 염두에 두고 충분한 차간거리를 유지한다.
㉱ 오르막길에서 앞지르기 할 때는 힘과 가속력이 좋은 저단 기어를 사용하는 것이 안전하다.

50 **노인 보행자의 안전 수칙으로 틀린 것은?**

㉮ 안전한 횡단보도를 찾아 멈춘다.
㉯ 자동차가 오고 있다면 보낸 후 똑바로 횡단한다.
㉰ 횡단보도 신호가 점멸 중일 때는 빨리 진입하여 건넌다.
㉱ 야간보행 시 눈에 잘 띄는 밝은 색 옷을 입는다.

51 **운전 상황별 방어운전 요령으로 틀린 것은?**

㉮ 차로의 중앙을 주행하지 않는다.
㉯ 꼭 필요한 경우에만 추월한다.
㉰ 대향차가 교차로를 완전히 통과한 후 좌회전한다.
㉱ 미끄러운 노면에서는 차가 완전히 정지할 수 있도록 급제동한다.

52 **운전사고의 요인 중 간접적인 요인으로 틀린 것은?**

㉮ 운전자에 대한 홍보활동 결여
㉯ 차량의 운전 전 점검습관의 결여
㉰ 무리한 운행계획
㉱ 불량한 운전태도

53 **포장된 길어깨의 장점으로 옳지 않은 것은?**

㉮ 눈부심을 방지해준다.
㉯ 긴급자동차의 주행을 원활하게 한다.
㉰ 물이 흘러 생기는 패임을 막아준다.
㉱ 보행자가 편리하게 다닐 수 있도록 해준다.

54 **중앙분리대에 대한 설명 중 틀린 것은?**

㉮ 중앙분리대의 폭이 2.4m 이하인 경우에는 억제형이나 방책형의 분리대를 설치하지만, 사고율은 그다지 감소하지 않는다.
㉯ 횡단형이 아닌 중앙분리대를 설치할 경우 분리대의 폭과 사고율과는 상관관계가 없다.
㉰ 분리대의 폭이 넓을수록 분리대 횡단사고가 많고 또 전체사고건수에 대한 정면충돌사고의 비율도 높다.
㉱ 분리대 폭이 15m 이내이면 분리대에 방호책을 설치하여 정면충돌사고를 줄일 수 있다.

55 **운전자가 자동차를 정지시켜야 할 상황임을 인지하고 브레이크 페달로 발을 옮겨 브레이크가 작동을 시작하기 전까지 이동한 거리를 무엇이라 하는가?**

㉮ 제동거리
㉯ 정지거리
㉰ 준비거리
㉱ 공주거리

56 철길 건널목에서의 안전운전 요령으로 바르지 못한 것은?

㉮ 건널목 통과 중 차바퀴가 철길에 빠지지 않도록 중앙 부분으로 통과해야 한다.
㉯ 철길 건널목에서는 일시정지하지 않고 통과할 수 있다.
㉰ 철길 건널목 좌우가 건물 등에 가려져 있거나 커브지점인 경우에는 더욱 조심한다.
㉱ 건널목 통과 중 기어변속을 하면 위험하다.

57 커브지점에 주로 발생하는 사고유형은?

㉮ 정면충돌사고
㉯ 직각충돌사고
㉰ 추돌사고
㉱ 차량전복사고

58 앞지르기 방법에 대한 설명으로 틀린 것은?

㉮ 앞지르기할 때에는 도로 상황에 따라 경음기를 울릴 수 있다.
㉯ 반대 방향 및 앞차의 전방 교통에 주의하면서 좌측으로 앞지른다.
㉰ 앞차가 다른 차를 앞지르고 있는 경우 그 앞차를 앞지르지 못한다.
㉱ 앞차의 교통 상황에 따라 편리한 방향으로 앞지르면 된다.

59 고속도로상에서 고장 시 조치요령으로 틀린 것은?

㉮ 후방에서 접근하는 자동차의 운전자가 확인할 수 있는 위치에 안전삼각대를 설치한다.
㉯ 후속차량에 의한 추가 교통사고가 발생하지 않도록 신속한 조치를 하여야 한다.
㉰ 야간에는 사방 500m 지점에서 식별할 수 있는 녹색 섬광신호・전기제등 또는 불꽃신호를 설치한다.
㉱ 수리 등이 끝나고 현장을 떠날 때에는 고장차량 표지 등 장비를 챙기고 가야 한다.

60 베이퍼 록 현상이 발생하는 주요 이유로 옳지 않은 것은?

㉮ 불량 브레이크 오일을 사용하였을 때
㉯ 브레이크 오일 변질로 인해 비등점이 저하하였을 때
㉰ 긴 내리막길에서 계속 브레이크를 사용하여 브레이크 드럼이 과열되었을 때
㉱ 브레이크 드럼과 라이닝 간격이 커서 드럼이 과열되었을 때

61 안개길 안전운전 요령으로 틀린 것은?

㉮ 앞차와의 거리를 최대한 좁혀 시야를 확보한다.
㉯ 앞차의 제동이나 방향전환등의 신호를 예의 주시하며 천천히 주행해야 안전하다.
㉰ 운행 중 앞을 분간하지 못할 정도로 짙은 안개가 끼었을 때는 차를 안전한 곳에 세우고 잠시 기다리는 것이 좋다.
㉱ 지나가는 차에게 내 자동차의 존재를 알리기 위해 미등과 비상경고등을 점등시켜 충돌사고 등에 미리 예방하는 조치를 취한다.

62 여름철 자동차관리로 틀린 것은?

㉮ 냉각장치의 점검
㉯ 와이퍼의 작동상태 점검
㉰ 타이어 마모상태의 점검
㉱ 서리제거용 열선 점검

63 겨울철 운전 시 염두에 두어야 할 사항으로 틀린 것은?

㉮ 터널은 노면보다 쉽게 동결이 되지 않아 겨울철에 안전하다.
㉯ 도로가 미끄러울 때는 보행자나 다른 차량의 움직임을 주시한다.
㉰ 눈이 내린 후 타이어 자국이 나 있을 때는 앞차량의 자국 위를 달리면 미끄러움을 예방할 수 있다.
㉱ 미끄러운 오르막길을 오를 때는 일정한 속도로 기어변속 없이 한번에 올라간다.

64 좌석안전띠 착용 시 주의할 사항으로 옳지 않은 것은?

㉮ 둘이서 같이 착용해도 된다.
㉯ 목이 걸리지 않도록 한다.
㉰ 좌석을 너무 뒤로 젖히지 말아야 한다.
㉱ 안전띠가 꼬이지 않게 착용한다.

65 운행상 주의사항이 아닌 것은?

㉮ 주정차 후 운행을 개시하고자 할 때에는 차량 주변의 노상 취객·유희자 등을 확인한 후 안전하게 운행
㉯ 내리막길에서는 풋 브레이크를 장시간 사용
㉰ 노면의 적설, 빙판 시 즉시 체인을 장착한 후 안전운행
㉱ 후진 시에는 유도요원을 배치, 신호에 따라 안전하게 후진

66 인사의 기본자세로 잘못 지적된 것은?

㉮ 표정 – 밝고 부드럽고 온화한 표정을 짓는다.
㉯ 시선 – 상대의 눈이나 미간을 부드럽게 응시한다.
㉰ 어깨 – 힘을 준다.
㉱ 가슴, 허리, 무릎 등 – 자연스럽게 곧게 펴서 일직선이 되도록 한다.

67 서비스의 특징이 아닌 것은?

㉮ 동시성
㉯ 유형성
㉰ 소멸성
㉱ 무소유권

68 다음 중 도로를 횡단하고 있을 때 운전자가 일시정지하지 않아도 되는 사람은?

㉮ 보호자를 동반하지 않은 어린이
㉯ 말을 하지 못하는 사람
㉰ 도로횡단시설을 이용할 수 없는 지체장애인
㉱ 흰색 지팡이를 가지고 다니는 앞을 보지 못하는 사람

69 버스준공영제의 도입배경으로 옳지 않은 것은?

㉮ 버스서비스는 공공성이 강조되는 공공재의 성격이 강한 재화이고 운행중단 등의 사회적 문제 발생의 예방이 필요하다.
㉯ 타 운송수단과의 효율적 연계를 위해서는 시민사회단체와 합의가 필요하다.
㉰ 기초적인 대중교통수단의 접근성과 이용 보장을 위해 정부의 기본적인 임무수행이 필요하다.
㉱ 경제적, 신체적 약자의 교통권 보장 및 낙후지역의 생활여건 개선을 통한 지역균형과 사회적 안정성 제고를 목표로 한다.

70 **버스정보시스템의 운영으로 인한 정부 · 지자체의 기대효과와 거리가 먼 것은?**

㉮ 대중교통정책 수립의 효율화
㉯ 과속 및 난폭운전에 대한 통제로 교통사고율 감소 및 보험료 절감
㉰ 자가용 이용자의 대중교통 흡수 활성화
㉱ 버스운행 관리감독의 과학화로 경제성, 정확성, 객관성 확보

71 **중앙버스전용차로의 위험요소로 옳지 않은 것은?**

㉮ 대기 중인 버스를 타기 위한 보행자의 횡단보도 신호위반, 버스정류소 부근의 무단횡단 가능성이 증가한다.
㉯ 버스전용차로가 끝나는 구간에서 일반차량의 직진 차로수의 감소에 따른 교통혼잡이 발생한다.
㉰ 좌회전하는 일반차량과 직진하는 버스 간의 충돌위험이 발생한다.
㉱ 중앙버스전용차로가 시작하는 구간 및 끝나는 구간에서 일반차량과 버스 간의 충돌위험이 발생한다.

72 **응급처치의 준비자세로 부적절한 것은?**

㉮ 당황하지 말고 침착하게 행동한다.
㉯ 우선적으로 의약품을 확보한다.
㉰ 환자에게 믿음을 준다.
㉱ 필요시 119에 도움을 요청한다.

73 **운전자가 해도 되는 행동은?**

㉮ 갓길로 통행한다.
㉯ 교차로 전방의 정체로 통과하지 못할 때는 진입하지 않고 대기한다.
㉰ 위험하게 운전한 다른 운전자에게 욕설을 한다.
㉱ 교통 경찰관의 단속에 항의한다.

74 **공영제의 특징으로 옳은 것은?**

㉮ 생산성 최대화
㉯ 혁신적
㉰ 수준 높은 서비스
㉱ 저렴한 요금

75 **저혈량 쇼크에 대한 설명으로 옳지 못한 것은?**

㉮ 실혈로 인한 쇼크를 말한다.
㉯ 허약감, 약한 맥박, 창백하고 끈적한 피부를 나타낸다.
㉰ 약 5cm 정도 하지를 올린다.
㉱ 보온을 유지해야 한다.

76 **근무복에 대한 운수업체의 입장이 아닌 것은?**

㉮ 안정감과 편안함을 승객에게 줄 수 있다.
㉯ 종사자에게 소속감, 애사심 등을 줄 수 있다.
㉰ 사복에 대한 경제적 부담을 줄일 수 있다.
㉱ 효율적인 업무처리에 도움을 줄 수 있다.

77 **여객자동차 운수사업법 시행규칙에 따른 운송사업자의 준수사항으로 옳지 않은 것은?**

㉮ 자동차를 항상 깨끗하게 유지하여야 하며, 관할관청이 단독으로 실시하거나 관할관청과 조합이 합동으로 실시하는 청결상태 등의 확인을 받아야 한다.
㉯ 노약자·장애인 등에 대해서는 특별한 편의를 제공해야 한다.
㉰ 회사명, 자동차번호, 운전자 성명, 불편사항 연락처 및 차고지 등을 적은 표지판을 승객이 쉽게 볼 수 있는 위치에 게시하여야 한다.
㉱ 정류소 및 목적지별 도착시간을 반드시 게시하여야 한다.

78 **버스 운전석의 위치나 승차정원에 따른 종류가 아닌 것은?**

㉮ 보닛버스
㉯ 캡 오버 버스
㉰ 코치버스
㉱ 저상버스

79 **버스정보시스템의 운영으로 인한 승객의 기대효과와 거리가 먼 것은?**

㉮ 서비스 개선에 따른 승객 증가로 수지가 개선
㉯ 버스도착 예정시간 사전확인으로 불필요한 대기시간 감소
㉰ 불규칙한 배차, 결행 및 무정차 통과에 의한 불편해소
㉱ 과속 및 난폭운전으로 인한 불안감 해소

80 **버스 업종별 요금체계에 대한 설명으로 옳지 않은 것은?**

㉮ 시외버스는 거리운임요율제를 기본체계로 한다.
㉯ 시내버스는 특별시·광역시·시·군 내에서는 단일운임 적용을 기본체계로 한다.
㉰ 시외버스의 거리운임요율은 시외버스 일반형과 시외버스 직행형·고속형에 대하여 각각 따로 정한다.
㉱ 농어촌버스는 시(읍)계외 지역에 대하여는 구역제·구간제·거리비례제 운임을 기본체계로 한다.

제 4 회 실제유형 시험보기

01 **보도와 차도가 구분되지 아니한 도로에서 보행자의 안전을 확보하기 위하여 안전표지 등으로 경계를 표시한 도로의 가장자리 부분을 말하는 것은?**

㉮ 서행표시
㉯ 주차금지선
㉰ 정차・주차금지선
㉱ 길 가장자리 구역

02 **교차로 통행방법위반 사고에 따른 과태료 부과기준으로 옳은 것은?**

㉮ 과태료(승합자동차) 7만원
㉯ 과태료(승합자동차) 6만원
㉰ 과태료(승합자동차) 5만원
㉱ 과태료(승합자동차) 4만원

03 **도로상태가 위험하거나 도로 또는 그 부근에 위험물이 있는 경우에 필요한 안전조치를 할 수 있도록 이를 도로사용자에게 알리는 안전표지는?**

㉮ 지시표지
㉯ 노면표시
㉰ 주의표지
㉱ 규제표지

04 **보행자의 통행방법으로 옳지 않은 것은?**

㉮ 보도에서는 우측통행을 원칙으로 한다.
㉯ 도로공사 등으로 보도의 통행이 힘든 경우에는 차도로 통행할 수 있다.
㉰ 보도와 차도가 구분되지 아니한 도로에서는 차마와 마주보는 방향의 길 가장자리 또는 길 가장자리 구역으로 통행하여야 한다.
㉱ 도로의 통행방향이 일방통행인 경우에는 차마를 마주보지 아니하고 통행할 수 있다.

05 **차의 등화에 대한 다음 설명 중 틀린 것은?**

㉮ 모든 차가 밤에 서로 마주보고 진행하는 때에는 전조등의 밝기를 높여야 한다.
㉯ 모든 차가 교통이 빈번한 곳에서 운행하는 때에는 전조등의 불빛을 계속 아래로 유지하여야 한다.
㉰ 안개가 끼거나 비 또는 눈이 올 때에 도로에서 차를 운행하거나 고장이나 그 밖의 부득이한 사유로 도로에서 차를 정차 또는 주차하는 경우 밤에 준하여 등화를 켜야 한다.
㉱ 터널 안을 운행하는 경우에는 밤에 준하여 등화를 켜야 한다.

06 **다음 중 운전면허를 받을 수 있는 경우는?**

㉮ 16세 미만인 사람이 면허를 받고자 하는 경우
㉯ 듣지 못하는 사람이 제2종 면허를 받고자 하는 경우
㉰ 운전경험이 1년 미만인 사람이 제1종 특수면허를 받고자 하는 경우
㉱ 19세 미만인 사람이 제1종 대형면허를 받고자 하는 경우

07 **여객자동차 운수사업법에 따른 여객자동차 운송사업의 종류로 틀린 것은?**

㉮ 시내좌석버스는 광역급행형, 직행좌석형, 좌석형에 사용되는 것으로 좌석이 설치된 것이다.
㉯ 마을버스운송사업은 다른 노선 여객자동차운송사업자가 운행하기 어려운 구간을 대상으로 국토교통부령으로 정하는 기준에 따라 운행계통을 정하고 국토교통부령으로 정하는 자동차를 사용하여 여객을 운송하는 사업이다.
㉰ 시외버스운송사업은 대통령령으로 정하는 자동차를 사용하여 여객을 운송하는 사업이다.
㉱ 구역 여객자동차운송사업에는 전세버스운송사업, 특수여객자동차운송사업 등이 있다.

08 다음 중 도주(뺑소니)가 아닌 경우는?

㉮ 피해자를 병원까지만 후송하고 계속 치료를 받을 수 있는 조치 없이 가버린 경우
㉯ 사고운전자가 자기 차량 사고에 대한 조치 없이 가버린 경우
㉰ 쌍방 업무상 과실이 있는 경우에 발생한 사고로 과실이 적은 차량이 도주한 경우
㉱ 현장에 도착한 경찰관에게 거짓으로 진술한 경우

09 함부로 신호기를 조작하거나 교통안전시설을 철거 · 이전하거나 손괴한 사람에 대한 벌칙은?

㉮ 1년 이하의 징역이나 500만원 이하의 벌금에 처한다.
㉯ 2년 이하의 징역이나 600만원 이하의 벌금에 처한다.
㉰ 3년 이하의 징역이나 700만원 이하의 벌금에 처한다.
㉱ 5년 이하의 징역이나 1,000만원 이하의 벌금에 처한다.

10 횡단보도 보행자 보호의무 위반사고의 성립요건 중 운전자의 과실이 아닌 것은?

㉮ 보행자가 횡단보도를 건너던 중 신호가 변경되어 중앙선에 서 있던 중 사고
㉯ 횡단보도를 건너는 보행자를 충돌한 경우
㉰ 횡단보도 전에 정지한 차량을 추돌하여 추돌된 차량이 밀려나가 보행자를 충돌한 경우
㉱ 보행신호가 녹색등화일 때 횡단보도를 진입하여 건너고 있는 보행자를 보행신호가 녹색등화의 점멸로 변경된 상태에서 충돌한 경우

11 운전자의 앞지르기 금지 위반행위가 아닌 것은?

㉮ 다리 위
㉯ 앞차가 다른 차를 앞지르고 있거나 앞지르려고 하는 경우
㉰ 앞차의 우측에 다른 차가 앞차와 나란히 가고 있는 경우
㉱ 위험을 방지하기 위하여 정지하거나 서행하고 있는 차

12 시내버스운송사업과 농어촌버스운송사업의 운행형태 중 광역급행형에 관한 설명으로 옳지 않은 것은?

㉮ 시내좌석버스를 사용하여 운행한다.
㉯ 주로 고속국도, 도시고속도로 또는 주간선도로를 이용한다.
㉰ 기점 및 종점으로부터 4km 이내의 지점에 위치한 각각 3개 이내의 정류소에만 정차하면서 운행한다.
㉱ 관할관청이 도로상황 등 지역의 특수성과 주민의 편의를 고려하여 필요하다고 인정하는 경우에는 기점 및 종점으로부터 7.5km 이내에 위치한 각각 6개 이내의 정류소에 정차할 수 있다.

13 여객자동차운송사업의 면허 또는 등록에 대한 설명으로 적절하지 않은 것은?

㉮ 관할관청은 등록신청을 받으면 그 등록요건을 갖추었는지를 확인하여야 한다.
㉯ 면허나 등록을 하는 경우에는 여객자동차운송사업의 종류별로 노선이나 사업구역을 정하여야 한다.
㉰ 필요하다고 인정해도 운송할 여객 등에 관한 필요한 조건을 붙일 수 있으나 업무의 범위나 기간을 한정하여 면허(한정면허)를 할 수는 없다.
㉱ 여객자동차운송사업을 경영하려는 자는 사업계획을 작성하여 국토교통부령으로 정하는 바에 따라 국토교통부장관의 면허를 받아야 한다.

14 전세버스 자동차의 장치 및 설비 등에 관한 준수사항으로 옳지 않은 것은?

㉮ 난방장치 및 냉방장치를 설치해야 한다.
㉯ 앞바퀴는 재생한 타이어를 사용해서는 안 된다.
㉰ 앞바퀴의 타이어는 튜브리스 타이어를 사용해야 한다.
㉱ 13세 미만의 어린이의 통학을 위하여 학교 및 보육시설의 장과 운송계약을 체결하고 운행하는 전세버스의 경우에는 관할관청의 허가를 받아야 한다.

15 다음 중 운송사업자의 운전자격증명 관리에 대한 설명으로 옳지 않은 것은?

㉮ 여객자동차운송사업의 운수종사자는 운전업무 종사자격을 증명하는 증표를 발급받아 해당 사업용 자동차 안에 항상 게시하여야 한다.
㉯ 관할관청은 운송사업자에게 운전자격이 취소되어 취소처분을 받은 사람이 생긴 경우에는 그 사람으로부터 운전자격증명을 회수하여 폐기한 후 운전자격증명 발급기관에 그 사실을 지체 없이 통보하여야 한다.
㉰ 운송사업자는 퇴직자의 운전자격증명을 해당 조합에 제출할 의무는 없다.
㉱ 구역 여객자동차운송사업의 운수종사자 중 대통령령으로 정하는 운수종사자는 운전자격증명을 전자적 매체・기기 등을 통한 방법으로 게시할 수 있다.

16 자동차 표시에 대한 설명으로 옳지 않은 것은?

㉮ 특수여객자동차운송사업용 자동차에는 "장의"라고 표시한다.
㉯ 구체적인 표시 방법 및 위치 등은 관할관청이 정한다.
㉰ 자동차의 표시는 안쪽에 한다.
㉱ 전세버스운송사업용 자동차의 경우 "전세"라고 표시한다.

17 다음 중 어린이 교통사고의 유형이 아닌 것은?

㉮ 도로에 갑자기 뛰어들기
㉯ 놀이터 사고
㉰ 차내 안전사고
㉱ 자전거 사고

18 다음 중 설명이 옳지 않은 것은?

㉮ 공주거리는 운전자가 위험을 느끼고 브레이크를 밟았을 때 자동차가 정지될 때까지 주행한 거리를 말한다.
㉯ 제동거리는 제동되기 시작하여 정지될 때까지 주행한 거리를 말한다.
㉰ 안전거리는 같은 방향으로 가고 있는 앞차가 갑자기 정지하게 되는 경우 그 앞차와의 추돌을 피할 수 있는 필요한 거리로 정지거리보다 약간 긴 정도의 거리를 말한다.
㉱ 앞차가 고의적으로 급정지하는 경우에는 뒷차의 불가항력적 사고로 인정하여 앞차에게 책임을 부과한다.

19 좌・우회전, 횡단, 후진, 유턴 등 진로를 변경하고자 하는 때에 취할 수 있는 조치사항으로 틀린 것은?

㉮ 고속도로에서도 횡단, 후진, 유턴 등을 할 수 있다.
㉯ 미리 후사경 등으로 안전을 확인한다.
㉰ 신호를 한 다음 진로를 변경한다.
㉱ 진로변경이 끝난 경우에는 신속히 신호를 멈춘다.

20 승하차 방법과 제한에 대한 설명으로 옳지 않은 것은?

㉮ 운전자는 운전 중 타고 있는 사람이나 타고 내리는 사람이 떨어지지 않도록 하기 위해 문을 정확히 여닫는 등의 필요한 조치를 해야 한다.
㉯ 모든 차의 운전자는 유아나 동물을 안고 운전해서는 안 된다.
㉰ 자동차의 승차인원은 승차정원의 130% 이내이어야 한다.
㉱ 화물자동차의 승차인원은 승차정원 이내여야 한다.

21 사고발생요인 중 가장 많은 비중을 차지하고 있는 것은?

㉮ 인적 요인
㉯ 환경 요인
㉰ 횡단보도 요인
㉱ 교통수단의 요인

22 인간행동의 환경적 요소로서 적당한 것은?

㉮ 인간관계
㉯ 일반심리
㉰ 심신상태
㉱ 소 질

23 운전자의 정보처리과정이 옳은 것은?

㉮ 식별 – 지각 – 반응 – 행동판단
㉯ 지각 – 반응 – 식별 – 행동판단
㉰ 지각 – 식별 – 행동판단 – 반응
㉱ 식별 – 지각 – 행동판단 – 반응

24 납부기간 이내에 범칙금을 납부하지 아니한 경우 통고받은 범칙금에 얼마를 더한 금액을 납부하여야 하는가?

㉮ 10/100
㉯ 20/100
㉰ 30/100
㉱ 50/100

25 치과에서 이를 갈 때 나는 단내가 심하게 나는 경우는 어느 곳의 고장인가?

㉮ 전기 장치 부분
㉯ 조향장치 부분
㉰ 바퀴 부분
㉱ 브레이크 장치 부분

26 자동차 관리에 대한 설명으로 틀린 것은?

㉮ 기름이나 왁스가 묻어 있는 걸레로 전면유리를 닦아낸다.
㉯ 겨울철에 세차하는 경우에는 물기를 완전히 제거한다.
㉰ 소금, 먼지, 진흙, 이물질이 퇴적하지 않도록 깨끗이 제거한다.
㉱ 내장 손질 시 실내등을 청소할 때 꺼져있는지를 확인한 후에 한다.

27 다음 중 피스톤 링의 기능이 아닌 것은?

㉮ 기밀 작용
㉯ 열전도 작용
㉰ 강도보강 작용
㉱ 오일제거 작용

28 조속기에 대한 다음 설명 중 틀린 것은?

㉮ 부하와 회전 속도에 대한 분사량을 변화시켜 안전한 운전을 하게 한다.
㉯ 최고 회전 속도에서 그 속도가 더 높아지는 것을 방지하게 한다.
㉰ 저속에서 고속으로 변화할 때 분사 시기를 조정하게 한다.
㉱ 저속에서 기관이 멈추는 것을 방지한다.

29 LPG 엔진에서 냉각수의 열을 이용하여 액상의 연료가 기화하는 데 필요한 열을 공급하는 곳은?

㉮ 믹 서
㉯ 예열기
㉰ 여과기
㉱ 분배관

30 클러치의 구비조건으로 틀린 것은?

㉮ 회전 부분의 평형이 좋아야 한다.
㉯ 구조가 간단하고, 다루기 쉬우며 고장이 적어야 한다.
㉰ 냉각이 잘되어 과열하지 않아야 한다.
㉱ 회전관성이 많아야 한다.

31 다음 중 점화 플러그의 간극 조정 방법으로 적합한 것은?

㉮ 접지 전극을 구부려 조정해야 한다.
㉯ 중심 전극을 구부려 조정해야 한다.
㉰ 두 전극을 모두 구부려 조정해야 한다.
㉱ 규정 값보다 적게 조정해야 한다.

32 배터리가 자주 방전되는 원인으로 틀린 것은?

㉮ 타이어의 편마모
㉯ 배터리액의 부족
㉰ 팬 벨트의 느슨함
㉱ 배터리 단자의 풀림, 부식

33 다음 중 자동차의 진행방향을 좌우로 자유로이 변경시키는 장치는 무엇인가?

㉮ 주행장치
㉯ 제동장치
㉰ 전기장치
㉱ 조향장치

34 수막(Hydroplaning)현상에 대한 설명으로 바르지 않은 것은?

㉮ 수막현상을 방지하기 위해서는 핸들이나 브레이크를 함부로 조작하지 않는다.
㉯ 수막현상을 막기 위해서는 고속운전을 해야 한다.
㉰ 수막현상은 보통 시속 90km 정도의 고속에서 발생한다.
㉱ 수막현상을 방지하기 위해서는 타이어의 공기압을 높게 한다.

35 겨울철 자동차관리에 신경 써야 할 사항으로 틀린 것은?

㉮ 월동장비 점검
㉯ 냉각장치 점검
㉰ 부동액 점검
㉱ 정온기 상태 점검

36 **다음 중 자동차의 고장증상에 따른 조치요령에 대한 설명으로 옳지 않은 것은?**

㉮ 자동차 주행 중 제동을 하는 과정에서 끼익 소리가 난다면 브레이크 라이닝의 마모상태를 확인한다.
㉯ 자동차에서 이상한 냄새가 난다면 전기 계통의 누전 여부를 확인한다.
㉰ 유압식 클러치에서 기어변속이 안 된다면 케이블의 상태 및 클러치 유격을 확인한다.
㉱ 충전경고등에 불이 들어왔다면 팬벨트의 연결 상태를 확인한다.

37 **노면에서 발생한 스프링의 진동을 재빨리 흡수하여 승차감을 향상시키고 동시에 스프링의 피로를 줄이기 위해 설치하는 완충장치는?**

㉮ 타이로드
㉯ 스프링
㉰ 스태빌라이저
㉱ 쇽업소버

38 **자동차 관련 소화설비의 설치기준으로서 승차정원 7인 이상 승용자동차에 해당하는 것은?**

㉮ 능력단위 1 이상인 소화기 1개 이상
㉯ 능력단위 2 이상인 소화기 1개 이상
㉰ 능력단위 2 이상인 소화기 2개 이상
㉱ 능력단위 3 이상인 소화기 1개 이상

39 **ABS(Anti-lock Brake System) 장치에 대한 설명으로 옳은 것은?**

㉮ ABS 장치는 급제동할 때 또한 미끄러운 도로에서 제동할 때에 구르던 바퀴가 잠기면서 노면 위에서 미끄러지는 현상을 방지하여 핸들의 조향성능을 유지시켜 주는 장치이다.
㉯ 급제동할 때에는 핸들 조향이 불가능하다.
㉰ 옆으로 미끄러지는 것을 방지할 수 있다.
㉱ 급제동할 때는 브레이크 페달을 잠깐 밟았다가 떼야 한다.

40 **자동차의 정기검사는 검사유효기간 만료일 전후로 며칠 이내에 받아야 하는가?**

㉮ 7일
㉯ 14일
㉰ 20일
㉱ 31일

41 **다음 중 교통사고의 3대 요인으로 볼 수 없는 것은?**

㉮ 도로구조나 안전시설 측면에서의 교통환경적 요인
㉯ 운전자와 보행자 측면에서의 인적 요인
㉰ 자동차의 구조나 작동불량에서 비롯되는 자동차적 결함 요인
㉱ 교통법규나 교통정책 측면에서의 제도적 요인

42 **다음 용어에 대한 설명으로 옳지 않은 것은?**

㉮ 차로 수는 양방향 차로의 수를 합한 것이다.
㉯ 주・정차대란 자동차의 주차, 정차에 이용하기 위해 도로에 접속하여 설치하는 부분을 말한다.
㉰ 편경사란 평면곡선부에서 자동차가 원심력에 저항할 수 있도록 하기 위해 설치하는 횡단경사이다.
㉱ 교통섬이란 장애인, 고령자, 임산부, 어린이 등 이동에 불편을 느끼는 사람이다.

43 정신적 피로에 해당하지 않는 것은?

㉮ 주의가 산만해짐
㉯ 긴장이나 주의력 감소
㉰ 손 또는 눈꺼풀이 떨리고 근육 경직
㉱ 집중력 저하

44 일반적인 승객의 욕구가 아닌 것은?

㉮ 기억되고 싶어한다.
㉯ 지적받고 싶어한다.
㉰ 편해지고 싶어한다.
㉱ 존경받고 싶어한다.

45 담배꽁초를 처리해야 하는 경우 주의사항으로 틀린 것은?

㉮ 화장실 변기에 버리지 않는다.
㉯ 버스 안은 위험하기 때문에 차창 밖으로 버린다.
㉰ 꽁초를 버리고 발로 비비지 않는다.
㉱ 꽁초를 손가락으로 튕겨 버리지 않는다.

46 운전자가 보행자에게 물을 튀게 하는 것은 어떤 성향의 운전자인가?

㉮ 횡단보도에서 보행자에게 우선권을 양보하는 성향
㉯ 자기 의도를 상대방에게 정확하게 전달하고 상대방의 의도를 파악한 후 행동하는 성향
㉰ 자기의 편리만을 위해 무리하게 운전하는 성향
㉱ 공동으로 이용하는 도로를 상대방의 입장에서 운전하는 성향

47 다음 중 신체장애인이 도로를 횡단하는 방법으로 틀린 것은?

㉮ 신체장애인이 도로횡단시설을 이용하지 않고 횡단 중 다른 교통에 방해가 된 때에는 책임을 져야 한다.
㉯ 지하도나 육교를 이용할 수 없는 신체장애인은 이를 이용하지 않고 횡단할 수 있다.
㉰ 앞을 못보는 사람은 흰색 지팡이를 가지고 다녀야 한다.
㉱ 신체장애인의 경우 반드시 육교를 이용하여 횡단하여야 한다.

48 자동차 안전운전에 대한 설명으로 틀린 것은?

㉮ 시시각각 변화하는 교통정보와 사고경향을 파악한다.
㉯ 운전하는 자동차의 구조와 성능을 잘 알고 있어야 한다.
㉰ 자동차를 움직이는 물리적 힘을 충분히 이해한다.
㉱ 사람의 운전능력에는 한계가 없다.

49 안전운전 요령으로 바르지 못한 것은?

㉮ 후속차가 과속으로 너무 접근하면 우측차로로 양보하는 것이 좋다.
㉯ 큰 고장이 나기 전에 여러 가지 계기와 램프를 점검한다.
㉰ 비가 내리는 날에는 차폭등을 끄고 운행해야 한다.
㉱ 오토매틱차 변속 시에는 브레이크를 밟고 변속을 한다.

50 야간운전 요령으로 틀린 것은?

㉮ 해가 저물면 곧바로 전조등을 점등한다.
㉯ 주간보다 속도를 낮추어 주행한다.
㉰ 어두우므로 실내를 최대로 밝게 한다.
㉱ 대향차의 전조등을 바로 보지 않는다.

51 내리막길의 방어운전 요령으로 틀린 것은?

㉮ 내리막길을 내려가기 전에는 미리 감속한다.
㉯ 엔진 브레이크를 사용하면 페이드(Fade) 현상을 예방하여 운행 안전도를 더욱 높일 수 있다.
㉰ 커브 주행 시와 마찬가지로 중간에 불필요하게 속도를 줄인다든지 급제동하는 것은 금물이다.
㉱ 변속기 기어의 단수는 경사가 비슷한 경우에도 오르막 내리막을 동일하게 사용해서는 안 된다.

52 중앙분리대의 종류가 아닌 것은?

㉮ 방호울타리형 중앙분리대
㉯ 연석형 중앙분리대
㉰ 유턴 중앙분리대
㉱ 광폭 중앙분리대

53 비상주차대가 설치되어야 할 장소로 적합한 곳은?

㉮ 고속도로에서 길어깨 폭이 3.5m 미만으로 설치되는 경우
㉯ 긴 터널
㉰ 길어깨를 늘려서 건설되는 긴 다리
㉱ 건설 중인 보도블록

54 방어운전의 개념으로 잘못 설명된 것은?

㉮ 안전운전과 방어운전을 별도의 개념으로 양립시켜 운전해야 한다.
㉯ 안전운전이란 교통사고를 유발하지 않도록 주의하여 운전하는 것을 말한다.
㉰ 방어운전이란 미리 위험한 상황을 피하여 운전하는 것을 말한다.
㉱ 방어운전이란 위험한 상황에 직면했을 때 이를 효과적으로 회피할 수 있도록 운전하는 것을 말한다.

55 다음 중 교차로에서의 방어운전 방법에 대한 설명으로 옳지 않은 것은?

㉮ 성급하게 우회전을 하면 보행자와 충돌할 가능성이 커진다.
㉯ 통과하는 앞차만 따라가면 신호를 위반할 수도 있다.
㉰ 좌・우회전을 할 때에는 다른 조치없이 주변을 잘 살핀다.
㉱ 복잡한 교차로에 진입할 때에는 일시정지해서 안전 확인 후 출발한다.

56 교차로에 대한 설명으로 틀린 것은?

㉮ 교차로는 차 대 차 또는 차 대 사람 등의 엇갈림(교차)이 발생하는 장소이다.
㉯ 횡단보도 및 횡단보도 부근과 더불어 교통사고가 가장 많이 발생하는 지점이다.
㉰ 교차로는 사각이 없다.
㉱ 입체교차로는 교통 흐름을 공간적으로 분리하는 기능을 한다.

57 다음 중 편도 1차로 도로에서 앞지르기 할 때 주의사항으로 옳지 않은 것은?

㉮ 앞지르기를 할 때는 반드시 방향지시등을 켜야 한다.
㉯ 앞지르기는 제한 속도를 넘지 않는 범위 내에서 해야 한다.
㉰ 앞지르기는 어느 구간에서든 시행해도 된다.
㉱ 앞차가 다른 차를 앞지르려고 할 때는 시행하지 않는다.

58 커브길의 교통사고위험에 대한 설명 중 틀린 것은?

㉮ 도로 이탈의 위험이 없다.
㉯ 중앙선을 침범하여 대향차와 충돌할 위험이 있다.
㉰ 시야불량으로 인한 충돌위험이 크다.
㉱ 감속운행하지 않으면 마주 오는 차와의 충돌이 크다.

59 이면도로 운전의 위험성을 설명한 것으로 틀린 내용은?

㉮ 보도 등의 안전시설이 없다.
㉯ 일방통행도로가 대부분이다.
㉰ 보행자 등이 아무 곳에서나 횡단이나 통행을 한다.
㉱ 어린이들과의 사고가 일어나기 쉽다.

60 다음 중 타이어의 수명이 짧아지는 이유가 아닌 것은?

㉮ 타이어의 공기압이 낮을 때
㉯ 브레이크를 밟는 횟수가 많아질수록
㉰ 주행 속도를 줄일수록
㉱ 아스팔트 포장도로보다 콘크리트 포장도로를 더 많이 달릴 때

61 여름철의 교통사고 특성으로 틀린 것은?

㉮ 무더위, 장마, 폭우로 인하여 교통환경이 악화된다.
㉯ 수면부족과 피로로 인한 졸음운전 등도 집중력 저하 요인으로 작용한다.
㉰ 보행자는 장마철에는 우산을 받치고 보행함에 따라 전・후방 시야를 확보하기 어렵다.
㉱ 보행자나 운전자 모두 집중력이 떨어져 사고 발생률이 다른 계절에 비해 높다.

62 여름철 자동차관리사항이 아닌 것은?

㉮ 냉각장치 점검
㉯ 타이어 마모상태 점검
㉰ 와이퍼 작동상태 점검
㉱ 부동액 점검

63 겨울철 눈길과 빙판길에서의 안전운전방법으로 옳지 않은 것은?

㉮ 미끄러운 길에서는 기어를 1단에 넣고 반클러치를 사용한다.
㉯ 가능하면 앞차가 지나간 바퀴자국을 따라 통행하는 것이 안전하다.
㉰ 반드시 감속과 함께 앞차와 충분한 거리를 유지한다.
㉱ 응달이나 다리 위 또는 터널 부근은 빙판되기 쉬운 장소이므로 특히 주의한다.

64 **경제운전의 기본적인 방법으로 옳지 않은 것은?**

㉮ 차량 속도를 일정하게 유지한다.
㉯ 타이어를 수시로 바꾼다.
㉰ 급회전을 하지 않는다.
㉱ 불필요한 공회전을 피한다.

65 **운전자가 가져야 할 기본자세가 아닌 것은?**

㉮ 교통법규의 이해와 준수
㉯ 여유 있고 양보하는 마음으로 운전
㉰ 운전기술의 과신은 금물
㉱ 안전한 추측 운전

66 **다음은 인사의 순서를 설명한 것이다. 틀린 것은?**

㉮ 정중하게 허리를 굽힐 때 등과 목이 일직선이 되도록 한다.
㉯ 턱은 앞으로 나오지 않게 하며, 엉덩이는 힘을 주어 뒤로 빠지지 않게 한다.
㉰ 될 수 있는 한 빨리 고개를 든다.
㉱ 상대를 보면서 적당한 인사말을 한다.

67 **서비스의 특징으로 옳지 않은 것은?**

㉮ 소유권
㉯ 소멸성
㉰ 인적의존성
㉱ 동시성

68 **다음 중 좌석안전띠를 매야 하는 경우는?**

㉮ 신장・비만, 그 밖의 신체의 상태에 의하여 좌석안전띠의 착용이 적당하지 아니하다고 인정되는 자가 자동차를 운전하거나 승차하는 때
㉯ 우편물의 집배, 폐기물의 수집, 그 밖에 빈번히 승강하는 것을 필요로 하는 업무에 종사하는 자가 해당업무를 위하여 자동차를 운전하거나 승차하는 때
㉰ 자동차를 후진시키기 위하여 운전하는 때
㉱ 긴급자동차를 그 본래의 용도에 의하지 않고 운전하는 때

69 **다음 버스운영체제 중 공영제의 장점으로 맞지 않는 것은?**

㉮ 수익노선과 비수익노선에 대해 동등한 양질의 서비스 제공이 용이하다.
㉯ 서비스의 안정적 확보와 개선이 용이하다.
㉰ 노선 신설, 정류소 설치 등을 외부간섭 없이 할 수 있어 효율성이 증대된다.
㉱ 저렴한 요금을 유지할 수 있어 서민대중을 보호하고 사회적 분배효과를 높일 수 있다.

70 **버스요금체계의 유형에 대한 설명으로 옳지 않은 것은?**

㉮ 단일(균일)운임제, 구역운임제, 거리운임요율제(거리비례제), 장거리체감제가 있다.
㉯ 단일(균일)운임제는 단위거리당 요금(요율)과 이용거리를 곱해 요금을 산정하는 요금체계이다.
㉰ 장거리체감제는 이용거리가 증가함에 따라 단위당 운임이 낮아지는 요금체계이다.
㉱ 구역운임제는 운행구간을 몇 개의 구역으로 나누어 구역별로 요금을 설정하고, 동일구역 내에서는 균일하게 요금을 설정하는 요금체계이다.

71 역류버스전용차로의 특징으로 옳지 않은 것은?

㉮ 차로분리시설과 안내시설 등의 설치가 필요하다.
㉯ 일방통행로에서 차량이 진행하는 반대방향으로 1~2개 차로를 버스전용차로로 제공하는 것이다.
㉰ 일방통행로에 대중교통수요 등으로 인해 버스노선이 필요한 경우에 설치한다.
㉱ 시행준비는 까다로우나 가로변버스전용차로에 비해 시행비용이 적게 든다.

72 교통카드시스템의 도입효과 중 이용자 측면의 효과로 옳지 않은 것은?

㉮ 현금소지의 불편 해소와 소지의 편리성, 요금 지불 및 징수의 신속성의 효과가 있다.
㉯ 대중교통 이용률 제고로 교통환경 개선의 효과가 기대된다.
㉰ 하나의 카드로 다수의 교통수단을 이용할 수 있다.
㉱ 요금할인 등으로 교통비가 절감된다.

73 부상자에 관한 관찰사항으로 알맞지 않은 것은?

㉮ 과거의 병력
㉯ 출혈 상태
㉰ 신체 및 구토 상태
㉱ 의식 상태

74 다음 중 잘못된 직업관은?

㉮ 소명의식을 가지고 일한다.
㉯ 육체노동을 천시한다.
㉰ 사회구성원으로서 직분을 다하는 일이라고 생각한다.
㉱ 자기 분야의 최고 전문가가 되겠다는 생각으로 일한다.

75 흉부압박을 할 때 압박과 이완의 비율은?

㉮ 30 : 70
㉯ 40 : 60
㉰ 50 : 50
㉱ 60 : 40

76 교통사고에 의하여 일어나는 다발성 손상의 경우 가장 먼저 해야 할 것은?

㉮ 골절부의 부목
㉯ 쇼크에 대한 처치
㉰ 기도 유지
㉱ 급성출혈에 대한 처치

77 **악수를 청하는 사람과 받는 사람에 대한 설명으로 옳지 않은 것은?**

㉮ 후배가 선배에게 청한다.
㉯ 기혼자가 미혼자에게 청한다.
㉰ 여자가 남자에게 청한다.
㉱ 승객이 직원에게 청한다.

78 **자동차의 장치 및 설비 등에 관한 준수사항으로 옳지 않은 것은?**

㉮ 노선버스의 차체에는 행선지를 표시할 수 있는 설비를 설치해야 한다.
㉯ 전세버스에는 난방, 냉방장치를 설치하지 않아도 된다.
㉰ 전세버스 앞바퀴는 재생한 타이어를 사용해서는 안 된다.
㉱ 장의자동차의 관을 싣는 장치는 차 내부에 있는 장례에 참여하는 사람이 접촉할 수 없도록 완전히 격리된 구조로 해야 한다.

79 **운임 · 요율 체계에 대한 설명으로 옳지 않은 것은?**

㉮ 시외버스는 거리운임요율제를 기본체계로 한다.
㉯ 시내버스는 특별시 · 광역시 · 시 · 군 내에서는 거리비례제 운임을 기본체계로 한다.
㉰ 거리운임요율은 시외버스 직행형 · 일반형과 시외버스 고속형에 대하여 각각 따로 정한다.
㉱ 시내버스운송사업의 경우 다른 노선여객자동차운송사업과 노선 또는 운행계통(구간을 포함)이 서로 경합되는 때에는 특별한 사유가 없는 한 동일한 운임 · 요율 또는 운임 · 요금을 적용할 수 있다.

80 **교통카드시스템의 구성으로 옳지 않은 것은?**

㉮ 교통카드시스템은 크게 사용자 카드, 단말기, 중앙처리시스템으로 구성된다.
㉯ 흔히 사용자가 접하게 되는 것은 교통카드와 단말기이다.
㉰ 교통카드 → 충전시스템 → 단말기 → 집계시스템 → 정산시스템으로 구성된다.
㉱ 교통카드 발급자와 단말기 제조자, 중앙처리시스템 운영자는 사정에 따라 같을 수도 있으나 다른 경우가 대부분이다.

제5회 실제유형 시험보기

01 신호기의 정의 중 가장 옳은 것은?

㉮ 교차로에서 볼 수 있는 모든 등화
㉯ 주의·규제·지시 등을 표시한 표지판
㉰ 도로의 바닥에 표시된 기호나 문자, 선 등의 표지
㉱ 도로교통에서 신호를 표시하기 위하여 사람이나 전기의 힘으로 조작되는 장치

02 다음 안전표지가 의미하는 것은 무엇인가?

㉮ 분리 도로 끝 표지
㉯ 좌·우회전 금지 표지
㉰ Y자형 교차로 표지
㉱ 양측방 통행 표지

03 차마의 운전자가 도로의 중앙이나 좌측 부분을 통행할 수 있는 경우로 볼 수 없는 것은?

㉮ 도로가 일방통행인 경우
㉯ 도로의 파손, 도로공사나 그 밖의 장애 등으로 도로의 우측 부분을 통행할 수 없는 경우
㉰ 반대방향의 교통을 방해할 우려가 있는 경우
㉱ 도로의 우측 부분의 폭이 6m가 되지 아니하는 도로에서 다른 차를 앞지르고자 하는 경우

04 무면허 운전 사고의 성립요건 중 운전자 과실이 아닌 것은?

㉮ 면허를 취득하지 않고 운전한 경우
㉯ 운전면허 취소사유가 발생한 상태이지만 취소처분을 받기 전에 운전하는 경우
㉰ 면허정지 기간 중에 임시운전증명서 없이 운전한 경우
㉱ 면허종별 외의 차량을 운전한 경우

05 여객자동차운송사업의 운전업무에 종사할 수 없는 사람은?

㉮ 20세 이상으로 사업용 자동차 운전경력이 1년 이상이어야 한다.
㉯ 사업용 자동차를 운전하기에 적합한 운전면허를 보유하고 있어야 한다.
㉰ 시·도지사가 정하는 운전 적성에 대한 정밀검사 기준에 적합해야 한다.
㉱ 20세 이상으로 운전을 직무로 하는 의무경찰대원은 소속 기관의 장의 추천을 받아야 한다.

06 다음 용어의 정의로 바른 것은?

㉮ 충돌 : 2대 이상의 차가 동일방향으로 주행 중 뒤차가 앞차의 후면을 충격한 것
㉯ 접촉 : 차가 반대방향 또는 측방에서 진입하여 그 차의 정면으로 다른 차의 정면 또는 측면을 충격한 것
㉰ 전복 : 차가 도로변 절벽 또는 교량 등 높은 곳에서 떨어진 것
㉱ 전도 : 차가 주행 중 도로 또는 도로 이외의 장소에 차체의 측면이 지면에 접하고 있는 상태

07 운수종사자의 교육에 대한 설명으로 옳지 않은 것은?

㉮ 운송사업자는 그의 운수종사자에 대한 교육계획의 수립, 교육의 시행 및 일상의 교육 훈련업무를 위하여 종업원 중에서 교육훈련 담당자를 선임해야 한다.
㉯ 새로 채용된 운수종사자는 운전업무를 시작하기 전 16시간의 교육을 받아야 한다.
㉰ 자동차 면허 대수가 30대 미만인 운송사업자의 경우에는 교육훈련 담당자를 선임하지 아니할 수 있다.
㉱ 새로 채용된 운수종사자가 교통안전법령상의 교통안전체험교육에 따른 심화교육과정을 이수한 경우에는 신규교육을 면제한다.

08 교통사고에 영향을 미치는 인간행위의 가변적 요소로 적합하지 않은 것은?

㉮ 자연적 요소
㉯ 기능적 요소
㉰ 생리적 요소
㉱ 심리적 요소

09 도로의 오른쪽 가장자리 차로로 통행하여야 하는 자동차가 아닌 것은?

㉮ 위험물안전관리법에 따른 지정수량 이상의 위험물을 적재한 차량
㉯ 농약관리법에 따른 유독성원제를 적재한 차량
㉰ 건설기계관리법에 따른 도로보수트럭
㉱ 폐기물관리법에 따른 지정폐기물과 의료폐기물을 적재한 차량

10 피해자와 합의할 경우 공소를 제기할 수 없는 철길 건널목 사고는?

㉮ 경보기가 울리고 차단기가 내려지려 할 때 통과하다 발생된 사고
㉯ 일시정지를 하지 아니하고 통과하다 발생된 사고
㉰ 차량사고인 상태에서 승객을 즉시 대피시키지 않아 발생된 사고
㉱ 신호기의 통과신호에 따라 통과 중 발생된 사고

11 다음 중 도주가 적용되지 않는 경우는?

㉮ 차량과의 충돌사고를 알면서도 그대로 가버린 경우
㉯ 가해자 및 피해자 일행 또는 경찰관이 환자를 후송 조치하는 것을 보고 연락처를 주고 가버린 경우
㉰ 피해자가 사고 즉시 일어나 걸어가는 것을 보고 구호조치 없이 그대로 가버린 경우
㉱ 사고 후 의식이 회복된 운전자가 피해자에 대한 구호조치를 하지 않았을 경우

12 처분 시 관할관청의 행위에 대한 설명으로 옳지 않은 것은?

㉮ 관할관청은 처분기준을 적용할 때 위반행위의 동기 및 횟수 등을 고려하여 처분기준의 2분의 1의 범위에서 경감하거나 가중할 수 있다.
㉯ 운전자격증 등을 폐기한 경우 관할관청이 운전자격을 말소한다.
㉰ 관할관청은 처분하였을 때는 그 사실을 처분대상자, 한국교통안전공단에 각각 통지하고 처분대상자에게 운전자격증 등을 반납하게 하여야 한다.
㉱ 관할관청은 운전자격 정지처분을 받은 사람이 반납한 운전자격증 등은 보관한 후 자격정지기간이 지난 후에 돌려주어야 한다.

13 대통령령에 따라 켜야 하는 등화의 종류가 아닌 것은?

㉮ 도로에서 차를 운행하는 경우에 견인되는 차는 미등·차폭등 및 번호등
㉯ 도로에서 차를 운행하는 경우에 원동기장치자전거는 전조등 및 미등
㉰ 도로에서 정차 또는 주차하는 경우에 이륜자동차는 번호등
㉱ 도로에서 정차 또는 주차하는 경우에 자동차는 자동차안전기준에서 정하는 미등 및 차폭등

14 노선운송사업자가 일반공중이 보기 쉬운 영업소 등의 장소에 사전에 게시해야 하는 내용으로 옳지 않은 것은?

㉮ 운전자 및 영업소의 명칭
㉯ 운행시간표
㉰ 정류소 및 목적지별 도착시각
㉱ 사업을 휴업 또는 폐업하려는 경우 그 내용의 예고

15 노선버스 자동차의 장치 및 설비 등에 관한 준수사항으로 옳지 않은 것은?

㉮ 버스의 뒷바퀴에는 재생한 타이어를 사용해서는 안 된다.
㉯ 시외우등고속버스, 시외고속버스 및 시외직행버스의 앞바퀴의 타이어는 튜브리스 타이어를 사용해야 한다.
㉰ 버스의 차체에는 행선지를 표시할 수 있는 설비를 설치해야 한다.
㉱ 시외버스(시외중형버스는 제외한다)의 차 안에는 휴대물품을 둘 수 있는 선반과 차 밑부분에 별도의 휴대물품 적재함을 설치해야 한다.

16 사업의 구분에 따른 자동차의 차령이 바르게 연결되지 않은 것은?

㉮ 승합자동차 - 특수여객자동차운송사업용 - 11년
㉯ 승합자동차 - 시내버스운송사업용 - 9년
㉰ 승합자동차 - 마을버스운송사업용 - 6년
㉱ 승합자동차 - 전세버스운송사업용 - 11년

17 자동차 운전자가 대통령령으로 정하는 바에 따라 전조등, 차폭등, 미등과 그 밖의 등화를 켜야 하는 경우가 아닌 것은?

㉮ 터널 안을 운행하는 경우
㉯ 터널 안 도로에서 고장이 나서 차를 정차나 주차하는 경우
㉰ 밤과 낮에 관계 없이 도로에서 차를 운행하거나 고장이나 그 밖의 부득이한 사유로 도로에서 차를 정차나 주차시키는 경우
㉱ 안개가 끼거나 비 또는 눈이 올 때에 도로에서 차를 운행하거나 고장이나 그 밖의 부득이한 사유로 도로에서 차를 정차나 주차하는 경우

18 사고결과에 따른 벌점기준으로 옳지 않은 것은?

㉮ 사고발생 시부터 72시간 이내에 사망한 때 사망자 1명마다 벌점 90점
㉯ 5일 미만의 치료를 요하는 의사의 진단이 있는 사고에서 부상신고 1명마다 벌점 2점
㉰ 3주 미만 5일 이상의 치료를 요하는 의사의 진단이 있는 사고에서 경상 1명마다 벌점 5점
㉱ 3주 이상의 치료를 요하는 의사의 진단이 있는 사고에서 중상 1명마다 벌점 10점

19 어린이 교통사고의 특징으로 틀린 것은?

㉮ 학년이 높을수록 교통사고를 많이 당한다.
㉯ 보행 중 교통사고를 당하여 사상당하는 비율이 절반 이상으로 가장 높다.
㉰ 시간대별 어린이 사상자는 오후 4시에서 오후 6시 사이에 가장 많다.
㉱ 주로 집 근처에서 사고가 많이 발생한다.

20 **운전자가 진행로상에 산재해 있는 예측하지 못한 위험요소를 발견하고 그 위험가능성을 판단하며 적절한 속도와 진행방향을 선택하여 필요한 안전조치를 효과적으로 취하는 데 필요한 거리는?**

㉮ 정지시거
㉯ 추월시거
㉰ 피주시거
㉱ 안전시거

21 **운행 전 안전수칙에 대한 내용이 아닌 것은?**

㉮ 가까운 거리에서는 안전벨트를 착용하지 않아도 된다.
㉯ 운전석 주변은 항상 깨끗하게 유지한다.
㉰ 좌석, 핸들, 후사경을 조정한다.
㉱ 소화기를 비치하여 화재가 발생한 경우 초기에 진화하도록 한다.

22 **대통령령이 정하는 운전이 금지되는 자동차 창유리 가시광선 투과율의 기준으로 옳은 것은?**

㉮ 앞면 창유리 50% 미만, 좌우 옆면 창유리 50% 미만
㉯ 앞면 창유리 70% 미만, 좌우 옆면 창유리 40% 미만
㉰ 앞면 창유리 60% 미만, 좌우 옆면 창유리 40% 미만
㉱ 앞면 창유리 70% 미만, 좌우 옆면 창유리 30% 미만

23 **교통단속용 장비의 기능을 방해하는 장치에 해당하지 않는 것은?**

㉮ 경찰관서에서 사용하는 무전기와 동일한 주파수의 무전기
㉯ 긴급자동차가 아닌 자동차에 부착된 경광등, 사이렌 또는 비상등
㉰ 긴급자동차가 아닌 자동차에 부착된 네비게이션, 무전기, 휴대용 전화
㉱ 자동차 및 자동차부품의 성능과 기준에 관한 규칙에서 정하지 아니한 것으로서 안전운전에 현저히 장애가 될 정도의 장치

24 **교통사고처리 특례법령상 교통사고로 처리되지 않는 경우가 아닌 것은?**

㉮ 명백한 자살이라고 인정되는 경우
㉯ 건조물 등이 떨어져 운전자 또는 동승자가 사상한 경우
㉰ 축대 등이 무너져 도로를 진행 중인 차량이 손괴되는 경우
㉱ 지하철 공사로 인한 도로유실로 차량이 손괴되는 경우

25 **사고원인 조사에서 운행 중 여유시간을 4초 이상 유지한 운전을 무엇이라고 하는가?**

㉮ 과속운전
㉯ 서행운전
㉰ 정상운전
㉱ 준사고운전

26 **천연가스에 대한 설명으로 옳지 않은 것은?**

㉮ LPG는 천연가스를 고압으로 압축한 액체상태의 연료로 천연가스의 형태별 종류이다.
㉯ CNG는 Compressed Natural Gas의 약자이다.
㉰ LNG는 천연가스를 액화시켜 부피를 현저하게 작게 만들어 저장, 운반 등 사용상의 효용성을 높이기 위한 액화가스이다.
㉱ LNG는 Liquified Natural Gas의 약자이다.

27 **현재 가솔린 엔진의 4행정기관의 사이클 순서로 적당한 것은?**

㉮ 흡입 → 폭발 → 배기 → 압축
㉯ 흡입 → 압축 → 배기 → 폭발
㉰ 흡입 → 압축 → 폭발 → 배기
㉱ 흡입 → 폭발 → 압축 → 배기

28 **배출 가스로 구분할 수 있는 고장으로 틀린 것은?**

㉮ 완전 연소 시 배출가스의 색은 무색을 띤다.
㉯ 엔진 안에서 다량의 엔진오일이 실린더 위로 올라와 연소되는 경우에는 백색을 띤다.
㉰ 배기가스가 검은색일 경우에는 초크 고장을 의심해볼 수 있다.
㉱ 농후한 혼합가스가 들어가 불완전 연소되는 경우에는 붉은색을 띤다.

29 **배터리가 방전되었을 때는 어떻게 해야 하는가?**

㉮ 변속기는 ‘중립’에 위치시킨다.
㉯ 타 차량의 배터리에 점프 케이블을 연결하여 시동을 거는 경우에는 타 차량에 시동을 건 후 방전된 차량의 시동을 건다.
㉰ 주차 브레이크를 작동시켜 차량이 움직이지 않도록 한다.
㉱ 보조 배터리를 사용하는 경우에는 점프 케이블을 연결한 후 시동을 건다.

30 **조향핸들이 무거운 원인이 아닌 것은?**

㉮ 타이어의 공기압이 부족하다.
㉯ 조향기어 박스 내의 오일이 부족하다.
㉰ 타이어의 마멸이 과다하다.
㉱ 타이어의 공기압이 불균일하다.

31 **노면에서 발생한 스프링의 진동을 재빨리 흡수하는 장치로, 승차감을 향상시키고 동시에 스프링의 피로를 줄이기 위해 설치하는 것은?**

㉮ 쇽업소버
㉯ 스태빌라이저
㉰ 공기 스프링
㉱ 토션 바 스프링

32 다음 중 자동차의 주행저항과 관계없는 것은?

㉮ 공기저항
㉯ 가속저항
㉰ 구배저항
㉱ 제동저항

33 엔진이 저속 회전하면서 쉽게 꺼질 때 취해야 할 조치로 틀린 것은?

㉮ 연료필터 교환
㉯ 공회전 속도 조절
㉰ 에어클리너 필터 교환
㉱ 배터리 충전

34 자동변속기의 오일 색깔에 대한 설명이다. 옳지 않은 것은?

㉮ 갈색 : 장시간 사용한 경우
㉯ 백색 : 오일에 수분이 부족한 경우
㉰ 검은색 : 기어가 마멸된 경우
㉱ 투명도가 높은 붉은 색 : 정상상태

35 다음 중 업종 · 위반내용별 과징금 부과기준으로 틀리게 연결된 것은?

㉮ 자동차 안에 게시하여야 할 사항을 게시하지 아니한 특수여객 – 20만원
㉯ 차내 안내방송 실시 상태가 불량한 시외버스 – 10만원
㉰ 앞바퀴에 재생 타이어를 사용한 전세버스 – 40만원
㉱ 차 안에 안내방송장치 및 정차신호용 버저를 작동시킬 수 있는 스위치를 설치하지 않은 마을버스 – 100만원

36 자동차 소유자 또는 자동차 소유자로부터 자동차의 관리를 위탁받은 자를 무엇이라 하는가?

㉮ 자동차 관리자
㉯ 자동차 사용자
㉰ 자동차 소유자
㉱ 자동차 매매자

37 압축천연가스 자동차 점검 시 주의사항으로 틀린 것은?

㉮ 운전자는 가스라인과 용기밸브와의 연결 부분의 이상 유무를 운행 전후에 육안으로 확인하는 습관을 생활화한다.
㉯ 버스 내에서 가스 누출 시 화재의 위험이 있으므로 담배를 피우지 않는다.
㉰ 엔진시동이 걸린 상태에서 엔진오일 라인, 냉각수 라인 등의 파이프나 호스를 조이거나 풀어야 한다.
㉱ 차량 승하차 시 가스냄새를 확인하는 자세가 필요하다.

38 터보차저에 대한 설명으로 옳지 않은 것은?

㉮ 터보차저는 고속 회전운동을 하는 부품이다.
㉯ 시동 전 오일양을 확인하고 시동 후 오일압력이 정상적으로 상승되는지 확인한다.
㉰ 엔진오일 오염, 윤활유 공급부족, 이물질의 유입으로 인한 압축축기 날개 손상 등에 의해 고장이 나기도 한다.
㉱ 점검을 위해 에어클리너 엘리먼트를 장착하고, 고속 회전을 해주어야 한다.

39 **다음은 자동차 전기의 일반적인 문제이다. 틀린 것은?**

㉮ 퓨즈는 전류를 최대로 흐르게 한다.
㉯ 같은 전압용 전구에서는 와트수가 클수록 전기저항이 작다.
㉰ 같은 길이의 전선에서는 굵기가 굵을수록 전기저항이 작다.
㉱ 자동차 좌우의 스톱라이트 병렬로 접속한다.

40 **여객자동차 운수사업법상 운수종사자의 교육 등에 대한 설명으로 옳지 않은 것은?**

㉮ 운수종사자는 국토교통부령으로 정하는 바에 따라 운전업무를 시작하기 전에 교통안전수칙에 관한 교육을 받아야 한다.
㉯ 운송사업자는 운수종사자가 교육을 받는 데에 필요한 조치를 하여야 하며, 그 교육을 받지 아니한 운수종사자를 운전업무에 종사하게 하여서는 아니 된다.
㉰ 시・도지사는 교육을 효율적으로 실시하기 위하여 필요하면 시・도의 조례로 정하는 바에 따라 운수종사자 연수기관을 직접 설립하여 운영하거나 지정할 수 있으며, 그 운영에 필요한 비용을 지원할 수 있다.
㉱ 운송사업자는 새로 채용한 모든 운수종사자에 대해 운전업무를 시작하기 전에 교육을 16시간 이상 받게 하여야 한다.

41 **교통사고가 발생하는 원인으로 볼 수 없는 것은?**

㉮ 차량 운전 전의 혼란한 심신상태
㉯ 날씨 등에 의한 열악한 도로 환경
㉰ 운전기술의 부족
㉱ 양보를 전제로 한 운전 방식

42 **젊은층 운전자에게 보여지는 사고의 특징은 무엇인가?**

㉮ 일시정지, 통행우선순위 또는 우회전 사고가 많다.
㉯ 깜빡하는 사이 상대를 못 보는 사고가 많다.
㉰ 노령층에 비해 피해 정도가 크다.
㉱ 일요일과 토요일에 많이 발생한다.

43 **술은 에틸알코올이 몇 % 이상 함유된 음료수를 말하는가?**

㉮ 0.1%
㉯ 0.5%
㉰ 1%
㉱ 5%

44 **운전 중의 스트레스와 흥분을 최소화하는 방법으로 옳지 않은 것은?**

㉮ 타운전자의 실수를 예상한다.
㉯ 기분이 나쁘거나 우울한 상태에서는 운전하지 않는다.
㉰ 사전에 주행계획을 세우고 여유 있게 출발하면 예상치 못한 상황으로 인한 스트레스를 줄일 수 있다.
㉱ 친구와 통화를 하며 운전한다.

45 **운전자가 착각할 수 있는 사항 중 잘못된 것은?**

㉮ 작은 경사는 실제보다 더 작게, 큰 경사는 실제보다 더 크게 보인다.
㉯ 어두운 곳에서는 세로 폭보다 가로 폭의 길이를 보다 넓게 본다.
㉰ 급정거 시 반대방향으로 움직이는 것처럼 보인다.
㉱ 작은 것과 덜 밝은 것은 멀리 있는 것처럼 느낀다.

46 대형차의 사각에 대한 설명으로 옳은 것은?

㉮ 좌회전보다 우회전할 때 사고 위험성이 높다.
㉯ 우측방 1m 지점에 있는 자전거 등은 운전석에서 확인이 쉽다.
㉰ 운전석 우측면이 좌측면보다 사각이 작다.
㉱ 앞부분이 돌출된 보닛이 있는 차가 없는 차보다 후방시계가 좋다.

47 다음은 사고를 특히 많이 내는 사람의 특징이다. 틀린 것은?

㉮ 지나치게 동작이 빠르거나 늦다.
㉯ 충동 억제력이 부족하다.
㉰ 상황판단력이 뒤떨어진다.
㉱ 지식이나 경험이 풍부하다.

48 실전방어운전의 방법이 아닌 것은?

㉮ 운전자는 앞차의 전방까지 시야를 멀리 둔다.
㉯ 일기예보나 기상변화에 신경 쓰지 않는다.
㉰ 뒤차의 움직임을 룸미러나 사이드미러로 끊임없이 확인한다.
㉱ 교통 신호가 바뀐다고 해서 무작정 출발하지 말고 주위 자동차의 움직임을 관찰한 후 진행한다.

49 보행자의 보호 운전 요령 중 틀린 것은?

㉮ 모든 차는 보행자가 횡단보도를 통행할 때에는 반드시 일시정지한다.
㉯ 도로 이외의 곳의 출입을 위해 보도 또는 길 가장자리 구역으로 운행할 때에는 서행하면서 안전을 확인한다.
㉰ 보행자 옆을 통과할 때에는 안전한 거리를 두고 서행한다.
㉱ 유아가 보호자 없이 도로에 앉아 놀이를 할 때에는 일시정지한다.

50 자동차 운전자들은 자전거와 이륜차를 어떻게 대해야 하는가?

㉮ 자동차 운전자들은 자전거와 이륜차 이용자들과 도로를 공유할 수 없다.
㉯ 자전거, 이륜차를 앞지를 때는 1m 정도 벌린 다음 속도를 줄인 후 시도한다.
㉰ 도로 위에서 사고 발생 시 무조건 자전거 이용자 잘못이다.
㉱ 자동차 운전자가 주정차를 하고 있을 때는 자전거 이용자들이 조심해야 한다.

51 야간에 안전하지 않은 운전방법은?

㉮ 장거리를 운행할 때는 휴식시간을 갖는다.
㉯ 불가피한 경우가 아니면 도로 위에 주정차하지 않는다.
㉰ 승합자동차는 야간에 운행할 때 실내조명등을 켜고 운행한다.
㉱ 대향차의 전조등으로 인한 눈부심을 피하기 위해 선글라스를 끼고 운행한다.

52 중앙분리대의 기능으로 옳지 않은 것은?

㉮ 도로표지, 기타 교통관제시설 등을 설치할 수 있는 공간의 제공
㉯ 안전한 횡단의 확보
㉰ 유턴 등을 가능하게 한 유용성
㉱ 야간 주행 시 전조등 불빛에 의한 눈부심의 방지

53 과속방지시설을 설치해야 할 곳으로 적당하지 않은 곳은?

㉮ 학교, 유치원, 근린공원 등 자동차가 천천히 다녀야 할 구간
㉯ 보행자가 많거나 어린이 교통사고가 많을 것으로 생각되는 구간
㉰ 자동차의 통행속도를 40km/h 이하로 제한해야 할 구간
㉱ 자동차의 출입이 많아 속도규제가 필요한 구간

54 정지거리에 영향을 미치는 요인이 아닌 것은?

㉮ 보행자 요인
㉯ 도로 요인
㉰ 운전자 요인
㉱ 자동차 요인

55 내리막길에서 기어의 변속요령으로 틀린 것은?

㉮ 변속할 때 클러치 페달을 밟고 떼는 속도와 변속 레버의 작동은 신속하게 한다.
㉯ 변속 시에는 머리를 숙인다던가 하여 다른 곳에 주의를 빼앗기지 말아야 한다.
㉰ 눈은 항상 변속기어를 주시한다.
㉱ 왼손은 핸들을 조정하며 오른손과 양발은 신속히 움직인다.

56 철길 건널목의 종류 중 건널목 교통안전 표지와 전철 또는 빔 스펜션을 설치하고 이하의 설비는 사정에 따라 생략하는 건널목은 무엇인가?

㉮ 1종 건널목
㉯ 2종 건널목
㉰ 3종 건널목
㉱ 교차 건널목

57 회전교차로에 대한 설명이다. 다음 중 다른 것은?

㉮ 진입자동차가 양보한다.
㉯ 분리교통섬을 감속 또는 방향분리를 위해 필수로 설치한다.
㉰ 회전자동차에게 통행우선권이 있다.
㉱ 회전부에서는 고속으로 회전차로 운행이 가능하다.

58 편도 2차로인 고속도로의 통행 방법으로 잘못된 것은?

㉮ 1차로는 앞지르기 차로이다.
㉯ 도로상황 등 부득이한 때에는 2차로로 앞지르기할 수 있다.
㉰ 2차로는 모든 자동차의 주행차로이다.
㉱ 도로상황 등 부득이한 때에는 1차로로 통행할 수 있다.

59 철길 건널목에서의 방어운전에 대한 설명으로 옳지 않은 것은?

㉮ 철길 건널목에 접근할 때는 속도를 줄여 접근한다.
㉯ 일시정지 후에는 철도 좌우를 확인한다.
㉰ 건널목 건너편의 여유 공간을 확인하고 통과한다.
㉱ 건널목을 통과할 때는 기어를 변속한다.

60 **비상주차대에 대한 설명으로 옳지 않은 것은?**

㉮ 긴 터널의 경우 설치한다.
㉯ 우측 갓길의 폭이 협소한 장소에서 고장 난 차량이 도로에서 벗어나 대피할 수 있도록 제공되는 공간이다.
㉰ 갓길을 축소하여 건설되는 긴 교량에 설치한다.
㉱ 고속도로에서 갓길 폭이 3m 미만으로 설치되는 경우에 설치한다.

61 **봄철 교통사고의 특성으로 틀린 것은?**

㉮ 땅이 녹아 지반이 약해지는 해빙기이다.
㉯ 어린이 관련 교통사고가 겨울에 비하여 많이 발생한다.
㉰ 돌발적인 악천후, 본격적인 무더위에 의해 운전자들이 쉽게 피로해지며 주의 집중이 어려워진다.
㉱ 바람과 황사 현상에 의한 시야 장애도 종종 사고의 원인으로 작용한다.

62 **안개길 안전운전에 대한 설명 중 틀린 것은?**

㉮ 전조등, 안개등을 켜고 운전한다.
㉯ 앞을 분간하지 못할 정도일 때에는 차를 안전한 곳에 세우고 기다린다.
㉰ 커브길에서는 경음기를 울려 자신의 주행 사실을 알린다.
㉱ 가시거리가 50m 이내인 경우에는 최고속도를 20% 정도 감속하여 운행한다.

63 **중앙분리대의 기능으로 옳지 않은 것은?**

㉮ 필요에 따라 유턴 등을 방지해 교통 혼잡이 발생하지 않도록 한다.
㉯ 도로표지 등을 설치할 수 있는 공간을 제공한다.
㉰ 횡단하는 보행자에게 안전섬이 제공된다.
㉱ 고장차가 대피할 수 있는 공간을 제공한다.

64 **가을철 자동차관리로 틀린 것은?**

㉮ 부동액 점검
㉯ 서리제거용 열선 점검
㉰ 장거리 운행 전 점검 철저
㉱ 월동준비

65 **다음 중 베이퍼 록(Vapour Lock) 현상이 발생하는 원인으로 옳은 것은?**

㉮ 타이어가 마모되었을 때
㉯ 엔진이 과열되었을 때
㉰ 장시간 운행하였을 때
㉱ 불량한 브레이크 오일을 사용했을 때

66 **다음 중 좋은 음성을 관리하는 방법으로 부적절한 것은?**

㉮ 자세를 바로 한다.
㉯ 생동감 있게 한다.
㉰ 음성을 높인다.
㉱ 콧소리와 날카로운 소리를 없앤다.

67 운전자의 용모에 대한 기본원칙이 아닌 것은?

㉮ 깨끗하게
㉯ 규정에 맞게
㉰ 계절에 맞게
㉱ 샌들이나 슬리퍼 착용

68 버스준공영제에 대한 설명으로 옳지 않은 것은?

㉮ 형태에 따라 노선 공동관리형, 수입금 공동관리형, 자동차 공동관리형이 있다.
㉯ 버스업체 지원형태에 따라 직접지원형, 간접지원형이 있다.
㉰ 국내 버스준공영제의 일반적인 형태는 간접지원형이다.
㉱ 직접지원형은 운영비용이나 자본비용을 보조하는 형태이다.

69 다음 중 중앙버스전용차로의 장단점으로 옳지 않은 것은?

㉮ 일반 차량과의 마찰을 최소화한다.
㉯ 교통 정체가 심한 구간에서는 큰 효과가 없다.
㉰ 대중교통 이용자의 증가를 도모할 수 있다.
㉱ 가로변 상업활동이 보장된다.

70 응급처치 실시의 범위로 옳지 않은 것은?

㉮ 전문인에 의한 치료
㉯ 즉각적이고 임시적인 처치
㉰ 병의 악화 방지
㉱ 상처의 조속한 처치

71 미국의 운전 전문가 해롤드 스미스가 제안한 안전운전의 5가지 기본 기술에 속하지 않는 것은?

㉮ 운전 중에 전방을 멀리 본다.
㉯ 전체적으로 살펴본다.
㉰ 다른 사람들이 자신을 볼 수 있도록 한다.
㉱ 눈은 한 곳을 응시한다.

72 휴게시설에 대한 설명으로 옳지 않은 것은?

㉮ 규모에 따른 휴게시설에는 일반휴게소, 간이휴게소, 화물차 전용휴게소, 쉼터휴게소가 있다.
㉯ 휴게시설이란 출입이 제한된 도로에서 운전자의 생리적 욕구, 피로 해소, 주유 등의 서비스를 제공하는 곳이다.
㉰ 화물차 전용휴게소에는 숙박시설, 샤워실 등이 포함되어 있다.
㉱ 쉼터휴게소에는 넓은 녹지공간, 급유소, 식당, 매점 등이 있다.

73 직업의 외재적 가치로 옳은 것은?

㉮ 직업 그 자체에 가치를 둔다.
㉯ 직업이 주는 사회 인식에 초점을 맞춘다.
㉰ 자신의 능력을 최대한 발휘하길 원한다.
㉱ 자신의 이상을 실현하는 데 초점을 맞춘다.

74 인사에 대한 설명으로 옳지 않은 것은?

㉮ 목례, 보통례, 정중례로 구분할 수 있다.
㉯ 승객 앞에 섰을 때는 목례한다.
㉰ 밝고 부드러운 미소를 짓는다.
㉱ 상대방을 존중하는 마음을 눈빛에 담아 인사한다.

75 자동차에 승차할 수 있도록 허용된 최대인원(운전자 포함)을 의미하는 용어는?

㉮ 차량 총중량
㉯ 차량 중량
㉰ 승차정원
㉱ 적차상태

76 교통카드의 설명으로 옳지 않은 것은?

㉮ 카드방식에 따라 MS(Magnetic Strip)방식과 IC방식(스마트카드)이 있다.
㉯ IC카드의 종류(내장하는 칩의 종류에 따라)에는 접촉식, 비접촉식(RF, Radio Frequency), 하이브리드, 콤비 등이 있다.
㉰ 지불방식에 따라 선불식과 후불식이 있다.
㉱ MS(Magnetic Strip)방식은 IC방식에 비해 보안성이 높다.

77 다음 중 교통사고 현장에서 부상자 구호 조치로 잘못된 것은?

㉮ 부상자가 있을 때는 가까운 병원으로 이송하거나 구급 요원이 도착할 때까지 응급처치를 한다.
㉯ 의식이 없는 부상자는 기도가 막히지 않도록 한다.
㉰ 호흡이 정지되었을 때는 심장마사지 등 인공호흡을 한다.
㉱ 출혈이 있을 때는 잘못 다루면 위험하므로 원상태로 두고 구급차를 기다려야 한다.

78 버스전용차로에 대한 설명으로 옳지 않은 것은?

㉮ 일반차로와 구별되게 버스가 전용으로 신속하게 통행할 수 있도록 설정된 차로를 말한다.
㉯ 통행방향과 차로의 위치에 따라 가로변버스전용차로, 역류버스전용차로, 중앙버스전용차로 등이 있다.
㉰ 버스전용차로의 설치는 일반차량의 교통상황이 좋아지는 경우가 많아진다.
㉱ 전용차로를 설치하고자 하는 구간의 교통정체가 심한 곳에 설치한다.

79 버스준공영제의 도입배경으로 옳지 않은 것은?

㉮ 현행 공영체제하에서 버스운영의 한계
㉯ 버스교통의 공공성에 따른 공공부문의 역할분담 필요
㉰ 복지국가로서 보편적 버스교통 서비스 유지 필요
㉱ 교통효율성 제고를 위해 버스교통의 활성화 필요

80 다음 중 삼가야 할 운전행동이 아닌 것은?

㉮ 욕설이나 경쟁심의 운전 행위
㉯ 시비, 다툼 등의 행위를 하여 다른 차량의 통행을 방해하는 행위
㉰ 음악이나 경음기 소리를 크게 하는 행위
㉱ 여유 있는 교차로 통과 행위

제 6 회 실제유형 시험보기

01 운전자가 휴대용 전화를 사용할 수 없는 경우는?

㉮ 도로가 아닌 곳에서 운전하고 있는 경우
㉯ 각종 범죄 및 재해 신고 등 긴급한 필요가 있는 경우
㉰ 자동차가 정지하고 있는 경우
㉱ 긴급자동차를 운전하는 경우

02 노선 여객자동차운송사업의 한정면허의 경우가 아닌 것은?

㉮ 여객의 특수성 또는 수요의 불규칙성 등으로 노선 여객자동차운송사업자가 노선버스를 운행하기 어려운 경우
㉯ 신규노선에 대하여 운행형태가 광역급행형인 시내버스운송사업을 경영하려는 자의 경우
㉰ 수익성이 많아 노선운송사업자가 운행을 원하는 노선으로 관할관청이 보조금을 지급하지 않는 경우
㉱ 버스전용차로의 설치 및 운행계통의 신설 등 버스교통체계 개선을 위하여 시·도의 조례로 정한 경우

03 교통사고 발생 시의 조치를 하지 아니한 사람에 대한 벌칙은?

㉮ 5년 이하의 징역이나 3,000만원 이하의 벌금
㉯ 5년 이하의 징역이나 1,500만원 이하의 벌금
㉰ 3년 이하의 징역이나 1,000만원 이하의 벌금
㉱ 1년 이하의 징역이나 1,000만원 이하의 벌금

04 행정안전부령으로 정하는 좌석안전띠를 매지 않아도 되는 사유로 옳지 않은 것은?

㉮ 긴급자동차가 그 본래의 용도로 운행되고 있는 경우
㉯ 자동차를 후진시키기 위하여 운전하는 경우
㉰ 부상·질병·장애 또는 임신 등으로 인하여 좌석안전띠의 착용이 적당하지 아니하다고 인정되는 자가 자동차를 운전하거나 승차하는 경우
㉱ 사고 차량을 견인하여 운전하는 경우

05 교통사고처리 특례법상 자동차 보험 또는 공제가입 사실을 어떻게 증명하는가?

㉮ 경찰공무원이 보험회사나 공제조합에 조회해 증명한다.
㉯ 피해자가 보험회사나 공제조합에 전화로 확인한다.
㉰ 보험회사나 공제조합에 서면으로 요청하여 증명한다.
㉱ 운전자가 소지한 보험 가입 증서로 증명한다.

06 다음 안전표지의 종류로 맞는 것은?

㉮ 자동차·이륜자동차 및 원동기장치자전거 통행금지
㉯ 이륜자동차 및 자전거 통행금지
㉰ 개인형 이동장치 통행금지
㉱ 화물자동차 통행금지

07 운전면허효력 정지의 처분을 받은 때에는 그 사유가 발생한 날부터 며칠 이내에 시·도경찰청장에게 운전면허증을 반납하여야 하는가?

㉮ 5일
㉯ 7일
㉰ 10일
㉱ 15일

08 **여객자동차 운수사업법상 운수종사자의 준수사항으로 옳지 않은 것은?**

㉮ 여객의 안전과 사고예방을 위하여 운행 전 사업용 자동차의 안전설비 및 등화장치 등의 이상 유무를 확인해야 한다.
㉯ 질병·피로·음주나 그 밖의 사유로 안전한 운전을 할 수 없을 때에는 즉시 운행을 중지하고 적절한 조치를 해야 한다.
㉰ 자동차의 운행 중 중대한 고장을 발견하거나 사고가 발생할 우려가 있다고 인정될 때에는 즉시 운행을 중지하고 적절한 조치를 해야 한다.
㉱ 운전업무 중 해당 도로에 이상이 있었던 경우에는 운전업무를 마치고 교대할 때에 다음 운전자에게 알려야 한다.

09 **교통사고처리 특례법에서 피해자가 명시한 의사에 반하여 공소를 제기할 수 없도록 규정한 경우는?**

㉮ 안전운전의무 불이행으로 사람을 다치게 한 경우
㉯ 약물복용 운전으로 사람을 다치게 한 경우
㉰ 교통사고로 사람을 죽게 한 경우
㉱ 교통사고 야기 후 도주한 경우

10 **시외버스운송사업의 운행형태 중 직행형에 관한 설명으로 적절하지 않은 것은?**

㉮ 시외직행버스를 사용하여 운행한다.
㉯ 기점 또는 종점이 있는 특별시·광역시·특별자치시 또는 시·군의 행정구역이 아닌 다른 행정구역에 있는 1개소 이상의 정류소에 정차하면서 운행하는 형태이다.
㉰ 운행거리가 50km 미만인 경우에는 정류소에 정차하지 않고 운행할 수 있다.
㉱ 운행구간의 60% 미만을 고속국도로 운행하는 경우 정류소에 정차하지 않고 운행할 수 있다.

11 **어린이통학버스로 신고할 수 있는 자동차로 옳은 것은?**

㉮ 승차정원 9인승(어린이 1인을 승차정원 1인으로 봄) 이상의 자동차
㉯ 승차정원 12인승(어린이 1인을 승차정원 1인으로 봄) 이상의 자동차
㉰ 승차정원 11인승(어린이 1인을 승차정원 1인으로 봄) 이상의 자동차
㉱ 승차정원 15인승(어린이 1인을 승차정원 1인으로 봄) 이상의 자동차

12 **운전적성정밀검사의 종류에 대한 설명으로 틀린 것은?**

㉮ 신규검사·특별검사 및 자격유지검사로 구분할 수 있다.
㉯ 특별검사는 질병, 과로 그 밖의 사유로 안전운전을 할 수 없다고 인정되는 자인지를 알기 위해 운송사업자가 신청한 사람이 받아야 한다.
㉰ 신규검사는 중상 이상의 사상사고를 일으킨 자가 받아야 한다.
㉱ 과거 1년간 도로교통법 시행규칙에 따른 운전면허 행정처분기준에 따라 계산한 누산점수가 81점 이상인 자는 특별검사를 받는다.

13 자동차운전 중 교통사고 중상자가 2명 발생한 경우 벌점은?

㉮ 15점
㉯ 30점
㉰ 40점
㉱ 90점

14 다음 중 1년 이내의 운전면허의 효력을 정지할 수 있는 사항은?

㉮ 거짓이나 그 밖의 부정한 수단으로 운전면허를 받은 경우
㉯ 술에 취한 상태에 있다고 인정할만한 상당한 이유가 있음에도 불구하고 경찰공무원의 측정에 응하지 아니한 경우
㉰ 도로교통법에 따른 교통단속 임무를 수행하는 경찰공무원 등을 폭행한 경우
㉱ 운전 중 고의 또는 과실로 교통사고를 일으킨 경우

15 교차로 내에서 황색신호로 바뀌었을 때 진행하는 방법으로 맞는 것은?

㉮ 계속 진행하여 교차로 밖으로 나간다.
㉯ 일시정지하여 다음 신호를 기다린다.
㉰ 속도를 줄여 서행한다.
㉱ 일시정지하여 좌우를 확인한 후 진행한다.

16 신호의 뜻에 대한 설명으로 맞는 것은?

㉮ 녹색 신호는 직진만 할 수 있다.
㉯ 황색 신호는 좌회전만 할 수 있다.
㉰ 우회전은 신호에 구애받지 않고 항시 할 수 있다.
㉱ 녹색 신호는 직진할 수 있고 또 우회전을 천천히 할 수 있다.

17 다음 중 시내버스운송사업 운행형태가 아닌 것은?

㉮ 광역급행형
㉯ 고속형
㉰ 좌석형
㉱ 일반형

18 운전자격의 취소 및 효력정지의 처분기준 중 감경사유에 대한 설명으로 틀린 것은?

㉮ 위반행위가 고의나 중대한 과실이 아닌 사소한 부주의나 오류로 인한 것으로 인정되는 경우
㉯ 위반의 내용정도가 경미하여 이용객에게 미치는 피해가 적다고 인정되는 경우
㉰ 위반행위를 한 사람이 처음 해당 위반행위를 한 경우로 최근 1년 이상 해당 여객 자동차운송사업의 모범적인 운수종사자로 근무한 사실이 인정되는 경우
㉱ 그 밖에 여객자동차 운수사업에 대한 정부 정책상 필요하다고 인정되는 경우

19 버스운전자격 관련 개별기준 중 자격취소가 되지 않는 경우는?

㉮ 부정한 방법으로 버스운전자격을 취득한 경우
㉯ 파산선고를 받고 복권되지 아니한 자
㉰ 운행기록증을 식별하기 어렵게 하거나, 그러한 자동차를 운행한 경우
㉱ 운전업무와 관련하여 버스운전자격증을 타인에게 대여한 경우

20 **도로교통법에 제시된 정의로 틀린 것은?**

㉮ 긴급자동차에는 소방차, 구급차, 혈액 공급차량 등이 있다.
㉯ 자전거는 사람의 힘으로 페달이나 손페달을 사용하여 움직이는 구동장치와 조향장치, 제동장치가 있는 두 바퀴 이상의 차를 말한다.
㉰ 운전자가 차 또는 노면전차를 즉시 정지시킬 수 있는 정도의 느린 속도로 진행하는 것은 서행이다.
㉱ 교차로는 두 개 이하의 도로가 교차하는 부분이다.

21 **자동차 운전에 필요한 적성의 기준으로 틀린 것은?**

㉮ 제1종 운전면허의 경우 시력이 두 눈을 동시에 뜨고 0.8 이상, 두 눈의 시력이 각각 0.5 이상이어야 한다.
㉯ 붉은색·녹색 및 노란색을 구별할 수 있어야 한다.
㉰ 80데시벨의 소리를 들을 수 있어야 한다.
㉱ 조향장치나 그 밖의 장치를 뜻대로 조작할 수 없는 등 정상적인 운전을 할 수 없다고 인정되는 신체상 또는 정신상의 장애가 없어야 한다.

22 **자동차가 물이 고인 노면을 고속으로 주행할 때 타이어는 요철용 무늬 사이에 있는 물을 배수하는 기능이 감소되어 물의 저항에 의해 노면으로부터 떠올라 물 위를 미끄러지듯이 되는 현상이 발생하는데 이 현상을 무엇이라 하는가?**

㉮ 수막현상
㉯ 완충현상
㉰ 스프링현상
㉱ 스탠딩 웨이브 현상

23 **앞지르기 사고유형이 아닌 것은?**

㉮ 좌측 도로상의 보행자와 충돌, 우회전 차량과의 충돌
㉯ 중앙선을 넘어 앞지르기하는 때에는 대향차와 충돌
㉰ 앞지르기 당하는 차량의 우회전 시 충돌
㉱ 진행 차로 내의 앞뒤 차량과의 충돌

24 **완화곡선에 대한 설명 중 틀린 것은?**

㉮ 완화곡선은 직선부와 곡선부를 원활하게 연결시켜 주기 위한 것이다.
㉯ 편구배 변화구간은 완화곡선 구간에 놓인다.
㉰ 설계속도에 대해서 곡선반경이 매우 크면 완화곡선을 생략할 수 있다.
㉱ 완화곡선의 길이는 운전자가 편구배를 느끼면서 최소한 5초 동안 주행할 수 있는 거리가 확보되어야 한다.

25 **특별시장이 버스의 원활한 소통을 위하여 특히 필요한 때에는 누구와 협의하여 도로에 버스전용차로를 설치할 수 있는가?**

㉮ 시·도경찰청장
㉯ 국토교통부장관
㉰ 구청장
㉱ 행정안전부장관

26 **구조변경승인이 가능한 항목은?**

㉮ 변경 전보다 성능, 안전도가 저하될 우려가 있는 경우
㉯ 총중량이 증가되는 구조·장치의 변경
㉰ 자동차의 종류가 변경되는 구조, 장치의 변경
㉱ 총중량이 감소되는 구조·장치의 변경

27 **연료 주입구, 엔진 후드의 개폐에 대한 설명으로 틀린 것은?**

㉮ 연료 캡을 열 때 연료에 압력이 가해질 수 있으므로 천천히 분리한다.
㉯ 엔진 시동 상태에서 엔진 후드를 점검해야 할 때 넥타이, 옷소매 등이 엔진에 가까이 닿지 않도록 주의한다.
㉰ 대형버스의 경우 일반적으로 엔진계통의 점검·정비가 용이하도록 자동차 후방에 엔진룸이 있다.
㉱ 연료 주입 시 시계방향으로 돌려 연료 주입구 캡을 분리한다.

28 **운행 시 자동차 조작 요령에 대한 설명이다. 틀린 것은?**

㉮ 내리막길에서 계속 풋 브레이크를 작동시키면 브레이크 파열의 우려가 있다.
㉯ 야간에 마주 오는 자동차가 있을 경우 전조등을 하향등으로 하여 상대 운전자의 눈부심을 방지한다.
㉰ 겨울철에 후륜구동 자동차는 앞바퀴에 타이어 체인을 장착해야 한다.
㉱ 눈길 주행 시 2단 기어를 사용하여 차바퀴가 헛돌지 않도록 천천히 가속한다.

29 **다음 중 차륜하중의 정의로 올바른 것은?**

㉮ 차륜을 통하여 접지면에 가해지는 각 차축당의 하중이다.
㉯ 공차상태의 자동차의 중량을 말한다.
㉰ 자동차의 1개의 차륜을 통하여 접지면에 가해지는 연직하중이다.
㉱ 자동차 총중량에서 공차중량을 뺀 것이다.

30 **전기 자동차에 대한 다음 설명 중 옳은 것은?**

㉮ 소음이 적다.
㉯ 시동과 운전이 어렵다.
㉰ 가솔린 자동차에 비해 안전성이 떨어진다.
㉱ 고속 장거리 주행에 적합하다.

31 **단순유성기어 장치의 구성요소가 아닌 것은?**

㉮ 웜 기어(Worm Gear)
㉯ 유성 캐리어(Planet Carrier)
㉰ 선 기어(Sun Gear)
㉱ 링 기어(Ring Gear)

32 **페이드 현상을 방지하는 방법이다. 알맞지 않은 것은?**

㉮ 드럼의 방열성을 높일 것
㉯ 열팽창에 의한 변형이 작은 형상으로 할 것
㉰ 마찰계수가 큰 라이닝을 사용할 것
㉱ 엔진 브레이크를 가급적 사용하지 않을 것

33 **자동차 점검사항으로 적절하지 못한 것은?**

㉮ 트렁크 안의 점검
㉯ 자동차 내부에서의 점검
㉰ 엔진룸의 점검
㉱ 자동차 외관 점검

34 **자동변속기의 오일 색에 대한 설명으로 옳지 않은 것은?**

㉮ 투명도가 높고 붉은 색이 정상일 때이다.
㉯ 투명도가 없고 검은 색을 띠는 것은 자동변속기 내부의 클러치 디스크의 마멸분말에 의한 오손, 기어가 마멸된 경우이다.
㉰ 장시간 사용하면 갈색이 된다.
㉱ 오일에 수분이 다량으로 유입된 경우에는 무색이다.

35 **자동차의 일상점검 시 주의해야 할 사항이 아닌 것은?**

㉮ 경사가 없는 평탄한 장소에서 실시한다.
㉯ 외부와의 접촉이 없는 막힌 공간에서 실시한다.
㉰ 엔진 점검 시에는 반드시 엔진을 끄고, 열이 식은 다음에 실시한다.
㉱ 연료장치나 배터리 부근에서는 불꽃을 멀리한다.

36 **대상자동차 및 검사 유효기간에 대한 설명으로 옳은 것은?**

㉮ 차령이 4년 초과인 비사업용 승용자동차의 검사 유효기간은 1년이다.
㉯ 차령이 3년 초과인 비사업용 화물자동차의 검사 유효기간은 2년이다.
㉰ 차령이 2년 초과인 사업용 승용자동차의 검사 유효기간은 1년이다.
㉱ 차령이 2년 초과인 사업용 대형화물자동차의 검사 유효기간은 3개월이다.

37 **연료전지 자동차의 특징으로 잘못 설명된 것은?**

㉮ 연료전지는 화학에너지를 직접 전기에너지로 변환시키기 때문에 효율이 높다.
㉯ 부하에 의한 효율의 변동이 작다.
㉰ 공해물질 발생이 없고, 이산화탄소의 생성이 현저히 낮다.
㉱ 내연기관에 비해 소음이나 진동이 다소 큰 편이다.

38 **다음 중 캠축에 설치된 것이 아닌 것은?**

㉮ 저 널
㉯ 캠
㉰ 헬리컬 기어
㉱ 풀 리

39 **자동차의 속도로 옳은 것은?**

㉮ 편도 2차로 이상인 모든 고속도로에서는 최고속도 110km/h 이내이다.
㉯ 편도 1차로인 일반도로에서는 80km/h 이내이다.
㉰ 편도 2차로 이상의 일반도로에서는 80km/h 이내이다.
㉱ 자동차전용도로에서는 최고속도는 100km/h, 최저속도는 30km/h이다.

40 좌우 바퀴의 회전반경이 차이가 나는 원인은?

㉮ 피트먼 암의 굽음이 있을 때
㉯ 앞 타이어의 지름이 같지 않을 때
㉰ 좌우 섀시 스프링이 같지 않을 때
㉱ 앞바퀴 베어링의 쫌이 불량할 때

41 다음 중 버스 교통사고의 주요 요인이 되는 특성이 아닌 것은?

㉮ 버스 주변에 접근한 승용차나 이륜차, 자전거를 못 보고 진로를 변경할 때
㉯ 연석에서 가까이 주차할 경우
㉰ 취한 승객이 운전자와 대화를 시도하거나 간섭할 때
㉱ 버스가 급가속 및 급제동할 때

42 자동차 주행 시 지켜야 할 사항으로 옳지 않은 것은?

㉮ 주행하는 차들과 똑같이 속도를 맞추어 주행한다.
㉯ 교통량이 많아 혼잡한 곳에서는 후미추돌 등을 방지하기 위해 감속 주행한다.
㉰ 주택가나 이면도로에서는 난폭운전을 하지 않는다.
㉱ 통행 우선권이 있는 차량이 진입할 때는 양보한다.

43 운전피로의 진행과정으로 잘못 설명된 것은?

㉮ 피로의 정도가 지나치면 과로가 되고 정상적인 운전이 곤란해진다.
㉯ 피로 또는 과로 상태에서는 졸음운전이 발생할 수 있고 이는 교통사고로 이어질 수 있다.
㉰ 연속운전은 일시적인 만성피로를 낳는다.
㉱ 매일 시간상 또는 거리상으로 일정 수준 이상의 무리한 운전을 하면 만성피로를 초래한다.

44 다음 중 주취운전에 대한 위험성에 대해 설명한 것으로 옳은 것은?

㉮ 반응동작이 빨라진다.
㉯ 주의력이 강화된다.
㉰ 사물식별력이 강화된다.
㉱ 속도감각이 둔해진다.

45 정상적인 시력을 가진 사람의 시야는 몇 도인가?

㉮ 35~60°
㉯ 60~120°
㉰ 120~180°
㉱ 180~200°

46 갓길의 기능으로 옳지 않은 것은?

㉮ 보도가 없는 도로에서 보행자의 통행 장소로 사용된다.
㉯ 곡선도로의 시거가 증가하여 안전성이 확보된다.
㉰ 도로 측방의 여유 폭은 교통의 안전성, 쾌적성을 확보할 수 있다.
㉱ 야간 주행 시 전조등 불빛에 의한 눈부심이 방지된다.

47 다음 중 경쟁의식이 강한 운전자가 범하기 쉬운 현상은?

㉮ 과로운전
㉯ 과속운전
㉰ 주취운전
㉱ 정차위반

48 보행자 사고의 가장 큰 요인은?

㉮ 인지결함
㉯ 판단착오
㉰ 동작착오
㉱ 신체결함

49 다음 중 어린이가 승용차에 탑승했을 때의 주의사항으로 틀린 것은?

㉮ 어린이는 뒷좌석 2점 안전띠의 길이를 조정하여 사용한다.
㉯ 여름철 주차 시 차 내에 어린이를 혼자 방치하면 탈수현상과 산소부족으로 생명을 잃는 경우가 있으므로 주의하여야 한다.
㉰ 어린이는 제일 나중에 태우고 제일 먼저 내리도록 한다.
㉱ 어린이는 뒷좌석에 앉도록 한다.

50 고령자 교통안전의 장애요인이 아닌 것은?

㉮ 기동성 결여
㉯ 반사 동작의 둔화
㉰ 과속 경향
㉱ 주의 · 예측 · 판단의 부족

51 다음 중 안전운전 요령으로 바르지 못한 내용은?

㉮ 오토매틱차의 변속 시에는 브레이크를 밟고 변속을 한다.
㉯ 비가 내리는 날에는 되도록이면 차폭등을 켜고 운행하는 것이 좋다.
㉰ 큰 고장이 나기 전에는 여러 가지 계기와 램프를 일일이 점검할 필요는 없다.
㉱ 후속으로 오는 차가 고속으로 너무 접근하면 우측 차로로 양보하는 것이 좋다.

52 운전자의 실전방어운전의 방법이 아닌 것은?

㉮ 진로를 바꿀 때는 상대방이 잘 알 수 있도록 여유 있게 신호를 보낸다.
㉯ 좌우로 도로의 안전을 확인한 뒤에 주행한다.
㉰ 대형 화물차나 버스의 바로 뒤를 따라서 진행할 때에는 빨리 앞지르기를 하여 벗어난다.
㉱ 밤에 마주 오는 차가 전조등 불빛을 줄이거나 아래로 비추지 않고 접근해 올 때는 불빛을 정면으로 보지 말고 시선을 약간 오른쪽으로 돌린다.

53 **앞지르기에 대한 설명 중 틀린 것은?**

㉮ 위험 방지를 위하여 정지 중인 차를 앞지르기할 수 있다.
㉯ 앞차가 다른 차를 앞지르기할 때는 앞지르기할 수 없다.
㉰ 앞서가는 차가 앞차와 나란히 가고 있는 때는 앞지르기할 수 없다.
㉱ 경찰관의 지시로 정지 또는 서행하고 있는 차를 앞지르기할 수 없다.

54 **야간운전에 대한 설명으로 틀린 것은?**

㉮ 해질 무렵이 가장 운전하기 힘든 시간이라고 한다.
㉯ 전조등을 비추어도 주변의 밝기와 비슷하기 때문에 의외로 다른 자동차나 보행자를 보기가 어렵다.
㉰ 야간에는 대향차량 간의 전조등에 의한 현혹현상으로 중앙선 상의 통행인을 우측 갓길에 있는 통행인보다 확인하기 어렵다.
㉱ 무엇인가가 사람이라는 것을 확인하는 데 좋은 옷 색깔은 흑색이다.

55 **차로폭에 대한 설명 중 틀린 것은?**

㉮ 어느 도로의 차선과 차선 사이의 최단거리를 말한다.
㉯ 차로폭은 대개 3.0~3.5m를 기준으로 한다.
㉰ 교량 위, 터널 내에서는 1.5m로 할 수 있다.
㉱ 시내 및 고속도로 등에서는 도로폭이 비교적 넓고, 골목길이나 이면도로 등에서는 도로폭이 비교적 좁다.

56 **비상주차대가 설치되는 장소가 아닌 것은?**

㉮ 길어깨를 축소하여 건설되는 긴 교량
㉯ 긴 터널
㉰ 교차로
㉱ 고속도로에서 길어깨 폭이 2.5m 미만으로 설치되는 경우

57 **교차로 부근에서 주로 발생하는 사고 유형은?**

㉮ 정면충돌사고
㉯ 직각충돌사고
㉰ 추돌사고
㉱ 차량단독사고

58 **교차로 사각에 대한 설명으로 옳지 못한 것은?**

㉮ 좁은 커브에서는 가능한 빠른 속도로 통과하는 것이 안전하다.
㉯ 같은 커브라도 장애물이 있으면 사각의 범위가 달라질 수도 있다.
㉰ 교차로를 우회전 시 짧은 커브로 돌면 우측방향이 크게 위험하다.
㉱ 좌우방향에서 오는 이륜차 등은 차체가 작아 발견이 어렵다.

59 **다음 중 철길 건널목에서의 안전운전 요령으로 맞는 것을 고르시오.**

㉮ 서행하면서 좌우의 안전을 확인한다.
㉯ 앞 차량을 따라 건너갈 때는 앞 차량 뒤에 바짝 붙어 따라간다.
㉰ 건널목 통과 시 기어는 변속하지 않는다.
㉱ 차단기가 내려지고 있으면 최대한 빨리 진입해 통과한다.

60 **가을철 교통사고의 특성으로 틀린 것은?**

㉮ 연중 가장 심한 일교차가 일어나기 때문에 안개가 집중적으로 발생해 대형 사고의 위험도 높아진다.
㉯ 아침에는 안개가 빈발하며 일교차가 심하다.
㉰ 단풍을 감상하다보면 집중력이 떨어져 교통사고의 발생 위험이 있다.
㉱ 자동차의 충돌·추돌·도로 이탈 등의 사고가 많이 발생한다.

61 커브 길에서의 안전운전수칙으로 잘못된 것은?

㉮ 미끄러지거나 전복될 위험이 있으므로 급핸들 조작, 급제동은 하지 않는다.
㉯ 핸들을 조작할 때는 절대로 가속·감속을 하지 않는다.
㉰ 중앙선을 침범하거나 도로의 중앙으로 치우쳐 운전하지 않는다.
㉱ 커브 길에서 앞지르기는 대부분 안전표지로 금지하고 있으나, 금지표지가 없다면 앞지르기를 해도 된다.

62 안개 낀 날의 안전운전방법으로 옳지 않은 것은?

㉮ 짙은 안개로 전방확인이 어려우면 전조등을 일찍 켜서 중앙선이나 가드레일, 차선 등을 기준으로 하여 속도를 낮춘 후 창을 열고 소리를 들으면서 주행한다.
㉯ 안개 낀 날은 운전자의 시야와 가시거리가 급격히 줄어들므로 안전운행에 더욱 유념해야 한다.
㉰ 짙은 안개가 낀 경우는 자기 바로 앞에 달리는 차를 기준삼아 뒤따라가는 것이 효과적이기 때문에 차간거리를 좁힌다.
㉱ 커브길이나 구부러진 길 등에서는 반드시 경음기를 울려서 자신이 주행하고 있다는 것을 알린다.

63 겨울철 안전운전 요령으로 틀린 것은?

㉮ 미끄러운 오르막길에서는 앞서가는 자동차가 정상에 오르는 것을 확인한 후 올라가야 한다.
㉯ 도중에 정지하는 일이 없도록 밑에서부터 탄력을 받아 일정한 속도로 기어 변속 없이 한번에 올라가야 한다.
㉰ 눈 쌓인 커브 길 주행 시에는 기어 변속을 자주한다.
㉱ 주행 중 노면의 동결이 예상되는 그늘진 장소도 주의해야 한다.

64 스탠딩 웨이브란 타이어 내부의 고열로 타이어가 쉽게 파손되는 현상을 말한다. 이 현상을 예방하기 위한 방법으로 옳지 않은 것은?

㉮ 속도를 줄인다.
㉯ 재생 타이어를 사용하지 않는다.
㉰ 타이어를 깨끗하게 유지한다.
㉱ 타이어 공기압은 평상치보다 높인다.

65 운전자의 기본적 주의사항이 아닌 것은?

㉮ 배차지시 없이 임의 운행금지
㉯ 정당한 사유 없이 지시된 운행경로 임의 변경운행 금지
㉰ 회사차량의 불필요한 단독운행 금지
㉱ 운전에 악영향을 미치는 음주 및 약물복용 후 운전 금지

66 다음 중 표정의 중요성이 아닌 것은?

㉮ 표정은 첫인상을 크게 좌우한다.
㉯ 첫인상은 대면 직후 결정되는 경우가 많다.
㉰ 첫인상이 좋아야 그 이후의 대면이 호감 있게 이루어질 수 있다.
㉱ 밝은 표정과 미소는 자신보다는 상대방을 위하는 것이라 생각한다.

67 고객불만 발생 시 행동요령으로 틀린 것은?

㉮ 고객의 감정을 상하게 하지 않도록 불만 내용을 끝까지 참고 듣는다.
㉯ 고객의 불만, 불편사항이 더 이상 확대되지 않도록 한다.
㉰ 고객불만을 해결하기 어려운 경우 적당히 답변하지 말고 관련 부서에 넘긴다.
㉱ 책임감을 갖고 전화를 받는 사람의 이름을 밝혀 고객을 안심시킨 후 확인 연락을 할 것을 전해준다.

68 운전자의 사명과 자세로 틀린 설명은?

㉮ 질서는 무의식적이라기보다 의식적으로 지켜야 한다.
㉯ 남의 생명도 내 생명처럼 존중한다.
㉰ 운전자는 공인이라는 자각이 필요하다.
㉱ 적재된 화물의 안전에 만전을 기하여 난폭운전이나 사고로 적재물이 손상되지 않도록 하여야 한다.

69 다음 버스운영체제 중 민영제의 장점으로 맞지 않는 것은?

㉮ 민간이 버스노선 결정, 운행서비스를 공급함으로 공급비용을 최소화할 수 있다.
㉯ 정부규제의 최소화로 행정비용 및 정부재정지원이 최소화된다.
㉰ 타 교통수단과의 연계교통체계 구축이 용이하다.
㉱ 버스시장에서 수요・공급체계의 유연성이 확보된다.

70 시・도지사(시장・군수 포함)가 관할 시・도경찰청장 또는 경찰서장과 협의하여 버스전용차로를 설치・운영해야 하는 경우로 옳은 것은?

㉮ 편도 2차선 이상의 도로로서 시간당 최대 100대 이상의 버스가 통행하거나 버스를 이용하는 사람이 시간당 최대 3,000명 이상인 경우
㉯ 편도 4차선 이상의 도로로서 시간당 최대 100대 이상의 버스가 통행하거나 버스를 이용하는 사람이 시간당 최대 2,000명 이상인 경우
㉰ 편도 3차선 이상의 도로로서 시간당 최대 100대 이상의 버스가 통행하거나 버스를 이용하는 사람이 시간당 최대 3,000명 이상인 경우
㉱ 편도 3차선 이상의 도로로서 시간당 최대 100대 이상의 버스가 통행하거나 버스를 이용하는 사람이 시간당 최대 5,000명 이상인 경우

71 운전석이 엔진 뒤쪽에 있는 버스를 무엇이라 하는가?

㉮ 캡오버버스
㉯ 보닛버스
㉰ 코치버스
㉱ 마이크로버스

72 고속도로 버스전용차로(경찰청의 고속도로 버스전용차로 시행고시 내용)에 대한 설명으로 옳지 않은 것은?

㉮ 평일은 경부고속도로 오산IC부터 양재IC까지 시행한다.
㉯ 토요일, 공휴일, 설날・추석 연휴, 연휴 전날은 신탄진IC부터 양재IC까지 시행한다.
㉰ 평일, 토요일, 공휴일은 서울・부산 양방향 06 : 00부터 22 : 00까지 시행한다.
㉱ 통행가능차량은 9인승 이상 승용자동차 및 승합자동차이다.

73 다음 중 응급처치 순서로 가장 먼저 해야 할 일은?

㉮ 의식확인
㉯ 도움요청
㉰ 기도확보
㉱ 호흡확인

74 다음 중 응급의료체계의 요소에 해당하지 않는 것은?

㉮ 병원 전단계 응급처치
㉯ 환자 후송 체계
㉰ 응급통신망
㉱ 재활치료

75 여객자동차 운수사업법상 관할관청에 속하지 않는 것은?

㉮ 특별자치도지사
㉯ 행정안전부장관
㉰ 특별시장
㉱ 광역시장

76 구강 내 이물질 제거를 위한 흡입(Suction) 시 적당한 시간은?

㉮ 15초 이내
㉯ 20초 이내
㉰ 30초 이내
㉱ 1분 이내

77 일반적인 쇼크의 증상이나 징후가 아닌 것은?

㉮ 약하고 빠른 맥박
㉯ 느린 호흡
㉰ 의식상태의 변화
㉱ 식은 땀

78 이용거리와 관계없이 일정하게 설정된 요금을 부과하는 요금체계는 무엇인가?

㉮ 구역운임제
㉯ 단일운임제
㉰ 거리운임요율제
㉱ 거리체감제

79 다음 중 잘못된 직업관은?

㉮ 소명의식을 지닌 직업관
㉯ 차별적 직업관
㉰ 사회구성원으로서 역할 지향적 직업관
㉱ 미래 지향적 전문능력 중심의 직업관

80 버스승객의 주요 불만사항이 아닌 것은?

㉮ 부정확한 배차시간
㉯ 불친절한 버스기사
㉰ 혼잡한 차 내
㉱ 정류소마다 정차

제 7 회 실제유형 시험보기

01 **교통사고처리 특례법상 과속사고의 성립요건이 아닌 것은?**

㉮ 일반교통이 사용되는 곳이 아닌 곳에서의 사고
㉯ 과속차량(20km/h 초과)에 충돌되어 인적 피해를 입는 경우
㉰ 제한속도 20km/h 초과하여 과속운행 중 사고를 야기한 경우
㉱ 고속도로나 자동차전용도로에서 제한속도 20km/h 초과한 경우

02 **다음 중 자동차 표시에 관한 설명 중 옳지 않은 것은?**

㉮ 시외버스의 경우 고속형, 우등고속형, 직행형, 일반형 등으로 표시한다.
㉯ 외부에서 알아보기 쉽도록 차체 면에 인쇄하는 등 항구적인 방법으로 표시한다.
㉰ 구체적인 표시 방법 및 위치 등은 시・도경찰청장이 정한다.
㉱ 자동차의 바깥쪽에 표시한다.

03 **사업용 자동차에 의해 중대한 교통사고가 발생한 경우 운송사업자가 지체 없이 국토교통부장관 또는 시・도지사에게 보고하여야 하는 경우가 아닌 것은?**

㉮ 전복사고
㉯ 화재가 발생한 사고
㉰ 사망자가 2명 이상
㉱ 중상자 2명 이상의 사람이 죽거나 다친 사고

04 **교통사고로 인해 피해자가 72시간 이내에 사망한 경우 벌점은?**

㉮ 10점
㉯ 30점
㉰ 40점
㉱ 90점

05 **다음 안전표지가 의미하는 것은 무엇인가?**

㉮ 직진 및 좌회전 표지
㉯ 좌회전 금지 표지
㉰ Y자형 교차로 표지
㉱ 양측방 통행 표지

06 **고속도로에서의 승용자동차와 고속버스의 통행방법으로 옳지 않은 것은?**

㉮ 편도 2차로 이상 최고속도 90km/h
㉯ 편도 2차로 최저속도 50km/h
㉰ 편도 1차로 최고속도 80km/h
㉱ 편도 1차로 최저속도 50km/h

07 **위반행위별 과태료 부과기준으로 틀리게 연결된 것은?**

㉮ 운수종사자 취업현황을 알리지 않은 경우 3회 - 100만원
㉯ 중대한 교통사고에 대한 보고를 하지 않거나 거짓보고를 한 경우 1회 - 20만원
㉰ 운수종사자의 요건을 갖추지 아니하고 여객자동차운송사업의 운전업무에 종사한 경우 1회 - 70만원
㉱ 일정한 장소에 오랜 시간 정차하여 여객을 유치하는 행위 1회 - 20만원

08 **다음 차량신호등에 대한 설명 중 옳지 않은 것은?**

㉮ 적색등화 시 차마는 우회전할 수 없다.
㉯ 황색등화 시 차마는 우회전을 할 수 있고 우회전하는 경우에는 보행자의 횡단을 방해하지 못한다.
㉰ 적색등화의 점멸 시 횡단보도 직전에 일시정지한 후 다른 교통에 주의하면서 진행할 수 있다.
㉱ 녹색등화 시 비보호좌회전표지 또는 비보호좌회전표시가 있는 곳에서는 좌회전할 수 있다.

09 **일반도로에서 견인자동차가 아닌 자동차로 총중량 2,000kg에 미달하는 자동차를 총중량이 3배인 자동차로 견인할 때의 속도는?**

㉮ 20km/h
㉯ 25km/h
㉰ 30km/h
㉱ 35km/h

10 **다음 중 교통사고 시의 조치에 관한 설명 중 옳지 않은 것은?**

㉮ 운송사업자는 천재지변이나 교통사고로 여객이 죽거나 다쳤을 때 국토교통부령으로 정하는 바에 따라 신속하게 유류품을 관리하고 대체 운송수단을 확보하는 등 필요한 조치를 하여야 한다.
㉯ 운송사업자는 중대한 교통사고가 발생하였을 때에는 24시간 이내에 시・도지사에게 보고한다.
㉰ 시・도지사에게 보고한 후 48시간 이내에 사고보고서를 작성하여 시・도경찰청장에게 제출하여야 한다.
㉱ 사고의 일시・장소 및 피해상황 등 사고의 개략적인 상황을 먼저 보고하여야 한다.

11 **운송사업자는 사업용 자동차에 의해 중대한 교통사고가 발생한 경우 지체 없이 국토교통부장관 또는 시・도지사에게 보고하여야 한다. 이때 중대한 교통사고에 해당하지 않는 것은?**

㉮ 전복 사고
㉯ 중상자 6명 이상의 사람이 죽거나 다친 사고
㉰ 부상자는 없고, 1명이 사망한 사고
㉱ 화재가 발생한 사고

12 **다음 중 운수종사자 현황 통보에 관한 설명으로 옳은 것은?**

㉮ 운송사업자는 운수종사자(운전업무 종사자격을 갖추고 여객자동차 운수사업의 운전업무에 종사하는 자)에 관한 사항을 매월 5일까지 알려야 한다.
㉯ 운수사업자는 전월 중에 신규 채용하거나 퇴직한 운수종사자의 명단만 알린다.
㉰ 해당 조합은 시・도지사의 허락을 받아 소속 운송사업자를 대신하여 소속 운송사업자의 운수종사자 현황을 취합・통보할 수 있다.
㉱ 시・도지사는 통보받은 운수종사자 현황을 취합하여 한국교통안전공단(국토교통부장관)에 통보하여야 한다.

13 운수종사자 현황 통보에 대한 설명으로 옳지 않은 것은?

㉮ 보고 시 신규 채용한 운수종사자의 경우에는 보유하고 있는 운전면허의 종류, 취득 일자를 포함하여 통보하여야 한다.
㉯ 해당 조합은 소속 운송사업자를 대신해 소속 운송사업자의 운수종사자 현황을 취합하고 통보할 수 있다.
㉰ 운송사업자는 전월 중 신규 채용이나 퇴직한 운수종사자의 명단, 전월 말일 현재의 운수종사자 현황에 대해 다음 달 20일까지 시·도지사에게 통보하여야 한다.
㉱ 시·도지사는 현황을 취합해 국토교통부장관에게 보고해야 한다.

14 다음 중 교통사고 운전자의 책임이 아닌 것은?

㉮ 감독상 책임
㉯ 행정상 책임
㉰ 형사상 책임
㉱ 민사상 책임

15 다음 중 여객자동차 운수사업법령상 과태료 부과대상이 아닌 것은?

㉮ 1년에 3회 이상 소아의 무임운송을 거절하거나 받지 아니하여야 할 운임을 받은 경우
㉯ 중대한 교통사고에 따른 보고를 하지 아니하거나 거짓보고를 한 운송사업자
㉰ 운수종사자 취업현황을 알리지 아니한 운송사업자
㉱ 여객이 승차하기 전에 자동차를 출발시키거나 승하차할 여객이 있는데도 정차하지 아니하고 정류소를 지나치는 행위

16 안전표지에 대한 설명으로 틀린 것은?

㉮ 노면에 기호·문자 또는 선으로 도로사용자에게 알리는 표지는 노면표시이다.
㉯ 도로교통의 안전을 위하여 각종 제한·금지 등의 규제를 하는 경우에 이를 도로사용자에게 알리는 표지가 규제표지이다.
㉰ 도로교통의 안전을 위해 필요한 지시를 하는 경우 알리는 표지는 보조표지이다.
㉱ 도로상태가 위험하거나 도로나 부근에 위험물이 있는 경우에 필요한 안전조치를 할 수 있도록 이를 도로사용자에게 알리는 표지가 주의표지이다.

17 교통사고의 요인 중 가정환경의 불합리, 직장인간관계의 잘못은 무슨 원인이라 하겠는가?

㉮ 직접원인
㉯ 간접원인
㉰ 잠재원인
㉱ ㉮, ㉯, ㉰와 관계없음

18 도로교통법의 목적을 가장 올바르게 설명한 것은?

㉮ 도로교통상의 위험과 장해를 제거하여 안전하고 원활한 교통을 확보함을 목적으로 한다.
㉯ 도로를 관리하고 안전한 통행을 확보하는 데 있다.
㉰ 교통사고로 인한 신속한 피해 복구와 편익을 증진하는 데 있다.
㉱ 교통법규 위반자 및 사고 야기자를 처벌하고 교육하는 데 있다.

19 다음 운전행동상의 사고요인분석 중에서 사고발생률이 가장 낮은 것은?

㉮ 인식지연
㉯ 판단착오
㉰ 불가항력
㉱ 조작착오

20 **다음 중앙선 침범의 경우 중 성격이 다른 하나는?**

㉮ 졸음 운전 때문에 뒤늦은 제동으로 중앙선을 침범한 경우
㉯ 빗길 과속으로 인한 중앙선 침범의 경우
㉰ 사고를 피하기 위해 급제동하다 중앙선을 침범한 경우
㉱ 커브길에서 과속으로 인한 중앙선 침범의 경우

21 **다음은 위험요소를 제거하기 위하여 거쳐야 할 일반적 단계이다. 해당되지 않는 것은?**

㉮ 평 가
㉯ 조직의 구성
㉰ 위험요소의 탐지
㉱ 피드백

22 **여객자동차 운수사업법상 운수종사자가 안전운행과 다른 여객의 편의를 위하여 이를 제지하여야 할 사항으로 옳지 않은 것은?**

㉮ 다른 여객에게 위해(危害)를 끼칠 우려가 있는 폭발성 물질, 인화성 물질 등의 위험물을 자동차 안으로 가지고 들어오는 행위
㉯ 다른 여객에게 위해를 끼치거나 불쾌감을 줄 우려가 있는 동물(장애인 보조견 및 전용운반상자에 넣은 애완동물은 제외한다)을 자동차 안으로 데리고 들어오는 행위
㉰ 다른 여객에게 불쾌감을 줄 우려가 있는 물품을 자동차 안으로 가지고 들어오는 행위
㉱ 운행 중인 전세버스운송사업용 자동차 안에서 안전띠를 착용하지 않고 좌석을 이탈하여 돌아다니는 행위

23 **시외버스운송사업자가 여객운송에 딸린 우편물 등이나 여객의 휴대화물을 운송할 때에는 필요한 사항을 적은 화물표를 우편물 등을 보내는 자나 휴대화물을 맡긴 여객에게 줘야 한다. 다음 중 필요한 사항으로 옳지 않은 것은?**

㉮ 운임·요금 및 운송구간
㉯ 접수연월일
㉰ 품명·개수(個數)와 용적 또는 중량
㉱ 운송사업자의 성명·명칭 및 주소

24 **다음 중 연석선, 안전표지나 그와 비슷한 인공구조물로 경계를 표시하여 보행자(유모차, 보행보조용 의자차, 노약자용 보행기 등을 이용하여 통행하는 사람 및 실외이동로봇을 포함)가 통행할 수 있도록 한 도로의 부분을 뜻하는 용어는?**

㉮ 도 로
㉯ 차 도
㉰ 보 도
㉱ 차 선

25 **여객자동차운송사업의 면허에 대한 설명으로 적절하지 않은 것은?**

㉮ 면허신청을 받은 경우 그 신청서류를 심사하여 면허요건에 적합하다고 인정하면 시설 등을 확인할 일시를 지정하여 그 신청인에게 알려야 한다.
㉯ 관할관청은 지정된 일시에 시설 등을 확인한 후 시설 등이 기준을 충족한 때에는 여객자동차운송사업의 면허를 하여야 한다.
㉰ 관할관청은 시설 등의 확인을 해당 시설 등의 소재지를 관할하는 시·도지사에게 의뢰할 수 있다.
㉱ 관할관청은 확인 결과 시설 등의 기준에 미치지 못하는 경우에는 한정면허를 하여야 한다.

26 **자동차용 기관으로 연소 최고압력이 일정할 때 열효율이 가장 좋은 사이클은?**

㉮ 오토 사이클
㉯ 디젤 사이클
㉰ 사바데 사이클
㉱ 브레이턴 사이클

27 **엔진오일 교환 시 주의사항이 아닌 것은?**

㉮ 엔진 길들이기 과정인 주행거리 1,000km에서는 반드시 교환한다.
㉯ 엔진오일 필터는 엔진오일을 2~3회 교환할 때 한 번 정도로 교환한다.
㉰ 한 번에 많은 양을 넣기보다는 양을 확인하면서 조금씩 넣는다.
㉱ 동일 등급의 오일로 교환한다.

28 **운행 후 안전수칙에 대한 설명으로 틀린 것은?**

㉮ 습기가 많고 통풍이 잘되지 않는 차고에 주차한다.
㉯ 주차할 때에는 반드시 주차 브레이크를 작동시킨다.
㉰ 밀폐된 공간에서 시동을 걸어 놓으면 배기가스가 차 안으로 유입되어 위험하다.
㉱ 차에서 내리거나 후진할 때는 차 밖의 안전을 확인한다.

29 **다음 중 디젤기관의 연료(경유)가 갖추어야 할 조건으로 부적당한 것은?**

㉮ 발열량이 클 것
㉯ 세탄가가 낮을 것
㉰ 적당한 점도일 것
㉱ 유황분이 적을 것

30 **일상점검의 주의사항으로 옳지 않은 것은?**

㉮ 약간의 경사가 있는 장소에서 점검한다.
㉯ 배터리, 전기 배선을 만질 때에는 미리 배터리의 ⊖단자를 분리한다.
㉰ 점검은 환기가 잘되는 장소에서 실시한다.
㉱ 연료장치나 배터리 부근에서는 불꽃을 멀리한다.

31 **터보차저에 대한 설명으로 틀린 것은?**

㉮ 초기 시동 시 공회전은 삼간다.
㉯ 터보차저는 고속 회전운동을 하는 부품으로 회전부의 원활한 윤활과 터보차저에 이물질이 들어가지 않도록 한다.
㉰ 시동 전 오일량을 확인하고 시동 후 오일압력이 정상적으로 상승되는지를 확인한다.
㉱ 공회전 또는 워밍업시 무부하 상태에서 급가속을 하는 것도 터보차저 각부의 손상을 가져올 수 있으므로 삼간다.

32 **휠 얼라이먼트의 역할이 아닌 것은?**

㉮ 안전성을 준다.
㉯ 조향핸들의 조작을 확실하게 한다.
㉰ 타이어 마멸을 최대로 한다.
㉱ 조향핸들에 복원성을 부여한다.

33 **운전자격을 취득할 수 있는 사람은?**

㉮ 마약류관리에 관한 법률에 따른 죄를 범하여 금고 이상의 실형을 선고받고 그 집행이 끝나거나 면제된 날부터 2년이 지나지 아니한 사람
㉯ 살인, 약취, 유인, 강간, 추행죄, 성폭력범죄, 절도와 강도 중 어느 하나의 죄를 범하여 금고 이상의 실형을 선고받고 그 집행이 끝나거나 면제된 날부터 2년이 지나지 아니한 사람
㉰ 버스운전 자격시험에 따른 자격시험 공고일 전 5년간 난폭운전을 1회 위반한 사람
㉱ 폭력단체 구성·활동 죄를 범하여 금고 이상의 실형을 선고받고 그 집행이 끝나거나 면제된 날부터 2년이 지나지 아니한 사람

34 **다음 중 자동차의 물리적 특성 중 원심력에 관한 설명으로 잘못된 것은?**

㉮ 속도가 빠를수록 커진다.
㉯ 속도의 제곱에 비례해서 커진다.
㉰ 커브의 반경이 작을수록 작아진다.
㉱ 중량이 클수록 커진다.

35 **LPG 자동차 운전자의 LPG 누출 확인요령으로 잘못된 것은?**

㉮ 우선 냄새로 확인한다.
㉯ 누출 부위를 확인할 때는 비눗물을 사용하는 것이 바람직하다.
㉰ 누출 부위를 손으로 막지 않는다.
㉱ 누출이 확인된 LPG 용기는 수리한다.

36 **다음 중 시동이 걸리지 않는 경우의 조치요령으로 적당하지 않은 것은?**

㉮ 배터리의 충전 상태를 확인한다.
㉯ 플러그의 그을음 상태를 확인한다.
㉰ 쇽업소버의 상태를 확인한다.
㉱ 퓨즈의 단락 상태를 확인한다.

37 **다음 중 자동차의 물리적 특성 중 제동력에 관한 설명으로 잘못된 것은?**

㉮ 주행 중인 차의 운동에너지는 속도의 제곱에 비례해서 커진다.
㉯ 차의 제동거리는 차가 갖는 운동에너지의 제곱에 비례해서 길어진다.
㉰ 차의 속도가 2배로 되면 제동거리는 4배가 된다.
㉱ 비에 젖은 노면에서는 제동력이 높아지므로 미끄러져 나가는 거리가 더 짧아진다.

38 **자동차의 이상징후에 대한 설명으로 틀린 것은?**

㉮ 주행 전 차체에 이상한 진동이 느껴질 때는 엔진 고장이 원인이다.
㉯ 엔진의 회전수에 비례하여 쇠가 마주치는 소리가 날 때 밸브간극 조정으로 고칠 수 있다.
㉰ 클러치를 밟고 있을 때 "달달달" 떨리는 소리와 함께 차체가 떨리고 있다면, 클러치 릴리스 베어링의 고장이다.
㉱ 비포장 도로의 울퉁불퉁한 험한 노면상을 달릴 때 "딱각딱각" 하는 소리가 나면 조향장치의 고장이다.

39 **다음 중 업종 · 위반내용별 1차 과징금 부과기준으로 틀리게 연결된 것은?**

㉮ 자동차 안에 게시하여야 할 사항을 게시하지 아니한 특수여객 - 20만원
㉯ 차내 안내방송 실시 상태가 불량한 시외버스 - 10만원
㉰ 앞바퀴에 재생 타이어를 사용한 전세버스 - 40만원
㉱ 차 안에 안내방송장치 및 정차신호용 버저를 작동시킬 수 있는 스위치를 설치하지 않은 마을버스 - 100만원

40 **헤드 레스트(Head Rest)에 대한 설명이다. 틀린 것은?**

㉮ 자동차의 좌석에서 허리를 받치는 역할을 한다.
㉯ 헤드 레스트가 없는 상태에서의 주행은 머리, 목의 상해를 일으킬 수 있다.
㉰ 주행 시 안락감과 충돌사고 발생 시 머리, 목을 보호한다.
㉱ 헤드 레스트를 분리하고자 할 때에는 잠금해제 레버를 누른 상태에서 헤드 레스트를 위로 당겨 분리한다.

41 다음 중 교통사고를 없애고 밝고 쾌적한 교통사회를 이룩하기 위해서 가장 먼저 강조되어야 할 사항은?

㉮ 초보운전교육의 중요성
㉯ 기능교육을 지도하는 기능강사의 도덕성과 전문성
㉰ 안전운전에 대한 지식과 기능 그리고 바람직한 태도를 갖춘 운전자의 육성
㉱ 운전에 필요한 건강한 신체와 건전한 정신의 배양

42 시야 확보가 적을 때 나타나는 현상으로 관계가 없는 것은?

㉮ 앞차에 바짝 따라가는 경우
㉯ 급차로 변경이 많은 경우
㉰ 반응이 늦은 경우
㉱ 자주 놀라지 않는 경우

43 타인 차량에 의한 사각으로 바르지 못한 것은?

㉮ 후방차의 뒤편
㉯ 전방의 차에 붙어갈 때 그 차의 전방
㉰ 교차로에서 좌회전 시 반대 방향 차의 뒤
㉱ 양쪽 도로변에 주정차된 차량 사이

44 어린이가 타고 있는 통학버스의 특별 보호에 대해 가장 바르게 설명한 것은?

㉮ 어린이 통학버스에 어린이가 타고 있다는 표시를 한 경우에는 모든 차들은 이 통학버스를 앞지르지 못한다.
㉯ 어린이나 유아가 통학버스를 타고 내리는 중일 때는 옆 차선으로 비켜 지나간다.
㉰ 어린이 통학버스가 다가오면 무조건 일시 정지한다.
㉱ 어린이 통학버스는 피해가는 것이 좋다.

45 운전자의 피로 방지 대책으로 틀린 것은?

㉮ 소음이 심하므로 가급적 차창을 열지 않는다.
㉯ 햇빛이 강할 때는 선글라스를 착용한다.
㉰ 5~10분씩 정기적으로 휴식을 취한다.
㉱ 운전 중에는 지속적으로 눈을 움직여 준다.

46 음주운전자의 특성으로 틀린 것은?

㉮ 시각적 탐색능력이 현저히 감퇴된다.
㉯ 주위 환경에 과민하게 반응한다.
㉰ 속도에 대한 감각이 둔화된다.
㉱ 주위환경에 반응하는 능력이 크게 저하된다.

47 교량과 교통사고에 대한 설명으로 옳지 않은 것은?

㉮ 교량 접근도로의 폭, 교량의 폭이 같을 때는 사고 위험이 감소한다.
㉯ 교량 접근도로의 폭에 비해 교량의 폭이 좁으면 사고 위험이 증가한다.
㉰ 교량 접근도로의 폭, 교량의 폭이 서로 다른 경우에는 안전표지 등을 통해 사고를 감소시키도록 한다.
㉱ 교량 접근도로의 형태 등은 교통사고와 관계가 없다.

48 가변차로에 대한 설명으로 옳지 않은 것은?

㉮ 가변차로를 시행할 때는 가로변 주정차 금지, 좌회전 통행 제한, 충분한 신호시설의 설치 등 노면표시에 대한 개선이 필요하다.
㉯ 차량의 지체를 감소시켜 에너지 소비량과 배기가스 배출량의 감소 효과를 기대할 수 있다.
㉰ 방향별 교통량이 특정시간대에 현저하게 차이가 발생하는 도로에서 교통량이 많은 쪽으로 차로수가 확대될 수 있도록 신호기에 의해 차로의 진행방향을 지시하는 차로를 말한다.
㉱ 차량의 운행속도와 관계없다.

49 앞지르기할 때의 주의사항이다. 틀린 것은?

㉮ 도로 중앙 좌측 부분으로 앞지르기할 때에는 반대 방향을 확인해야 한다.
㉯ 앞차를 앞지르고자 할 때에는 앞차의 우측으로 통행해야 한다.
㉰ 앞지르기 금지 장소가 아닌지 살핀다.
㉱ 앞지르기를 할 때에는 반대 방향의 교통에 주의하여야 한다.

50 다음 중 보행자 사고에 대한 설명으로 바르지 않은 것은?

㉮ 우리나라는 보행 중 사고자 비율이 다른 선진국에 비해 낮다.
㉯ 횡단 중의 사고가 가장 많다.
㉰ 어떤 형태이든 통행 중의 사고가 많다.
㉱ 연령층별로는 어린이와 노약자가 높은 비중을 차지한다.

51 진로변경 위반에 해당하는 경우가 아닌 것은?

㉮ 두 개 이상의 차로를 지그재그로 운행할 때
㉯ 진로 변경이 금지된 곳에서 진로를 변경할 때
㉰ 갑자기 차로를 바꾸어 끼어들 때
㉱ 상대방 차량에게 피해를 주지 않으면서 여러 차로를 연속적으로 가로지를 때

52 방어운전 요령에 대한 다음 설명 중 틀린 것은?

㉮ 고속주행 중 브레이크를 밟을 때는 한 번에 힘껏 밟아준다.
㉯ 뒤차가 접근해 올 때에는 가볍게 브레이크를 밟아 주의를 준다.
㉰ 화물차를 뒤따라갈 경우에는 적재물이 떨어질 염려가 있으므로 가급적 멀리 떨어진다.
㉱ 차의 옆을 통과할 때는 상대방 차가 갑자기 진로변경을 하더라도 안전할 만큼 충분한 간격을 두고 진행한다.

53 다음 중 경제운전으로 볼 수 있는 경우는?

㉮ 워밍업 시간을 10분 이상 시킨다.
㉯ 공회전을 자주 한다.
㉰ 짐을 한 번에 많이 싣는다.
㉱ 엔진에 무리가 없는 한 고단 기어를 사용한다.

54 교통섬을 설치하는 목적으로 올바르지 않은 것은?

㉮ 보행자가 도로를 횡단할 때 대피할 곳을 제공한다.
㉯ 신호등, 도로표지, 안전표지 등을 설치한다.
㉰ 가끔 주차장으로 이용할 수 있다.
㉱ 도로교통의 흐름을 안전하게 한다.

55 차로폭에 따른 사고 위험에 대한 설명 중 틀린 것은?

㉮ 차로폭이 넓은 경우 운전자가 느끼는 주관적 속도감이 실제 주행속도보다 낮게 느껴진다.
㉯ 차로폭이 넓은 경우 제한속도를 초과한 과속사고의 위험이 있다.
㉰ 차로폭이 좁은 경우 보·차도 분리시설이 미흡하다.
㉱ 차로폭이 좁은 경우 사고위험이 낮다.

56 설치 위치 및 기능에 따른 방호울타리의 구분으로 옳지 않은 것은?

㉮ 가요성 방호울타리
㉯ 보도용 방호울타리
㉰ 중앙분리대용 방호울타리
㉱ 교량용 방호울타리

57 다음 중 교차로 통과 시 안전운전이 아닌 것은?

㉮ 교차로의 대부분이 앞이 잘 보이는 곳임을 알아야 한다.
㉯ 직진할 경우는 좌·우회전하는 차를 주의한다.
㉰ 성급한 좌회전은 보행자를 간과하기 쉽다.
㉱ 맹목적으로 앞차를 추종해서는 안 된다.

58 철길 건널목 통과 중 시동이 꺼졌을 때 대처 방법으로 옳지 않은 것은?

㉮ 즉시 동승자를 대피시킨다.
㉯ 무조건 차를 건널목 밖으로 옮겨야 한다.
㉰ 철도공무원, 건널목 관리원에게 알린다.
㉱ 열차가 오는 방향으로 옷을 벗어 흔들어 기관사에게 위급상황을 알린다.

59 과속방지시설을 설치하지 않아도 되는 곳은?

㉮ 학교, 유치원, 어린이 놀이터, 근린공원, 마을 통과 지점 등
㉯ 보도와 차도의 구분이 없는 도로로 보행자가 많은 경우
㉰ 공동주택, 근린 상업시설, 학교 등 자동차의 출입이 많아 속도규제가 필요한 경우
㉱ 자동차의 통행속도를 45km/h 이하로 제한할 필요가 있다고 인정되는 구간

60 비 오는 날의 안전운전에 대한 설명으로 옳지 않은 것은?

㉮ 비가 오는 날이더라도 웅덩이를 지난 직후에는 떨어졌던 브레이크 기능이 원상 회복된다.
㉯ 비오는 날은 수막현상이 일어나기 때문에 감속운전해야 한다.
㉰ 비가 내리기 시작한 직후에는 노면의 흙, 기름 등이 비와 섞여 더욱 미끄럽다.
㉱ 비 오는 날 산길의 길 가장자리 부분은 지반이 약하기 때문에 가까이 가지 않도록 한다.

61 봄철 안전운전 요령으로 틀린 것은?

㉮ 시선을 멀리 두어 노면 상태 파악에 신경을 써야 한다.
㉯ 변화하는 기후 조건에 잘 대처할 수 있도록 방어운전에 힘써야 한다.
㉰ 춘곤증은 피로·나른하지만 주의력 집중에 도움이 된다.
㉱ 운행 중에는 주변 교통 상황에 대해 집중력을 갖고 안전 운행하여야 한다.

62 **노면의 사고율이 높은 순으로 맞게 배열한 것을 고르시오.**

㉮ 눈 덮인 노면 > 결빙 노면 > 건조 노면 > 습윤 노면
㉯ 건조 노면 > 눈 덮인 노면 > 습윤 노면 > 결빙 노면
㉰ 결빙 노면 > 눈 덮인 노면 > 습윤 노면 > 건조 노면
㉱ 결빙 노면 > 습윤 노면 > 눈 덮인 노면 > 건조 노면

63 **자동차를 출발하기 전 체크해야 할 사항으로 거리가 먼 것은?**

㉮ 출발 후 진로변경이 끝나기 전에 신호를 중지한다.
㉯ 운전석은 운전자의 체형에 맞게 조절한다.
㉰ 운행을 하기 전에 제동등이 켜져 있는지 확인한다.
㉱ 주차브레이크가 채워진 상태에서 출발하지 않는다.

64 **인사의 중요성을 설명한 것으로 틀린 것은?**

㉮ 인사는 서비스의 주요 기법이다.
㉯ 인사는 고객에 대한 서비스 정신의 표시이다.
㉰ 인사는 고객에 대한 마음가짐의 표현이다.
㉱ 인사는 실천하기 쉬운 행동양식이다.

65 **교통사고 발생 시 운전자의 조치요령으로 잘못된 것은?**

㉮ 사고현장에 의사, 구급차 등이 도착할 때까지 부상자에게 필요한 응급조치를 한다.
㉯ 화재진화 출동 등 긴급자동차도 반드시 운전자가 필요한 조치를 해야 한다.
㉰ 피해자가 병원 가기를 거부하는 경우 상호 연락장소를 기록하여 사후 대비한다.
㉱ 인명피해 발생 시는 아무리 경미하더라도 병원에 옮겨 진단 조치한다.

66 **대화에 대한 설명으로 틀린 것은?**

㉮ 공손하게 말한다.
㉯ 큰 소리로 자기 생각을 주장한다.
㉰ 밝고 적극적으로 말한다.
㉱ 품위 있게 말한다.

67 **버스준공영제하에서 대중교통 이용 활성화를 유도하기 위해서 시행하는 내용으로 가장 옳은 것은?**

㉮ 무료환승제 도입
㉯ 표준운송원가 및 표준경영모델 도입
㉰ 시내버스 서비스 평가제 도입
㉱ 운영비용에 대한 재정지원

68 **중앙버스전용차로에 대한 설명으로 옳지 않은 것은?**

㉮ 도로 중앙에 버스만 이용할 수 있는 전용차로를 지정함으로써 버스를 다른 차량과 분리하여 운영하는 방식이다.
㉯ 버스의 운행속도를 높이는 데 도움이 된다.
㉰ 승용차를 포함한 다른 차량들은 버스의 정차로 인한 불편을 초래한다.
㉱ 버스의 잦은 정류장 또는 정류소의 정차 및 갑작스런 차로 변경은 다른 차량의 교통흐름을 단절시키거나 사고 위험을 초래할 수 있다.

69 교통카드시스템의 도입효과 중 운영자 측면의 효과로 옳지 않은 것은?

㉮ 운송수입금 관리가 용이하고, 요금집계업무의 전산화를 통한 경영합리화가 증대된다.
㉯ 대중교통 이용률 증가에 따른 운송수익이 증대된다.
㉰ 정확한 전산실적자료에 근거한 운행 효율화를 가능케 한다.
㉱ 다양한 요금체계에 대응이 곤란하다.

70 운송사업자의 준수사항으로 틀린 것은?

㉮ 노약자, 장애인 등에게는 특별한 편의를 제공해야 한다.
㉯ 운송사업자는 모자를 반드시 착용해야 한다.
㉰ 회사명, 운전자 성명 등의 정보를 자동차 안에 게시하여 둔다.
㉱ 사업을 휴업하려는 경우에는 일반인이 보기 쉬운 장소에 사전에 게시하여야 한다.

71 응급처치상의 의무와 과실에 대한 설명으로 잘못된 것은?

㉮ 법적으로 인정된 치료 기준 내에서 응급처치를 실시하다 부상자의 상태를 악화시켰을 때를 말한다.
㉯ 법적인 의무가 없는 한 응급처치를 반드시 할 필요는 없다.
㉰ 응급처치 교육을 받은 사람이 응급처치를 하지 않았을 경우 자신의 본분을 다하지 않은 것으로 본다.
㉱ 부상이나 손해를 야기하는 것에는 신체적 부상 이외에도 육체적, 정신적 고통, 의료비용 등의 금전적 손실, 노동력 상실이 포함된다.

72 직업의 경제적 의미로 옳지 않은 것은?

㉮ 일의 대가로 임금을 받아 경제생활을 영위한다.
㉯ 인간이 직업을 구하려는 동기 중 하나는 노동의 대가이다.
㉰ 인간은 직업을 통해 자신의 이상을 실현한다.
㉱ 직업을 통해 안정된 삶을 영위해 나갈 수 있어 중요한 의미를 가진다.

73 장의자동차에 대한 설명으로 옳지 않은 것은?

㉮ 관은 차 외부에서 싣고 내릴 수 있도록 한다.
㉯ 앞바퀴에는 재생 타이어를 사용해야 한다.
㉰ 차 안에는 난방장치를 설치한다.
㉱ 운구전용 장의자동차에는 운전자 좌석, 장례에 참여하는 사람이 이용하는 두 종류 이외의 다른 좌석을 설치하면 안 된다.

74 버스승객의 주요 불만사항으로 옳지 않은 것은?

㉮ 버스가 정해진 시간에 오지 않는다.
㉯ 도로상태가 좋지 않다.
㉰ 버스기사가 불친절하다.
㉱ 안내방송이 미흡하다.

75 근육통의 증상이 아닌 것은?

㉮ 근육 경련
㉯ 피 로
㉰ 식욕부진
㉱ 수면장애

76 **승객에 대한 호칭으로 가장 적절하지 않은 것은?**

㉮ '고객'이라는 말을 사용한다.
㉯ 할아버지, 할머니 등 나이가 드신 분들은 '어르신'으로 호칭한다.
㉰ '아줌마', '아저씨'는 상대방을 높이는 느낌이 없으므로 사용하지 않는다.
㉱ 초등학생과 미취학 어린이에게는 '어린이', '학생'이라는 호칭을 사용한다.

77 **교통사고의 상황파악에 대한 설명으로 옳지 않은 것은?**

㉮ 피해자와 구조자 등에게 위험이 계속 발생하는지 파악
㉯ 주변에 구조를 도울 사람이 있는지 파악
㉰ 가능한 한 혼자 해결해야 하므로 혼자 할 수 있는 일 파악
㉱ 생명이 위독한 환자가 누구인지 파악

78 **버스운영체제의 유형에 대한 설명으로 옳지 않은 것은?**

㉮ 버스운영체제에는 공영제, 민영제, 버스준공영제가 있다.
㉯ 공영제는 운영은 정부에서 하고, 관리는 민간에서 담당하는 방식이다.
㉰ 민영제는 민간이 주체가 되고, 정부규제는 최소화하는 방식이다.
㉱ 버스준공영제는 운영은 민간에서 하고, 관리는 공공영역에서 담당하는 방식이다.

79 **쇼크의 응급처치에 관한 사항 중 옳지 않은 것은?**

㉮ 기도 유지에 신경 쓴다.
㉯ 다리 부분을 15~25cm 정도 높여준다.
㉰ 구토가 심한 경우에는 환자를 옆으로 눕게 한다.
㉱ 환자에게 따뜻한 물을 마시게 하여 위장기능을 회복시켜 준다.

80 **버스운행관리시스템(BMS)의 주요 기능이 아닌 것은?**

㉮ 실시간 운행상태 파악
㉯ 버스운행 및 통계관리
㉰ 전자지도 이용 실시간 관제
㉱ 버스도착 정보제공

제 8 회 실제유형 시험보기

01 다음 용어의 정의로 옳지 않은 것은?

㉮ 대형사고 : 3명 이상이 사망하거나 15명 이상의 사상자가 발생한 사고
㉯ 스키드마크 : 차의 급제동으로 인하여 타이어의 회전이 정지된 상태에서 노면에 미끄러져 생긴 타이어 마모흔적 또는 활주흔적
㉰ 요마크 : 급핸들 등으로 인하여 차의 바퀴가 돌면서 차축과 평행하게 옆으로 미끄러진 타이어의 마모흔적
㉱ 추돌 : 2대 이상의 차가 동일 방향으로 주행 중 뒤차가 앞차의 후면을 충격한 것

02 다음 안전표지가 의미하는 것은 무엇인가?

㉮ 오르막 경사 표지
㉯ 내리막 경사 표지
㉰ 노면 고르지 못함 표지
㉱ 터널 표지

03 다음 안전표지가 의미하는 것은 무엇인가?

㉮ 우측 차선이 없어지므로 양보하시오.
㉯ 양보할 곳은 병목 지점입니다.
㉰ 도로 폭이 좁아지므로 양보하시오.
㉱ 병목 지점이므로 양보하시오.

04 다음 중 중앙선 침범 사고의 성립요건 중 시설물 설치요건에 해당하는 것은?

㉮ 도로교통법 제13조에 따라 시・도경찰청장이 설치한 중앙선
㉯ 자동차전용도로나 고속도로에서의 횡단・유턴・후진 자동차에 충돌되어 인적피해를 입은 경우
㉰ 중앙선 침범 자동차에 충돌되어 인적피해를 입은 경우
㉱ 황색실선이나 점선의 중앙선이 설치되어 있는 도로

05 다음 괄호 안에 들어갈 알맞은 시간을 고르시오.

운송사업자는 중대한 교통사고가 발생하였을 때에는 (①)시간 이내에 사고의 일시・장소 및 피해사항 등 사고의 개략적인 상황을 관할 시・도지사에게 보고한 후 (②)시간 이내에 사고보고서를 작성하여 관할 시・도지사에게 제출하여야 한다.

㉮ ① 12, ② 24
㉯ ① 12, ② 72
㉰ ① 24, ② 72
㉱ ① 24, ② 24

06 교통사고처리 특례법상 중요위반에 속하지 않는 것은?

㉮ 법정속도 또는 제한속도를 매시 20km 초과 운전 중 사고
㉯ 주취 또는 약물의 영향 운전 중 사고
㉰ 안전운전 불이행 사고
㉱ 보도를 침범하거나 보도 횡단방법 위반사고

07 다음 중 승객추락 방지의무에 해당하는 경우는?

㉮ 승객이 임의로 차문을 열고 상체를 내밀어 차 밖으로 추락한 경우
㉯ 운전자가 사고방지를 위해 취한 급제동으로 승객이 차 밖으로 추락한 경우
㉰ 화물자동차 적재함에 사람을 태우고 운행 중에 운전자의 급가속 또는 급제동으로 피해자가 추락한 경우
㉱ 버스 운전자가 개폐 안전장치인 전자감응장치가 고장 난 상태에서 운행 중에 승객이 내리고 있을 때 출발하여 승객이 추락한 경우

08 교통사고처리 특례법상 형사입건되는 중앙선 침범사례가 아닌 것은?

㉮ 의도적 유턴, 회전 중 중앙선 침범사고
㉯ 현저한 부주의로 인한 중앙선 침범사고
㉰ 교차로 좌회전 중 일부 중앙선 침범
㉱ 커브길 과속으로 중앙선 침범

09 다음 중 무면허 운전의 유형에 해당하지 않는 것은?

㉮ 운전면허를 취득하지 않고 운전하는 행위
㉯ 운전면허 적성검사기간 만료일로부터 1년간의 취소 유예기간이 지난 면허증으로 운전하는 행위
㉰ 외국인으로 입국 6개월이 지난 국제운전면허증을 소지하고 운전
㉱ 제1종 대형면허로 특수면허가 필요한 자동차를 운전하는 행위

10 여객자동차 운수사업법상 여객자동차운송사업에 사용되는 자동차의 종류로 가장 알맞은 것은?

㉮ 전세버스운송사업 : 중형 이하의 승합자동차
㉯ 시외버스운송사업 : 중형 또는 대형 승합자동차
㉰ 마을버스운송사업 : 승용자동차
㉱ 특수여객자동차운송사업 : 중형 승합자동차

11 자가용자동차를 유상 운송용으로 제공하거나 임대할 수 있는 경우가 아닌 것은?

㉮ 긴급 수송, 천재지변, 교육 목적을 위한 운행일 경우
㉯ 출퇴근 시 승용자동차를 함께 타는 경우
㉰ 국가나 지방자치단체 소유의 자동차인 경우
㉱ 특별자치시장・특별자치도지사・시장・군수・구청장(자치구)의 허가를 받은 경우

12 자동차 속도에 대한 결정은 가장 먼저 무엇을 고려해야 하는가?

㉮ 교통로
㉯ 동력용구
㉰ 안전시설
㉱ 운전경력진단

13 다음 중 여객자동차운송사업의 면허기준으로 적절하지 않은 것은?

㉮ 사업계획이 해당 노선이나 사업구역의 수송 수요와 수송력 공급에 적합할 것
㉯ 최저 면허기준 대수(臺數), 보유 차고 면적, 부대시설, 그 밖에 국토교통부령으로 정하는 기준에 적합할 것
㉰ 대통령령으로 정하는 여객자동차운송사업인 경우에는 운전경력, 교통사고 유무, 거주지 등 국토교통부령으로 정하는 기준에 적합할 것
㉱ 운전경력 등의 면허기준이 적용되는 여객자동차운송사업은 시내버스운송사업으로 한다.

14 **여객자동차 운수사업법상 운수종사자의 교육 등에 대한 설명으로 옳지 않은 것은?**

㉮ 운수종사자에 대한 교육은 운수종사자 연수기관 또는 조합 등이 한다.
㉯ 교육실시기관은 교육을 하였을 때에는 운수종사자 교육카드에 "교육이수"의 확인 도장을 찍어 운수종사자에게 내주어야 한다.
㉰ 운송사업자는 그의 운수종사자에 대한 교육계획의 수립, 교육의 시행 및 일상의 교육훈련업무를 위하여 종업원 중에서 교육훈련 담당자를 선임하여야 한다.
㉱ 교육실시기관은 다음해 1월 말까지 조합과 협의하여 다음 해의 교육계획을 수립하여 시·도지사 및 조합에 보고하거나 통보하여야 한다.

15 **운송사업자의 준수사항에 대한 설명으로 옳지 않은 것은?**

㉮ 시외버스운송사업자는 해당 영업소에 우편물 등의 보관에 필요한 시설을 갖춰야 한다.
㉯ 시외버스운송사업자는 우편물 등이 멸실(滅失)·파손되었을 때에는 우편물 등을 받을 사람에게 지체 없이 그 사실을 통지해야 한다.
㉰ 전세버스운송사업자 및 특수여객자동차운송사업자는 운임 또는 요금을 받았을 때에는 영수증을 발급해야 한다.
㉱ 운송사업자는 속도제한장치 또는 운행기록계가 장착된 운송사업용 자동차를 해당 장치 또는 기기가 정상적으로 작동되는 상태에서 운행되도록 해야 한다.

16 **사업용 자동차 운전자의 자격요건 중 운전적성정밀검사는 신규검사와 특별검사로 구분한다. 신규검사의 대상으로 옳지 않은 것은?**

㉮ 신규로 여객자동차 운송사업용 자동차를 운전하려는 자
㉯ 여객자동차 운송사업용 자동차의 운전업무에 종사하다가 퇴직한 자로서 신규검사를 받은 날부터 3년이 지난 후 재취업하려는 자
㉰ 화물자동차 운수사업법에 따른 화물자동차 운송사업용 자동차의 운전업무에 종사하다가 퇴직한 자로서 신규검사를 받은 날부터 3년이 지난 후부터 재취업일까지 무사고로 운전한 자
㉱ 신규검사의 적합판정을 받은 자로서 운전적성정밀검사를 받은 날부터 3년 이내에 취업하지 아니한 자

17 **여객자동차 운수사업법상 운수종사자의 교육 등에 대한 설명으로 옳지 않은 것은?**

㉮ 운수종사자는 국토교통부령으로 정하는 바에 따라 운전업무를 시작하기 전에 서비스의 자세 및 운송질서의 확립에 관한 교육을 받아야 한다.
㉯ 운송사업자는 운수종사자가 교육을 받는 데에 필요한 조치를 하여야 하며, 그 교육을 받지 아니한 운수종사자를 운전업무에 종사하게 하여서는 아니 된다.
㉰ 시·도지사는 교육을 효율적으로 실시하기 위하여 필요하면 시·도의 조례로 정하는 바에 따라 운수종사자 연수기관을 직접 설립하여 운영하거나 지정할 수 있으며, 그 운영에 필요한 비용을 지원할 수 있다.
㉱ 운송사업자는 새로 채용한 모든 운수종사자에 대해 운전업무를 시작하기 전에 교육을 16시간 이상 받게 하여야 한다.

18 **교통사고의 위험요소를 제거하기 위해서는 몇 가지 단계를 거쳐야 하는데 안전점검, 안전진단, 교통사고 원인의 규명, 종사원의 교통활동, 태도분석, 교통환경 등에서 위험요소를 적출하는 행위는 다음 중 어느 단계인가?**

㉮ 위험요소의 분석
㉯ 위험요소의 탐지
㉰ 위험요소의 제거
㉱ 개 선

19 **여객자동차 운수사업법상 운수종사자의 금지행위이다. 옳지 않은 것은?**

㉮ 정당한 사유 없이 여객의 승차를 거부하거나 여객을 중도에서 내리게 하는 행위
㉯ 부당한 운임 또는 요금을 받는 행위
㉰ 문을 완전히 닫은 상태에서 자동차를 출발시키거나 운행하는 행위
㉱ 일정한 장소에 오랜 시간 정차하여 여객을 유치(誘致)하는 행위

20 **시외버스운송사업의 운행형태 중 고속형에서 운행계통의 기점과 종점의 중간에서 정차할 수 있는 경우가 아닌 것은?**

㉮ 고속국도 주변 이용자의 편의를 위하여 고속국도변의 정류소에 중간정차하는 경우
㉯ 고속국도 휴게소의 환승정류소에서 중간정차하는 경우
㉰ 국토교통부장관이 이용자의 교통편의를 위하여 필요하다고 인정하여 기점 또는 종점이 있는 특별시·광역시·특별자치시 또는 시·군의 행정구역 안의 각 1개소에만 중간정차하는 경우
㉱ 특별시·광역시·특별자치시 또는 시·군의 행정구역 안의 중간정차지와 기점 간 또는 중간정차지와 종점 간의 이용승객을 위하여 정차하는 경우

21 **여객자동차 운수사업법상 2년 이하의 징역 또는 2,000만원 이하의 벌금에 해당하는 경우가 아닌 것은?**

㉮ 면허를 받지 아니하거나 등록을 하지 아니하고 여객자동차운송사업을 경영한 자
㉯ 부정한 방법으로 여객자동차운송사업의 면허를 받거나 등록을 한 자
㉰ 운송약관을 신고하지 아니하거나 신고한 운송약관을 이행하지 아니한 자
㉱ 사업정지 처분 기간 중에 여객자동차운송사업을 경영한 자

22 **교통사고 및 그 원인과 예방에 대한 설명으로 틀린 것은?**

㉮ 운전 중에는 자신의 생각을 앞세우는 것이 중요하다.
㉯ 안전운전은 교통규칙을 잘 지키는 데 있고 무리한 운전은 교통사고로 이어진다.
㉰ 교통사고의 요인은 사람에 의한 사고, 자동차, 교통환경 등이며 그중 사람에 의한 사고의 비중이 가장 높다.
㉱ 교통사고에는 물적 피해와 인적 피해가 발생한다.

23 **다음 중 여객자동차 운수사업법상 과태료의 부과기준으로 맞지 않는 것은?**

㉮ 하나의 행위가 둘 이상의 위반행위에 해당하는 경우에는 그 중 무거운 과태료의 부과기준에 따른다.
㉯ 위반행위의 횟수에 따른 과태료 부과기준은 최근 1년간 같은 위반행위로 과태료 처분을 받은 경우에 적용한다.
㉰ 위반횟수별 부과기준의 적용일은 위반행위에 대한 과태료 처분일과 그 처분 후 다시 적발된 날로 한다.
㉱ 위반행위자가 법 위반상태를 시정하거나 해소하기 위하여 노력한 것으로 인정되는 경우 부과권자는 과태료를 면제할 수 있다.

24 압축천연가스 자동차의 점검에 관한 내용이다. 틀린 것은?

㉮ 버스 내에서는 조심해서 담배를 피운다.
㉯ 평소 차량 승하차 시 가스냄새를 확인하는 습관을 가진다.
㉰ 교통사고나 화재사고 발생 시 시동을 끄고 계기판의 스위치 중 메인 스위치와 비상차단 스위치를 끄고 대피한다.
㉱ 지하주차장, 밀폐된 차고와 같은 장소에 장시간 주정차할 경우 가스가 누출되면 통풍이 되지 않아 화재나 폭발의 위험이 있어 반드시 환기, 통풍이 잘되는 곳에 주정차한다.

25 1회의 위반·사고로 인한 벌점 또는 연간 누산점수와 운전면허 취소에 대한 것으로 옳지 않은 것은?

㉮ 1년간 벌점 또는 누산점수가 121점 이상일 경우 운전면허 취소
㉯ 2년간 벌점 또는 누산점수가 201점 이상일 경우 운전면허 취소
㉰ 3년간 벌점 또는 누산점수가 231점 이상일 경우 운전면허 취소
㉱ 3년간 벌점 또는 누산점수가 271점 이상일 경우 운전면허 취소

26 2행정 2기통기관에서 크랭크축이 1,080° 회전하면 몇 사이클이 완성되는가?

㉮ 1사이클
㉯ 2사이클
㉰ 3사이클
㉱ 4사이클

27 버스 신호등의 신호의 뜻으로 틀린 것은?

㉮ 녹색의 등화 시에는 버스전용차로에 차마는 직진할 수 있다.
㉯ 황색의 등화 시에는 이미 교차로에 차마의 일부라도 진입한 경우에는 신속히 교차로 밖으로 진행하여야 한다.
㉰ 적색의 등화 시에 버스전용차로에 있는 차마는 정지선이나 횡단보도가 있을 때에는 그 직전이나 교차로의 직전에 일시 정지한 후 다른 교통에 주의하면서 진행할 수 있다.
㉱ 황색등화의 점멸 시에는 버스전용차로에 있는 차마는 다른 교통 또는 안전표지의 표시에 주의하면서 진행할 수 있다.

28 내연기관에서 가열된 실린더 벽의 온도를 일정하게 유지하기 위한 냉각수의 온도로 가장 적당한 것은?

㉮ 80℃
㉯ 60℃
㉰ 110℃
㉱ 130℃

29 다음 중 좋은 엔진의 3대 조건으로 맞지 않는 것은?

㉮ 좋은 연료
㉯ 좋은 혼합기
㉯ 정확한 시기의 확실한 점화
㉱ 양호한 압축압력

30 자동차의 고장별 점검방법 및 조치방법으로 틀린 것은?

㉮ 엔진오일 과다 소모 – 배기 배출가스 육안 확인 – 엔진 피스톤 링 교환
㉯ 엔진온도 과열 – 냉각수 및 엔진오일의 양 확인 – 냉각수 보충
㉰ 엔진 과회전 현상 – 엔진 내부 확인 – 급격한 엔진브레이크 사용 지양
㉱ 엔진 매연 과다 발생 – 엔진 오일 및 필터 상태 점검 – 연료공급 계통의 공기빼기 작업

31 **휘발유 냄새가 나는 원인이 아닌 것은?**

㉮ 연료파이프의 손상
㉯ 전기계통의 누전
㉰ 연료공급 과다
㉱ 전자제어 연료분사장치의 고장

32 **다음 중 방열기(라디에이터)의 구비조건으로 부적합한 것은?**

㉮ 단위 면적당 방열량이 클 것
㉯ 공기 저항이 적을 것
㉰ 냉각수의 흐름 저항이 클 것
㉱ 소형 경량일 것

33 **다음 중 엔진 기동에 필요한 공기를 공급하는 장치는?**

㉮ 초크 밸브
㉯ 에어블리드
㉰ 앤티퍼 컬레이터
㉱ 스로틀 크래커

34 **다음 중 조기점화의 원인이 될 수 없는 것은?**

㉮ 배기 밸브의 과열
㉯ 퇴적 카본의 적열
㉰ 점화플러그의 과열
㉱ 너무 빠른 점화시기

35 **다음 중 인젝터의 분사방식을 설명한 것이 아닌 것은?**

㉮ 순차 분사
㉯ 합동 분사
㉰ 동시 분사
㉱ 동기 분사

36 **다음은 연료의 세탄가(Cetane Number)에 대한 설명이다. 맞는 것은?**

㉮ 세탄가가 높으면 디젤기관에서는 노크(Knock)가 쉽게 발생한다.
㉯ 세탄가가 높으면 가솔린기관에서는 노크가 쉽게 발생되지 않는다.
㉰ 세탄의 세탄가를 100, 알파・메틸-나프탈린의 세탄가를 0으로 하는 착화성의 척도이다.
㉱ 세탄의 세탄가를 100, 정헵탄의 세탄가를 0으로 하는 착화성의 척도이다.

37 **자동차등록번호판의 봉인은 누가 실시하는가?**

㉮ 교통안전 진흥공단
㉯ 경찰서장
㉰ 관할 구청장
㉱ 시・도지사

38 디젤기관의 독립식 분사펌프에서 연료가 공급되는 순서가 바르게 나열된 것은?

㉮ 연료탱크 → 공급펌프 → 연료여과기 → 분사노즐 → 분사펌프
㉯ 연료탱크 → 연료여과기 → 분사펌프 → 공급펌프 → 분사노즐
㉰ 연료탱크 → 분사펌프 → 공급펌프 → 연료여과기 → 분사노즐
㉱ 연료탱크 → 연료여과기 → 공급펌프 → 연료여과기 → 분사펌프 → 분사노즐

39 다음 중 디젤기관의 연소실 구비조건에 대한 설명으로 틀린 것은?

㉮ 디젤 노크가 적고 연소 상태가 좋을 것
㉯ 연소시간을 짧게 할 수 있는 구조일 것
㉰ 평균 유효압력이 높을 것
㉱ 기동이 어렵고 시동정지가 쉬울 것

40 경음기의 울림이 나쁘면서 시동모터가 돌지 않을 때의 원인이 아닌 것은?

㉮ 연료펌프의 고장
㉯ 코드의 접촉불량과 빠짐
㉰ 배터리의 불량
㉱ 배터리액의 부족

41 운전의 3단계 과정에 해당되지 않는 것은?

㉮ 조작에 의해 자동차가 구동하는 기동단계
㉯ 판단된 정보를 실제 운전행동으로 옮기는 조작단계
㉰ 인지된 정보를 판단하는 판단단계
㉱ 도로상에서 각종 정보를 받아들이는 인지단계

42 운전자의 기본예절로 틀린 것은?

㉮ 항상 변함없는 진실한 마음으로 상대를 대한다.
㉯ 상대방의 입장을 이해하고 존중한다.
㉰ 연장자는 사회의 선배로서 존중하고, 공사를 구분하여 예우한다.
㉱ 상대방과의 신뢰관계가 이익을 창출하는 것이다.

43 올바른 인사법에 대한 설명으로 틀린 것은?

㉮ 밝고 부드러운 미소로 인사한다.
㉯ 낼 수 있는 한 큰 소리로 말한다.
㉰ 머리와 상체는 일직선이 되게 하여 천천히 숙인다.
㉱ 상대방이 먼저 인사한 경우에는 응대한다.

44 어린이 교통안전 지도요령에 대한 설명 중 옳지 않은 것은?

㉮ 횡단방법이 몸에 밸 때까지 되풀이하여 지도하고 모범을 보여야 한다.
㉯ 어린이가 유치원이나 학교에 갈 때에는 시간적 여유가 있게 보내며, 또한 잊은 물건이 없도록 준비해 둔다.
㉰ 교통량이 빈번한 도로나 건널목 등 위험한 곳에서 혼자 놀게 해서는 안 된다.
㉱ 어린이와 함께 갈 때에는 어린이는 차도 쪽으로 보호자는 길 가장자리 쪽으로 걷는다.

45 교통사고를 유발하는 운전자의 특성에 대한 설명으로 틀린 것은?

㉮ 선천적 능력(타고난 심신기능의 특성) 부족
㉯ 후천적 능력(학습에 의해서 습득한 운전에 관계되는 지식과 기능) 부족
㉰ 바람직한 동기와 사회적 태도 확고
㉱ 불안정한 생활환경

46 음주운전 차량의 징후로 볼 수 없는 것은?

㉮ 야간에 아주 천천히 달리는 자동차
㉯ 2개 차로에 걸쳐서 운전하는 자동차
㉰ 운전과 반대 방향의 지시등을 켜는 자동차
㉱ 앞차를 멀리서 따라가는 자동차

47 운전에 중요한 영향을 미치는 원심력에 대한 설명으로 틀린 것은?

㉮ 원심력은 속도의 제곱에 비례하여 변한다.
㉯ 커브가 예각을 이룰수록 원심력은 작아진다.
㉰ 커브에 진입하기 전에 속도를 줄여 원심력을 안전하게 극복할 수 있다.
㉱ 커브를 돌 때 원심력이 매우 커지면 차는 도로 밖으로 기울면서 튀어나간다.

48 야간에 대향차의 전조등 눈부심으로 순간적으로 보행자를 잘 볼 수 없게 되는 현상, 보행자가 교차하는 차량의 불빛 중간에 있게 되면 순간적으로 운전자가 보행자를 전혀 보지 못하는 현상을 무엇이라 하는가?

㉮ 증발현상
㉯ 현혹현상
㉰ 과민현상
㉱ 순응현상

49 사각으로 인한 위험으로부터의 안전운전방법으로 잘못된 것은?

㉮ 좁은 커브길에서는 즉시 정지 가능한 속도로 운전해야 한다.
㉯ 교차로 우회전 시 가급적 도로와 짧은 거리로 돌아간다.
㉰ 위험한 좌우방향 사각지대에서는 반드시 일시정지 또는 서행 후 안전확인 후 진행한다.
㉱ 차체의 사각해소를 위하여 사각지대 거울을 부착한다.

50 다음 중 교통정보 인지결함의 원인이 아닌 것은?

㉮ 술에 많이 취해 있었다.
㉯ 교통정보를 미리 파악하고 출발했다.
㉰ 동행자와 이야기에 열중했거나 놀이에 열중했다.
㉱ 횡단 중 한쪽 방향에만 주의를 기울였다.

51 전방 가까운 곳을 보고 운전할 때 나타나는 현상이 아닌 것은?

㉮ 우회전할 때 넓게 회전한다.
㉯ 교통의 흐름에 방해가 될 정도로 느리게 운전한다.
㉰ 인지가 늦어져서 급브레이크를 밟게 된다.
㉱ 차로의 한쪽으로 치우쳐 주행한다.

52 앞지르기에 대한 설명으로 틀린 것은?

㉮ 앞지르기란 뒷차가 앞차의 측면을 지나 앞차의 앞으로 서행하는 것을 말한다.
㉯ 앞지르기는 앞차보다 빠른 속도로 가속하여 상당한 거리를 진행해야 하므로 앞지르기할 때의 가속도에 따른 위험이 수반된다.
㉰ 앞지르기는 필연적으로 진로변경을 수반한다.
㉱ 진로변경은 동일한 차로로 진로변경 없이 진행하는 경우에 비하여 사고의 위험이 낮다.

53 다음 방어운전 요령으로 틀린 것은?

㉮ 다른 차의 옆을 통과할 때는 상대방 차가 갑자기 진로를 변경할 수도 있으므로 미리 대비한다.
㉯ 밤에 산모퉁이 길을 통과할 때는 전조등을 꺼서 자신의 존재를 알린다.
㉰ 어린이가 진로 부근에 있을 때는 어린이와 안전한 간격을 두고 진행한다.
㉱ 대형차를 뒤따라갈 때는 가능한 앞지르기를 하지 않도록 한다.

54 방호울타리의 성질이 아닌 것은?

㉮ 차량의 손상이 적도록 해야 한다.
㉯ 차량을 감속시킬 수 있어야 한다.
㉰ 횡단이 편리하도록 해야 한다.
㉱ 차량이 튕겨나가지 않도록 한다.

55 버스승객의 승하차를 위해 본선 차로에서 분리하여 최소한의 목적을 달성하기 위해 설치하는 공간을 말하는 버스정류시설은?

㉮ 버스정류장
㉯ 간이버스정류장
㉰ 버스정류소
㉱ 고속도로정류소

56 보행자의 건널목 통과방법으로 잘못된 것은?

㉮ 한쪽 열차가 통과했어도 반대방향으로 열차가 오는 일이 있으므로 주의해야 한다.
㉯ 차단기가 내려져 있지 않은 때에는 안전확인 없이 통과할 수 있다.
㉰ 건널목 앞에서는 정지하여 좌우의 안전을 확인한다.
㉱ 경보기가 울리고 있을 때에는 건널목에 들어가서는 안 된다.

57 빗길의 안전운전에 대한 설명으로 옳지 않은 것은?

㉮ 비가 내려 노면이 젖어 있는 경우에는 최고속도의 30%를 줄인 속도로 운행한다.
㉯ 보행자 옆 통과 시 흙탕물이 튀기지 않도록 속도를 줄인다.
㉰ 폭우로 가시거리가 100m 이내인 경우에는 최고속도의 50%를 줄인 속도로 운행한다.
㉱ 공사현장의 철판 등을 통과할 때에는 사전에 속도를 충분히 줄인다.

58 설치위치, 기능에 따른 방호울타리의 종류가 아닌 것은?

㉮ 교량용 방호울타리
㉯ 보도용 방호울타리
㉰ 중앙분리대용 방호울타리
㉱ 강성 방호울타리

59 철길 건널목 통과 중 시동이 꺼졌을 때의 조치방법으로 옳지 않은 것은?

㉮ 동승자를 대피시킨다.
㉯ 보험회사에 전화를 한다.
㉰ 건널목 내에서 움직일 수 없을 때엔 열차가 오는 방향으로 뛰어가면서 옷을 흔드는 등 기관사가 열차를 정지시킬 수 있도록 한다.
㉱ 철도공무원, 경찰에게 알린다.

60 교차로에서의 사고발생 유형이 아닌 것은?

㉮ 앞쪽(또는 옆쪽) 상황에 소홀한 채 진행신호로 바뀌는 순간 급출발
㉯ 정지신호임에도 불구하고 정지선을 지나 교차로에 진입하거나 무리하게 통과를 시도하는 신호 무시
㉰ 교차로 진입 전 이미 황색신호임에도 무리하게 통과 시도
㉱ 신호등이 지시하는 신호에 따라 통행

61 완만한 커브길의 주행 요령으로 틀린 것은?

㉮ 가속 페달에서 발을 떼어 엔진 브레이크가 작동되도록 하여 속도를 줄인다.
㉯ 풋 브레이크를 사용하여 실제 커브를 도는 중에 더 이상 감속할 필요가 없을 정도까지 줄인다.
㉰ 커브 중간부터 핸들을 돌려 차량의 모양을 바르게 한다.
㉱ 가속 페달을 밟아 속도를 서서히 높인다.

62 정지시거에 대한 설명 중 틀린 것은?

㉮ 오르막길에서 정지시거는 짧아진다.
㉯ 설계목적으로 시거를 계산할 때에는 건조노면을 기준으로 한다.
㉰ 제동거리는 타이어-노면의 마찰계수와 속도 및 도로에 적용된다.
㉱ 정지시거는 정지에 필요한 거리로서 모든 도로에 적용된다.

63 겨울철 안전운행 방법으로 틀린 것은?

㉮ 미끄러운 길에서는 기어를 2단에 넣는 것이 좋다.
㉯ 눈이 쌓인 오르막길에서는 자동차가 출발한 후에도 주차 브레이크를 완전히 풀면 안 된다.
㉰ 눈이 내린 후 차바퀴 자국이 나 있을 때에는 앞차량의 타이어 자국 위에 자기 차량의 타이어 바퀴를 넣고 달린다.
㉱ 앞바퀴를 직진 상태에서 출발한다.

64 봄철 자동차관리로 틀린 것은?

㉮ 냉각장치 점검
㉯ 월동장비의 정리
㉰ 엔진오일 점검
㉱ 배선상태의 점검

65 좌석안전띠 착용효과에 대한 설명으로 옳지 못한 것은?

㉮ 운전자세가 바르게 되고 피로가 적어진다.
㉯ 충돌로 문이 열려도 차 밖으로 튕겨 나가지 않는다.
㉰ 충돌 시 머리와 가슴에 충격이 적어진다.
㉱ 안전띠를 착용하면 1차적인 충격을 예방한다.

66 다음 중 바람직한 시선으로 볼 수 없는 것은?

㉮ 가급적 고객의 눈높이와 맞춘다.
㉯ 한곳만 응시한다.
㉰ 자연스럽고 부드러운 시선으로 상대를 본다.
㉱ 눈동자는 항상 중앙에 위치하도록 한다.

67 다음 중 말하는 자세로 올바른 태도는?

㉮ 상대방의 인격을 존중하고 배려하면서 공손한 말씨를 쓴다.
㉯ 큰 소리로 자기 생각을 주장한다.
㉰ 항상 적극적이며 남의 말을 가로막고 이야기한다.
㉱ 외국어나 전문용어를 적절히 사용하여 전문성을 높인다.

68 다음 중 서비스의 주요 특징에 대한 설명으로 거리가 먼 것은?

㉮ 실체를 보거나 만질 수 없는 무형성이다.
㉯ 제공한 즉시 사라지는 소멸성이다.
㉰ 서비스는 누릴 수 있고 소유할 수 있는 소유권이다.
㉱ 공급자에 의하여 제공됨과 동시에 고객에 의하여 소비되는 동시성이다.

69 고객 컴플레인의 중요성에 대한 설명으로 틀린 것은?

㉮ 기업이 불만족한 고객에게 불평을 이야기할 기회를 많이 주는 것 그 자체가 불만족 해소에 크게 도움이 되지 않는다.
㉯ 부정적인 구전효과를 최소화한다.
㉰ 고객불평을 통해 고객의 미충족된 욕구를 파악할 수 있다.
㉱ 상품의 결함이나 문제점을 조기에 파악하여 그 문제가 확산되기 전에 신속하게 해결할 수 있게 해준다.

70 다음 중 조명시설의 기능이 아닌 것은?

㉮ 교통안전에 도움이 된다.
㉯ 범죄 발생을 방지, 감소시킨다.
㉰ 운전자에게 심리적 안정감을 준다.
㉱ 보행자와는 관계가 없다.

71 **다음 버스운영체제 중 공영제에 대한 설명으로 가장 옳은 것은?**

㉮ 정부가 버스노선의 계획, 버스차량의 소유 및 공급, 수입금 관리 등 버스운영체계의 전반을 책임지는 방식이다.
㉯ 민간이 버스노선의 결정, 버스운행 및 서비스의 공급주체가 된다.
㉰ 노선버스 운영에 공공개념을 도입한 형태로 운영은 민간이, 관리는 공공영역에서 담당하게 하는 운영체제를 말한다.
㉱ 정부규제를 최소화하는 방식이다.

72 **다음 버스운영체제 중 민영제의 단점으로 맞지 않는 것은?**

㉮ 버스 운임의 상승이 과도하다.
㉯ 노선의 합리적 개편이 적시적소에 이루어진다.
㉰ 노선의 독점적 운영으로 업체 간 수입격차가 극심하여 서비스 개선이 어렵다.
㉱ 비수익노선의 운행서비스 공급이 곤란하다.

73 **다음 버스운영체제 중 준공영제의 특징으로 맞지 않는 것은?**

㉮ 버스의 소유와 운영은 각 버스업체가 한다.
㉯ 버스노선, 요금의 조정, 버스운행 관리는 버스업체가 자율적으로 한다.
㉰ 표준운송원가를 통한 경영효율화를 도모하고, 수준 높은 서비스가 제공된다.
㉱ 노선체계가 효율적으로 운영된다.

74 **간선급행버스체계에 대한 설명으로 옳지 않은 것은?**

㉮ 신속한 승하차가 가능해졌다.
㉯ 대중교통 이용률 증가로 인해 도입되었다.
㉰ 도심과 외곽을 잇는 주요 간선도로에 버스전용차로를 설치, 운행하게 하는 대중교통시스템이다.
㉱ 실시간으로 승객에게 버스운행정보를 제공할 수 있게 되었다.

75 **차량고장 시 운전자의 조치사항으로 옳지 않은 것은?**

㉮ 차에서 내릴 때는 옆 차로를 잘 살핀 후 내린다.
㉯ 인명사고를 막기 위해 그 자리에 차를 두고 안전한 곳으로 피한다.
㉰ 야간에는 밝은 색 옷, 야광이 되는 옷을 입는다.
㉱ 비상주차대에 정차 시 타 차량의 주행에 지장이 없도록 한다.

76 **버스정보시스템(BIS ; Bus Information System)에 대한 설명으로 옳지 않은 것은?**

㉮ 정류장의 대기 승객에게 정류장 안내기를 통하여 도착 예정시간 등을 제공한다.
㉯ 버스운행관리가 주목적이다.
㉰ 유무선 인터넷을 통해 특정 정류장 버스 도착 예정시간 정보를 제공한다.
㉱ 차 내에서 다음 정류장 안내, 도착 예정시간을 안내한다.

77 **가로변버스전용차로의 장단점으로 옳지 않은 것은?**

㉮ 시행이 간편하나 그 효과는 미비하다.
㉯ 시행 후 문제점 발생에 따른 보완 및 원상복귀가 곤란하다.
㉰ 적은 비용으로 운영이 가능하나 가로변 상업활동과 상충된다.
㉱ 기존의 가로망 체계에 미치는 영향이 적다.

78 **교통카드시스템에 대한 설명으로 옳지 않은 것은?**

㉮ 교통카드는 대중교통수단의 운임이나 유료도로의 통행료를 지불할 때 주로 사용되는 일종의 전자화폐이다.
㉯ 1998년 6월에 최초로 서울시가 버스카드제를 도입하였다.
㉰ 현금소지의 불편 해소와 소지의 편리성, 요금 지불 및 징수의 신속성의 효과가 있다.
㉱ 하나의 카드로 다수의 교통수단 이용이 가능하고, 요금할인 등으로 교통비가 절감된다.

79 **교통카드시스템의 설명으로 옳지 않은 것은?**

㉮ 집계시스템은 카드를 판독하여 이용요금을 차감하고 잔액을 기록하는 기능을 한다.
㉯ 집계시스템은 단말기와 정산시스템을 연결하는 기능을 한다.
㉰ 충전시스템은 금액이 소진된 교통카드에 금액을 재충전하는 기능을 한다.
㉱ 정산시스템은 각종 단말기 및 충전기와 네트워크로 연결하여 사용 거래기록을 수집, 정산 처리하고, 정산결과를 해당 은행으로 전송한다.

80 **승객을 응대하는 마음가짐에 대한 설명으로 옳지 않은 것은?**

㉮ 사명감을 가진다.
㉯ 특정 고객에게는 더 친절하게 대해준다.
㉰ 승객의 입장에서 생각한다.
㉱ 항상 긍정적으로 생각한다.

제 9 회 실제유형 시험보기

01 **여객자동차 운수사업법령에 정의되어 있는 용어의 뜻으로 옳지 않은 것은?**

㉮ 자동차 : 자동차관리법에 따른 승용자동차와 승합자동차 및 특수자동차
㉯ 노선 : 자동차를 정기적으로 운행하거나 운행하려는 구간
㉰ 여객운송 부가서비스 : 여객자동차운송사업, 자동차대여사업, 여객자동차터미널사업 및 여객자동차운송가맹사업
㉱ 여객자동차운송사업 : 다른 사람의 수요에 응하여 자동차를 사용하여 유상(有償)으로 여객을 운송하는 사업

02 **여객자동차 운송사업 중에서 노선 여객자동차운송사업에 해당하지 않는 것은?**

㉮ 시내버스운송사업
㉯ 농어촌버스운송사업
㉰ 마을버스운송사업
㉱ 전세버스운송사업

03 **다음에서 설명하고 있는 시내버스운송사업 및 농어촌버스운송사업의 운행형태에 해당하는 것은?**

> 시내좌석버스를 사용하고 주로 고속국도, 도시고속도로 또는 주간선도로를 이용하여 기점 및 종점으로부터 5km 이내의 지점에 위치한 각각 4개 이내의 정류소에만 정차하면서 운행하는 형태. 다만, 관할관청이 도로상황 등 지역의 특수성과 주민편의를 고려하여 필요하다고 인정하는 경우에는 기점 및 종점으로부터 7.5km 이내에 위치한 각각 6개 이내의 정류소에 정차할 수 있다.

㉮ 광역급행형
㉯ 직행좌석형
㉰ 좌석형
㉱ 일반형

04 **시외버스운송사업의 운행형태 중 고속형에 대한 설명으로 옳은 것은?**

㉮ 시외고속버스 또는 시외우등고속버스를 사용하여 운행거리가 100km 이상이다.
㉯ 운행구간의 60% 미만을 고속국도로 운행하는 경우가 이에 해당한다.
㉰ 시외우등일반버스 또는 시외일반버스를 사용하여 각 정류소에 정차하면서 운행하는 형태이다.
㉱ 시외우등직행버스 또는 시외직행버스를 사용하여 기점 또는 종점이 있는 특별시·광역시·특별자치시 또는 시·군의 행정구역이 아닌 다른 행정구역에 있는 1개소 이상의 정류소에 정차하면서 운행하는 형태이다.

05 **여객자동차 운수사업법령상 교통사고 시 조치에 대한 설명으로 옳지 않은 것은?**

㉮ 운송사업자는 사업용 자동차의 고장, 교통사고 또는 천재지변으로 사상자(死傷者)가 발생하는 경우 신속하게 유류품(遺留品)을 관리해야 한다.
㉯ 운송사업자는 사업용 자동차의 고장, 천재지변으로 자동차의 운행을 재개할 수 없는 경우에는 여객에게 상황을 잘 설명하고 경찰서에 신고한다.
㉰ 운송사업자는 그 사업용 자동차에 중대한 교통사고가 발생한 경우 국토교통부령으로 정하는 바에 따라 지체 없이 국토교통부장관 또는 시·도지사에게 보고하여야 한다.
㉱ 중대한 교통사고란 전복(顚覆) 사고, 화재가 발생한 사고, 대통령령으로 정하는 수(數) 이상의 사람이 죽거나 다친 사고를 말한다.

06 다음 빈칸에 들어갈 숫자를 차례대로 바르게 나열한 것은?

> 운송사업자(자동차 1대로 운송사업자가 직접 운전하는 여객자동차운송사업의 경우는 제외)는 운수종사자에 대한 다음의 사항을 각각의 기준에 따라 시·도지사에게 알려야 한다.
> 1. 신규 채용하거나 퇴직한 운수종사자의 명단(신규 채용한 운수종사자의 경우에는 보유하고 있는 운전면허의 종류와 취득 일자를 포함) : 신규 채용일이나 퇴직일부터 ( )일 이내
> 2. 전월 말일 현재의 운수종사자 현황 : 매월 ( )일까지
> 3. 전월 각 운수종사자에 대한 휴식시간 보장내역 : 매월 ( )일까지

㉮ 7, 10, 10
㉯ 7, 7, 10
㉰ 5, 7, 10
㉱ 10, 7, 7

07 운수종사자가 운전업무를 시작하기 전에 국토교통부령에 따라 받아야 하는 교육을 모두 고른 것은?

> ㉠ 여객자동차 운수사업 관계 법령 및 도로교통관계법령
> ㉡ 서비스의 자세 및 운송질서의 확립
> ㉢ 교통안전수칙
> ㉣ 응급처치의 방법
> ㉤ 지속가능 교통물류 발전법에 따른 경제운전

㉮ ㉠, ㉡, ㉢
㉯ ㉠, ㉢, ㉣, ㉤
㉰ ㉡, ㉢, ㉣, ㉤
㉱ ㉠, ㉡, ㉢, ㉣, ㉤

08 다음 중 도로교통법상 도로에 해당하지 않는 것은?

㉮ 도로법에 따른 도로
㉯ 유료도로법에 따른 유료도로
㉰ 자동차의 고속 운행에만 사용하기 위하여 지정된 도로
㉱ 그 밖에 현실적으로 불특정 다수의 사람 또는 차마(車馬)가 통행할 수 있도록 공개된 장소로서 안전하고 원활한 교통을 확보할 필요가 있는 장소

09 다음에서 설명하는 용어에 해당하는 것은?

> 도로에서 궤도를 설치하고, 안전표지 또는 인공구조물로 경계를 표시하여 설치한 도시철도법 제18조의2 제1항 각 호에 따른 도로 또는 차로를 말한다.

㉮ 중앙선
㉯ 차 선
㉰ 길가장자리구역
㉱ 노면전차 전용로

10 다음 중 차량신호등 중 적색화살표의 등화가 의미하는 것은?

㉮ 차마는 화살표시 방향으로 진행할 수 있다.
㉯ 화살표시 방향으로 진행하려는 차마는 정지선, 횡단보도 및 교차로의 직전에서 정지하여야 한다.
㉰ 차마는 다른 교통 또는 안전표지의 표시에 주의하면서 화살표시 방향으로 진행할 수 있다.
㉱ 화살표시 방향으로 진행하려는 차마는 정지선이 있거나 횡단보도가 있을 때에는 그 직전이나 교차로의 직전에 정지하여야 하며, 이미 교차로에 차마의 일부라도 진입한 경우에는 신속히 교차로 밖으로 진행하여야 한다.

11 다음 중 긴급자동차의 우선 통행에 대한 설명으로 옳지 않은 것은?

㉮ 긴급하고 부득이한 경우에도 도로(보도와 차도가 구분된 도로에서는 차도를 말한다)의 중앙(중앙선이 설치되어 있는 경우에는 그 중앙선을 말한다) 우측 부분을 통행하여야 한다.
㉯ 교차로나 그 부근에서 긴급자동차가 접근하는 경우에는 차마와 노면전차의 운전자는 교차로를 피하여 일시정지하여야 한다.
㉰ 모든 차와 노면전차의 운전자는 교차로나 그 부근 이외의 곳에서 긴급자동차가 접근한 경우에는 긴급자동차가 우선 통행할 수 있도록 진로를 양보하여야 한다.
㉱ 본래의 긴급한 용도로 운행하지 아니하는 경우에는 자동차관리법에 따라 설치된 경광등을 켜거나 사이렌을 작동하여서는 아니 된다. 다만, 대통령령으로 정하는 바에 따라 범죄 및 화재 예방 등을 위한 순찰·훈련 등을 실시하는 경우에는 그러하지 아니하다.

12 교통안전시설의 종류 및 설치·관리기준 등에 대한 설명으로 옳은 것은?

㉮ 교통안전시설의 종류, 교통안전시설의 설치·관리기준, 그 밖에 교통안전시설에 관하여 필요한 사항은 대통령령으로 정한다.
㉯ 도로교통의 안전을 위하여 각종 제한·금지 등의 규제를 하는 경우에 이를 도로사용자에게 알리는 표지를 주의표지라고 한다.
㉰ 도로상태가 위험하거나 도로 또는 그 부근에 위험물이 있는 경우에 필요한 안전조치를 할 수 있도록 이를 도로사용자에게 알리는 표지를 지시표지라고 한다.
㉱ 교통안전시설의 설치·관리기준은 주·야간이나 기상상태 등에 관계없이 교통안전시설이 운전자 및 보행자의 눈에 잘 띄도록 정한다.

13 다음 중 차도를 통행할 수 있는 사람 또는 행렬에 해당하는 것의 개수는?

> ㉠ 모범운전자
> ㉡ 장의(葬儀) 행렬
> ㉢ 군부대나 그 밖에 이에 준하는 단체의 행렬
> ㉣ 신체의 평형기능에 장애가 있는 사람
> ㉤ 의족 등을 사용하지 아니하고는 보행을 할 수 없는 사람
> ㉥ 말·소 등의 큰 동물을 몰고 가는 사람

㉮ 2개
㉯ 3개
㉰ 4개
㉱ 5개

14 비·안개·눈 등으로 인한 거친 날씨에 최고속도의 20/100을 줄인 속도로 운행하여야 하는 경우에 해당하는 것은?

㉮ 노면이 얼어 붙은 경우
㉯ 비가 내리기 시작한 경우
㉰ 눈이 20mm 미만 쌓인 경우
㉱ 폭우·폭설·안개 등으로 가시거리가 100m 이내인 경우

15 다음 중 주차금지의 장소에 해당하지 않는 것은?

㉮ 터널 안 및 다리 위
㉯ 화재경보기로부터 10m 이내인 곳
㉰ 도로공사를 하고 있는 경우에는 그 공사 구역의 양쪽 가장자리로부터 5m 이내인 곳
㉱ 시·도경찰청장이 도로에서의 위험을 방지하고 교통의 안전과 원활한 소통을 확보하기 위하여 필요하다고 인정하여 지정한 곳

16 **도로교통법령상 규정되어 있는 운전자의 준수사항에 대한 설명으로 옳지 않은 것은?**

㉮ 물이 고인 곳을 운행할 때에는 고인 물을 튀게 하여 다른 사람에게 피해를 주는 일이 없도록 해야 한다.

㉯ 어린이가 보호자 없이 도로를 횡단할 때, 어린이가 도로에서 앉아 있거나 서 있을 때 또는 어린이가 도로에서 놀이를 할 때 등 어린이에 대한 교통사고의 위험이 있는 것을 발견한 경우 일시정지 해야 한다.

㉰ 도로에서 자동차 등 또는 노면전차를 세워둔 채 시비・다툼 등의 행위를 하여 다른 차마의 통행을 방해하지 아니하여야 한다.

㉱ 운전자는 안전을 확인하여도 차 또는 노면전차의 문을 열거나 내려서는 아니 되며, 운전자는 동승자가 교통의 위험을 일으키지 아니하도록 필요한 조치를 해야 한다.

17 **술에 취한 상태에서 자동차 등 또는 노면전차를 운전한 사람에 대한 벌칙으로 옳지 않은 것은?**

㉮ 혈중알코올농도가 0.2% 이상인 사람은 2년 이상 5년 이하의 징역이나 1,000만원 이상 2,000만원 이하의 벌금에 처한다.

㉯ 혈중알코올농도가 0.08% 이상 0.2% 미만인 사람은 1년 이상 2년 이하의 징역이나 500만원 이상 1,000만원 이하의 벌금에 처한다.

㉰ 혈중알코올농도가 0.03% 이상 0.08% 미만인 사람은 1년 이하의 징역이나 500만원 이하의 벌금에 처한다.

㉱ 술에 취한 상태에 있다고 인정할 만한 상당한 이유가 있는 사람으로 경찰공무원의 측정에 응하지 아니한 사람(자동차 등 또는 노면전차를 운전한 사람으로 한정)은 1년 이상 5년 이하의 징역이나 500만원 이상 1,000만원 이하의 벌금에 처한다.

18 **다음 빈칸에 들어갈 법률명이 바르게 짝지어진 것은?**

> ① 차의 운전자가 교통사고로 인하여 ( ) 제268조의 죄를 범한 경우에는 5년 이하의 금고 또는 2,000만원 이하의 벌금에 처한다.
> ② 차의 교통으로 ①의 죄 중 업무상과실치상죄 또는 중과실치상죄와 ( ) 제151조의 죄를 범한 운전자에 대하여는 피해자의 명시적인 의사에 반하여 공소를 제기할 수 없다.

㉮ 형법, 도로교통법

㉯ 헌법, 여객자동차 운수사업법

㉰ 민법, 여객자동차 운수사업법

㉱ 도로교통법, 여객자동차 운수사업법

19 **교통사고처리 특례법상 보험 등에 가입된 경우의 특례에 대한 설명으로 옳지 않은 것은?**

㉮ 보험 또는 공제에 가입된 사실은 보험회사, 공제조합 또는 공제사업자가 작성한 서면에 의하여 증명되어야 한다.

㉯ 교통사고를 일으킨 차가 보험 또는 공제에 가입된 경우에는 교통사고처리 특례법상의 특례 적용 사고가 발생한 경우에 운전자에 대하여 공소를 제기할 수 없다.

㉰ 피해자가 신체의 상해로 인하여 생명에 대한 위험이 발생하거나 불구(不具)가 되거나 불치(不治) 또는 난치(難治)의 질병이 생긴 경우에도 특례에 따라 공소를 제기할 수 없다.

㉱ 보험계약 또는 공제계약이 무효로 되거나 해지되거나 계약상의 면책 규정 등으로 인하여 보험회사, 공제조합 또는 공제사업자의 보험금 또는 공제금 지급의무가 없어진 경우에는 공소를 제기할 수 있다.

20 **다음 중 도주(뺑소니)에 해당하는 경우는?**

㉮ 피해자가 부상사실이 없거나 극히 경미하여 구호조치가 필요하지 않아 연락처를 제공하고 떠난 경우

㉯ 사고운전자가 심한 부상을 입어 타인에게 의뢰하여 피해자를 후송 조치한 경우

㉰ 사고 장소가 혼잡하여 불가피하게 일부 진행 후 정지하고 되돌아와 조치한 경우

㉱ 자신의 의사를 제대로 표시하지 못하는 나이 어린 피해자가 '괜찮다'라고 하여 조치 없이 가버린 경우

21 **다음 중 인피사고의 처리 기준에 대한 설명으로 옳지 않은 것은?**

㉮ 사람을 사망하게 한 교통사고의 가해자는 교통사고처리 특례법 제3조 제1항을 적용하여 기소의견으로 송치한다.
㉯ 피해자가 생명의 위험이 발생하거나 불구·불치·난치의 질병(중상해)에 이르게 된 경우에는 기소의견으로 송치한다.
㉰ 부상사고로써 피해자가 가해자에 대하여 처벌을 희망하지 아니하는 의사표시가 없는 경우라도 교통사고처리 특례법 제4조 제1항의 규정에 따른 보험 또는 공제에 가입된 경우에는 불기소의견으로 송치한다.
㉱ 피해자가 가해자에 대하여 처벌을 희망하지 아니하는 의사표시가 없거나 보험 등에 가입되지 아니한 경우에는 기소의견으로 송치한다. 다만, 피해액이 20만원 미만인 경우에는 즉결심판을 청구하고 대장에 입력한 후 종결한다.

22 **다음 중 인피 뺑소니 사고의 처리에 해당하는 것은?**

㉮ 특정범죄가중처벌 등에 관한 법률 제5조의3을 적용하여 기소의견으로 송치한다.
㉯ 도로교통법 제148조를 적용하여 기소의견으로 송치한다.
㉰ 도로교통법 제151조를 적용하여 기소의견으로 송치한다.
㉱ 도로교통법 제156조 제10호를 적용하여 통고처분 또는 즉심청구를 하고 교통경찰업무관리시스템(TCS)에서 결과보고서를 작성한 후 종결한다.

23 **다음은 안전거리 확보의무 위반에 따른 행정처분에 대한 표를 나타낸 것이다. 빈칸에 들어갈 범칙금으로 알맞은 것은?**

항 목	승합자동차의 범칙금	벌 점
고속도로·자동차전용도로 안전거리 미확보	(　)만원	10점
일반도로 안전거리 미확보	2만원	10점

㉮ 2만원
㉯ 3만원
㉰ 5만원
㉱ 10만원

24 **도로교통법상 보행자 보호의무에 규정으로 옳은 것은?**

㉮ 모든 차 또는 노면전차의 운전자는 보행자가 횡단보도를 통행하고 있을 때에는 보행자의 횡단을 방해하거나 위험을 주지 아니하도록 그 횡단보도 앞(정지선이 설치되어 있는 곳에서는 그 정지선을 말한다)에서 일시 정차하여야 한다.
㉯ 모든 차 또는 노면전차의 운전자는 교통정리를 하고 있는 교차로에서 직진을 하려는 경우에는 신호기 또는 경찰공무원 등의 신호나 지시에 따라 도로를 횡단하는 보행자의 통행을 방해하여서는 아니 된다.
㉰ 모든 차 또는 노면전차의 운전자는 보행자가 횡단보도가 설치되어 있지 아니한 도로를 횡단하고 있을 때에는 안전거리를 두고 서행하여 보행자가 안전하게 횡단할 수 있도록 하여야 한다.
㉱ 모든 차의 운전자는 도로에 설치된 안전지대에 보행자가 있는 경우와 차로가 설치되지 아니한 좁은 도로에서 보행자의 옆을 지나는 경우에는 안전한 거리를 두고 서행하여야 한다.

25 **다음 중 부과되는 과태료가 가장 많은 경우에 해당하는 것은?**

㉮ 교통안전교육기관 운영의 정지 또는 폐지 신고를 하지 아니한 사람
㉯ 동승자에게 좌석안전띠를 매도록 하지 아니한 운전자
㉰ 긴급자동차의 안전운전 등에 관한 교육을 받지 아니한 사람
㉱ 어린이통학버스 안에 신고증명서를 갖추어 두지 아니한 어린이통학버스의 운영자

26 **운행 전 운전석에서 점검해야 할 사항으로 옳은 것은?**

㉮ 엔진오일의 양
㉯ 배터리의 출력
㉰ 와이퍼 작동상태
㉱ 냉각수의 양

27 **버스 외장 손질에 대한 설명으로 옳지 않은 것은?**

㉮ 자동차 표면에 녹이 발생하거나, 부식되는 것을 방지하도록 깨끗이 세척한다.
㉯ 소금, 먼지, 진흙 또는 다른 이물질이 퇴적되지 않도록 깨끗이 제거한다.
㉰ 자동차의 더러움이 심할 때에는 고무 제품의 변색을 예방하기 위해 자동차 전용 세척제를 사용한다.
㉱ 차체의 먼지나 오물을 마른 걸레로 닦아낸다.

28 **운전 중 브레이크 조작에 대한 설명으로 옳지 않은 것은?**

㉮ 브레이크를 밟을 때 2~3회에 나누어 밟게 되면 추돌의 위험이 있다.
㉯ 내리막길에서 계속 풋 브레이크를 작동시키면 브레이크 파열 등의 우려가 있다.
㉰ 주행 중에 제동할 때에는 핸들을 붙잡고 기어가 들어가 있는 상태에서 제동한다.
㉱ 내리막길에서 운행할 때 기어를 중립에 두고 탄력 운행을 하지 않는다.

29 **겨울철 운행 시 주의사항으로 옳지 않은 것은?**

㉮ 엔진시동 후에는 적당한 워밍업을 한 후 시행한다.
㉯ 눈길에서는 가속페달을 급하게 조작하면 위험하다.
㉰ 내리막길에서 엔진브레이크를 사용하면 방향조작에 위험하다.
㉱ 오르막길에는 차간거리를 유지하면서 서행한다.

30 **안전벨트 착용 방법으로 옳지 않은 것은?**

㉮ 안전벨트를 착용할 때에는 좌석 등받이에 기대어 똑바로 앉는다.
㉯ 안전벨트에 별도의 보조장치를 장착하여 보호효과를 증가시킨다.
㉰ 어깨벨트는 어깨 위와 가슴 부위를 지나도록 한다.
㉱ 안전벨트를 복부에 착용하지 않는다.

31 **연료 주입구 개폐에 대한 설명으로 옳지 않은 것은?**

㉮ 연료 캡을 열 때에는 연료에 압력이 가해져 있을 수 있으므로 천천히 분리한다.
㉯ 시계방향으로 돌려 연료 주입구 캡을 분리한다.
㉰ 연료를 충전할 때에는 항상 엔진을 정지시키고 연료 주입구 근처에 불꽃이나 화염을 가까이 하지 않는다.
㉱ 연료 주입구에 키 홈이 있는 차량은 키를 꽂아 잠금 해제시킨 후 연료주입구 커버를 연다.

32 **ABS(Anti-lock Break System)의 특징으로 옳지 않은 것은?**

㉮ 바퀴의 미끄러짐이 없는 제동 효과를 얻을 수 있다.
㉯ 자동차의 방향 안정성, 조종성능을 확보해 준다.
㉰ 앞바퀴의 고착에 의한 조향 능력 상실을 방지한다.
㉱ 브레이크 슈, 드럼 혹은 타이어의 마모를 줄일 수 있다.

33 **시동모터가 작동되지 않거나 천천히 회전하는 경우일 때 추정되는 원인이 아닌 것은?**

㉮ 배터리의 방전
㉯ 배터리 단자의 부식
㉰ 너무 높은 엔진오일점도
㉱ 예열작동 불충분

34 **브레이크 제동효과가 나쁠 경우 추정되는 원인으로 옳은 것은?**

㉮ 좌우 타이어 공기압이 다르다.
㉯ 타이어가 편마모되어 있다.
㉰ 좌우 라이닝 간극이 다르다.
㉱ 공기누설이 있다.

35 **엔진의 출력을 자동차 주행속도에 알맞게 회전력과 속도로 바꾸어서 구동바퀴에 전달하는 장치는?**

㉮ 클러치
㉯ 변속기
㉰ 쇽업소버
㉱ 스태빌라이저

36 **조향 핸들이 한쪽으로 쏠리는 원인으로 옳은 것은?**

㉮ 앞바퀴의 정렬 상태가 불량하다.
㉯ 타이어의 공기압이 부족하다.
㉰ 타이어의 마멸이 과다하다.
㉱ 조향기어 박스 내의 오일이 부족하다.

37 **감속 브레이크의 종류가 아닌 것은?**

㉮ 엔진 브레이크
㉯ 제이크 브레이크
㉰ 배기 브레이크
㉱ ABS(Anti-lock Break System)

38 **유압 배력식 브레이크에 대한 설명으로 옳지 않은 것은?**

㉮ 차량 중량에 제한을 받는다.
㉯ 마찰열로 베이퍼 록이 발생한다.
㉰ 구조가 간단하여 정비하기 쉽다.
㉱ 에너지 소비가 많다.

39 **튜닝검사 신청 서류에 해당하지 않는 것은?**

㉮ 튜닝승인신청서
㉯ 튜닝 전후의 자동차외관도
㉰ 자동차 검사 신청서
㉱ 튜닝하려는 구조・장치의 설계도

40 **사업용 자동차가 책임보험이나 책임공제에 가입하지 않은 기간이 10일 이내인 경우 과태료는?**

㉮ 1만원
㉯ 2만원
㉰ 3만원
㉱ 5만원

41 **버스운행 기본 수칙으로 옳지 않은 것은?**

㉮ 운행을 시작할 때 후사경이 제대로 조정되는지 확인한다.
㉯ 기어가 들어가 있는 상태에서는 클러치를 밟지 않고 시동을 건다.
㉰ 출발 후 진로변경이 끝나기 전에 신호를 중지하지 않는다.
㉱ 주차브레이크가 채워진 상태에서는 출발하지 않는다.

42 **고속도로 안전운전 요령으로 옳지 않은 것은?**

㉮ 고속도로 및 자동차 전용도로는 전 좌석 안전띠 착용이 의무사항이다.
㉯ 운전자는 앞차만 보면 안 되며 앞차의 전방까지 시야를 두면서 운전한다.
㉰ 앞차를 추월할 경우 앞지르기 차로를 이용하며 추월이 끝나면 주행차로로 복귀한다.
㉱ 고속도로에 진입할 때는 교통흐름에 방해되지 않도록 신속하게 운전한다.

43 **고속도로 교통사고 대처 요령으로 옳지 않은 것은?**

㉮ 신속히 비상등을 켜고 갓길로 차량을 이동시킨다.
㉯ 고장차량 표지인 안전삼각대를 설치한다.
㉰ 사고 현장에 구급차가 도착할 때까지 부상자에게 응급조치를 한다.
㉱ 부상자는 무조건 가드레일 바깥 등의 안전한 장소로 이동시킨다.

44 **고속도로에서 교통사고가 났을 때, 보기 중 연락하여 도움을 요청할 수 있는 곳을 모두 고르시오.**

보기
ㄱ. 경찰관서(112)
ㄴ. 소방관서(119)
ㄷ. 응급전화(111)
ㄹ. 한국도로공사 콜센터(1588-2504)

㉮ ㄱ, ㄴ, ㄷ, ㄹ
㉯ ㄱ, ㄴ, ㄷ
㉰ ㄱ, ㄴ, ㄹ
㉱ ㄱ, ㄴ

45 **고속도로 터널 안전운전 수칙으로 옳지 않은 것은?**

㉮ 선글라스를 벗고 라이트를 켠다.
㉯ 차선을 바꿀 때에는 안전거리를 유지한다.
㉰ 비상시를 대비하여 피난연결통로나 비상주차대 위치를 확인한다.
㉱ 터널 진입 전에 입구 주변에 표시된 도로정보를 확인한다.

46 터널 내 화재 시 행동요령으로 옳지 않은 것은?

㉮ 엔진을 끈 뒤 키를 가지고 신속하게 하차한다.
㉯ 비상벨을 누르거나 비상전화로 화재발생을 알린다.
㉰ 터널에 설치된 소화기나 소화전으로 조기진화를 시도한다.
㉱ 터널 밖으로 이동이 불가능한 경우 최대한 갓길 쪽으로 정차한다.

47 다음 중 버스의 안전운전 요령으로 옳지 않은 것은?

㉮ 황색신호가 켜지면 서서히 가속하여 교차로를 건너간다.
㉯ 급가속 행동은 차내 사고를 유발하므로 천천히 가속한다.
㉰ 버스는 장기 과속의 위험에 항상 노출되어 있으므로 항상 규정속도를 준수한다.
㉱ 신호교차로나 정류장 등에서 차로변경을 미리하고 감속한다.

48 다음 중 버스 운전자가 유의해야 할 특성으로 옳지 않은 것은?

㉮ 버스는 차체가 높아 급좌회전으로 차량이 전도·전복될 수 있다.
㉯ 버스는 차체가 길기 때문에 유턴 시 대향차로의 과속차량과 충돌 위험이 있다.
㉰ 버스 운전석은 승용차에 비해 1.5~2배 높아서 같은 거리라도 짧게 느껴진다.
㉱ 버스는 차체가 높기 때문에 과속을 하면 고속도로 진출입램프에서 전도·전복될 수 있다.

49 경제운전의 기본적인 방법으로 옳지 않은 것은?

㉮ 불필요한 공회전을 피한다.
㉯ 일정한 속도로 주행한다.
㉰ 좌·우회전 시 부드럽게 회전한다.
㉱ 연료소모를 줄이기 위해 가·감속을 신속하게 한다.

50 다음 중 보기에서 경제운전의 효과를 모두 고르시오.

보기
ㄱ. 차량관리 비용, 고장수리 비용, 타이어 교체비용 등의 감소효과
ㄴ. 수리 및 유지관리 작업 등의 시간 손실 감소효과
ㄷ. 공해배출 등 환경문제의 감소효과
ㄹ. 교통안전 증진효과
ㅁ. 운전자 및 승객의 스트레스 감소효과

㉮ ㄱ, ㄴ, ㄷ
㉯ ㄱ, ㄴ, ㄷ, ㅁ
㉰ ㄱ, ㄴ, ㄷ, ㄹ
㉱ ㄱ, ㄴ, ㄷ, ㄹ, ㅁ

51 다음 중 경제운전 방법으로 옳지 않은 것은?

㉮ 도중에 가감속이 없는 일정속도로 주행하는 것이 중요하다.
㉯ 관성주행은 연료소모를 줄이고 제동장치와 타이어의 불필요한 마모도 줄일 수 있다.
㉰ 차량속도가 높은 본선으로 합류할 때 경제운전을 위해 감속하는 것이 좋다.
㉱ 기어변속은 엔진회전속도 2,000~3,000rpm인 상태에서는 고단 기어로 변속하는 것이 좋다.

52 다음 중 감속 운행해야 하는 경우가 아닌 것은?

㉮ 교통량이 많은 곳
㉯ 진입을 위한 가속차로 끝부분
㉰ 곡선반경이 작은 도로
㉱ 주택가나 이면도로

53 진로 변경 시 유의할 점이 아닌 것은?

㉮ 고속도로에서는 차로를 변경하려는 지점에서 30m 이전에 방향지시등을 작동시킨다.
㉯ 급차로 변경을 하지 않는다.
㉰ 도로노면에 표시된 백색 점선에서 진로를 변경한다.
㉱ 백색 실선이 설치된 곳에서는 진로를 변경하지 않는다.

54 다음 중 양보차로에 대한 설명으로 옳지 않은 것은?

㉮ 교통흐름이 지체되고 앞지르기가 불가능할 경우, 원활한 소통을 위해 도로 중앙 측에 설치하는 차로이다.
㉯ 양방향 2차로 앞지르기 금지구간에서 차의 원활한 소통을 도모하고 도로 안전성을 제고하기 위해 설치한다.
㉰ 저속차로 인해 교통흐름이 지체되고 반대차로를 이용한 앞지르기가 불가능할 경우 원활한 소통을 위해 설치한다.
㉱ 양보차로가 효과적으로 운영되기 위해서는 저속차는 뒤따르는 차가 한 대라도 있을 경우 양보하는 것이 바람직하다.

55 다음 보기가 설명하는 차로는?

보기
- 차가 다른 도로로 유입하는 경우 본선의 교통흐름을 방해하지 않고 안전하게 감속 또는 가속하도록 설치하는 차로이다.
- 주로 고속도로의 인터체인지 연결로, 휴게소 및 주유소의 진입로, 공단진입로, 상위도로와 하위도로가 연결되는 평면교차로 등 차량이 유출입이 잦은 곳에 설치한다.

㉮ 가변차로
㉯ 변속차로
㉰ 회전차로
㉱ 앞지르기차로

56 교통섬에 대한 설명으로 옳지 않은 것은?

㉮ 교차로 또는 차도의 분기점 등에 설치하는 섬 모양으로 설치하는 시설이다.
㉯ 신호등, 도로표지, 안전표지, 조명 등 노상시설의 설치장소를 제공한다.
㉰ 주차 또는 정차를 위해 차도에 설치하는 도로의 부분을 말한다.
㉱ 보행자가 도로를 횡단할 때 대피섬을 제공한다.

57 교차로 내 도류화의 목적을 모두 고르시오.

보기
ㄱ. 자동차가 합류, 분류, 교차하는 위치와 각도를 조정한다.
ㄴ. 교차로 면적을 조정함으로써 자동차 간에 상충되는 면적을 줄인다.
ㄷ. 포장 끝부분 보호, 측방의 여유 확보, 운전자의 시선을 유도하는 기능을 갖는다.
ㄹ. 보행자 안전지대를 설치하기 위한 장소를 제공한다.
ㅁ. 차의 통행 방향에 따라 분리하거나 같은 방향 도로에서 성질이 다른 교통을 분리하는 기능을 한다.

㉮ ㄱ, ㄹ, ㅁ　　㉯ ㄱ, ㄷ, ㄹ
㉰ ㄱ, ㄴ, ㄷ　　㉱ ㄱ, ㄴ, ㄹ

58 버스 운전자가 지켜야 할 기본운행 수칙으로 옳지 않은 것은?

㉮ 적재물이 떨어질 위험이 있는 자동차에 근접하여 주행하지 않는다.
㉯ 신호대기 등으로 잠시 정지할 때에는 주차브레이크를 당기지 않도록 한다.
㉰ 급격한 핸들조작으로 타이어가 옆으로 밀리는 경우가 발생하지 않도록 주의한다.
㉱ 핸들복원이 늦어 차로를 이탈하는 경우가 발생하지 않도록 주의한다.

59 버스 주행 시 지켜야 할 수칙으로 옳지 않은 것은?

㉮ 다른 차로를 침범하거나, 2개 차로에 걸쳐 주행하지 않는다.
㉯ 운전조작 실수로 차체가 균형을 잃는 경우가 발생하지 않도록 주의한다.
㉰ 앞 차량에 근접하여 주행하지 않고 좌우측 차량과 일정거리를 유지한다.
㉱ 핸들을 조작할 때마다 왼발을 들어 상체 이동을 최소화시킨다.

60 다음 보기의 ( ) 안에 알맞은 것은?

보기
고속도로 ( ) 긴급견인 서비스는 고속도로 본선이나 갓길에 멈춰 2차사고가 우려되는 소형차량을 안전지대(휴게소, 영업소, 쉼터 등)까지 견인하는 제도로서, 한국도로공사에서 비용을 부담하는 무료서비스이다.

㉮ 119
㉯ 2000
㉰ 2500
㉱ 2504

61 졸음운전의 대처 방법으로 옳지 않은 것은?

㉮ 창문을 열어 시원한 공기를 들이마신다.
㉯ 라디오를 틀거나 휘파람을 분다.
㉰ 혼자 소리 내어 말하거나 흥얼거린다.
㉱ 흥분상태를 유발한 일에 대한 생각에 집중한다.

62 다음 중 버스의 안전운전 요령으로 옳지 않은 것은?

㉮ 급감속하는 경우가 발생하지 않도록 항상 규정 속도로 주행하고 차간 거리를 확보한다.
㉯ 진로변경을 하려면 방향지시등을 켜고 옆차로의 전방을 고려하여 신속하게 변경한다.
㉰ 속도가 느린 상태에서 진로변경을 시도하는 경우 급앞지르기가 발생하기 쉽다.
㉱ 교차로 접근 시 미리 감속하고 모든 방향의 차량상황을 인지하고 신호에 따라 운행한다.

63 운전사고의 요인 중 직접적 요인으로 적절하지 않은 것은?

㉮ 과속과 같은 법규 위반
㉯ 운전조작의 잘못
㉰ 직장이나 가정에서의 원만하지 못한 인간관계
㉱ 잘못된 위기대처

64 다음 중 동체시력에 대한 설명으로 옳지 않은 것은?

㉮ 동체시력은 정지시력과 어느 정도 반비례 관계를 갖는다.
㉯ 동체시력은 조도가 낮은 상황에서는 쉽게 저하된다.
㉰ 움직이는 물체 또는 움직이면서 다른 차나 사람 등을 보는 시력을 말한다.
㉱ 동체시력은 물체의 이동속도가 빠를수록 저하된다.

65 다음 중 방호울타리의 주요기능이 아닌 것은?

㉮ 자동차의 차도 이탈을 방지한다.
㉯ 운전자의 시선을 유도한다.
㉰ 차를 정상적인 진행방향으로 복귀시킨다.
㉱ 차의 통행방향에 따라 분리한다.

66 다음 중 서비스의 특징은?

㉮ 물적의존성
㉯ 유형성
㉰ 동시성
㉱ 소유권

67 고객을 응대할 때의 마음가짐으로 맞는 것은?

㉮ 행동을 할 때 자신감을 갖는다.
㉯ 공사를 구분하지 않는다.
㉰ 항상 부정적으로 생각한다.
㉱ 자신의 입장에서 생각한다.

68 올바른 악수 방법은?

㉮ 악수할 때 손끝만 살짝 잡는다.
㉯ 악수하는 손을 흔든다.
㉰ 상대방의 눈을 바라보지 않는다.
㉱ 윗사람이 먼저 악수를 청한다.

69 운전자가 삼가야 할 운전행동이 아닌 것은?

㉮ 방향지시등 작동 후 차로변경
㉯ 교통 경찰관 단속에 불응
㉰ 갓길 통행
㉱ 운행 중에 오디오 볼륨 크게 작동

70 **운수종사자의 운행 전 안전수칙이 아닌 것은?**

㉮ 차의 외부뿐만 아니라 내부도 항상 청결하게 유지한다.
㉯ 점검 후 이상이 발견되면 관리자에게 즉시 보고하고 운행한다.
㉰ 용모와 복장을 확인하고, 승객에게 불쾌한 언행을 하지 않는다.
㉱ 배차사항, 전달사항 등을 확인한 후 운행한다.

71 **교통사고 시 운수종사자가 해야 하는 조치로 옳은 것은?**

㉮ 현장에서의 관할경찰서 신고 의무는 이행하지 않아도 된다.
㉯ 사고발생 경위는 중요도를 따져 중요한 순서대로 적어 회사에 보고한다.
㉰ 사고에 따라 임의로 처리할 수도 있다.
㉱ 사고처리 결과를 개인적으로 통보를 받아도, 회사에 보고한 후 지시에 따라 조치한다.

72 **버스운영체제의 유형 중 정부가 버스노선의 계획에서부터 버스 운영체계의 전반을 책임지는 방식은?**

㉮ 민영제
㉯ 공영제
㉰ 준민영제
㉱ 준공영제

73 **국토교통부장관이 대도시권광역교통위원회에 위임한 권한으로 볼 수 없는 것은?**

㉮ 여객자동차운송사업에 관한 운임・요금의 신고의 수리(受理)
㉯ 여객자동차운송사업의 휴업・폐업 허가
㉰ 노선 여객자동차운송사업자에 대한 운송금지 명령
㉱ 여객자동차 운수사업자 또는 지방자치단체에 대한 재정 지원

74 **간선급행버스체계의 도입 배경이 아닌 것은?**

㉮ 대중교통 이용률의 하락
㉯ 도로와 교통시설의 증가
㉰ 교통체증의 지속
㉱ 도로 및 교통시설에 대한 투자비의 급격한 증가

75 **버스의 위치를 실시간으로 파악하고, 이를 이용해 이용자에게 정류소에서 해당 노선버스의 도착예정시간을 안내하는 시스템은 무엇인가?**

㉮ BIS(Bus Information System)
㉯ BMS(Bus Management System)
㉰ BDS(Bus Dispatching System)
㉱ BTS(Bus Transmission System)

76 **버스전용차로를 설치하기에 적당하지 않은 장소는?**

㉮ 전용차로를 설치하고자 하는 구간의 교통정체가 심한 곳
㉯ 편도 1차로인 도로로 버스 통행량이 일정 수준 이상인 곳
㉰ 승차인원이 한 명인 승용차의 비중이 높은 구간
㉱ 대중교통 이용자들의 폭넓은 지지를 받는 구간

77 **대중교통 전용지구에 대한 설명 중 틀린 것은?**

㉮ 도시의 교통수요를 감안해 승용차 등 일반 차량의 통행을 제한하는 제도이다.
㉯ 보행자 보호를 위해 대중교통 전용 지구 내에서는 30km/h로 속도를 제한한다.
㉰ 승용차와 일반 승합차는 24시간 진입이 불가하고, 화물차량은 허가 후 통행이 가능하다.
㉱ 버스, 택시, 16인승 승합차, 긴급자동차의 통행은 항상 가능하다.

78 **교통카드시스템의 도입효과 중 정부 측면의 효과로 옳지 않은 것은?**

㉮ 첨단 교통체계의 기반이 된다.
㉯ 하나의 카드로 다수의 교통수단을 이용할 수 있다.
㉰ 대중교통 이용률을 높이고, 교통환경을 개선할 수 있다.
㉱ 교통정책 수립 및 교통요금 결정의 기초자료를 확보할 수 있다.

79 **응급처치 방법 중 심폐소생술에 대한 설명으로 틀린 것은?**

㉮ 머리 젖히고 턱을 들어 올려 기도를 연다.
㉯ 인공호흡을 할 때에는 가슴이 충분히 올라올 정도로 실시한다.
㉰ 가슴압박을 할 때에는 팔을 곧게 펴서 바닥과 수직이 되도록 한다.
㉱ 소아의 가슴압박 깊이는 성인에 준하여 실시한다.

80 **교통사고 발생 시 운전자의 조치사항으로 잘못된 것은?**

㉮ 차도와 같이 위험한 장소일 때에는 안전장소로 대피시켜 2차 피해가 일어나지 않도록 한다.
㉯ 승객이나 동승자가 있는 경우 동요하지 않도록 하고 혼란을 방지하기 위해 노력한다.
㉰ 야간에는 주변의 안전에 특히 주의를 기울이며 기민하게 구출을 유도한다.
㉱ 인명구출 시 가까이 있는 사람을 우선적으로 구조한다.

제10회 실제유형 시험보기

01 다음 보기에서 설명하고 있는 여객자동차운송사업의 종류에 해당하는 것은?

보기

주로 군(광역시의 군은 제외)의 단일 행정구역에서 운행계통을 정하고 국토교통부령으로 정하는 자동차를 사용하여 여객을 운송하는 사업으로, 이 경우 국토교통부령으로 정하는 바에 따라 직행좌석형·좌석형 및 일반형 등으로 그 운행형태를 구분한다.

㉮ 시내버스운송사업
㉯ 농어촌버스운송사업
㉰ 마을버스운송사업
㉱ 시외버스운송사업

02 다음 중 보기가 설명하는 도로교통법의 용어는?

보기

차마의 통행 방향을 명확하게 구분하려고 도로에 표시한 황색 실선 등의 안전표지로 표시한 선으로, 가변차로가 설치된 경우에는 신호기가 지시하는 진행방향의 가장 왼쪽에 있는 황색 점선

㉮ 차 선
㉯ 중앙선
㉰ 횡단보도
㉱ 교차로

03 다음 중 자전거도로에 대한 설명으로 옳지 않은 것은?

㉮ 자전거 전용도로 : 자전거 등만 통행할 수 있도록 분리대, 경계석, 그 밖에 이와 유사한 시설물에 의하여 차도 및 보도와 구분하여 설치된 자전거도로
㉯ 자전거·보행자 겸용도로 : 자전거 등 외에 보행자도 통행할 수 있도록 분리대, 경계석, 그 밖에 이와 유사한 시설물에 의하여 차도와 구분하거나 별도로 설치한 자전거도로
㉰ 자전거 전용차로 : 차도의 일정 부분을 자전거 등만 통행하도록 차선 및 안전표지나 노면표시로 다른 차가 통행하는 차로와 구분한 차로
㉱ 자전거 우선도로 : 자동차의 일일 통행량이 2천대 이상인 도로의 일부 구간 및 차로를 정하여 자전거 등과 다른 차가 상호 안전하게 통행할 수 있도록 도로에 노면표시로 설치한 자전거도로

04 철길이나 가설된 선을 이용하지 않고 원동기를 사용하여 운전되는 차를 의미하는 도로교통법상의 자동차가 아닌 것은?

㉮ 이륜자동차
㉯ 노상안정기
㉰ 노면파쇄기
㉱ 원동기장치자전거

05 다음 중 긴급자동차가 아닌 것은?

㉮ 혈액 공급차량
㉯ 전파감시업무에 사용되는 자동차
㉰ 주한 국제연합군용 자동차
㉱ 교통단속에 사용되는 경찰용 자동차

06 **비·안개·눈 등으로 인한 거친 날씨의 운전속도에 대한 내용으로 옳지 않은 것은?**

㉮ 노면이 얼어붙은 경우 최고속도의 50/100을 줄인 속도로 운행하여야 한다.
㉯ 폭우·폭설·안개 등으로 가시거리가 100m 이내인 경우에는 최고속도의 50/100을 줄인 속도로 운행하여야 한다.
㉰ 비가 내려 노면이 젖어 있는 경우 최고속도의 50/100을 줄인 속도로 운행하여야 한다.
㉱ 눈이 20mm 미만 쌓인 경우에는 최고속도의 20/100을 줄인 속도로 운행해야 한다.

07 **다음 중 운전자가 앞지르기를 할 수 있는 것은?**

㉮ 앞차의 우측에 다른 차가 앞차와 나란히 가고 있는 경우
㉯ 위험을 방지하기 위하여 정지하거나 서행하고 있는 차
㉰ 경찰공무원의 지시에 따라 정지하거나 서행하고 있는 차
㉱ 도로교통법에 따른 명령에 따라 정지하거나 서행하고 있는 차

08 **다음 중 교차로 통행방법에 대한 내용으로 옳지 않은 것은?**

㉮ 우회전을 하기 위하여 방향지시기로 신호를 하는 차가 있는 경우에 모든 차의 운전자는 앞차의 진행을 방해하지 않기 위해 일시정지 해야 한다.
㉯ 우회전하는 차의 운전자는 신호에 따라 정지하거나 진행하는 보행자 또는 자전거 등에 주의하여야 한다.
㉰ 교차로에서 좌회전을 하려고 할 때 미리 중앙선을 따라 서행하면서 교차로의 중심 안쪽을 이용하여 좌회전한다.
㉱ 시·도경찰청장이 교차로의 상황에 따라 지정한 곳에서는 교차로의 중심 바깥쪽을 통과할 수 있다.

09 **긴급자동차의 우선통행에 대한 설명으로 옳은 것은?**

㉮ 모든 차의 운전자는 교차로에서 긴급자동차가 접근한 경우에는 진로를 양보하여야 한다.
㉯ 교차로에서 긴급자동차가 접근하는 경우에 모든 차의 운전자는 교차로를 피해 서행하여야 한다.
㉰ 긴급자동차의 운전자는 긴급하고 부득이한 경우에 교통안전에 주의하면서 서행하여야 한다.
㉱ 소방차의 운전자는 그 본래의 긴급한 용도가 아닌 범죄 및 화재 예방 등을 위한 순찰·훈련 등을 실시하는 경우에는 경광등을 켜거나 사이렌을 작동하고 운행할 수 있다.

10 **모든 차의 운전자가 서행해야 하는 장소가 아닌 것은?**

㉮ 도로가 구부러진 부근
㉯가파른 비탈길의 내리막
㉰ 교통정리를 하고 있는 교차로
㉱ 시·도경찰청장이 안전표지로 지정한 곳

11 **다음 중 일시정지할 장소로 바르지 않은 것은?**

㉮ 교통정리를 하고 있지 않은 교차로
㉯ 교통이 빈번한 교차로
㉰ 시・도경찰청장이 안전표지로 지정한 곳
㉱ 좌우를 확인할 수 있는 교차로

12 **다음 중 주정차 금지장소에 대한 설명으로 옳은 것은?**

㉮ 횡단보도로부터 5m 이내인 곳
㉯ 교차로의 가장자리로부터 10m 이내인 곳
㉰ 비상소화장치가 설치된 곳으로부터 5m 이내인 곳
㉱ 안전지대가 설치된 도로에서는 그 안전지대의 사방으로부터 각각 3m 이내인 곳

13 **제1종 보통면허로 운전할 수 없는 차량은?**

㉮ 적재중량 12t 미만의 화물자동차
㉯ 3t 미만의 지게차
㉰ 승차정원 15인 이하의 승합자동차
㉱ 도로보수트럭

14 **도로교통법 위반 범칙행위에 대한 범칙금이 옳지 않은 것은?**

㉮ 경찰관의 실효된 면허증 회수에 대한 거부 - 3만원
㉯ 어린이통학버스 특별보호를 위반한 승합자동차 - 5만원
㉰ 속도위반(60㎞/h 초과)한 승합자동차 - 13만원
㉱ 술에 취한 상태에서의 자전거 운전 - 3만원

15 **교통사고처리 특례법상 특례의 적용에 대한 설명으로 옳지 않은 것은?**

㉮ 차의 운전자가 교통사고로 인하여 중과실 치사상의 죄를 범한 경우에는 5년 이하의 금고 또는 2,000만원 이하의 벌금에 처한다.
㉯ 차의 교통으로 업무상과실치상죄를 범한 운전자에 대하여는 피해자의 명시적인 의사에 반하여 공소를 제기할 수 없다.
㉰ 차의 운전자가 중과실치상죄를 범하고도 피해자를 구호하는 등 사고발생 시의 조치를 하지 아니하고 도주한 경우에는 공소를 제기할 수 있다.
㉱ 음주운전 금지를 위반하여 다른 사람의 건조물을 손괴한 운전자가 채혈 측정에 동의한 경우에도 피해자의 명시적인 의사와 상관없이 공소를 제기한다.

16 **교통사고처리 특례법상의 특례 적용의 배제에 해당하지 않는 것은?**

㉮ 중앙선 침범
㉯ 20km/h 미만의 속도 위반
㉰ 어린이 보호구역 내 안전운전의무 위반
㉱ 화물고정조치 위반

17 **특정범죄가중처벌 등에 관한 법률에서의 도로교통법상 가중처벌로 옳지 않은 것은?**

㉮ 음주로 정상적인 운전이 곤란한 상태에서 원동기장치자전거를 운전하여 사람을 상해한 사람은 5년 이하의 징역 또는 500만원 이상 3,000만원 이하의 벌금
㉯ 사고운전자가 피해자를 사고 장소로부터 옮겨 유기하고 도주하여 피해자가 상해에 이른 경우 3년 이상의 유기징역
㉰ 운행 중인 자동차의 운전자를 협박한 사람은 5년 이하의 징역 또는 2,000만원 이하의 벌금
㉱ 운행 중인 자동차의 운전자를 폭행하여 상해에 이르게 한 경우에는 3년 이상의 유기징역

18 여객자동차 운수사업법상의 여객자동차 운수사업에 해당하지 않는 것은?

㉮ 여객자동차운송플랫폼사업
㉯ 여객자동차서비스사업
㉰ 자동차대여사업
㉱ 여객자동차터미널사업

19 다음 보기에서 설명하는 여객자동차 운수사업법령의 정의는?

보기

노선의 기점(起點)·종점(終點)과 그 기점·종점 간의 운행경로·운행거리·운행횟수 및 운행대수를 총칭한 것

㉮ 노 선
㉯ 운행계통
㉰ 정류소
㉱ 택시승차대

20 수요응답형 여객자동차운송사업에서 탄력적으로 운영되는 조건이 아닌 것은?

㉮ 운행계통
㉯ 운행시간
㉰ 운행횟수
㉱ 운행관리

21 여객자동차운송사업법령에서 구역 여객자동차운송사업에 해당하는 것은?

㉮ 시내버스운송사업
㉯ 마을버스운송사업
㉰ 전세버스운송사업
㉱ 시외버스운송사업

22 여객자동차운송사업에 사용되는 자동차의 종류에 대한 설명으로 옳은 것은?

㉮ 시외고속버스 - 직행형에 사용되는 것으로서 승차정원이 29인승 이하인 대형승합자동차
㉯ 수요응답형 여객자동차 운송사업 - 승용자동차 또는 소형 이상의 승합자동차
㉰ 시외일반버스 - 직행형에 사용되는 중형 이상의 승합자동차
㉱ 시내좌석버스 - 일반형에 사용되는 것으로서 좌석과 입석이 혼용 설치된 것

23 다음 중 운수종사자의 준수사항으로 옳지 않은 것은?

㉮ 자동차 운행 중 중대한 고장을 발견한 경우에는 즉시 운행을 중지하고 적절한 조치를 해야 한다.
㉯ 신용카드결제기를 설치해야 하는 택시는 승객이 요구하면 영수증 발급에 응해야 한다.
㉰ 관계 공무원으로부터 운전면허증 제시를 요구받으면 즉시 이에 따라야 한다.
㉱ 장애인 보조견과 함께 여객 안으로 들어오는 행위는 다른 여객의 편의를 위해 제지하고 필요한 사항을 안내한다.

24 여객자동차운송사업의 운전업무 종사자격에 대한 내용으로 옳지 않은 것은?

㉮ 나이와 운전경력 등의 운전업무에 필요한 요건을 갖추어야 한다.
㉯ 운전 적성에 대한 정밀검사 기준에 맞아야 한다.
㉰ 운전자격시험에 합격하면 운전자격을 취득할 수 있다.
㉱ 여객자동차 운수 관계 법령과 지리 숙지도(熟知度) 등에 관한 시험에 합격해야 한다.

25 다음 중 운전적성정밀검사 대상이 아닌 사람은?

㉮ 자격유지검사의 적합판정을 받고 1년이 지나지 않은 70세의 황진이
㉯ 신규로 여객자동차 운송사업용 자동차를 운전하려는 임꺽정
㉰ 특별검사 대상으로 지난 1년간 운전면허 행정처분 누산점수가 85점인 홍길동
㉱ 5년 전 자격유지검사의 적합판정을 받은 67세의 연놀부

26 버스 운행 중 안전수칙으로 옳지 않은 것은?

㉮ 음주·과로한 상태에서의 운전 금지한다.
㉯ 비탈길을 내려올 때는 풋 브레이크만 사용한다.
㉰ 도어 개방상태에서는 운행을 금지한다.
㉱ 터널 출구나 다리 위 돌풍에 주의한다.

27 자동차 연료 중 천연가스의 특징으로 옳은 것은?

㉮ 천연가스는 메탄(CH_4)과 프로판(C_3H_8)이 1 : 1로 함유되어 있다.
㉯ 메탄의 비등점은 -180℃이고, 상온에서는 기체이다.
㉰ 불완전 연소로 인한 입자상 물질의 생성이 적다.
㉱ 유황분을 포함하고 있어 SO_2 가스를 방출한다.

28 차바퀴가 빠져 헛도는 경우에 대한 대처요령으로 옳은 것은?

㉮ 차바퀴가 빠져 헛돌 경우 엔진을 가속하여 탈출을 시도한다.
㉯ 납작한 돌이나 나무 등을 타이어 밑에 놓을 경우 더 깊이 빠질 수 있다.
㉰ 변속레버를 전진과 후진 위치로 번갈아 두면서 탈출을 시도한다.
㉱ 엔진회전수를 가급적 올려 진흙 등에서 빠져나오기 위해 노력한다.

29 겨울철 운행 시 타이어 체인을 장착한 경우의 주행 속도는?

㉮ 20km/h
㉯ 30km/h
㉰ 50km/h
㉱ 60km/h

30 계기판 용어와 설명으로 옳게 짝지어진 것은?

㉮ 속도계 : 엔진의 분당 회전수
㉯ 수온계 : 엔진 냉각수의 온도
㉰ 전압계 : 엔진 오일의 압력
㉱ 연료계 : 브레이크 공기탱크 내의 공기압력

31 가속 페달을 힘껏 밟는 순간 '끼익!' 하는 소리가 나는 경우의 고장 위치는?

㉮ 엔진 부분
㉯ 클러치 부분
㉰ 브레이크 부분
㉱ 팬벨트

32 엔진 오버히트가 발생할 때의 징후가 아닌 것은?

㉮ 운행 중 수온계가 H 부분을 가리키는 경우
㉯ 엔진출력이 갑자기 떨어지는 경우
㉰ 노킹소리가 들리는 경우
㉱ 배터리가 방전된 경우

33 스티어링 휠(핸들)이 떨릴 경우 추정되는 원인으로 옳은 것은?

㉮ 타이어의 무게중심이 맞지 않는다.
㉯ 앞바퀴의 공기압이 부족하다.
㉰ 파워스티어링 오일이 부족하다.
㉱ 냉각수가 부족하다.

34 클러치의 구비조건이 아닌 것은?

㉮ 냉각이 잘되어 과열하지 않아야 한다.
㉯ 구조가 간단하고, 다루기 쉬우며 고장이 적어야 한다.
㉰ 회전관성이 많아야 한다.
㉱ 회전부분의 평형이 좋아야 한다.

35 좌우 바퀴가 동시에 상하 운동을 할 때에는 작용을 하지 않으나 좌우 바퀴가 서로 다르게 상하 운동을 할 때 작용하여 차체의 기울기를 감소시켜 주는 장치는?

㉮ 쇽업소버
㉯ 스태빌라이저
㉰ 공기 스프링
㉱ 토션 바 스프링

36 동력조향장치의 특징이 아닌 것은?

㉮ 노면에서 발생한 충격 및 진동을 흡수한다.
㉯ 고장이 발생하더라도 정비가 쉽다.
㉰ 조향조작이 신속하고 경쾌하다.
㉱ 앞바퀴의 시미현상을 방지할 수 있다.

37 공기식 브레이크의 장점이 아닌 것은?

㉮ 클러치 사용횟수가 줄게 됨에 따라 클러치 관련 부품의 마모가 감소한다.
㉯ 자동차 중량에 제한을 받지 않는다.
㉰ 공기가 다소 누출되어도 제동성능이 현저하게 저하되지 않아 안전도가 높다.
㉱ 압축공기의 압력을 높이면 더 큰 제동력을 얻을 수 있다.

38 비사업용 승용자동차의 검사유효기간으로 옳은 것은?

㉮ 6개월
㉯ 1년
㉰ 2년
㉱ 3년

39 자동차 신규검사를 받아야 하는 경우가 아닌 것은?

㉮ 여객자동차 운수사업법에 의하여 면허, 등록, 인가 또는 신고가 실효하거나 취소되어 말소한 경우
㉯ 자동차의 차대번호가 등록원부상의 차대번호와 달라 직권 말소된 자동차의 경우
㉰ 속임수나 그 밖의 부정한 방법으로 등록되어 말소된 자동차의 경우
㉱ 불법튜닝 등에 대한 안전성 확보를 위한 검사인 경우

40 자동차 종합검사 유효기간 계산 방법으로 옳지 않은 것은?

㉮ 자동차관리법에 따라 신규등록을 하는 경우 : 신규등록일부터 계산
㉯ 자동차 종합검사기간 내에 종합검사를 신청하여 적합 판정을 받은 경우 : 직전 검사 유효기간 마지막 날의 다음 날부터 계산
㉰ 자동차 종합검사기간 전후에 자동차 종합검사를 신청하여 적합 판정을 받은 경우 : 자동차 종합검사를 받은 날부터 계산
㉱ 재검사 결과 적합 판정을 받은 경우 : 자동차 종합검사를 받은 것으로 보는 날의 다음날부터 계산

41 평면곡선도로를 주행할 때 유의할 점으로 옳지 않은 것은?

㉮ 편경사가 설치되어 있지 않은 평면곡선 구간은 고속으로 주행할 수 있다.
㉯ 곡선반경이 작은 도로에서는 고속으로 주행할 때 차량 전도 위험이 증가한다.
㉰ 평면곡선 도로를 주행할 때에는 곡선 바깥쪽으로 진행하려는 힘을 받게 된다.
㉱ 운전자는 평면 곡선구간 진입 전에 충분히 속도를 줄여야 한다.

42 다음 보기에서 운전 중에 운전자가 예측해야 하는 내용을 모두 고르시오.

보기
ㄱ. 주행로 : 다른 차의 진행 방향과 거리
ㄴ. 행동 : 다른 차의 운전자가 할 것으로 예상되는 행동
ㄷ. 타이밍 : 교통흐름에 방해되지 않게 앞지르기를 신속히 할 시점
ㄹ. 교차지점 : 교차하는 문제가 발생하는 정확한 지점

㉮ ㄴ, ㄷ
㉯ ㄱ, ㄷ, ㄹ
㉰ ㄱ, ㄴ, ㄷ
㉱ ㄱ, ㄴ, ㄹ

43 시가지 도로에서의 방어운전 방법으로 옳지 않은 것은?

㉮ 1~2블록 전방의 상황과 길의 양쪽 부분을 모두 탐색한다.
㉯ 조금이라도 어두울 때는 하향 전조등을 켜도록 한다.
㉰ 버스정류장에 서기 위해 한쪽으로 붙을 때는 신호로 알릴 필요 없다.
㉱ 전방 차량 등화에 지속적으로 주의하여 제동과 회전여부 등을 예측한다.

44 다음 중 타이어 마모에 영향을 주는 요소가 아닌 것은?

㉮ 타이어 공기압
㉯ 차의 하중
㉰ 차의 속도
㉱ 추 위

45 다음 중 버스 운전자가 지켜야 할 안전운전 요령으로 옳지 않은 것은?

㉮ 급좌회전이나 꼬리 물기 등을 삼가하고 저속으로 회전하는 습관이 필요하다.
㉯ 오르막길에서는 버스 차체의 특성상 시동을 유지하기 위해 급출발을 해야 한다.
㉰ 급우회전은 보행자 사고를 유발하므로 교차로 접근 시 충분히 감속한다.
㉱ 계기판을 수시로 확인하며 규정속도를 유지한다.

46 다음 중 졸음운전의 위험신호가 아닌 것은?

㉮ 머리를 똑바로 유지하기 힘들어진다.
㉯ 지난 몇 km를 어떻게 운전해 왔는지 가물가물하다.
㉰ 말이 많아지고 판단력이 조금 흐려진다.
㉱ 이 생각 저 생각이 나면서 생각이 단절된다.

47 다음 중 버스 운전자가 유의해야 할 특성으로 옳지 않은 것은?

㉮ 버스는 차체가 크기 때문에 급진로변경은 연쇄추돌사고 등으로 연결되기 쉽다.
㉯ 버스는 차체가 높기 때문에 과속을 하면 커브길에서 전도·전복의 위험성이 크다.
㉰ 버스는 우회전 시 뒷바퀴가 앞바퀴보다 바깥쪽으로 회전하므로 접촉사고에 유의한다.
㉱ 버스는 입석승객이 많고 안전띠를 매지 않기 때문에 급가속은 차내 사고를 유발한다.

48 고속도로에서 교통사고가 났을 때 대처 요령으로 옳지 않은 것은?

㉮ 야간에는 적색 섬광신호, 전기제등, 불꽃신호 등을 추가로 설치한다.
㉯ 사고차량 운전자는 사고 발생 장소, 사상자 수 등 조치상황을 경찰공무원에게 알린다.
㉰ 갓길로 차량 이동이 어려운 경우 비상등을 켜고 구난차가 올 때까지 기다린다.
㉱ 사고 차량 운전자는 경찰공무원이 말하는 교통안전상 필요한 사항을 지킨다.

49 터널 내 화재 시 행동요령으로 옳지 않은 것은?

㉮ 터널 밖으로 신속히 이동한다.
㉯ 터널에 설치된 소화기나 소화전으로 조기진화를 시도한다.
㉰ 터널관리소나 119로 구조요청을 한다.
㉱ 조기진화가 불가능할 경우, 코·입을 막고 몸을 낮춘 자세로 구조를 기다린다.

50 고속도로 터널 안전운전 수칙으로 옳지 않은 것은?

㉮ 주의집중을 위해 터널 진입 시 라디오를 끈다.
㉯ 앞차와의 안전거리를 유지한다.
㉰ 차선을 바꾸거나 추월하지 않는다.
㉱ 표지판의 교통신호를 확인한다.

51 다음 중 경제운전 방법으로 옳지 않은 것은?

㉮ 가능한 한 평균속도로 주행하는 것이 매우 중요하다.
㉯ 운전 중 관성주행이 가능할 때는 제동을 피하는 것이 좋다.
㉰ 기어변속은 가능한 빨리 고단 기어로 변속하는 것이 좋다.
㉱ 기어변속 시 반드시 순차적으로 해야 하는 것은 아니다.

52 버스운행 기본수칙으로 옳지 않은 것은?

㉮ 정지할 때에는 미리 감속하여 급정지로 인한 타이어 흔적이 발생하지 않도록 한다.
㉯ 정지할 때는 반드시 브레이크를 2~3회 나누어 밟는 단속조작을 한다.
㉰ 미끄러운 노면에서는 제동으로 인해 차량이 회전하지 않도록 주의한다.
㉱ 정류소에서 출발할 때에는 자동차문을 완전히 닫고 방향지시등을 작동시킨 후 출발한다.

53 진로 변경 시 유의할 점이 아닌 것은?

㉮ 진로 변경이 끝날 때까지 신호를 계속 유지한다.
㉯ 도로별 차로에 따른 통행차의 기준을 준수하여 주행차로를 선택한다.
㉰ 많은 인원이 탄 버스가 우선 통행권이 있으므로 자유롭게 진로변경을 한다.
㉱ 일반도로에서는 차로를 변경하려는 지점에 도착하기 전 30m 이상의 지점에서 방향지시등을 작동시킨다.

54 다음 중 경제 운전에 대한 설명으로 옳지 않은 것은?

㉮ 공해배출을 최소화하는 운전방식이다.
㉯ 연료 소모율을 낮추기 위해 제동을 많이 한다.
㉰ 교통안전 증진의 효과가 있다.
㉱ 공회전을 줄이는 것도 경제운전의 한 방법이다.

55 출발할 때 경제운전 방법으로 옳지 않은 것은?

㉮ 시동 걸 때는 적정 속도로 엔진을 회전시켜 적정한 오일 압력이 유지되도록 한다.
㉯ 여름에 시동을 걸 때 적정한 공회전 시간은 2~3분 정도이다.
㉰ 겨울에 시동을 걸 때 적정한 공회전 시간은 1~2분 정도이다.
㉱ 시동을 건 후 오일 압력이 적정해지면 부드럽게 출발한다.

56 다음 보기가 설명하는 차로는?

보기
- 양방향 2차로 앞지르기 금지구간에서 차의 원활한 소통을 위해 갓길 쪽으로 설치하는 저속 자동차의 주행차로를 말한다.
- 저속차로 인해 교통흐름이 지체되고 반대차로를 이용한 앞지르기가 불가능할 경우 원활한 소통을 위해 설치한다.

㉮ 가변차로
㉯ 양보차로
㉰ 앞지르기차로
㉱ 변속차로

57 다음 중 회전차로에 대한 설명으로 옳지 않은 것은?

㉮ 직진차로와 인접하여 설치하기도 하고 교통섬 등으로 분리하여 설치하기도 한다.
㉯ 교차로 등에서 우회전, 좌회전, 유턴을 할 수 있도록 직진차로와 별도로 설치하는 차로이다.
㉰ 차가 다른 도로로 유입하는 경우 본선의 교통흐름을 방해하지 않고 안전하게 감속 또는 가속하도록 설치하는 차로이다.
㉱ 좌회전 차로, 우회전 차로, 유턴 차로 등이 있다.

58 다음 보기가 설명하는 것은?

보기

갓길 또는 중앙분리대의 일부분으로 포장 끝부분 보호, 측방의 여유 확보, 운전자의 시선을 유도하는 기능을 갖는다.

㉮ 시 거
㉯ 측 대
㉰ 편경사
㉱ 교통섬

59 교차로 내에서 도류화의 목적으로 옳지 않은 것은?

㉮ 교차로 면적을 조정함으로써 자동차 간에 상충되는 면적을 줄인다.
㉯ 보행자 안전지대를 설치하기 위한 장소를 제공한다.
㉰ 분리된 회전차로는 회전차량의 대기장소를 제공한다.
㉱ 평면곡선부에서 자동차가 원심력에 저항할 수 있도록 해준다.

60 다음 보기의 ( ) 안에 공통으로 들어갈 용어는?

보기

운전자가 자동차 진행방향에 있는 장애물 또는 위험 요소를 인지하고 제동・정지하거나 또는 장애물을 피해서 주행할 수 있는 거리를 ( )라고 한다. 주행상의 안전과 쾌적성을 확보하는 데 매우 중요한 요소로 정지( )와 앞지르기( )가 있다.

㉮ 횡단경사
㉯ 도 류
㉰ 측 대
㉱ 시 거

61 버스 운전자가 지켜야 할 기본운행 수칙으로 옳지 않은 것은?

㉮ 다른 차로를 침범하거나 2개 차로에 걸쳐 주행하지 않는다.
㉯ 적재물이 떨어질 위험이 있는 차에 근접하여 주행하지 않는다.
㉰ 동료기사가 운전하는 버스가 있을 경우 근접하여 인사한다.
㉱ 교통량 많은 곳에서는 감속하여 주행한다.

62 버스를 정지시킬 때 지켜야 할 수칙으로 옳지 않은 것은?

㉮ 정지할 때까지 여유가 있는 경우에는 브레이크페달을 10회 정도 밟는 단속조작으로 정지한다.
㉯ 정지할 때에는 미리 감속하여 급정지로 인한 타이어 흔적이 발생하지 않도록 한다.
㉰ 미끄러운 노면에서는 제동으로 인해 차량이 회전하지 않도록 주의한다.
㉱ 신호대기로 정지할 때에는 주차브레이크를 당기거나 브레이크페달을 밟아 차량이 미끄러지지 않도록 한다.

63 **고속도로 2504 긴급견인 서비스 대상차량에 해당하지 않는 것은?**

㉮ 16인 이하 승합차
㉯ 1.4t 이하 화물차
㉰ 승용차
㉱ 버 스

64 **다음 보기에서 터널 내 화재 시 사고차량의 부상자를 도울 수 있는 방법을 모두 고르시오.**

보기
ㄱ. 119 구조요청을 한다.
ㄴ. 터널관리소에 구조요청을 한다.
ㄷ. 한국도로공사 1588-2504로 구조요청을 한다.
ㄹ. 사고현장에 구급차가 도착할 때까지 가능한 응급조치를 한다.
ㅁ. 위급한 두부 부상자를 신속히 안전한 곳으로 옮긴다.

㉮ ㄱ, ㄴ, ㄷ, ㄹ
㉯ ㄱ, ㄷ, ㄹ, ㅁ
㉰ ㄱ, ㄹ, ㅁ
㉱ ㄱ, ㄷ, ㄹ

65 **다음 중 타이어 마모에 대한 설명으로 옳지 않은 것은?**

㉮ 운전자의 운전습관이 타이어 마모에 영향을 미친다.
㉯ 차량의 서스펜션 불량은 타이어 마모의 원인이 될 수 있다.
㉰ 아스팔트 포장도로는 콘크리트 포장도로보다 타이어 마모가 더 발생한다.
㉱ 커브의 구부러진 상태나 커브구간이 반복될수록 타이어 마모는 촉진된다.

66 **일반적인 고객의 욕구가 아닌 것은?**

㉮ 평범한 사람으로 인식되고 싶다.
㉯ 기억되고 싶다.
㉰ 기대와 욕구를 수용하고 인정받고 싶다.
㉱ 편안해지고 싶다.

67 **올바른 인사방법이 아닌 것은?**

㉮ 인사를 하기 전에 상대방의 눈을 바라본다.
㉯ 아랫사람이 먼저 할 때까지 기다리는 것이 좋다.
㉰ 머리와 상체는 일직선이 되도록 한다.
㉱ 고개는 반듯하게 들고, 턱을 내밀지 않고 자연스럽게 당긴다.

68 **다음 중 바람직한 직업관은?**

㉮ 생계유지 수단적인 직업관
㉯ 폐쇄적인 직업관
㉰ 귀속적인 직업관
㉱ 역할 지향적인 직업관

69 **운수종사자의 기본적인 주의사항이 아닌 것은?**

㉮ 급한 경사길이나 자동차 전용도로에서 주정차 금지
㉯ 운전에 악영향을 주는 음주·약물복용 후 운전 금지
㉰ 차를 청결하게 관리하여 쾌적한 운행환경 유지 금지
㉱ 승차 지시된 운전자 이외의 타인에게 대리운전 금지

70 운수종사자의 운행 중 주의사항이 아닌 것은?

㉮ 내리막길에서 풋 브레이크를 장시간 사용하고, 엔진 브레이크는 사용하지 않는다.
㉯ 후방카메라가 있는 경우 카메라를 통해 후방의 이상 유무를 확인한 후 후진한다.
㉰ 뒤따라오는 차량이 추월하는 경우에는 감속 등을 통한 양보 운전을 한다.
㉱ 자전거 등과 교행할 때에는 서행하며 안전거리를 유지한다.

71 버스운영체제의 유형 중 민영제의 특징이 아닌 것은?

㉮ 민간이 서비스의 공급 주체가 된다.
㉯ 정부의 규제를 최소화한다.
㉰ 비수익노선의 운행서비스 공급이 어렵다.
㉱ 책임의식의 결여로 생산성이 저하된다.

72 버스준공영제의 유형이 아닌 것은?

㉮ 노선 공동관리형
㉯ 운수종사자 공동관리형
㉰ 수입금 공동관리형
㉱ 자동차 공동관리형

73 이용거리가 증가함에 따라 단위당 운임이 낮아지는 요금체계는 무엇인가?

㉮ 구역운임제
㉯ 단일운임제
㉰ 거리운임요율제
㉱ 거리체감제

74 간선급행버스체계의 특성이 아닌 것은?

㉮ 환승 정류소를 이용하여 다른 교통수단과의 연계 가능
㉯ 효율적인 사전 요금징수 시스템 채택
㉰ 중앙버스차로와 같은 분리된 버스전용차로 축소
㉱ 지능형교통시스템(ITS ; Intelligent Transportation System)을 활용한 첨단신호체계 운영

75 버스운행관리시스템의 운영으로 운수종사자의 기대효과와 거리가 먼 것은?

㉮ 운행정보 인지를 통한 정시 운행
㉯ 앞뒤 차간의 간격인지를 통한 차간간격 조정 운행
㉰ 서비스 개선에 따른 승객 증가로 인한 수지개선
㉱ 운행상태 완전노출로 인한 운행질서 확립

76 역류버스전용차로의 단점이 아닌 것은?

㉮ 시행준비가 까다롭고 투자비용이 많이 소요된다.
㉯ 잘못 진입한 차량으로 인해 교통혼잡이 발생할 수 있다.
㉰ 도로 중앙에 설치된 버스정류소로 인해 무단횡단 등 안전문제가 발생한다.
㉱ 일방통행로에서 보행자가 버스전용차로의 진행방향만 확인하는 경향이 있어 보행자 사고가 증가할 수 있다.

77 대중교통 전용지구를 설치하는 목적이 아닌 것은?

㉮ 도심의 상업지구 축소
㉯ 쾌적한 보행자 공간의 확보
㉰ 대중교통의 원활한 운행 확보
㉱ 도심의 교통환경 개선

78 교통카드에 대한 설명 중 틀린 것은?

㉮ 하이브리드 : 2종의 칩을 함께하는 방식이나, 2개 종류 간 연동이 되지 않는다.
㉯ 콤비 : 2종의 칩을 함께하는 방식으로 2개 종류 간 연동이 가능하다.
㉰ MS 방식 : 정보를 저장하는 매체인 자성체가 손상될 위험이 없다.
㉱ IC 방식(스마트카드) : 반도체 칩을 이용해 정보를 기록하는 방식으로 자기카드에 비해 보안성이 높다.

79 출혈이나 골절이 발생했을 경우의 응급처치로 잘못된 것은?

㉮ 출혈이 심하면 출혈 부위보다 심장에 가까운 부위를 지혈될 때까지 손수건 등으로 꽉 잡아맨다.
㉯ 골절 부상자는 시간이 지나면 더 위험해질 수 있으므로, 구급차가 오기 전 응급처치를 하는 것이 좋다.
㉰ 가슴이나 배를 강하게 부딪쳐 내출혈이 발생하였을 때에는 쇼크증상이 발생할 수도 있다.
㉱ 쇼크증상이 발생한 경우, 부상자가 춥지 않도록 모포 등을 덮어주지만 햇볕은 직접 쬐지 않도록 한다.

80 재난발생 시 운전자의 조치사항이 아닌 것은?

㉮ 운전자의 안전조치를 우선적으로 한다.
㉯ 응급환자, 노인, 어린이를 우선적으로 대피시킨다.
㉰ 운행 중 재난 발생 시 차량을 안전지대로 이동하고 회사에 보고한다.
㉱ 장시간 고립 시 한국도로공사 및 인근 유관기관 등에 협조를 요청한다.

제1~10회 정답 및 해설

제1회	실제유형 시험보기																		p. 47~58
01	02	03	04	05	06	07	08	09	10	11	12	13	14	15	16	17	18	19	20
㉮	㉱	㉱	㉯	㉰	㉱	㉰	㉯	㉰	㉰	㉯	㉰	㉰	㉮	㉮	㉱	㉰	㉮	㉮	㉮
21	22	23	24	25	26	27	28	29	30	31	32	33	34	35	36	37	38	39	40
㉯	㉱	㉰	㉰	㉰	㉱	㉱	㉯	㉮	㉰	㉮	㉮	㉯	㉰	㉮	㉱	㉰	㉮	㉮	㉱
41	42	43	44	45	46	47	48	49	50	51	52	53	54	55	56	57	58	59	60
㉱	㉮	㉱	㉮	㉰	㉮	㉱	㉯	㉱	㉱	㉰	㉯	㉰	㉮	㉱	㉯	㉱	㉱	㉯	㉮
61	62	63	64	65	66	67	68	69	70	71	72	73	74	75	76	77	78	79	80
㉱	㉱	㉱	㉰	㉯	㉮	㉱	㉯	㉯	㉱	㉰	㉯	㉰	㉯	㉰	㉯	㉯	㉯	㉱	㉰

01 **주차의 정의(도로교통법 제2조 제24호)**
운전자가 승객을 기다리거나 화물을 싣거나 차가 고장 나거나 그 밖의 사유로 차를 계속 정지 상태에 두는 것 또는 운전자가 차에서 떠나서 즉시 그 차를 운전할 수 없는 상태에 두는 것을 말한다.
㉯ 정차(도로교통법 제2조 제25호)

02 ㉱의 경우는 자격정지 50일에 해당한다(여객자동차 운수사업법 시행규칙 [별표 5]).
㉮ 여객자동차 운수사업법 제87조 제1항 제2호, ㉯ 여객자동차 운수사업법 제87조 제1항 제8호, ㉰ 여객자동차 운수사업법 제87조 제1항 제7호에 근거하여 자격취소 처분이 내려진다(규칙 [별표 5]).

03 강변도로표지(도로교통법 시행규칙 [별표 6])

04 ㉯ 도로교통법을 위반하여 중앙선을 침범하거나 횡단, 유턴 또는 후진한 경우에는 피해자의 명시적인 의사에 반하여 공소를 제기할 수 있다(교통사고처리 특례법 제3조 제2항 제2호).
㉮ 운전면허 취소 또는 1년 이내 운전면허 효력 정지(도로교통법 제93조 제1항 제5의2호)
㉰ 20만원 이하의 과태료(도로교통법 제160조 제3항)
㉱ 제한속도 20km/h 이하 위반 승합자동차(4만원), 승용자동차(4만원), 이륜자동차등(3만원)의 과태료 부과된다. 제한속도를 20km/h 초과 운전하여 과실로 사고를 낸 자는 5년 이하의 금고 또는 2,000만원 이하의 벌금(교통사고처리특례법 제3조 제2항 제3호)

05 국가 또는 지방자치단체 소유의 자동차로서 장애인 등의 교통편의를 위하여 운행하는 경우(여객자동차 운수사업법 시행규칙 제103조 제5호)
㉮ 여객자동차 운수사업법 제81조 제1항 제2호
㉰ 여객자동차 운수사업법 시행규칙 제103조 제5호
㉱ 여객자동차 운수사업법 시행규칙 제103조 제4호

06 **위험운전 등 치사상(특정범죄 가중처벌 등에 관한 법률 제5조의11 제1항)**
음주 또는 약물의 영향으로 정상적인 운전이 곤란한 상태에서 자동차 등을 운전하여 사람을 상해에 이르게 한 사람은 1년 이상 15년 이하의 징역 또는 1,000만원 이상 3,000만원 이하의 벌금에 처하고, 사망에 이르게 한 사람은 무기 또는 3년 이상의 징역에 처한다.
㉮ 특정범죄 가중처벌 등에 관한 법률 제5의3조 제1항 제1호
㉯ 특정범죄 가중처벌 등에 관한 법률 제5의3조 제1항 제2호
㉰ 특정범죄 가중처벌 등에 관한 법률 제5의3조 제2항 제1호

07 **승객추락 방지의무 위반사고의 적용 배제 사례**
- 승객이 임의로 차문을 열고 상체를 내밀어 차 밖으로 추락한 경우
- 운전자가 사고방지를 위해 취한 급제동으로 승객이 차 밖으로 추락한 경우
- 화물자동차 적재하에 사람을 태우고 운행 중에 운전자의 급가속 또는 급제동으로 피해자가 추락한 경우

08 모든 차의 운전자는 도로에서 정차할 때에는 차도의 오른쪽 가장자리에 정차할 것. 다만, 차도와 보도의 구별이 없는 도로의 경우에는 도로의 오른쪽 가장자리로부터 중앙으로 50cm 이상의 거리를 두어야 한다(도로교통법 시행령 제11조 제1항 제1호).

09 ㉰ 관할관청 : 관할이 정해지는 국토교통부장관, 대도시권광역교통위원회나 특별시장·광역시장·특별자치시장·도지사 또는 특별자치도지사(시·도지사)를 의미한다(여객자동차 운수사업법 시행규칙 제2조 제1호).
㉮ 여객자동차 운수사업법 시행령 제2조 제1호
㉯ 여객자동차 운수사업법 시행규칙 제2조 제2호
㉱ 여객자동차 운수사업법 제2조 제2호

10 ㉰ 시내버스, 농어촌버스 및 수요응답형 여객자동차의 차 안에는 안내방송 장치를 갖춰야 하며, 정차신호용 버저를 작동시킬 수 있는 스위치를 설치해야 한다(여객자동차 운수사업법 시행규칙 [별표 4]).
㉮, ㉯, ㉱ 여객자동차 운수사업법 시행규칙 [별표 4] 나. 자동차의 장치 및 설비 등에 관한 준수사항

12 여객자동차 운수사업법 제1조에 나와 있는 목적으로는 ㉮, ㉯, ㉱ 외에 여객자동차 운수사업의 종합적인 발달 도모가 있다(여객자동차 운수사업법 제1조).

13 ㉰ 운전자격취소처분을 받은 자가 반납한 운전자격증 등은 폐기하고, 운전자격정지처분을 받은 자가 반납한 운전자격증 등은 보관 후 자격정지기간이 지난 후에는 돌려주어야 한다(여객자동차 운수사업법 시행규칙 제59조 제4항).
㉮ 여객자동차 운수사업법 시행규칙 제59조 제2항
㉯ 여객자동차 운수사업법 시행규칙 제59조 제3항
㉱ 여객자동차 운수사업법 시행규칙 제59조 제5항

14 ㉮ 자동차전용도로에서의 최고속도는 90km/h, 최저속도는 30km/h(도로교통법 시행규칙 제19조 제1항 제2호)
㉯ 일반도로 : 50km/h 이내(도로교통법 시행규칙 제19조 제1항 제1호 가목)
㉰ 편도 1차로 고속도로 : 최고속도 80km/h, 최저속도 50km/h(도로교통법 시행규칙 제19조 제1항 제3호 가목)
㉱ 편도 2차로 이상 고속도로 : 최고속도 100km/h, 최저속도 5km/h(도로교통법 시행규칙 제19조 제1항 제3호 나목)

16 ㉱ 대통령령으로 정하는 사유에 해당하더라도 시장·군수·구청장의 허가를 받은 경우이어야 한다(여객자동차 운수사업법 제82조 제1항 제2호).
㉮, ㉯, ㉰ 여객자동차 운수사업법 제82조 제1항 제1호

17 ㉰ 서행(도로교통법 제25조 제1항 · 제2항)
㉮ 일시정지(도로교통법 제24조 제1항)
㉯ 일시정지(도로교통법 제49조 제1항 제2호 가목)
㉱ 일시정지(도로교통법 제27조 제1항)

18 ㉮ 안전지대 표시(도로교통법 시행규칙 [별표 6])

19 ㉮ 위로부터 적색 · 황색 · 녹색(녹색화살표)의 순서(도로교통법 시행규칙 [별표 4])

20 오른쪽으로 굽은 도로에서의 사고가 왼쪽으로 굽은 도로에서보다 사고를 많이 일으킨다.

21 ㉯ 도로교통법 제62조를 위반하여 횡단, 유턴 또는 후진하다 일어난 사고(교통사고처리 특례법 제4조 제1항 제1호)
㉮, ㉰, ㉱ 차의 교통으로 업무상과실치상죄(業務上過失致傷罪) 또는 중과실치상죄(重過失致傷罪)와 「도로교통법」 제151조의 죄를 범한 운전자에 대하여는 피해자의 명시적인 의사에 반하여 공소(公訴)를 제기할 수 없다(교통사고처리 특례법 제3조 제2항 본문).

22 음주운전 또는 과로운전 등으로 사람을 사상한 후 사고발생 후의 조치규정을 위반한 경우에는 운전면허가 취소된 날부터 5년이 지나지 않으면 운전면허를 받을 자격이 없다(도로교통법 제82조 제2항 제3호).

23 ㉮, ㉯, ㉱ 교통사고처리 특례법 제4조 제1항 제1호

24 **운행형태(여객자동차 운수사업법 시행령 제3조 제1호)**
- 시내버스운송사업 : 광역급행형 · 직행좌석형 · 좌석형 및 일반형 등
- 농어촌버스운송사업 : 직행좌석형 · 좌석형 및 일반형 등

26 ㉮ 앞뒤 차축의 중심거리, 전륜 또는 후륜이 2륜인 경우 중간점에서 측정
㉯ 자동차의 너비를 자동차 중심면과 직각으로 측정한 때의 최대 너비
㉰ 접지면에서 자동차의 가장 낮은 부분까지의 높이

27 증기터빈은 연료를 실린더 외에서 연소시키는 외연기관이다.

28 자동차의 동력발생장치는 엔진이며, 엔진은 사용연료에 따라 가솔린엔진, 디젤엔진, LPG엔진 등으로 분류된다.

29 윤활장치는 엔진 내부의 마찰부에 오일을 공급하여 마찰을 감소시키고 부품의 마멸을 최소로 해주는 장치이다.

30 교통사고 시 운송사업자는 목적지까지 여객을 운송하기 위한 대체운송수단을 확보하고 여객에 대해 편의를 제공한다(여객자동차 운수사업법 시행규칙 제41조).

31 경사가 없는 평탄한 장소에서 점검한다.

32 ㉮ LPG 연료는 액체상태의 연료를 증발, 기화하여 사용하므로 증발잠열로 인하여 겨울철 시동이 곤란하다.

33 과급기는 흡기효율을 높여 출력을 향상시키기 위한 것으로 일종의 송풍기형 압축기이다. 배기가스 터빈식과 기계식이 있다.

34 **노면표시의 색상(도로교통법 시행규칙 [별표 6])**
- 청색(파란색) : 전용차로표시 및 노면전차전용로표시
- 황색(노란색) : 중앙선표시, 주차금지표시, 정차 · 주차금지표시 및 안전지대 중 양방향 교통을 분리하는 표시 등
- 적색(빨간색) : 소방시설 주변 정차 · 주차금지 표시 및 어린이보호구역 또는 주거지역 안에 설치하는 속도제한표시의 테두리선
- 분홍색, 연한녹색 또는 녹색 : 노면색깔유도선표시
- 백색(흰색) : 그 밖의 표시

35 차 밖에서 도어 개폐 스위치에 키를 꽂고 오른쪽으로 돌리면 열리고, 왼쪽으로 돌리면 닫힌다.

36 타코미터는 다른 말로 회전계이고 엔진의 분당 회전수를 나타낸다.

37 **변속기의 필요성**
- 광범위하게 변화하는 자동차의 주행저항에 알맞게 하려면 엔진과 구동축 사이에 회전력을 증대시키는 장치를 두어야 한다.
- 엔진을 기동할 때 변속 레버를 중립으로 하면 클러치의 작용 없이도 엔진을 무부하 상태로 둘 수 있다.
- 역전용 기어장치를 변속기에 두어 자동차가 후진할 수 있도록 한다.

39 ㉯, ㉰, ㉱는 유압 배력식 브레이크의 특징이다.

40 ㉱ 연료공급 계통의 공기빼기 작업은 엔진시동 꺼짐의 조치사항이다.

41 교통사고의 3대 요인은 인적요인(운전자, 보행자 등), 차량요인, 도로 · 환경요인이다.

42 방어적인 운전태도는 여성 또는 고령운전자의 일반적인 경향이다.

43 ㉱ 붉은색 · 녹색 · 노란색의 식별이 가능해야 한다(도로교통법 시행령 제45조 제1항).
㉮ ,㉯, ㉰ 도로교통법 시행령 제45조 제1항 제1호

44 운전자의 착각으로는 크기의 착각, 경사의 착각, 속도의 착각, 원근의 착각, 상반의 착각 등이 있다.

45 ㉰ 치사율이 높다.

46 ㉮ 운전석에서는 차체의 좌측보다 우측에 사각이 크다.

47 대형자동차를 앞지를 때에는 충분한 공간을 유지하도록 한다.

48 ㉯ 황색 실선 중앙선이 설치된 곳에서는 앞지르기를 할 수 없다.
㉮ 모든 차의 운전자는 다른 차를 앞지르려면 앞차의 좌측으로 통행하여야 한다(도로교통법 제21조 제1항).
㉰ 황색점선은 반대방향의 교통에 주의하면서 일시적으로 반대편 차로로 넘어갈 수 있다(도로교통법 시행규칙 [별표 6])

49 운전 중 친구와 통화를 하는 것은 위험하다.

50 ㉣ 뒤에 다른 차가 접근해 올 때는 속도를 낮춘다.

51 ㉢ 차 실내를 가능한 한 어둡게 하고 주행해야 한다.

53 ㉢ 교량 접근로의 폭에 비하여 교량의 폭이 좁을수록 사고가 더 많이 발생한다.

54 ㉮ 횡단보도로 건너면 거리가 멀고 시간이 더 걸리기 때문에

56 ㉯ 차량이 튕겨나가지 않아야 한다.

57 지체시간이 감소되어 연료 소모와 배기가스를 줄일 수 있다.

58 교차로 사고의 대부분은 신호가 바뀌는 순간에 발생하므로 반대편 도로의 교통 전반을 살피며 1~2초의 여유를 가지고 서서히 출발한다.

59 ㉯ 철길건널목의 사고원인 중에는 운전자가 경보기를 무시하거나 일시정지를 하지 않고 통과하다가 발생하는 경우가 많으므로, 일시정지 후, 좌우의 안전을 확인해야 한다.

60 ㉮ 앞지르려고 하는 모든 차의 운전자는 반대방향의 교통과 앞차 앞쪽의 교통에도 주의를 충분히 기울여야 한다(도로교통법 제21조 제3항).
㉯ 도로교통법 제60조 제2항
㉰ 도로교통법 제62조
㉱ 도로교통법 시행규칙 [별표 9]

61 ㉱ 노면이 젖어 있는 경우에는 최고속도의 20%를 줄인 속도로 운행한다(도로교통법 시행규칙 제19조 제2항 제1호 가목).
㉮, ㉯ 도로교통법 제49조 제1항 제1호

62 ㉱ 가을철 교통사고의 특성이다.

63 일반적으로 불쾌지수는 무더운 여름철에 높아지게 된다.

64 ㉰ 주행 중 갑자기 시동이 꺼졌을 때는 자동차를 길 가장자리 통풍이 잘되는 그늘진 곳으로 옮긴 다음, 보닛을 열고 10분 정도 열을 식힌 후 재시동을 건다.

66 ㉮ 고객의 입장에서 고객의 마음에 들도록 노력해야 한다.

67 ㉱ 자신감을 가져야 한다.

68 악수를 할 때는 확고한 태도로 그러나 너무 세게 잡지는 말고 3초 정도 잡고 손목으로가 아니라 팔꿈치로부터 손끝에 이르기까지 균일하게 힘을 주어 두 번 흔든다.

69 ㉯ 어떠한 사고라도 임의처리는 불가하며 사고발생 경위를 육하원칙에 의거 거짓 없이 정확하게 회사에 즉시 보고하여야 한다.

70 공영제는 책임의식 결여로 생산성이 저하된다.

71 **버스준공영제 도입 배경**
- 버스교통 활성화를 통해 도로교통 혼잡완화로 사회·경제적 비용 경감
- 도로 등 교통시설 건설투자비 절감
- 국가물류비 절감, 유류소비 절약 등

72 버스우선신호, 버스전용 지하 또는 고가 등을 활용한 입체교차로 운영 등 교차로 시설 개선이다. 또 지능형 교통시스템을 활용한 운행관리 등이 있다.

73 가로변버스전용차로는 우회전하는 차량을 위해 교차로 부근에서는 일반차량의 버스전용차로 이용을 허용하여야 하며, 버스전용차로에 주정차하는 차량을 근절시키기 어렵다.

75 **응급처치 시 지켜야 할 사항**
- 본인의 신분을 제시한다.
- 처치원 자신의 안전을 확보한다.
- 환자에 대한 생사의 판정은 하지 않는다.
- 원칙적으로 의약품은 사용하지 않는다.
- 어디까지나 응급처치로 그치고 전문의료원의 처치에 맡긴다.

76 **무의식 환자의 치료** : 기도 확보 자세 - 호흡, 맥박이 없으면 인공호흡과 심장 압박을 실시 - 순환 - 약물요법 - 병원후송

78 운송수입금 관리가 용이한 것은 운영자 측면에 속한다.

80 경황이 없는 중에 통과차량에 알리기 위해 차선으로 뛰어나와 손을 흔드는 등의 위험한 행동을 삼가야 한다.

제2회 실제유형 시험보기																			p. 59~70
01	02	03	04	05	06	07	08	09	10	11	12	13	14	15	16	17	18	19	20
㉮	㉯	㉰	㉰	㉮	㉯	㉰	㉮	㉰	㉱	㉰	㉮	㉯	㉮	㉰	㉰	㉯	㉱	㉯	㉱
21	22	23	24	25	26	27	28	29	30	31	32	33	34	35	36	37	38	39	40
㉱	㉮	㉰	㉱	㉯	㉰	㉮	㉱	㉰	㉰	㉯	㉮	㉱	㉯	㉰	㉮	㉮	㉱	㉮	㉯
41	42	43	44	45	46	47	48	49	50	51	52	53	54	55	56	57	58	59	60
㉱	㉰	㉮	㉱	㉯	㉰	㉮	㉰	㉯	㉰	㉱	㉰	㉯	㉰	㉯	㉮	㉮	㉱	㉯	㉰
61	62	63	64	65	66	67	68	69	70	71	72	73	74	75	76	77	78	79	80
㉰	㉱	㉱	㉯	㉰	㉰	㉱	㉰	㉮	㉮	㉱	㉮	㉯	㉱	㉮	㉰	㉯	㉯	㉱	㉯

02 가공식 표지가 사고율이 낮다.

03 ㉰ 대통령이 아니라 국토교통부장관이 정하여 고시하는 경우이다(여객자동차 운수사업법 시행규칙 제17조 제1항 제1호 가목).
㉮, ㉯, ㉱ 여객자동차 운수사업법 시행규칙 제17조 제1항 제1호 가목

04 ㉰ 제한속도를 시속 20km 초과하여 운전한 경우가 특례적용 예외에 해당한다(교통사고처리 특례법 제3조 제2항 제3호).
㉮, ㉯, ㉱ 교통사고처리 특례법 제3조 제2항

05 경찰서장이나 제주특별자치도지사는 범칙자로 인정되는 사람에 대하여는 그 이유를 분명하게 밝힌 범칙금납부통고서로 범칙금을 납부할 것을 통고할 수 있다(도로교통법 제163조 제1항).

06 ㉯ 다중이용업소의 영업장이 속한 건축물로 소방본부장의 요청에 의하여 시·도경찰청장이 지정한 곳으로부터 5m 이내에는 주차할 수 없다(도로교통법 제33조).
㉮ 도로교통법 제33조 제1호
㉰ 도로교통법 제33조 제3호
㉱ 도로교통법 제33조 제2호 가목

07 ㉰ 정차금지지대표시(도로교통법 시행규칙 [별표 6])

08 가변차로의 가변신호등은 교통신호이다(도로교통법 시행규칙 [별표 3]).

09 ㉮, ㉯, ㉱ 업무상 과실 치상죄(業務上過失致傷罪) 또는 중과실 치상죄(重過失致傷罪)와 다른 사람의 건조물이나 그 밖의 재물을 손괴한 경우(도로교통법 제151조)의 죄를 범한 운전자는 피해자의 명시적인 의사에 반하여 공소를 제기할 수 없다(교통사고처리 특례법 제3조 제2항).

10 ㉮, ㉯ 도로교통법 제24조 제1항, ㉰ 도로교통법 제24조 제3항

11 시외버스운송사업의 운행형태로는 고속형, 직행형, 일반형 등이 있다(여객자동차 운수사업법 시행령 제3조 제1호 라목).

12 ㉯, ㉰, ㉱ 자격취소(여객자동차 운수사업법 시행규칙 [별표 5])

13 운전이 금지되는 술에 취한 상태의 기준은 혈중알코올농도 0.03% 이상으로 한다(도로교통법 제44조 제3항).

14 ㉮ 시·도경찰청장은 운전면허를 받을 사람의 신체상태 또는 운전능력에 따라 행정안전부령이 정하는 바에 따라 운전할 수 있는 자동차 등의 구조를 한정하는 등 운전면허에 필요한 조건을 붙일 수 있다(도로교통법 제80조 제3항).
㉯, ㉰, ㉱ 도로교통법 제80조 제2항

15 **도로교통법 시행규칙 [별표 9]**

도 로	차로 구분	통행할 수 있는 차종
고속도로 외의 도로	왼쪽 차로	승용자동차 및 경형·소형·중형 승합자동차
	오른쪽 차로	대형 승합자동차, 화물자동차, 특수자동차, 도로교통법에 따른 건설기계, 이륜자동차, 원동기장치자전거(개인형 이동장치는 제외)

16 차 또는 노면전차의 운전자가 업무상 필요한 주의를 게을리하거나 중대한 과실로 다른 사람의 건조물이나 그 밖의 재물을 손괴한 경우에는 2년 이하의 금고나 500만원 이하의 벌금에 처한다(도로교통법 제151조).

17 **사업용 자동차의 차령(여객자동차 운수사업법 시행령 [별표 2])**

차 종	사업의 구분		차 령
승용자동차	특수여객자동차운송사업용	경형·소형·중형	6년
		대 형	10년
승합자동차	전세버스운송사업용 또는 특수여객자동차운송사업용		11년
	그 밖의 사업용		9년

18 **신호등의 성능(도로교통법 시행규칙 제7조 제3항)**
1. 등화의 밝기는 낮에 150m 앞쪽에서 식별할 수 있도록 할 것
2. 등화의 빛의 발산각도는 사방으로 각각 45° 이상으로 할 것
3. 태양광선이나 주위의 다른 빛에 의하여 그 표시가 방해받지 아니하도록 할 것

19 ㉯ 정차 : 운전자가 5분을 초과하지 아니하고 차를 정지시키는 것으로서 주차 외의 정지 상태(도로교통법 제2조 제25호)
㉰ 주차(도로교통법 제2조 제24호)
㉱ 일시정지(도로교통법 제2조 제30호)

20 ㉱ 국내외 요인에 대한 경호업무 수행에 공무로 사용되는 자동차(도로교통법 시행령 제2조 제5호)
㉮, ㉯, ㉰ 이를 사용하는 사람 또는 기관 등의 신청에 의하여 시·도경찰청장이 지정하는 경우에 한정한다(도로교통법 시행령 제2조).

21 ㉮ 팔을 차체의 밖으로 내어 45° 밑으로 펴거나 제동등을 켠다.
㉯ 팔을 차체의 밖으로 내어 45° 밑으로 펴서 손바닥을 뒤로 향하게 하여 그 팔을 앞뒤로 흔들거나 후진등을 켠다.
㉰ 오른팔 또는 왼팔을 차체의 왼쪽 또는 오른쪽 밖으로 수평으로 펴서 손을 앞뒤로 흔든다.

22 **6개월 이하의 징역이나 200만원 이하의 벌금 또는 구류(도로교통법 제153조)**
정비불량차의 점검, 위험방지를 위한 조치 또는 위험방지 등의 조치에 따른 경찰공무원의 요구·조치 또는 명령에 따르지 아니하거나 이를 거부 또는 방해한 사람

23 **우선 지급할 치료비 외의 손해배상금의 범위(교통사고처리 특례법 시행령 제3조)**
- 부상의 경우 : 위자료 전액과 휴업손해액의 50/100
- 후유장애의 경우 : 위자료 전액과 상실수익액의 50/100
- 대물손해의 경우 : 대물배상액의 50/100

24 **교통안전교육의 과목(도로교통법 시행규칙 [별표 16])**
- 특별교통안전 의무교육 : 음주운전교육, 배려운전교육, 법규준수교육
- 특별교통안전 권장교육 : 법규준수교육, 벌점감경교육, 현장참여교육, 고령운전교육

25 **공소권이 있는 12가지 법규위반 항목(교통사고처리 특례법 제3조)**
- 신호 · 지시 위반사고
- 중앙선 침범, 고속도로 등에서의 횡단 · 유턴 또는 후진 위반사고
- 속도위반(20km/h 초과) 과속사고
- 앞지르기의 방법 · 금지시기 · 금지장소 또는 끼어들기 금지 위반사고
- 철길건널목 통과방법 위반사고
- 보행자보호의무 위반사고
- 무면허운전사고
- 주취운전 · 약물복용운전사고
- 보도침범 · 보도횡단방법 위반사고
- 승객추락 방지의무 위반사고
- 어린이 보호구역 내 안전운전의무 위반사고
- 화물고정조치 위반사고

26 **도주사고가 아닌 경우**
- 사고운전자가 심한 부상을 입어 타인에게 의뢰하여 피해자를 후송 조치한 경우
- 피해자 일행의 구타 · 폭언 · 폭행이 두려워 현장을 이탈한 경우
- 사고 장소가 혼잡하여 불가피하게 일부 진행 후 정지하고 되돌아와 조치한 경우
- 사고운전자가 자기 차량 사고에 대한 조치 없이 가버린 경우

27 초기 시동 시 냉각된 엔진이 따뜻해질 때까지 3~10분 정도 공회전을 시켜주어 엔진이 정상적으로 가동할 수 있도록 운행 전 예비회전을 시켜준다.

28 ABS 차량은 급제동할 때에도 핸들조향이 가능하다.

29 ㉰ 자격시험일 전 5년간 음주운전 금지 규정을 위반하여 운전면허가 취소된 사람은 여객자동차운송사업의 운전자격을 취득할 수 없다(여객자동차 운수사업법 제24조 제3항).

31 현가장치는 자동차의 높이를 적정하게 유지하는 기능을 한다.

32 ㉯ 브레이크 : 브레이크 페달을 밟아 차를 세우려고 할 때 바퀴에서 '끽' 소리가 나는 경우
㉰ 조향 장치 : 핸들이 어느 속도에 이르면 심하게 흔들리는 경우
㉱ 팬 벨트 : 가속 페달을 밟았을 때 '끽' 소리가 나는 경우

33 오일 펌프, 점화플러그 및 배전기, 흡 · 배기밸브는 가솔린 기관의 구성부품이고, 발전기는 자동차의 전기장치 구성부품에 해당한다.

34 연속적, 자동적으로 변속이 되어야 한다.

35 편도 3차로 이상 고속도로의 오른쪽 차로는 대형 승합자동차, 화물자동차, 특수자동차, 건설기계의 주행차로이다(도로교통법 시행규칙 [별표 9]).

36 베이퍼 록은 유압식 브레이크의 휠 실린더나 브레이크 파이프 속에서 브레이크액이 기화하여 페달을 밟아도 스펀지를 밟는 것 같고 유압이 전달되지 않아 브레이크가 작용하지 않는 현상을 말한다.

37 **여름철 자동차관리** : 와이퍼의 작동상태 점검, 냉각장치 점검, 에어컨 관리, 차량 내부 습기제거

38 비포장 도로의 울퉁불퉁한 험한 노면상을 달릴 때 '따각따각'하는 소리나 '킁킁'하는 소리가 나면 현가장치인 쇽업소버의 고장으로 볼 수 있다.

39 신규로 자동차에 관한 등록을 하고자 하는 자는 대통령령으로 정하는 바에 따라 시 · 도지사에게 신규자동차등록을 신청하여야 한다(자동차관리법 제8조).

40 ㉯ CNG는 압축천연가스이다.

41 교통사고의 3대 요인은 인적요인(운전자, 보행자 등), 차량요인, 도로 · 환경요인이다.

43 ㉮ 혈중알코올농도 0.05%까지는 진정효과가 있어 운전에 별 영향을 주지 않으나 0.05%부터는 운전에 주취의 영향을 받게 된다.

44 ㉱ 관찰과정에 해당된다.

45 ㉯ 각도주차를 하면 주행할 수 있는 도로공간을 많이 차지하기 때문에 평행주차보다 사고율이 높다.

46 ㉰ 밤이 되면 운전자도 피로하여 주의력이나 시력이 떨어지므로, 졸면서 운전하는 등 위험한 운전이 많아지게 된다. 또한 보행자도 자동차의 속도나 그 거리를 잘 모르게 되므로 주간에 비해 더욱 조심할 필요성이 있다.

47 ㉮ 과속은 금물이다. 앞지르기에 필요한 속도가 그 도로의 최고속도 범위 이내일 때 앞지르기를 시도한다.

48 **방어운전의 기본**
- 능숙한 운전기술
- 정확한 운전지식
- 세심한 관찰력
- 예측능력과 판단력
- 양보와 배려의 실천
- 교통상황 정보수집
- 반성의 자세
- 무리한 운행 배제

50 ㉰ 출발 시에는 핸드 브레이크를 사용하는 것이 안전하다.

52 **차체의 사각**
- 전방 및 후방사각 : 앞쪽과 뒤쪽이 보이지 않는 각으로 대체로 뒤쪽의 사각의 범위가 넓다.
- 측면사각 : 자동차의 사각으로 운전자의 우측인 조수석 쪽의 사각의 범위가 넓다.

53 무엇인가가 있다는 것을 인지하는 데 좋은 옷 색깔은 흰색, 엷은 황색의 순이며 흑색이 가장 나쁘다.

54 ㉰ 남에 대한 배려심이 강한 운전자로 자동차의 안전운전상 바람직한 성격으로 볼 수 있다.

56 ㉮ 교차로 통과 후 정류소의 장점에 대한 설명이다.

57 ㉮ 주관적인 판단을 가급적 자제하고, 계기판의 속도계에 표시되는 객관적인 속도를 준수할 수 있도록 노력하여야 한다.

58 **노면의 사고율** : 결빙노면 > 눈덮인 노면 > 습윤노면 > 건조노면

59 ㉯ 엔진이 정지되지 않도록 가속 페달을 조금 힘주어 밟고 건널목을 통과하고 있을 때는 기어 변속 과정에서 엔진이 멈출 수 있으므로 가급적 기어 변속을 하지 않고 통과한다.

60 **안전운전 적성의 조건**

- 의학적인 조건으로는 심신이 건강해야 함
- 감각·동작의 기초적인 기능조건
  - 반응시간의 적정
  - 일정한 수준 이상의 시력
  - 시각·지각과 반응동작이 균형 있게 일치
- 심리적 조건
  - 자기 억제력이 강해야 함
  - 주의집중 능력이 있어야 함

61 ㉰ 법령의 규정 또는 경찰공무원(자치경찰공무원을 제외한다)의 지시에 따르거나 위험을 방지하기 위하여 일시정차 또는 주차시키는 경우는 예외로 한다(도로교통법 제32조).

62 경운기에는 후사경이 달려 있지 않고 운전자가 비교적 고령이며 자체 소음이 매우 커서 자동차가 뒤에서 접근한다는 사실을 모르고 급작스럽게 진행 방향을 변경하는 경우가 있으므로, 안전거리를 유지하고 경적을 울려 자동차가 가까이 있다는 사실을 알려주어야 한다.

63 기온이 높은 날에는 연료 계통에서 발생한 열에 의해 증기가 통로를 막아 연료 공급이 단절되면 주행 도중 엔진이 저절로 꺼질 수도 있다.

64 ㉯ 고속도로에서는 앞지르기 등 부득이한 경우 외에는 주행 차선으로 통행하여야 한다.
㉮ 도로교통법 제60조 제1항
㉰ 도로교통법 제21조 제4항

65 ㉰ 갓길은 토사나 자갈 또는 잔디보다는 포장된 노면이 더 안전하며, 포장이 되어 있지 않을 경우에는 건조하고 유지관리가 용이할수록 안전하다.

66 ㉰ 불가분성(Inseparability)이 옳다.

67 사회공헌활동·환경보호활동 등은 기업이미지로서 간접적 요소에 속한다.

68 교차로나 좁은 길에서 마주 오는 차끼리 만나면 먼저 가도록 양보해주고 전조등은 끄거나 하향으로 하여 상대방 운전자의 눈이 부시지 않도록 한다.

70 ㉮ 책임의식 결여로 생산성이 저하된다.

71 시내버스, 농어촌버스, 시외버스, 고속버스 요금은 상한인가요금 범위 내에서 운수사업자가 정하여 관할관청에 신고한다.

72 버스운행관제, 운행상태(위치, 위반사항) 등 버스정책 수립 등을 위한 기초자료를 제공한다.

73 버스 이용객의 입장에서 볼 때 횡단보도를 통해 정류소로 이동함에 따라 정류소 접근시간이 늘어나고, 보행자 사고 위험성이 증가할 수 있는 단점이 있다.

75 ㉮ 처치자는 생사의 판정을 하지 않는 것이 원칙이며 생사의 판정, 의약품투여 등은 의사가 해야 한다.

78 운전자는 운행 중 발생하는 상황들에 대해 추측하지 말고 안전을 확인해야 한다.

79 입은 가볍게 다문다.

80 ㉯ 추돌 사고에 대한 설명이다(교통사고조사규칙 제2조 제1항 제8호).
㉮ 충돌(교통사고조사규칙 제2조 제1항 제7호)
㉰ 전도(교통사고조사규칙 제2조 제1항 제10호)
㉱ 추락(교통사고조사규칙 제2조 제1항 제12호)

제3회 실제유형 시험보기 p. 71~82

01	02	03	04	05	06	07	08	09	10	11	12	13	14	15	16	17	18	19	20
㉮	㉰	㉰	㉰	㉯	㉰	㉮	㉱	㉮	㉰	㉮	㉰	㉱	㉰	㉰	㉰	㉰	㉰	㉰	㉮
21	22	23	24	25	26	27	28	29	30	31	32	33	34	35	36	37	38	39	40
㉰	㉱	㉯	㉯	㉰	㉰	㉮	㉱	㉯	㉱	㉮	㉱	㉱	㉰	㉯	㉮	㉮	㉯	㉱	㉰
41	42	43	44	45	46	47	48	49	50	51	52	53	54	55	56	57	58	59	60
㉰	㉰	㉰	㉱	㉯	㉮	㉱	㉱	㉯	㉰	㉱	㉱	㉮	㉰	㉱	㉯	㉮	㉱	㉰	㉱
61	62	63	64	65	66	67	68	69	70	71	72	73	74	75	76	77	78	79	80
㉮	㉱	㉮	㉮	㉯	㉰	㉯	㉯	㉯	㉯	㉯	㉯	㉯	㉱	㉰	㉰	㉱	㉱	㉮	㉰

01 **적색등화의 신호(도로교통법 시행규칙 [별표 2])**

1. 차마는 정지선, 횡단보도 및 교차로의 직전에서 정지해야 한다.
2. 차마는 우회전하려는 경우 정지선, 횡단보도 및 교차로의 직전에서 정지한 후 신호에 따라 진행하는 다른 차마의 교통을 방해하지 않고 우회전할 수 있다.
3. 차마는 우회전 삼색등이 적색의 등화인 경우 우회전할 수 없다.

02 ㉰ 대중교통수단이 없는 지역 등 대통령령으로 정하는 사유에 해당하는 경우로서 시장・군수・구청장의 허가를 받은 경우라야 한다(여객자동차 운수사업법 제82조 제1항 제2호).
㉮, ㉯ 여객자동차 운수사업법 제82조 제1항 제1호
㉱ 여객자동차 운수사업법 시행령 제39조 제1항

03 ㉰ 우좌로 이중 굽은 도로 표지(도로교통법 시행규칙 [별표 6])

04 편도 2차로 이상 고속도로에서의 최고속도는 100km/h, 최저속도는 50km/h이다(도로교통법 시행규칙 제19조 제1항 제3호 나목).

05 ㉯ 차마의 운전자는 도로의 중앙 우측 부분을 통행하여야 한다(도로교통법 제13조 제3항).
㉮ 모든 차의 운전자는 교차로 등에서 신호 등에 따라 좌회전할 수 있다.
㉰ 편도 2차로의 1차로는 앞지르기하려는 모든 자동차(단 도로상황으로 80킬로미터 미만 통행할 수밖에 없는 경우에는 앞지르기가 아닌 자동차도 통행), 2차로는 모든 자동차가 통행할 수 있다(도로교통법 시행규칙 [별표 9]).
㉱ 모든 차는 주정차 금지 장소 외에는 주정차할 수 있다(도로교통법 제32조).

06 **벌칙(도로교통법 제148조의2 제2항)**

술에 취한 상태에 있다고 인정할 만한 상당한 이유가 있는 사람으로서 경찰공무원의 측정에 응하지 아니하는 사람(자동차 등 또는 노면전차를 운전한 경우로 한정)은 1년 이상 5년 이하의 징역이나 500만원 이상 2,000만원 이하의 벌금에 처한다.

07 **운행할 때 켜야 하는 등화의 종류(도로교통법 시행령 제19조 제1항 제1호)**

자동차 : 자동차안전기준에서 정하는 전조등・차폭등・미등・번호등과 실내조명등(실내조명등은 승합자동차와 여객자동차 운수사업법에 따른 여객자동차운송사업용 승용자동차만 해당)

08 ㉱ 중앙선 표시 : 차도 폭 6미터 이상인 도로에 설치하며, 편도 1차로도로의 경우에는 황색실선 또는 점선으로 표시하거나 황색복선 또는 황색실선과 점선을 복선으로 설치(도로교통법 시행규칙 [별표 6])

09 **과징금 액수(여객자동차 운수사업법 시행령 [별표 5])**

㉮, ㉯ 10만원 - 시내버스, 농어촌버스, 마을버스, 시외버스
㉰, ㉱ 20만원 - 전세버스, 특수여객버스

10 **벌점・누산점수 초과로 인한 면허 취소(도로교통법 시행규칙 [별표 28])**

기 간	벌점 또는 누산점수
1년 간	121점 이상
2년 간	201점 이상
3년 간	271점 이상

11 ㉮ 보도와 차도가 구분된 도로에서 보도 내 사고

12 ㉰ 동석자 존재 여부는 치사상죄 적용 시에 고려사항이 아니다.

13 ㉱의 경우에는 모든 차의 운전자는 일시정지하여야 한다(도로교통법 제31조 제2항 제1호).
㉮ 도로교통법 제26조 제2항
㉯, ㉰ 도로교통법 제31조 제1항

14 ㉰ 과징금은 벽지노선이나 그 밖에 수익성이 없는 노선으로 대통령령으로 정하는 노선을 운행해서 생긴 손실의 보전에 쓰인다(여객자동차 운수사업법 제88조 제4항 제1호).
㉮, ㉯, ㉱ 여객자동차 운수사업법 제88조 제4항

15 ㉰ 보행자는 안전표지 등에 의해 횡단이 금지되어 있는 도로의 부분에서는 그 도로를 횡단하여서는 아니 된다(도로교통법 제10조 제5항).
㉮ 도로교통법 제8조 제4항
㉯ 도로교통법 제10조 제3항
㉱ 도로교통법 시행령 제7조

16 ㉰ 모든 차의 운전자는 다른 차를 앞지르려면 앞차의 좌측으로 통행하여야 한다(도로교통법 제21조 제1항).
㉮, ㉯ 도로교통법 제22조 제1항
㉱ 도로교통법 제21조, 제22조

17 **중대한 교통사고(여객자동차 운수사업법 시행령 제11조)**

법 제19조 제2항 제3호에서 "대통령령으로 정하는 수(數) 이상의 사람이 죽거나 다친 사고"란 다음의 어느 하나에 해당하는 사상자가 발생한 사고(중대한 교통사고)를 말한다.

- 사망자 2명 이상
- 사망자 1명과 중상자 3명 이상
- 중상자 6명 이상

18 **교통사고** : 차의 교통으로 인하여 사람을 사상(死傷)하거나 물건을 손괴(損壞)하는 것을 말한다(교통사고처리 특례법 제2조 제2호).

19 ㉰ 고속도로에 대한 설명이다. 차로는 차마가 한 줄로 도로의 정하여진 부분을 통행하도록 차선으로 구분한 차도의 부분이다(도로교통법 제2조).
㉮ 도로교통법 제2조 제2호, ㉯ 도로교통법 제2조 제7호, ㉱ 도로교통법 제2조 제12호

20 ㉮ 위반행위가 둘 이상인 경우로서 그에 해당하는 각각의 처분기준이 다른 경우에는 그 중 무거운 처분기준에 따른다(여객자동차 운수사업법 시행규칙 [별표 5]).
㉯, ㉰, ㉱ 여객자동차 운수사업법 시행규칙 [별표 5]

21 ㉮, ㉯, ㉱ 이외에 운수종사자의 양성, 교육훈련, 그 밖의 자질 향상을 위한 시설과 운수종사자에 대한 지도 업무를 수행하기 위한 시설의 건설 및 운영, 여객자동차 운수사업의 경영 개선이나 그 밖에 여객자동차 운수사업의 발전을 위하여 필요한 사업 등이 있다(여객자동차 운수사업법 제88조 제4항).

22 연석은 배수를 유도하고 차도의 경계를 명확히 하며 차량의 차도이탈을 방지하는 역할을 하는 것으로 주로 도시부 도로에 설치한다.

25 젊은 층에서 속도위반이 많다.

26 **특별교통안전 교육(도로교통법 시행규칙 [별표 16])**
- 특별교통안전 의무교육 : 음주운전교육, 배려운전교육, 법규준수교육
- 특별교통안전 권장교육 : 법규준수교육, 벌점감경교육, 현장참여교육, 고령운전교육

27 벨트의 장력과 손상 여부는 엔진점검 시의 점검 내용이다.

28 유리창이 건조할 때 와이퍼 작동 금지

29 공기압 센서는 도로의 바닥에 설치하는 센서이다. 차량부착용 센서로는 ㉮·㉰·㉱ 외에 앞차량 감지센서가 있다.

30 엔진시동을 끈 후 자동도어 개폐조작을 반복하면 에어탱크의 공기압이 급격히 저하된다.

31 **축전지의 자기방전 원인**
- 퇴적물에 의해 양극판이 단락될 때
- 음극판이 황산과의 화학작용으로 황산납이 될 때
- 축전지 윗면의 전해액이나 먼지에 의해 누전이 생길 때
- 전해액에 포함된 불순금속에 의한 국부 전지가 형성될 때

32 눈, 비 등으로 인한 미끄럼을 줄일 수 있다.

33 클러치 릴리스 베어링의 고장으로 정비공장에 가서 교환해야 한다.

34 ㉰ 토인(Toe-in)의 기능이다.

35 ㉮ 무색 : 완전 연소 시
㉰ 백색 : 엔진 안에서 다량의 엔진 오일이 실린더 위로 올라와 연소되는 경우

37 ㉮ 밀어서 시동을 걸 수 있는 것은 수동변속기 자동차의 경우에만 해당된다.

38 ㉯ 조향핸들의 회전과 바퀴 선회의 차가 크면 조향감각을 익히기 어렵고 조향조작이 늦어진다.

39 ㉱ 100만원 이하의 과태료를 부과한다(자동차관리법 제84조 제4항 제10호).
㉮ 자동차관리법 제25조 제1항 제2호
㉯ 자동차관리법 제25조 제1항
㉰ 자동차관리법 제25조 제2항

40 엔진시동이 걸린 상태에서 파이프나 호스를 조이거나 풀어서는 안 된다.

42 ㉰ 시야의 범위는 자동차 속도에 반비례하여 좁아진다.

43 ㉰ 속도가 빨라질수록 시야의 범위가 좁아진다.

44 타이어가 노면과의 사이에서 발생하는 마찰력은 타이어의 마모를 촉진시킨다.

45 **운전의 3단계 과정**
인지단계 → 판단단계 → 조작단계

46 인지, 판단과 동시에 행동하는 사람은 안전운전을 수행하는 사람이다.

47 운전피로는 수면·생활환경 등 생활 요인, 차내 환경·차외 환경·운행조건 등 운전작업 중의 요인, 신체 조건·경험 조건·연령 조건·성별 조건·성격·질병 등의 운전자 요인 등 3요인으로 구성된다.

48 혈중알코올농도가 0.41~0.50 정도일 때 흔들어도 일어나지 않고, 대소변을 무의식 중에 하여 사망 가능한 상태가 된다.

49 ㉯ 좁은 언덕길에서 대향차와 교차할 때 우선권은 내려오는 차에 있다.

50 ㉰ 횡단보도 신호가 점멸 중일 때는 늦게 진입하지 말고 다음 신호를 기다린다.

51 ㉱ 미끄러운 노면에서는 급제동으로 인해 차가 회전하는 경우가 발생하지 않도록 한다.

52 운전사고의 간접적인 요인으로는 안전운전을 위하여 필요한 교육태만, 안전지식 결여와 직장이나 가정에서의 인간관계불량 등이 있다.

53 **길어깨** : 도로를 보호하고 비상시에 이용하기 위하여 차도와 연결하여 설치하는 도로의 부분으로 갓길이라고도 한다.

54 ㉰ 분리대의 폭이 넓을수록 분리대 횡단사고가 적고 또한 전체사고건수에 대한 정면충돌사고의 비율도 낮아진다.

55 제동거리는 운전자가 브레이크 페달에 발을 올려 브레이크가 작동하는 순간부터 자동차가 완전히 정지할 때까지 이동한 거리를 말하고, 정지거리는 공주거리와 제동거리의 합을 말한다.

56 ㉯ 모든 차의 운전자는 철길 건널목을 통과하려는 경우에는 건널목 앞에서 일시정지하여 안전한지 확인한 후에 통과하여야 한다(도로교통법 제24조 제1항).

57 ㉮ 커브지점에서의 사고는 주로 정면충돌사고가 많으며, 이는 커브지점에서 왼쪽으로 회전하는 차량이 커브지점의 중앙선을 침범함으로써 일어나는 사고가 대부분이다.

58 ㉱ 앞지르기는 전방・후방 교통과 반대 방향 교통에 주의하면서 좌측으로 할 수 있다(도로교통법 제21조).
㉮, ㉯ 모든 차의 운전자는 반대 방향의 교통과 앞차 앞쪽의 교통에도 주의를 충분히 기울여야 하며, 앞차의 속도・진로와 그 밖의 도로상황에 따라 방향지시기・등화 또는 경음기(警音機)를 사용하는 등 안전한 속도와 방법으로 앞지르기를 하여야 한다(도로교통법 제21조 제3항).
㉰ 앞차가 다른 차를 앞지르고 있는 경우 그 앞차를 앞지르지 못한다(도로교통법 제22조 제1항 제2호).

59 ㉰ 자동차의 운전자는 고장이나 그 밖의 사유로 고속도로 또는 자동차전용도로(고속도로 등)에서 자동차를 운행할 수 없게 되었을 때에는 사방 500m 지점에서 식별할 수 있는 적색의 섬광신호・전기제등 또는 불꽃신호 표지를 설치하여야 한다. 다만, 밤에 고장이나 그 밖의 사유로 고속도로 등에서 자동차를 운행할 수 없게 되었을 때로 한정한다(도로교통법 시행규칙 제40조).

60 브레이크 드럼, 라이닝 간격이 작아 라이닝이 끌리게 됨에 따라 드럼이 과열되었을 때 베이퍼 록 현상이 발생한다.

61 ㉮ 안개로 인해 시야의 장애가 발생되면 우선 차간거리를 충분히 확보한다.

62 ㉱ 가을철 자동차관리 사항이다.

63 터널, 교량 위 등은 동결되기 쉬운 대표적인 장소이다. 터널이나 그 근처는 지형이 험한 곳이 많아 동결되기 쉬우므로 감속운전을 해야 한다.

64 **좌석안전띠의 착용요령**
- 좌석을 조절하여 바르게 앉는다.
- 허리띠는 골반에, 어깨띠는 어깨 중앙에 걸치도록 맨다.
- 안전띠와 가슴 사이에 주먹 하나가 들어갈 수 있도록 여유를 둔다.
- 띠의 버클은 '찰칵' 소리가 나도록 잠근다.
- 길이를 자기 몸에 맞게 조절하여 맨다.

65 내리막길에서는 풋 브레이크 장시간 사용을 삼가고, 엔진 브레이크 등을 적절히 사용하여 안전운행한다.

67 무형성, 동시성, 인적의존성, 소멸성, 무소유권, 변동성, 다양성이 서비스의 특징이다.

68 **모든 운전자가 일시정지하여야 하는 경우**
- 어린이가 보호자 없이 도로를 횡단할 때, 어린이가 도로에서 앉아 있거나 서 있을 때 또는 어린이가 도로에서 놀이를 할 때 등 어린이에 대한 교통사고의 위험이 있는 것을 발견한 경우
- 앞을 보지 못하는 사람이 흰색 지팡이를 가지거나 맹인안내견을 동반하고 도로를 횡단하고 있는 경우
- 지하도나 육교 등 도로 횡단시설을 이용할 수 없는 지체장애인이나 노인 등이 도로를 횡단하고 있는 경우

69 타 운송수단과의 효율적 연계를 위해서는 일정 부분의 공적 개입이 필요하기 때문이다.

70 ㉯ 버스회사의 기대효과이다.
운수종사자(버스 운전자)의 기대효과
- 운행정보 인지로 정시 운행
- 앞뒤 차간의 간격으로 차간 간격 조정 운행
- 운행상태 완전노출로 운행질서 확립

71 ㉯ 버스전용차로가 시작하는 구간에서 일반차량의 직진 차로수의 감소에 따른 교통혼잡이 발생한다.

74 ㉮ 공영제는 책임의식 결여로 생산성은 오히려 저하된다.
㉯ 민영제에서는 민간회사들이 보다 혁신적이다.
㉰ 준공영제에서는 수준 높은 서비스를 제공한다.

75 약 20~30cm 정도 하지를 올린다. 척추, 머리, 가슴, 배의 손상 증상 및 징후가 있다면 앙와위를 취해주어야 한다. 즉, 긴척추고정판으로 환자를 옮겨 하지를 올린다.

76 사복에 대한 경제적 부담의 감소는 근무복에 대한 종사자의 입장이다.

77 ㉱ 시외버스운송사업자만 해당한다(여객자동차 운수사업법 시행규칙 [별표 4]).
㉮, ㉯, ㉰ 여객자동차 운수사업법 시행규칙 [별표 4]

78 저상버스는 버스차량 바닥의 높이에 따른 종류이다.

79 **버스회사의 기대효과**
- 서비스 개선에 따른 승객 증가로 수지 개선
- 과속 및 난폭운전에 대한 통제로 교통사고율 감소 및 보험료 절감
- 정확한 배차관리, 운행간격 유지 등으로 경영합리화 가능

80 **운임・요율 체계 등(여객자동차 운송사업 운임・요율 등 조정요령 제3조)**
- 시외버스
  - 운임・요율은 거리운임요율제를 기본체계로 한다.
  - 거리운임요율은 시외버스 직행형・일반형과 시외버스 고속형에 대하여 각각 따로 정한다.
  - 승차거리 10km를 기준으로 최저기본운임을 정하여 운영할 수 있다.
  - 운임・요율의 세부산정기준 등 이 요령에서 정하지 아니한 사항에 대하여는 관할관청이 따로 정하여 시행할 수 있다.
- 시내버스・농어촌버스
  - 운임・요율은 동일한 특별시・광역시・시・군 내에서는 단일운임 적용을, 시(읍)계 외 지역에 대하여는 구역제・구간제・거리비례제 운임을 기본체계로 한다. 다만, 관할관청이 필요하다고 인정하는 경우에는 별도의 운임・요율을 적용할 수 있다.
  - 운임・요율의 세부산정기준 및 할인・할증에 관한 사항 등 이 요령에서 정하지 아니한 사항에 대하여는 관할관청이 따로 정하여 시행할 수 있다.
- 시내버스운송사업의 경우 다른 노선여객자동차운송사업과 노선 또는 운행계통(구간을 포함)이 서로 경합되는 때에는 특별한 사유가 없는 한 동일한 운임・요율 또는 운임・요금을 적용할 수 있다. 농어촌버스운송사업 및 시외버스운송사업(운행형태 및 운임・요율이 다를 경우 이를 각각으로 본다)의 경우에도 또한 같다.

제4회 실제유형 시험보기 p. 83~94

01	02	03	04	05	06	07	08	09	10	11	12	13	14	15	16	17	18	19	20
㉱	㉯	㉰	㉯	㉮	㉯	㉰	㉯	㉰	㉮	㉰	㉰	㉰	㉱	㉰	㉰	㉯	㉮	㉮	㉰
21	**22**	**23**	**24**	**25**	**26**	**27**	**28**	**29**	**30**	**31**	**32**	**33**	**34**	**35**	**36**	**37**	**38**	**39**	**40**
㉮	㉮	㉰	㉯	㉱	㉮	㉰	㉰	㉯	㉱	㉮	㉮	㉱	㉯	㉯	㉰	㉱	㉮	㉮	㉱
41	**42**	**43**	**44**	**45**	**46**	**47**	**48**	**49**	**50**	**51**	**52**	**53**	**54**	**55**	**56**	**57**	**58**	**59**	**60**
㉱	㉱	㉰	㉯	㉯	㉰	㉱	㉱	㉰	㉰	㉱	㉰	㉯	㉮	㉰	㉰	㉰	㉮	㉯	㉰
61	**62**	**63**	**64**	**65**	**66**	**67**	**68**	**69**	**70**	**71**	**72**	**73**	**74**	**75**	**76**	**77**	**78**	**79**	**80**
㉱	㉱	㉮	㉯	㉱	㉰	㉮	㉱	㉰	㉯	㉱	㉯	㉮	㉯	㉰	㉰	㉮	㉯	㉯	㉰

01 ㉱ 길 가장자리 구역(도로교통법 제2조 제11호)

02 ㉯ 교차로 통행방법위반 : 승합자동차 등 6만원, 승용자동차 등 5만원, 이륜자동차 등 4만원(도로교통법 시행령 [별표 6])

03 ㉰ 주의표지(도로교통법 시행규칙 제8조 제1항 제1호)
㉮ 지시표지 : 도로의 통행방법·통행구분 등 도로교통의 안전을 위하여 필요한 지시를 하는 경우에 도로사용자가 이에 따르도록 알리는 표지(도로교통법 시행규칙 제8조 제1항 제3호)
㉯ 노면표시 : 도로교통의 안전을 위하여 각종 주의·규제·지시 등의 내용을 노면에 기호·문자 또는 선으로 도로사용자에게 알리는 표지(도로교통법 시행규칙 제8조 제1항 제5호)
㉱ 규제표지 : 도로교통의 안전을 위하여 각종 제한·금지 등의 규제를 하는 경우에 이를 도로사용자에게 알리는 표지(도로교통법 시행규칙 제8조 제1항 제2호)

04 ㉯ 도로공사 등으로 보도의 통행이 금지된 경우에만 차도로 통행할 수 있다(도로교통법 제8조 제1항).
㉮ 도로교통법 제8조 제4항, ㉰, ㉱ 도로교통법 제8조 제2항

05 ㉮ 모든 차의 운전자는 밤에 서로 마주보고 진행하는 때에는 전조등의 밝기를 줄이거나 불빛의 방향을 아래로 향하게 하거나 일시 등을 꺼야 한다(도로교통법 시행령 제20조 제1항).
㉯ 도로교통법 시행령 제20조 제2항
㉰, ㉱ 도로교통법 제37조 제2항

06 **운전면허의 결격사유(도로교통법 제82조)**
- 18세 미만인 사람. 다만, 원동기장치자전거는 16세 미만인 사람
- 정신질환자 또는 뇌전증환자
- 듣지 못하는 사람(제1종 운전면허 중 대형·특수면허만 해당), 앞을 보지 못하는 사람 그 밖의 대통령령이 정하는 신체장애인
- 양팔의 팔꿈치관절 이상을 잃은 사람 또는 양팔을 전혀 쓸 수 없는 사람. 다만, 본인의 신체장애 정도에 적합하게 제작된 자동차를 이용하여 정상적인 운전을 할 수 있는 경우에는 예외로 한다.
- 마약·대마·향정신성의약품 또는 알코올중독자
- 제1종 대형면허 또는 제1종 특수면허를 받고자 하는 사람이 19세 미만이거나 자동차 등(2륜자동차는 제외한다)의 운전경험이 1년 미만인 사람
- 대한민국의 국적을 가지지 아니한 사람 중 외국인등록을 하지 아니한 사람(외국인등록이 면제된 사람은 제외)이나 국내거소신고를 하지 아니한 사람

07 ㉰ 시내버스운송사업, 농어촌버스운송사업, 마을버스운송사업, 시외버스운송사업 모두 국토교통부령으로 정하는 자동차를 사용하여야 한다(여객자동차 운수사업법 시행령 제3조).
㉮ 여객운송자동차 운수사업법 시행규칙 [별표 1]
㉯ 여객운송자동차 운수사업법 시행령 제3조 제1호 다목
㉱ 여객운송자동차 운수사업법 시행령 제3조 제2호

08 **그 밖에 도주가 아닌 경우**
- 사고운전자가 심한 부상을 입어 타인에게 의뢰하여 피해자를 후송 조치한 경우
- 사고장소가 혼잡하여 불가피하게 일부 진행 후 정지하고 되돌아와 조치한 경우
- 피해자 일행의 구타·폭언·폭행이 두려워 현장을 이탈한 경우
- 피해자가 부상사실이 없거나 극히 경미하여 구호조치가 필요하지 않아 연락처를 제공하고 떠난 경우

09 함부로 신호기를 조작하거나 교통안전시설을 철거·이전하거나 손괴한 사람은 3년 이하의 징역이나 700만원 이하의 벌금에 처하고 이에 따른 행위로 인하여 도로에서 교통위험을 일으키게 한 사람은 5년 이하의 징역이나 1,500만원 이하의 벌금에 처한다(도로교통법 제149조).

11 **앞지르기 금지의 시기 및 장소(도로교통법 제22조)**
- 앞차의 좌측에 다른 차가 앞차와 나란히 가고 있는 경우
- 앞차가 다른 차를 앞지르고 있거나 앞지르려고 하는 경우
- 이 법이나 이 법에 따른 명령에 따라 정지하거나 서행하고 있는 차
- 경찰공무원의 지시에 따라 정지하거나 서행하고 있는 차
- 위험을 방지하기 위하여 정지하거나 서행하고 있는 차
- 교차로, 터널 안, 다리 위
- 도로의 구부러진 곳, 비탈길의 고갯마루 부근 또는 가파른 비탈길의 내리막 등 시·도경찰청장이 도로에서의 위험을 방지하고 교통의 안전과 원활한 소통을 확보하기 위하여 필요하다고 인정하는 곳으로서 안전표지로 지정한 곳

12 **광역급행형(여객자동차 운수사업법 시행규칙 제8조 제6항 제1호)**
시내좌석버스를 사용하고 주로 고속국도, 도시고속도로 또는 주간선도로를 이용하여 기점 및 종점으로부터 5km 이내의 지점에 위치한 각각 4개 이내의 정류소에만 정차하면서 운행하는 형태. 다만, 관할관청이 도로상황 등 지역의 특수성과 주민편의를 고려하여 필요하다고 인정하는 경우에는 기점 및 종점으로부터 7.5km 이내에 위치한 각각 6개 이내의 정류소에 정차할 수 있다.

13 ㉰ 국토교통부장관 또는 시·도지사는 면허나 대통령령으로 정하는 여객자동차운송사업을 등록하는 경우에 필요하다고 인정하면 국토교통부령으로 정하는 바에 따라 운송할 여객 등에 관한 업무의 범위나 기간을 한정하여 면허(한정면허)를 하거나 여객자동차운송사업의 질서를 확립하기 위하여 필요한 조건을 붙일 수 있다(여객자동차 운수사업법 제4조 제3항).
㉮ 여객운송자동차 운수사업법 시행규칙 제24조 제1항
㉯ 여객운송자동차 운수사업법 제4조 제2항
㉱ 여객운송자동차 운수사업법 제4조 제1항

14 ㉱ 13세 미만의 어린이의 통학을 위하여 학교 및 보육시설의 장과 운송계약을 체결하고 운행하는 전세버스의 경우에는 도로교통법에 따른 어린이통학버스의 신고를 하여야 한다(여객자동차 운수사업법 시행규칙 [별표 4]).

15 ㉰ 운수종사자가 퇴직하는 경우에는 본인의 운전자격증명을 운송사업자에게 반납하여야 하며, 운송사업자는 지체없이 해당 운전자격증명 발급기관에 그 운전자격증명을 제출하여야 한다(여객자동차 운수사업법 시행규칙 제57조 제2항).
㉮ 여객운송자동차 운수사업법 제24조의2 제1항
㉯ 여객운송자동차 운수사업법 시행규칙 제57조 제3항 제4호
㉱ 여객운송자동차 운수사업법 제24조의2 제2항

16 ㉰ 운송사업자는 여객자동차운송사업에 사용되는 자동차의 바깥쪽에 운송사업자의 명칭, 기호, 그 밖에 국토교통부령으로 정하는 사항을 표시하여야 한다(여객운송자동차 운수사업법 제17조)

자동차에 표시하여야 하는 사항(여객자동차 운수사업법 시행규칙 제39조)

- 시외버스의 경우 : 시외우등고속버스는 "우등고속", 시외고속버스는 "고속", 시외우등직행버스는 "우등직행", 시외직행버스는 "직행", 시외우등일반버스는 "우등일반", 시외일반버스는 "일반"
- 전세버스운송사업용 자동차의 경우 : "전세"
- 한정면허를 받은 여객자동차 운송사업용 자동차의 경우 : "한정"
- 특수여객자동차운송사업용 자동차의 경우 : "장의"
- 마을버스운송사업용 자동차의 경우 : "마을버스"
- 표시는 외부에서 알아보기 쉽도록 차체 면에 인쇄하는 등 항구적인 방법으로 표시하여야 하며, 구체적인 표시 방법 및 위치 등은 관할관청이 정한다.

17 어린이 교통사고는 대체로 통행량이 많은 낮 시간에 주로 집 부근에서 발생하며, 또한 보행자 사고가 대부분이고 성인에 비하여 치사율도 대단히 높다.

18 ㉮ 공주거리는 운전자가 위험을 느끼고 브레이크를 밟았을 때 자동차가 제동되기 전까지 주행한 거리를 말한다.

19 고속도로에서는 횡단, 후진, 유턴 등을 할 수 없다(도로교통법 제62조).

20 ㉰, ㉱ 자동차(고속버스 운송사업용 자동차 및 화물자동차는 제외)의 승차인원은 승차정원의 110% 이내이어야 한다(도로교통법 시행령 제22조 제1호).

㉮ 도로교통법 제39조 제3항

㉯ 도로교통법 제39조 제5항

21 인적 요인은 84.8%, 환경 요인은 17.9%, 차량요인은 6.0%이다.

23 운전자뿐만 아니라 보행자 및 모든 인간은 주위의 자극에 대하여 지각 – 식별 – 행동판단 – 반응과정을 거치면서 행동을 한다. 이러한 과정은 거의 대부분 운전경력과 훈련에 의해서 그 능력이 향상된다.

24 납부기간에 범칙금을 내지 아니한 사람은 납부기간이 끝나는 날의 다음 날부터 20일 이내에 통고받은 범칙금에 20/100을 더한 금액을 내야 한다(도로교통법 제164조 제2항).

25 주브레이크의 간격이 좁든가, 주차 브레이크를 당겼다 풀었으나 완전히 풀리지 않았을 경우로 긴 언덕길을 내려갈 때 계속 브레이크를 밟으면 이런 현상이 일어나기 쉽다.

26 기름, 왁스가 묻어 있는 걸레로 닦으면 야간에 빛이 반사되어 앞이 잘 보이지 않게 된다.

27 **피스톤 링의 기능** : 기밀 작용, 오일 제거, 열전도 작용

28 ㉰ 분사 시기를 제어하는 것은 타이머이다.

29 LPG를 베이퍼라이저에 들어가기 전에 냉각수의 열을 이용하여 기화가 잘되도록 예열한다.

30 회전관성이 적어야 한다.

31 점화 플러그의 간극은 접지 전극을 구부려 조정하며 중심 전극과 접지 전극의 간격은 0.5~0.8mm가 적합하다.

32 타이어의 편마모는 브레이크가 편제동되는 원인이 된다.

33 조향장치는 진행 방향을 좌우로 변하게 하는 장치로서 조향핸들과 앞차륜 등으로 구성된다.

34 수막현상이 일어나면 제동력은 물론 모든 타이어는 본래의 운동기능이 소실되므로, 고속으로 주행하지 않아야 한다.

35 냉각장치 점검은 여름철 자동차관리사항이다.

36 ㉰ 유압식 클러치가 아닌 케이블식 클러치의 경우에 해당한다.

38 **소화설비(자동차 및 자동차부품의 성능과 기준에 관한 규칙 제57조)**

- 승차정원 7인 이상의 승용자동차 및 경형승합자동차 : 능력단위 1 이상인 소화기 1개 이상
- 승합자동차(경형승합자동차 제외)
  - 승차정원 15인 이하의 승합자동차 : 능력단위 2 이상인 소화기 1개 이상 또는 능력단위 1 이상인 소화기 2개 이상
  - 승차정원 16인 이상 35인 이하의 승합자동차 : 능력단위 2 이상인 소화기 2개 이상
  - 승차정원 36인 이상의 승합자동차 : 능력단위 3 이상인 소화기 1개 이상 및 능력단위 2 이상인 소화기 1개 이상. 다만, 2층대형승합자동차의 경우에는 위층 차실에 능력단위 3 이상인 소화기 1개 이상을 추가로 설치하여야 한다.
- 화물자동차(피견인자동차는 제외) 및 특수자동차
  - 중형 : 능력단위 1 이상인 소화기 1개 이상
  - 대형 : 능력단위 2 이상인 소화기 1개 이상 또는 능력단위 1 이상인 소화기 2개 이상

39 ㉯ 급제동할 때에도 핸들 조향이 가능하다.

㉰ 옆으로 미끄러지는 위험은 방지할 수 없다.

㉱ 급제동할 때는 브레이크 페달을 버스가 완전히 정지할 때까지 계속 힘껏 밟고 있어야 한다.

40 정기검사의 기간은 검사유효기간만료일(규정에 의하여 검사유효기간을 연장 또는 유예한 경우에는 그 만료일) 전후 각각 31일 이내로 하며, 이 기간 내에 정기검사에서 적합판정을 받은 경우에는 검사유효기간만료일에 정기검사를 받은 것으로 본다(자동차관리법 시행규칙 제77조 제2항).

41 **교통사고의 3대 요인**

- 운전자와 보행자 측면에서의 인적 요인
- 도로구조나 안전시설 측면에서의 교통환경적 요인
- 자동차의 구조나 작동불량에서 비롯되는 자동차적 결함요인

42 ㉱ 교통약자에 대한 설명이고, 교통섬은 자동차의 안전하고 원활한 교통처리, 보행자 도로횡단의 안전을 확보하기 위해 교차로 또는 차도의 분기점 등에 설치하는 섬 모양의 시설이다(도로의 구조·시설 기준에 관한 규칙 제2조 43호).

㉮ 도로의 구조·시설 기준에 관한 규칙 제2조 제20호

㉯ 도로의 구조·시설 기준에 관한 규칙 제2조 제30호

㉰ 도로의 구조·시설 기준에 관한 규칙 제2조 제39호

43 ㈐ 신체적 피로이며 운동능력에 관련된 것이다.

45 버스 안에서는 금연해야 한다.

46 물이 고인 곳을 운행하는 때에는 고인 물을 튀게 하여 다른 사람에게 피해를 주는 일이 없도록 하여야 한다.

47 신체장애인일지라도 다른 교통에 방해가 안 되는 경우에는 도로를 횡단할 수 있다.

48 사람의 운전능력에는 한계가 있음을 항상 인식해야 한다.

49 ㈐ 비가 내리는 날에는 꼭 밤이 아니더라도 차폭등을 켜고 운행하는 것이 좋고, 때로는 전조등으로 상대방에게 주의를 주어 서로를 경계하며 운행하는 것이 안전하다.

50 ㈐ 실내를 불필요하게 밝게 하지 않는다.

51 도로의 오르막길 경사와 내리막길 경사가 같거나 비슷한 경우라면, 변속기 기어의 단수도 오르막 내리막을 동일하게 사용하는 것이 적절하다.

53 **비상주차대가 설치되는 장소**
- 고속도로에서 길어깨 폭이 2.5m 미만으로 설치되는 경우
- 긴 터널의 경우
- 길어깨를 축소하여 건설되는 긴 교량

54 ㉮ 안전운전과 방어운전을 항상 중요하게 생각해야 한다.

55 ㈐ 좌・우회전을 할 때에는 방향신호등을 정확히 켠다.

56 ㈐ 교차로는 사각이 많으며, 무리하게 교차로를 통과하려는 심리가 작용하여 충돌사고가 일어나기 쉽다.

57 ㈐ 앞지르기 금지 장소(도로교통법 제22조 제3항)
모든 차의 운전자는 교차로, 터널 안, 다리 위, 도로의 구부러진 곳, 비탈길의 고갯마루 부근 또는 가파른 비탈길의 내리막 등 시・도경찰청장이 도로에서의 위험을 방지하고 교통의 안전과 원활한 소통을 확보하기 위하여 필요하다고 인정하는 곳으로서 안전표지로 지정한 곳에서는 다른 차를 앞지르지 못한다.
㉮, ㈏ 도로교통법 제21조 제3항
㈑ 도로교통법 제21조 제4항

58 ㉮ 도로 외 이탈의 위험이 있다.

59 이면도로는 좁은 도로가 많이 교차하고 있다.

60 주행 속도가 증가하면 타이어의 내부 온도가 상승해서 타이어가 빨리 상하게 된다.

61 ㈑ 봄철 교통사고의 특성이다.

62 부동액 점검은 겨울철 자동차관리에 속한다.

63 ㉮ 승용차의 경우 평상시에는 1단 기어로 출발하는 것이 정상이지만, 미끄러운 길에서는 기어를 2단에 넣고 반클러치를 사용하는 것이 효과적이다.

65 **운전자가 가져야 할 기본적 자세** : ㉮, ㈏, ㈐ 외에 주의력 집중, 심신상태의 안정, 추측 운전의 삼감, 저공해 등 환경보호, 소음공해 최소화 등

66 ㈐ 금방 고개를 들지 말고 0.5~1초간 멈춘다.

67 서비스의 특징으로는 무형성, 동시성, 인적의존성, 소멸성, 무소유권, 변동성, 다양성이 있다.

68 ㈑ 긴급자동차가 그 본래의 용도로 운행되고 있는 때를 제외하고는 좌석안전띠를 매어야 한다(도로교통법 시행규칙 제31조 제4호).
㉮ 도로교통법 시행규칙 제31조 제3호
㈏ 도로교통법 시행규칙 제31조 제7호
㈐ 도로교통법 시행규칙 제31조 제2호

69 노선 신설, 정류소 설치, 인사 청탁 등 외부간섭의 증가로 비효율성이 증대된다.

70 ㈏ 단일(균일)운임제는 이용거리와 관계없이 일정하게 설정된 요금을 부과하는 요금체계이다. 단위거리당 요금(요율)과 이용거리를 곱해 요금을 산정하는 요금체계는 거리운임요율제(거리비례제)이다.

71 가로변 버스전용차로에 비해 시행비용이 많이 든다.

72 **정부 측면의 도입효과**
- 대중교통 이용률 제고로 교통환경 개선
- 첨단교통체계 기반 마련
- 교통정책 수립 및 교통요금 결정의 기초자료 확보

74 ㈏ 차별적 직업관으로 잘못된 직업관이다.

77 ㉮ 선배가 후배에게 청한다.

78 전세버스에는 난방, 냉방장치를 설치해야 한다.

79 ㈏ 시내버스・농어촌버스의 운임・요율은 동일한 특별시・광역시・시・군 내에서는 단일운임 적용을, 시(읍)계 외 지역에 대하여는 구역제・구간제・거리비례제 운임을 기본체계로 한다. 다만, 관할관청이 필요하다고 인정하는 경우에는 별도의 운임・요율을 적용할 수 있다(여객자동차 운송사업 운임・요율 등 조정요령 제3조 제2호 가목).
㉮ 여객자동차 운송사업 운임・요율 등 조정요령 제3조 제1호 가목
㈐ 여객자동차 운송사업 운임・요율 등 조정요령 제3조 제1호 나목
㈑ 여객자동차 운송사업 운임・요율 등 조정요령 제3조 제4호

80 교통카드 → 단말기 → 집계시스템 → 충전시스템 → 정산시스템으로 구성된다.

제5회 실제유형 시험보기 p. 95~106

01	02	03	04	05	06	07	08	09	10	11	12	13	14	15	16	17	18	19	20
㉣	㉢	㉢	㉡	㉢	㉣	㉢	㉠	㉢	㉣	㉡	㉡	㉢	㉠	㉠	㉢	㉢	㉣	㉠	㉢
21	22	23	24	25	26	27	28	29	30	31	32	33	34	35	36	37	38	39	40
㉠	㉡	㉢	㉣	㉡	㉠	㉢	㉣	㉡	㉣	㉠	㉣	㉣	㉡	㉢	㉡	㉢	㉣	㉠	㉣
41	42	43	44	45	46	47	48	49	50	51	52	53	54	55	56	57	58	59	60
㉣	㉣	㉢	㉣	㉡	㉠	㉣	㉡	㉡	㉡	㉣	㉢	㉢	㉠	㉢	㉢	㉣	㉡	㉣	㉣
61	62	63	64	65	66	67	68	69	70	71	72	73	74	75	76	77	78	79	80
㉢	㉣	㉣	㉠	㉣	㉢	㉣	㉢	㉡	㉠	㉣	㉣	㉡	㉡	㉢	㉣	㉣	㉢	㉠	㉣

01 ㉣ 신호기 : 도로교통에서 문자 · 기호 또는 등화(燈火)를 사용하여 진행 · 정지 · 방향전환 · 주의 등의 신호를 표시하기 위하여 사람이나 전기의 힘으로 조작하는 장치(도로교통법 제2조 제15호)

02 ㉢ Y자형 교차로 표지 : Y자형 교차로가 있음을 알리는 것(도로교통법 시행규칙 [별표 6])

03 **차마의 통행(도로교통법 제13조)**

차마의 운전자는 다음의 어느 하나에 해당하는 경우에는 도로의 중앙이나 좌측 부분을 통행할 수 있다.

- 도로가 일방통행인 경우
- 도로의 파손, 도로공사나 그 밖의 장애 등으로 도로의 우측 부분을 통행할 수 없는 경우
- 도로 우측 부분의 폭이 6m가 되지 아니하는 도로에서 다른 차를 앞지르려는 경우. 다만, 다음의 어느 하나에 해당하는 경우에는 그러하지 아니하다.
  - 도로의 좌측 부분을 확인할 수 없는 경우
  - 반대 방향의 교통을 방해할 우려가 있는 경우
  - 안전표지 등으로 앞지르기를 금지하거나 제한하고 있는 경우
- 도로 우측 부분의 폭이 차마의 통행에 충분하지 아니한 경우
- 가파른 비탈길의 구부러진 곳에서 교통의 위험을 방지하기 위하여 시 · 도경찰청장이 필요하다고 인정하여 구간 및 통행방법을 지정하고 있는 경우에 그 지정에 따라 통행하는 경우

04 ㉡ 운전자 과실의 예외사항이다.

05 ㉢ 국토교통부장관에 정하는 운전 적성에 대한 정밀검사 기준에 적합해야 한다(여객자동차 운수사업법 시행규칙 제49조 제1항 제3호).

㉠, ㉣ 여객자동차 운수사업법 시행규칙 제49조 제1항 제2호

㉡ 여객자동차 운수사업법 시행규칙 제49조 제1항 제1호

06 ㉣ 전도 : 차가 주행 중 도로 또는 도로 이외의 장소에 차체의 측면이 지면에 접하고 있는 상태(좌측면이 지면에 접해 있으면 좌전도, 우측면이 지면에 접해 있으면 우전도)를 말한다(교통사고조사규칙 제2조 제1항 제10호).

㉠ 충돌 : 차가 반대방향 또는 측방에서 진입하여 그 차의 정면으로 다른 차의 정면 또는 측면을 충격한 것을 말한다(교통사고조사규칙 제2조 제1항 제7호).

㉡ 접촉 : 차가 추월, 교행 등을 하려다가 차의 좌우측면을 서로 스친 것을 말한다(교통사고조사규칙 제2조 제1항 제9호).

㉢ 전복 : 차가 주행 중 도로 또는 도로 이외의 장소에 뒤집혀 넘어진 것을 말한다(교통사고조사규칙 제2조 제1항 제11호).

07 ㉠, ㉢ 운송사업자는 그의 운수종사자에 대한 교육계획의 수립, 교육의 시행 및 일상의 교육훈련업무를 위하여 종업원 중에서 교육훈련 담당자를 선임하여야 한다. 다만, 자동차 면허 대수가 20대 미만인 운송사업자의 경우에는 교육훈련 담당자를 선임하지 아니할 수 있다(여객자동차 운수사업법 시행규칙 제58조 제5항).

㉡, ㉣ 여객자동차 운수사업법 시행규칙 [별표 4의3].

09 다음의 차마는 도로의 가장 오른쪽에 있는 차로로 통행하여야 한다(도로교통법 시행규칙 [별표 9]).

1. 자전거 등
2. 우마
3. 「도로교통법」에 따른 건설기계 이외의 건설기계
4. 다음의 위험물 등을 운반하는 자동차
   - 「위험물안전관리법」에 따른 지정수량 이상의 위험물
   - 「총포 · 도검 · 화약류 등의 안전관리에 관한 법률」에 따른 화약류
   - 「화학물질관리법」에 따른 유독물질
   - 「폐기물관리법」에 따른 지정폐기물과 의료폐기물
   - 「고압가스 안전관리법령」에 따른 고압가스
   - 「액화석유가스의 안전관리 및 사업법」에 따른 액화석유가스
   - 「원자력안전법」에 따른 방사성물질 또는 그에 따라 오염된 물질
   - 「산업안전보건법령」에 따른 제조 등이 금지되는 유해물질과 「산업안전보건법령」에 따른 허가 대상 유해물질
   - 「농약관리법」에 따른 원제

11 **도주가 적용되지 않는 경우**

- 피해자가 부상 사실이 없거나 극히 경미하여 구호조치가 필요치 않는 경우
- 가해자 및 피해자 일행 또는 경찰관이 환자를 후송 조치하는 것을 보고 연락처를 주고 가버린 경우
- 교통사고 가해운전자가 심한 부상을 입어 타인에게 의뢰하여 피해자를 후송 조치한 경우
- 교통사고 장소가 혼잡하여 도저히 정지할 수 없어 일부 진행한 후 정지하고 되돌아와 조치한 경우

12 ㉡ 관할관청이 운전자격증 등을 폐기한 경우 한국교통안전공단은 운전자격 등록을 말소한다(여객자동차 운수사업법 시행규칙 제59조 제5항).

㉠ 여객자동차 운수사업법 시행규칙 제59조 제2항

㉢ 여객자동차 운수사업법 시행규칙 제59조 제3항

㉣ 여객자동차 운수사업법 시행규칙 제59조 제4항

13 **도로에서 차를 운행할 때 켜야 하는 등화(도로교통법 시행령 제19조 제1항)**

1. 자동차 : 전조등, 차폭등, 미등, 번호등과 실내조명등(실내조명등은 승합자동차와 「여객자동차 운수사업법」에 따른 여객자동차운송사업용 승용자동차만 해당)
2. 원동기장치자전거 : 전조등 및 미등
3. 견인되는 차 : 미등 · 차폭등 및 번호등
4. 노면전차 : 전조등, 차폭등, 미등 및 실내조명등
5. 제1호부터 제4호까지의 규정 외의 차 : 시 · 도경찰청장이 정하여 고시하는 등화

14 노선운송사업자는 다음의 사항을 일반공중이 보기 쉬운 영업소 등의 장소에 사전에 게시해야 한다(여객자동차 운수사업법 시행규칙 [별표 4]).

- 사업자 및 영업소의 명칭
- 운행시간표(운행횟수가 빈번한 운행계통에서는 첫차 및 마지막차의 출발시각과 운행 간격)
- 정류소 및 목적지별 도착시각(시외버스운송사업자만 해당한다)
- 사업을 휴업 또는 폐업하려는 경우 그 내용의 예고
- 영업소를 이전하려는 경우에는 그 이전의 예고
- 그 밖에 이용자에게 알릴 필요가 있는 사항

15 ㉠ 버스의 앞바퀴에는 재생한 타이어를 사용해서는 안 된다(여객자동차 운수사업법 시행규칙 [별표 4]).

16 **사업용 자동차의 차령(여객자동차 운수사업법 시행령 [별표 2])**

차 종	사업의 구분		차 령
승용자동차	특수여객자동차 운송사업용	경형·소형·중형	6년
		대 형	10년
승합자동차	전세버스운송사업용 또는 특수여객자동차운송사업용		11년
	그 밖의 사업용		9년

17 밤(해가 진 후부터 해가 뜨기 전까지)에 도로에서 차 또는 노면전차를 운행하거나 고장이나 그 밖의 부득이한 사유로 도로에서 차 또는 노면전차를 정차나 주차시키는 경우(도로교통법 제37조 제1항)
㉮, ㉯, ㉱ 도로교통법 제37조 제1항

18 **자동차 등의 운전 중 교통사고 결과에 따른 벌점기준(도로교통법 시행규칙 [별표 28])**

구 분		벌 점	내 용
인적 피해 교통 사고	사망 1명마다	90	사고발생 시부터 72시간 이내에 사망한 때
	중상 1명마다	15	3주 이상의 치료를 요하는 의사의 진단이 있는 사고
	경상 1명마다	5	3주 미만 5일 이상의 치료를 요하는 의사의 진단이 있는 사고
	부상신고 1명마다	2	5일 미만의 치료를 요하는 의사의 진단이 있는 사고

19 ㉮ 학년이 낮고 어릴수록 교통사고를 많이 당한다.

20 피주시거는 운전자의 판단착오를 시정할 여유를 주고 정지하는 대신 동일한 속도로 또는 감속하면서 안전한 행동을 취할 수 있기 때문에 정지시거보다 훨씬 큰 값을 갖는다.

21 급정지, 급출발, 교통사고 발생 시 신체에 발생할 수 있는 상해를 줄이기 위해 가까운 거리라도 안전벨트를 착용한다.

22 **자동차의 앞면 창유리와 운전석 좌우 옆면 창유리의 가시광선의 투과율(도로교통법 시행령 제28조)**
1. 앞면 창유리 : 70% 미만
2. 운전석 좌우 옆면 창유리 : 40% 미만

23 **불법부착장치의 기준(도로교통법 시행규칙 제29조)**
- 경찰관서에서 사용하는 무전기와 동일한 주파수의 무전기
- 긴급자동차가 아닌 자동차에 부착된 경광등, 사이렌 또는 비상등
- 「자동차 및 자동차부품의 성능과 기준에 관한 규칙」에서 정하지 아니한 것으로서 안전운전에 현저히 장애가 될 정도의 장치

24 **교통조사관은 다음의 어느 하나에 해당하는 사고의 경우에는 교통사고로 처리하지 아니하고 업무 주무기능에 인계하여야 한다(교통사고조사규칙 제21조 제1항).**
1. 자살·자해행위로 인정되는 경우
2. 확정적 고의에 의하여 타인을 사상하거나 물건을 손괴한 경우
3. 낙하물에 의하여 차량 탑승자가 사상하였거나 물건이 손괴된 경우
4. 축대, 절개지 등이 무너져 차량 탑승자가 사상하였거나 물건이 손괴된 경우
5. 사람이 건물, 육교 등에서 추락하여 진행 중인 차량과 충돌 또는 접촉하여 사상한 경우
6. 그 밖의 차의 교통으로 발생하였다고 인정되지 아니한 안전사고의 경우

26 LPG는 프로판과 부탄을 섞어 제조된 가스로 석유 정제과정의 부산물로 이루어진 혼합가스이다. 천연가스의 형태별 종류는 아니다.

27 가솔린 엔진은 흡입 → 압축 → 폭발 → 배기의 4행정 방식으로 작동되어 동력을 얻는다.

28 농후한 혼합가스가 들어가 불완전 연소되는 경우에는 검은색을 띤다.

29 타 차량의 배터리에 점프 케이블을 연결하여 시동을 거는 경우에는 타 차량의 시동을 먼저 건 후 방전된 차량의 시동을 건다.

30 ㉱는 조향핸들이 한쪽으로 쏠리는 원인이다.

31 **쇽업소버** : 움직임을 멈추려고 하지 않는 스프링에 대해 역 방향으로 힘을 발생시켜 진동의 흡수를 앞당긴다.

32 **자동차의 주행저항** : 구름저항, 가속저항, 구배저항, 공기저항

33 배터리 충전은 시동모터가 작동되지 않을 때, 천천히 회전할 때의 조치사항이다.

34 **백색** : 오일에 수분이 다량으로 유입된 경우

35 ㉰ 앞바퀴에 재생 타이어를 사용한 전세버스 : 360만원(여객자동차 운수사업법 시행령 [별표 5])
㉮, ㉯, ㉱ 여객자동차 운수사업법 시행령 [별표 5]

36 자동차 사용자는 자동차 소유자 또는 자동차 소유자로부터 자동차의 운행 등에 관한 사항을 위탁받은 자를 말한다(자동차관리법 제2조 제3호).

37 엔진시동이 걸린 상태에서 파이프나 호스를 조이거나 풀어서는 안 된다.

38 **터보차저 장착차 점검요령**
- 엔진오일 오염, 윤활유 공급부족, 이물질의 유입으로 인한 압축기 날개 손상 등에 의해 고장이 나기도 한다.
- 점검을 위하여 에어클리너 엘리먼트를 장착하고 고속 회전시키는 것은 가급적 하지 않아야 한다.

39 ㉮ 퓨즈는 과전류의 흐름을 차단하여 전기기기의 소손을 방지한다.

40 ㉱ 운송사업자는 새로 채용한 운수종사자(사업용 자동차를 운전하다가 퇴직한 후 2년 이내에 다시 채용된 사람은 제외)에 대해 운전업무를 시작하기 전에 신규교육을 16시간 받게 하여야 한다(여객자동차 운수사업법 시행규칙 [별표 4의3]).
㉮, ㉯, ㉰ 여객자동차 운수사업법 제25조

41 교통사고는 차량 운전 전의 심신 상태, 차량 정비 요인, 날씨 등에 의한 도로환경 요인, 운전 중의 마음가짐과 상황판단, 운전기술 미흡 등에 영향을 받아 일어난다.

42 젊은층은 주말에 야외로 나가는 경향이 있으므로 평일보다 사고 발생이 많다.

44 통화를 하며 운전하는 것은 위험하다.

45 ㉯ 어두운 곳에서는 가로 폭보다 세로 폭의 길이를 보다 넓게 본다.

46 ㉯ 우측방 약 1m 지점의 물체는 운전석에서 확인이 어렵다.
㉰ 운전석 좌측면이 우측면보다 사각이 작다.
㉱ 후방시계는 앞 보닛이 없는 차가 좋다.

47 ㉱ 운전의 특성상 운전자의 지식・경험・사고・판단 등을 바탕으로 운전조작행위가 이루어지는데, 사고를 많이 내는 사람은 지식이나 경험이 부족한 경우가 많다.

48 ㉯ 일기예보에 신경을 쓰고 기상변화에 대비해 체인이나 스노타이어 등을 미리 준비한다.

49 ㉯ 도로 이외의 곳의 출입을 위해 보도 또는 길 가장자리 구역으로 운행할 때에는 그 직전에서 일시정지하여 안전을 확인한 후 횡단한다.

50 자전거와 이륜차 이용자들은 자동차와 동일한 방향으로 주행하고 도로를 함께 공유하게 되어 있다. 자동차 운전자는 정차, 주차를 할 때 주위를 살펴 자전거나 이륜차가 접근하는지 꼭 살펴야 한다.

51 야간에는 선글라스를 착용하고 운전하지 않는다.

52 필요에 따른 유턴 등을 방지해서 안전성을 높인다.

53 자동차의 통행속도를 30km/h 이하로 제한해야 할 구간

54 정지거리는 도로 요인(노면 종류 및 상태), 운전자 요인(인지반응속도, 운행속도, 피로도 등), 자동차 요인(종류, 타이어 상태, 브레이크 성능 등)에 따라 차이가 난다.

55 ㉰ 눈은 교통상황 주시상태를 유지한다.

56 **건널목 종류별 안전설비 설치기준(철도시설의 기술기준 [별표 2])**
3종 건널목은 전철 또는 구간 빔 스펜션과 교통안전표지를 설치해야 하고 사정에 따라 기적표를 설치하지 아니할 수 있다.

57 ㉮, ㉯, ㉰ 회전교차로에 대한 설명, ㉱ 로터리에 대한 설명이다.

58 **고속도로의 편도 2차로 통행기준(도로교통법 시행규칙 [별표 9])**
- 1차로 : 앞지르기를 하려는 모든 자동차. 다만, 차량통행량 증가 등 도로상황으로 인하여 부득이하게 시속 80km 미만으로 통행할 수밖에 없는 경우에는 앞지르기를 하는 경우가 아니라도 통행할 수 있다.
- 2차로 : 모든 자동차

59 수동변속기의 경우 건널목을 통과하는 중 기어 변속 과정에서 엔진이 정지할 수 있기 때문에 되도록 기어 변속을 하지 않는다.

60 고속도로에서 갓길 폭이 2.5m 미만으로 설치되는 경우에 설치한다.

61 ㉰ 여름철 교통사고의 특성이다.

62 ㉱ 가시거리가 100m 이내인 경우에는 최고속도를 50% 정도 감속하여 운행한다(도로교통법 시행규칙 제19조 제2항).

63 고장차가 대피할 수 있는 공간을 제공하는 것은 갓길이다.

64 ㉮ 겨울철 자동차관리 사항이다.

65 **베이퍼 록 현상** : 브레이크액에 기포가 발생하여 브레이크가 제대로 작동하지 않는 현상

66 ㉰ 좋은 음성은 낮고 차분하면서도 음악적인 선율이 있다.

67 ㉱ 편한 신발을 신되 미끄러질 수 있으므로 샌들이나 슬리퍼는 삼간다.

68 **국내 버스준공영제의 일반적인 형태** : 수입금 공동관리제를 바탕으로 표준운송원가 대비 운송수입금 부족분을 지원하는 직접지원형이다.

69 교통 정체가 심한 구간에서 더욱 효과적이다.

중앙버스전용차로의 장단점

장 점	• 일반 차량과의 마찰을 최소화하고 대중교통 이용자의 증가를 도모할 수 있다. • 교통 정체가 심한 구간에서 더욱 효과적이고 가로변 상업활동이 보장된다. • 대중교통의 통행속도 제고 및 정시성 확보가 유리하다.
단 점	• 도로 중앙에 설치된 버스정류소로 인해 무단횡단 등 안전문제가 발생하고 여러 가지 안전시설 등의 설치 및 유지로 인한 비용이 많이 든다. • 전용차로에서 우회전하는 버스와 일반차로에서 좌회전하는 차량에 대한 체계적인 관리가 필요하다. • 일반 차로의 통행량이 다른 전용차로에 비해 많이 감소할 수 있고, 승하차 정류소에 대한 보행자의 접근거리가 길어진다.

71 눈은 계속해서 움직이며, ㉮, ㉯, ㉰ 외에 차가 빠져나갈 공간을 확보하는 것이 안전운전의 5가지 기본 기술이다.

72 쉼터휴게소는 운전자의 생리적 욕구만 해소하기 위한 최소한의 시설이다.

73 ㉯ 직업의 외재적 가치이다.

74 승객 앞에 섰을 때의 인사는 보통례이다.

75 ㉮ 차량 총중량 : 적차상태의 자동차의 중량
㉯ 차량 중량 : 공차상태의 자동차 중량
㉱ 적차상태 : 공차상태의 자동차에 승차정원의 인원이 승차하고 최대적재량의 물품이 적재된 상태

76 카드방식에 따른 분류

- MS(Magnetic Strip) 방식 : 자기인식방식으로 간단한 정보 기록이 가능하고, 정보를 저장하는 매체인 자성체가 손상될 위험이 높고, 위·변조가 용이해 보안에 취약하다.
- IC(스마트카드) 방식 : 반도체 칩을 이용해 정보를 기록하는 방식으로 자기카드에 비해 수백 배 이상의 정보 저장이 가능하고, 카드에 기록된 정보를 암호화할 수 있어, 자기카드에 비해 보안성이 높다.
  - 하이브리드 : 접촉식 + 비접촉식 2종의 칩을 함께하는 방식이나 2개 종류 간 연동이 안 된다.
  - 콤비 : 접촉식 + 비접촉식 2종의 칩을 함께하는 방식으로 2개 종류 간 연동이 된다.

78 ㉰ 버스전용차로의 설치는 일반차량의 차로수를 줄이기 때문에 일반차량의 교통상황이 나빠지는 문제가 발생할 수 있다.

79 ㉮ 현행 민영체제하에서 버스운영의 한계이다.

80 지켜야 할 운전예절

- 과신은 금물
- 횡단보도에서의 예절
- 전조등 사용법
- 고장차량의 유도
- 올바른 방향전환 및 차로변경
- 여유 있는 교차로 통과 등

제6회 실제유형 시험보기 p. 107~118

01	02	03	04	05	06	07	08	09	10	11	12	13	14	15	16	17	18	19	20
㉮	㉰	㉯	㉱	㉰	㉮	㉯	㉯	㉮	㉰	㉮	㉰	㉯	㉱	㉮	㉱	㉯	㉰	㉰	㉱
21	22	23	24	25	26	27	28	29	30	31	32	33	34	35	36	37	38	39	40
㉰	㉮	㉰	㉱	㉮	㉱	㉱	㉰	㉰	㉮	㉮	㉱	㉮	㉱	㉯	㉰	㉱	㉱	㉰	㉮
41	42	43	44	45	46	47	48	49	50	51	52	53	54	55	56	57	58	59	60
㉯	㉮	㉰	㉱	㉱	㉱	㉯	㉮	㉰	㉰	㉰	㉰	㉮	㉱	㉰	㉰	㉰	㉮	㉰	㉱
61	62	63	64	65	66	67	68	69	70	71	72	73	74	75	76	77	78	79	80
㉱	㉰	㉰	㉰	㉰	㉱	㉰	㉮	㉰	㉰	㉯	㉰	㉮	㉱	㉯	㉮	㉯	㉯	㉯	㉱

01 모든 운전자의 준수사항 등(도로교통법 제49조 제1항 제10호)

운전자는 자동차등 또는 노면전차의 운전 중에는 휴대용 전화(자동차용 전화를 포함)를 사용하지 아니할 것. 다만 다음의 어느 하나에 해당하는 경우에는 그러하지 아니하다.

- 자동차등 또는 노면전차가 정지하고 있는 경우
- 긴급자동차를 운전하는 경우
- 각종 범죄 및 재해 신고 등 긴급한 필요가 있는 경우
- 안전운전에 장애를 주지 아니하는 장치로서 손으로 잡지 아니하고도 휴대용 전화(자동차용 전화 포함)를 사용할 수 있도록 해 주는 장치를 이용하는 경우(도로교통법 제49조 제1항 제10호)

02 ㉰ 한정면허는 수익성이 없어 노선운송사업자가 운행을 기피하는 노선으로 관할관청이 보조금을 지급하려는 경우 등이 있다(여객자동차 운수사업법 시행규칙 제17조 제1항 제1호 나목)

㉮, ㉯, ㉱ 여객자동차 운수사업법 시행규칙 제17조 제1항 제1호

03 교통사고 발생 시의 조치를 하지 아니한 사람(주·정차된 차만 손괴한 것이 분명한 경우에 피해자에게 인적 사항을 제공하지 아니한 사람은 제외)은 5년 이하의 징역이나 1천500만원 이하의 벌금에 처한다(도로교통법 제148조).

04 좌석안전띠 미착용 사유(도로교통법 시행규칙 제31조)

1. 부상·질병·장애 또는 임신 등으로 인하여 좌석안전띠의 착용이 적당하지 아니하다고 인정되는 자가 자동차를 운전하거나 승차하는 때
2. 자동차를 후진시키기 위하여 운전하는 때
3. 신장·비만, 그 밖의 신체의 상태에 의하여 좌석안전띠의 착용이 적당하지 아니하다고 인정되는 자가 자동차를 운전하거나 승차하는 때
4. 긴급자동차가 그 본래의 용도로 운행되고 있는 때
5. 경호 등을 위한 경찰용 자동차에 의하여 호위되거나 유도되고 있는 자동차를 운전하거나 승차하는 때
6. 「국민투표법」 및 공직선거관계법령에 의하여 국민투표운동·선거운동 및 국민투표·선거관리업무에 사용되는 자동차를 운전하거나 승차하는 때
7. 우편물의 집배, 폐기물의 수집 그 밖에 빈번히 승강하는 것을 필요로 하는 업무에 종사하는 자가 해당업무를 위하여 자동차를 운전하거나 승차하는 때
8. 「여객자동차 운수사업법」에 의한 여객자동차운송사업용 자동차의 운전자가 승객의 주취·약물복용 등으로 좌석안전띠를 매도록 할 수 없거나 승객에게 좌석안전띠 착용을 안내하였음에도 불구하고 승객이 착용하지 않는 때

05 ㉰ 보험 또는 공제에 가입된 사실은 보험회사, 공제조합 또는 공제사업자가 그 취지를 적은 서면에 의하여 증명되어야 한다(교통사고처리특례법 제4조 제3항).

06 ㉮ 자동차·이륜자동차및원동기장치자전거통행금지표지(도로교통법 시행규칙 [별표 6])

07 운전면허증을 받은 사람이 운전면허효력 정지처분 등에 해당하면 그 사유가 발생한 날부터 7일 이내에 주소지를 관할하는 시・도경찰청장에게 운전면허증을 반납하여야 한다(도로교통법 제95조 제1항).
(모바일운전면허증의 경우 전자적 반납 포함)

08 ㉯ 질병・피로・음주나 그 밖의 사유로 안전한 운전을 할 수 없을 때에는 그 사정을 해당 운송사업자에게 알려야 한다(규칙 [별표 4]).

09 피해자가 명시한 의사에 반하여 공소를 제기할 수 없는 경우(교통사고처리 특례법 제3조 제2항)
1. 업무상과실치상죄(業務上過失致傷罪)
2. 중과실치상죄(重過失致傷罪)
3. 운전자가 업무상 필요한 주의를 게을리하거나 중대한 과실로 다른 사람의 건조물이나 그 밖의 재물을 손괴한 경우(도로교통법 제151조)

10 ㉰ 직행형은 운행거리가 100km 미만인 경우에는 정류소에 정차하지 않고 운행할 수 있다(여객자동차 운수사업법 시행규칙 제8조).

11 ㉮ 어린이통학버스로 사용할 수 있는 자동차는 승차정원 9인승(어린이 1명을 승차정원 1명으로 봄) 이상의 자동차로 한다(도로교통법 시행규칙 제34조).

12 ㉰ 중상 이상의 사상사고를 일으킨 자의 경우 특별검사를 받는다(여객자동차 운수사업법 시행규칙 제49조 제3항 제2호).
㉮ 여객자동차운수사업법 시행규칙 제49조 제3항
㉯ 여객자동차운수사업법 시행규칙 제49조 제3항 제2호 다목
㉱ 여객자동차운수사업법 시행규칙 제49조 제3항 제2호 나목

13 중상 1명마다 벌점 15점이다(도로교통법 시행규칙 [별표 28]).

사고결과에 따른 벌점기준(도로교통법 시행규칙 [별표 28])

구 분		벌 점	내 용
인적 피해 교통 사고	사망 1명마다	90	사고발생 시부터 72시간 이내에 사망한 때
	중상 1명마다	15	3주 이상의 치료를 요하는 의사의 진단이 있는 사고
	경상 1명마다	5	3주 미만 5일 이상의 치료를 요하는 의사의 진단이 있는 사고
	부상신고 1명마다	2	5일 미만의 치료를 요하는 의사의 진단이 있는 사고

14 ㉱ 시・도경찰청장은 운전면허(연습운전면허는 제외)를 받은 사람이 운전 중 고의 또는 과실로 교통사고를 일으킨 경우 행정안전부령으로 정하는 기준에 따라 운전면허(운전자가 받은 모든 범위의 운전면허를 포함)를 취소하거나 1년 이내의 범위에서 운전면허의 효력을 정지시킬 수 있다(도로교통법 제93조 제1항 제10호).
㉮, ㉯, ㉰ 운전면허를 취소하여야 한다(도로교통법 제93조 제1항 단서).

15 ㉮ 황색 등화의 차량 신호 시 : 차마는 정지선이 있거나 횡단보도가 있을 때에는 그 직전이나 교차로의 직전에 정지하여야 하며, 이미 교차로에 차마의 일부라도 진입한 경우에는 신속히 교차로 밖으로 진행하여야 한다(도로교통법 시행규칙 [별표 2]).

16 **녹색신호(도로교통법 시행규칙 [별표 2])**
• 차마는 직진 또는 우회전할 수 있다.
• 비보호좌회전표지 또는 비보호좌회전표시가 있는 곳에서는 좌회전할 수 있다.

17 **운행형태(여객자동차 운수사업법 시행령 제3조 제1호)**
• 시내버스운송사업 : 광역급행형・직행좌석형・좌석형 및 일반형 등
• 농어촌버스운송사업 : 직행좌석형・좌석형 및 일반형 등
• 시외버스운송사업 : 고속형・직행형・일반형

18 감경사유가 되려면 위반행위를 한 사람이 처음 해당 위반행위를 한 경우로 최근 5년 이상 해당 여객자동차운송사업의 모범적인 운수종사자로 근무한 사실이 인정되어야 한다(여객자동차 운수사업법 시행규칙 [별표 5]).

19 운행기록증을 부착하여야 하는 자동차를 운행하는 운수종사자는 신고된 운행기간 중 해당 운행기록증을 식별하기 어렵게 하거나, 그러한 자동차를 운행한 경우 자격정지 5일의 처분을 받는다(여객자동차 운수사업법 시행규칙 [별표 5]).

20 ㉱ 교차로는 십자로나 T자로나 그 밖에 둘 이상의 도로가 교차하는 부분을 말한다(도로교통법 제2조 제13호).

21 ㉰ 55데시벨(보청기를 사용하는 사람은 40데시벨)의 소리를 들을 수 있어야 한다(도로교통법 시행령 제45조 제3항).
㉮, ㉯, ㉱ 도로교통법 시행령 제45조 제1항

23 ㉰ 앞지르기 당하는 차량의 우회전 시 충돌(도로교통법 제21조 제1항 참조)

24 2초 동안 주행할 수 있는 거리가 확보되어야 한다.

25 시장 등은 원활한 교통을 확보하기 위하여 특히 필요한 경우에는 시・도경찰청장이나 경찰서장과 협의하여 도로에 전용차로(차의 종류나 승차 인원에 따라 지정된 차만 통행할 수 있는 차로)를 설치할 수 있다(도로교통법 제15조 제1항).

27 연료 주입 시 시계반대방향으로 돌려 연료 주입구 캡을 분리한다.

28 겨울철에 후륜구동 자동차는 뒷바퀴에 타이어 체인을 장착해야 한다.

29 ㉮ 축하중, ㉯ 공차중량, ㉱ 최대적재량

30 전기 자동차는 시동과 운전이 쉽고, 가솔린 자동차에 비해 안전성이 좋지만, 고성능 축전지가 개발되지 못해 고속 장거리 주행용으로는 부적합하다.

31 단순유성기어 장치는 선 기어, 링 기어, 피니언, 피니언 축을 연결하는 캐리어 등으로 구성된다.

32 페이드 현상은 브레이크의 과도한 사용으로 발생하기 때문에 과도한 주 제동장치를 사용하지 않고, 엔진 브레이크를 사용하면 페이드 현상을 방지할 수 있다.

33 **자동차 점검사항**
• 외관 점검 : 타이어 공기압, 타이어 트레드 마모상태, 누수 및 누유 점검 등
• 내부 점검 : 스위치의 작동이나 유격등 점검 등
• 엔진룸의 점검 : 엔진오일, 냉각수, 팬벨트, 브레이크액 등

34 오일에 수분이 다량으로 유입된 경우에는 백색이다.

35 **자동차의 일상점검 시 주의사항**
- 경사가 없는 평탄한 장소에서 점검한다.
- 변속레버는 P(주차)에 위치시킨 후 주차 브레이크를 당겨 놓는다.
- 엔진 시동 상태에서 점검해야 하는 것이 아니면 시동을 끄고 점검한다.
- 환기가 잘되는 장소에서 실시한다.
- 엔진 점검 시에는 반드시 엔진을 끄고, 열이 식은 다음에 실시한다.
- 연료장치나 배터리 부근에서는 불꽃을 멀리한다.

36 **정밀검사대상 자동차 및 정밀검사 유효기간(대기환경보전법 시행규칙 [별표 25])**

차 종		정밀검사대상 자동차	검사유효기간
비사업용	승용자동차	차령 4년 경과된 자동차	2년
	경형·소형의 승합·화물자동차	차령 4년 경과된 자동차	1년
	그 밖의 자동차	차령 3년 경과된 자동차	
사업용	승용자동차	차령 2년 경과된 자동차	
	경형·소형의 승합자동차	차령 4년 경과된 자동차	
	그 밖의 자동차	차령 2년 경과된 자동차	

37 고속회전 부분이 없어 내연기관에 비해 소음이나 진동 특성이 우수하다.

38 크랭크축에 설치된 풀리는 구동벨트를 통해서 발전기, 물 펌프, 오일 펌프, 공기 압축기를 움직이는 역할을 한다.

39 **자동차 등과 노면전차의 속도(도로교통법 시행규칙 제19조 제1항)**
1. 일반도로(고속도로 및 자동차전용도로 외의 모든 도로)
   가. 「국토의 계획 및 이용에 관한 법률」에 따른 주거지역·상업지역, 공업지역의 일반도로 매시 50km 이내. 다만, 시·도 경찰청장이 원활한 소통을 위하여 특히 필요하다고 인정하여 지정한 노선 또는 구간에서는 매시 60km 이내
   나. 가의 일반도로에서는 매시 60km 이내. 다만, 편도 2차로 이상의 도로에서는 매시 80km 이내
2. 자동차전용도로에서의 최고속도는 매시 90km, 최저속도는 매시 30km
3. 고속도로
   가. 편도 1차로 고속도로에서의 최고속도는 매시 80km, 최저속도는 매시 50km
   나. 편도 2차로 이상 고속도로에서의 최고속도는 매시 100km[화물자동차(적재중량 1.5톤을 초과에 한함)·특수자동차·위험물운반자동차(별표 9 (주) 6에 따른 위험물 등을 운반하는 자동차) 및 건설기계의 최고속도는 매시 80km], 최저속도는 매시 50km
   다. 나에 불구하고 편도 2차로 이상의 고속도로로서 경찰청장이 고속도로의 원활한 소통을 위하여 특히 필요하다고 인정하여 지정·고시한 노선 또는 구간의 최고속도는 매시 120km(화물자동차·특수자동차·위험물운반자동차 및 건설기계의 최고속도는 매시 90km) 이내, 최저속도는 매시 50km

40 피트먼 암은 조향핸들의 움직임을 센터링크나 드래그 링크에 전달하는 장치로 한쪽 끝은 테이퍼 세레이션이며, 다른 쪽 끝은 볼 조인트로 되어 있어서 피트먼 암이 굽으면 좌우 바퀴의 회전반경이 차이가 난다.

41 버스에서 승객들은 승하차 시에도 항상 위험에 노출되어 있다. 연석에서 멀리 주차할 경우 이륜차 등이 옆으로 지나가다가 승객과 사고가 발생하기도 한다.

42 ㉮ 주행하는 차들과 제한속도를 넘지 않는 범위 내에서 똑같이 속도를 맞추어 주행한다.

43 ㉰ 연속운전은 일시적으로 급성피로를 낳는다.

44 주취운전은 사물식별력, 주의력이 약화되고 반응동작이 느려진다.

46 ㉱ 중앙분리대의 기능에 대한 설명이다.

47 경쟁의식이 강한 운전자는 과속운전을 하기 쉽다.

48 교통사고를 당했을 당시의 보행자 요인은 교통상황 정보를 제대로 인지하지 못한 경우가 가장 많고, 다음으로 판단착오, 동작착오의 순서로 많다.

49 ㉰ 어린이는 제일 먼저 태우고 제일 나중에 내리도록 하며, 문은 어른이 열고 닫아야 안전하다.

50 고령자의 운전은 젊은 운전자에 비하여 상대적으로 과속을 하지 않는다.

51 큰 고장이 나기 전이라도 되도록이면 계기와 램프를 점검하여야 한다.

52 ㉰ 대형 화물차나 버스의 바로 뒤를 따라서 진행할 때에는 전방의 교통상황을 파악할 수 없으므로 이럴 때는 함부로 앞지르기를 하지 않도록 하고, 또 시기를 보아서 대형차의 뒤에서 이탈해 진행한다.

53 **앞지르기 금지 시기(도로교통법 제22조 제1항·제2항)**
모든 차의 운전자는 다음에 해당하는 경우에는 앞차를 앞지르지 못한다.
- 앞차의 좌측에 다른 차가 앞차와 나란히 가고 있는 경우
- 앞차가 다른 차를 앞지르고 있거나 앞지르려고 하는 경우
- 도로교통법이나 도로교통법에 따른 명령에 따라 정지하거나 서행하고 있는 차
- 경찰공무원의 지시에 따라 정지하거나 서행하고 있는 차
- 위험을 방지하기 위하여 정지하거나 서행하고 있는 차

54 ㉱ 무엇인가가 사람이라는 것을 확인하는 데 좋은 옷 색깔은 적색, 백색의 순이며 흑색이 가장 나쁘다.

55 ㉰ 차로의 너비는 3m 이상으로 하여야 한다. 다만, 좌회전전용차로의 설치 등 부득이하다고 인정되는 때에는 275cm 이상으로 할 수 있다(도로교통법 시행규칙 제15조 제2항).

57 ㉰ 교차로나 그 부근에서는 교통량이 많아 조금만 부주의해도 추돌사고가 많이 발생한다.

58 좁은 커브길에는 차량이나 보행자가 튀어나오는 등 사고위험이 높으므로 즉시 정지 가능한 속도로 운전해야 한다.

59 ㉮ 일시정지한 후 좌우의 안전을 확인한다.
㉯ 앞 차량을 따라 건너갈 때는 앞 차량이 건너간 맞은편에 자기 차가 들어갈 여유 공간이 있을 때 통과한다.
㉱ 차단기가 내려지고 있을 때 건널목에 진입해서는 안 된다.

60 ㉣ 겨울철 교통사고의 특성이다.

61 ㉣ 커브 길에서 앞지르기는 대부분 안전표지로 금지하고 있으나 금지표지가 없더라도 절대로 하지 않아야 한다.

62 ㉢ 안개로 인해 시야의 장애가 발생되므로 차간거리를 충분히 확보해야 한다.

63 기어 변속은 차의 속도를 가감하여 주행 코스 이탈의 위험을 가져온다.

65 **회사차량의 불필요한 집단운행 금지**
적재물의 특성상 집단운행이 불가피할 때에는 관리자의 사전승인을 받아 사고를 예방하기 위한 제반 안전조치를 취하고 운행한다.

66 ㉣ 밝은 표정과 미소는 자신을 위하는 것이라 생각한다.

67 ㉢ 고객불만을 해결하기 어려운 경우 적당히 답변하지 말고 관련 부서와 협의 후에 답변을 하도록 한다.

68 ㉮ 질서는 반드시 의식적·무의식적으로 지켜질 수 있어야 한다.

69 민영제는 타 교통수단과의 연계교통체계 구축이 곤란하다. 기타 다음의 장점이 있다.
- 업무성적과 보상이 연관되어 있고 엄격한 지출통제에 제한받지 않기 때문에 민간회사가 보다 효율적이다.
- 민간회사들이 보다 혁신적이다.

70 **버스전용차로 설치기준(버스전용차로 설치 및 운영지침 제3조)**
시·도지사(시장, 군수를 포함)는 다음의 ①에 해당하는 경우에는 관할 시·도경찰청장 또는 경찰서장과 협의하여 버스전용차로를 설치·운영하여야 한다. 다만, 교통여건과 지하철공사, 도로공사 등 특별한 사정이 있는 경우에는 그러하지 아니하다.
① 편도 3차선 이상의 도로로서 시간당 최대 100대 이상의 버스가 통행 운행하거나 버스를 이용하는 사람이 시간당 최대 3,000명 이상인 경우. 다만, 출·퇴근시간제 전용차로의 경우 편도 3차선 이상의 도로로서 시간당 최대 80대 이상의 버스가 통행 운행하는 경우
② 시·도지사가 대중교통의 활성화와 지역주민의 교통편의 증진을 위하여 특히 필요하다고 인정한 경우

71 캡오버버스는 운전석이 엔진 위에 있는 버스를 말한다.

72 **시행시간(고속도로 버스전용차로 시행 고시 제2호)**
평일, 토요일, 공휴일은 경부고속도로(서울·부산) 양방향 07:00부터 21:00까지 시행한다.

74 **응급의료체계의 요소**
- 사고 현장에서 이루어지는 병원 전단계 응급처치
- 신속한 후송과 후송 중 치료가 이루어지는 환자후송체계
- 환자의 질환 또는 부상을 판단하여 치료할 능력이 있는 병원으로 유도할 응급통신망
- 병원 도착 후 적정 응급 진료를 제공하는 병원단계치료
- 중환자실에서 집중치료

75 관할관청이란 관할이 정해지는 국토교통부장관, 대도시권광역교통위원회나 특별시장·광역시장·특별자치시장·도지사 또는 특별자치도지사(시·도지사)를 말한다(여객자동차 운수사업법 시행규칙 제2조).

77 ㉯ 얕고 빠르며 불규칙한 호흡

79 육체노동을 천시하는 차별적 직업관이다.

80 오히려 정류소에 정차하지 않고 무정차 운행하는 것이 불만사항이다.

제7회 실제유형 시험보기																			p. 119~130
01	02	03	04	05	06	07	08	09	10	11	12	13	14	15	16	17	18	19	20
㉮	㉰	㉱	㉱	㉯	㉮	㉰	㉮	㉰	㉰	㉰	㉱	㉰	㉮	㉮	㉰	㉰	㉮	㉮	㉰
21	22	23	24	25	26	27	28	29	30	31	32	33	34	35	36	37	38	39	40
㉮	㉰	㉱	㉰	㉱	㉮	㉯	㉮	㉯	㉮	㉮	㉰	㉰	㉰	㉱	㉰	㉱	㉱	㉰	㉮
41	42	43	44	45	46	47	48	49	50	51	52	53	54	55	56	57	58	59	60
㉰	㉱	㉮	㉮	㉮	㉯	㉱	㉱	㉯	㉮	㉱	㉮	㉱	㉰	㉱	㉮	㉮	㉯	㉱	㉮
61	62	63	64	65	66	67	68	69	70	71	72	73	74	75	76	77	78	79	80
㉰	㉰	㉮	㉱	㉯	㉯	㉮	㉰	㉱	㉯	㉮	㉰	㉯	㉯	㉰	㉮	㉰	㉯	㉱	㉱

01 ㉯, ㉰, ㉱ 제한속도를 시속 20km 초과하여 운전한 경우(교통사고처리 특례법 제3조 제2항 제3호)

02 ㉰ 구체적인 표시 방법 및 위치 등은 관할관청이 정한다(여객자동차 운수사업법 시행규칙 제39조 제2항).
㉮ 여객자동차 운수사업법 시행규칙 제39조 제1항 제1호
㉯ 여객자동차 운수사업법 시행규칙 제39조 제2항
㉱ 여객자동차 운수사업법 제17조

03 사망자 1명과 중상자 3명 이상(여객자동차 운수사업법 시행령 제11조)

04 ㉱ 도로교통법 시행규칙 [별표 28]

05 ㉯ 규제표지 중 좌회전 금지 표지(도로교통법 시행규칙 [별표 6])

06 편도 2차로 이상 최고속도는 100km/h이다(도로교통법 시행규칙 제19조).

07 운수종사자의 요건을 갖추지 아니하고 여객자동차 운송사업의 운전업무에 종사한 경우는 1~3회 모두 50만원의 과태료가 주어진다(여객자동차 운수사업법 시행령 [별표 6]).

08 차마는 우회전하려는 경우 정지선, 횡단보도 및 교차로의 직전에서 정지한 후 신호에 따라 진행하는 다른 차마의 교통을 방해하지 않고 우회전할 수 있다. 그럼에도 불구하고 차마는 우회전 삼색등이 적색의 등화인 경우 우회전할 수 없다(도로교통법 시행규칙 [별표 2]).

09 총중량 2,000kg 미만인 자동차를 그의 3배 이상의 총중량인 자동차로 견인하는 때에는 30km/h 이내, 그 외의 경우 및 이륜자동차가 견인하는 때에는 25km/h 이내의 속도로 하여야 한다(도로교통법 시행규칙 제20조).

10 **사고 시의 조치 등**
① 운송사업자는 그 사업용 자동차에 중대한 교통사고가 발생한 경우 국토교통부령으로 정하는 바에 따라 지체 없이 국토교통부장관 또는 시·도지사에게 보고하여야 한다(여객자동차 운수사업법 제19조 제2항).
② 운송사업자는 ①에 따른 중대한 교통사고가 발생하였을 때에는 24시간 이내에 사고의 일시·장소 및 피해사항 등 사고의 개략적인 상황을 관할 시·도지사에게 보고한 후 72시간 이내에 사고보고서를 작성하여 관할 시·도지사에게 제출하여야 한다(여객자동차 운수사업법 시행규칙 제41조 제2항).

11 **중대한 교통사고(여객자동차 운수사업법 제19조 제2항, 시행령 제11조)**
- 전복(顚覆) 사고
- 화재가 발생한 사고
- 대통령령으로 정하는 수(數) 이상의 사람이 죽거나 다친 사고
  - 사망자 2명 이상
  - 사망자 1명과 중상자 3명 이상
  - 중상자 6명 이상

12 ㉮ 매월 10일까지 알려야 한다(여객자동차 운수사업법 제22조 제1항).
㉯ 현재의 신규채용하거나 퇴직한 운수종사자 명단을 당일부터 7일 이내에 알려야 한다(여객자동차 운수사업법 제22조 제1항).
㉰ 시·도지사의 허락 없이 취합·통보할 수 있다(여객자동차 운수사업법 시행규칙 제45조 제1항).

13 ㉰ 신규 채용하거나 퇴직한 운수종사자의 명단은 신규 채용일이나 퇴직일부터 7일 이내, 전월 말일 현재의 운수종사자 현황은 매월 10일까지 시·도지사에게 알려야 한다(여객자동차 운수사업법 제22조 제1항).
㉮ 여객자동차 운수사업법 제22조 제1항 제1호
㉯ 여객자동차 운수사업법 시행규칙 제45조 제1항 후단
㉱ 여객자동차 운수사업법 제22조 제3항

14 자동차 운전 중 운전자 잘못으로 교통사고를 내게 되면 운전자는 형사상의 책임과 민사상의 책임, 행정상의 책임을 지게 된다.
- 형사상의 책임(형법 제268조) : 징역, 금고, 벌금 등의 형사처벌
- 행정상의 책임 : 운전면허의 취소, 정지처분 및 자동차의 사용정지처분 등
- 민사상의 책임(자동차손해배상보장법 제3조, 민법 제750조) : 손해배상의 책임(금전적인 보상)

15 ㉮ 과징금 부과대상에 해당한다(여객자동차 운수사업법 시행령 [별표 5]).
㉯ 여객자동차 운수사업법 제94조 제2항 제3호
㉰ 여객자동차 운수사업법 제94조 제2항 제4호
㉱ 여객자동차 운수사업법 제94조 제3항 제4호

16 ㉰ 도로교통의 안전을 위하여 필요한 지시를 하는 경우에 알리는 표지는 지시표지이다(도로교통법 시행규칙 제8조 제1항 제3호).
보조표시(도로교통법 시행규칙 제8조 제4호)
주의표지·규제표지 또는 지시표지의 주 기능을 보충하여 도로사용자에게 알리는 표지

18 도로교통법은 도로에서 일어나는 교통상의 모든 위험과 장해를 방지하고 제거하여 안전하고 원활한 교통을 확보함을 목적으로 한다(도로교통법 제1조).

19 ㉮를 제외한 나머지 요인은 사고발생률이 지극히 높은 사유이다.

20 ㉮, ㉯, ㉱ 현저한 부주의로 인한 중앙선 침범으로 형사처벌의 대상이 된다.

21 **위험요소의 제거 단계** : 조직의 구성, 위험요소의 탐지, 분석, 개선 대안 제시, 대안의 채택 및 시행, 피드백

22 **안전운행과 다른 여객의 편의를 위한 운수종사자의 제지 사항(여객자동차 운수사업법 시행규칙 [별표 4])**
- 다른 여객에게 위해(危害)를 끼칠 우려가 있는 폭발성 물질, 인화성 물질 등의 위험물을 자동차 안으로 가지고 들어오는 행위
- 다른 여객에게 위해를 끼치거나 불쾌감을 줄 우려가 있는 동물(장애인 보조견 및 전용 운반상자에 넣은 애완동물은 제외한다)을 자동차 안으로 데리고 들어오는 행위

- 자동차의 출입구 또는 통로를 막을 우려가 있는 물품을 자동차 안으로 가지고 들어오는 행위
- 운행 중인 전세버스운송사업용 자동차 안에서 안전띠를 착용하지 않고 좌석을 이탈하여 돌아다니는 행위
- 운행 중인 전세버스운송사업용 자동차 안에서 가요반주기·스피커·조명시설 등을 이용하여 안전 운전에 현저히 장해가 될 정도로 춤과 노래를 하는 등 소란스럽게 하는 행위

23 ㉣ 보내는 사람과 받는 사람의 성명·명칭 및 주소(여객자동차 운수사업법 시행규칙 [별표 4])

24 ㉢ 도로교통법 제2조 제10호
㉮ 도로법에 따른 도로, 유료도로법에 따른 도로, 농어촌도로 정비법에 따른 농어촌도로, 그 밖에 현실적으로 불특정 다수의 사람 또는 차마(車馬)가 통행할 수 있도록 공개된 장소로서 안전하고 원활한 교통을 확보할 필요가 있는 장소를 말한다(도로교통법 제2조 제1호).
㉯ 연석선(차도와 보도를 구분하는 돌 등으로 이어진 선을 말함), 안전표지 그와 비슷한 인공구조물을 이용하여 경계를 표시하여 모든 차가 통행할 수 있도록 설치된 도로의 부분을 말한다(도로교통법 제2조 제4호).
㉣ 차로와 차로를 구분하기 위하여 그 경계지점을 안전표지로 표시한 선을 말한다(도로교통법 제2조 제7호).

25 ㉣ 관할관청은 신청서류의 심사 결과 면허기준에 맞지 아니하다고 인정하는 경우나 확인 결과 시설 등의 기준에 미치지 못하는 경우 또는 해당 신청인이 사실확인을 위한 조사활동 등에 협조하지 아니하는 경우에는 면허를 하여서는 아니 된다. 이 경우 관할관청은 그 이유를 분명히 밝혀서 신청인에게 알려야 한다(여객자동차 운수사업법 시행규칙 제16조 제4항).
㉮ 여객자동차 운수사업법 시행규칙 제16조 제1항
㉯ 여객자동차 운수사업법 시행규칙 제16조 제2항
㉢ 여객자동차 운수사업법 시행규칙 제16조 제3항

26
- 연소 최고압력이 일정할 때의 열효율 : 오토 사이클 > 사바데 사이클 > 디젤 사이클
- 압축비가 일정할 때의 열효율 : 오토 사이클 > 사바데 사이클 > 디젤 사이클

27 ㉯ 엔진오일 필터는 엔진오일 교환 시 함께 교환한다.

28 습기가 많고 통풍이 잘되지 않는 차고에 주차하지 않는다.

29 **디젤 연료(경유)의 구비조건**
- 발열량이 클 것
- 세탄가가 높을 것
- 착화성이 좋을 것
- 적당한 점도일 것
- 유황분의 함량이 적을 것
- 회분 등의 협잡물이 없을 것

30 경사가 없는 평탄한 장소에서 점검한다.

31 초기 시동 시 냉각된 엔진이 따뜻해질 때까지 3~10분 정도 공회전을 시켜주어 엔진이 정상적으로 가동할 수 있도록 운행 전 예비회전을 시켜준다.

32 타이어 마멸을 최소로 하는 역할을 한다.

33 ㉢ 여객자동차 운수사업법 제24조 제3항 제3호에 해당하지 않으므로 운전자격을 취득할 수 있다.
㉮, ㉯, ㉣ 여객자동차 운수사업법 제24조 제3항 제1호

34 ㉢ 원심력은 커브의 반경이 작으면 작을수록 커진다.

35 LPG 용기의 수리는 절대로 금하고 교환을 원칙으로 한다.

36 ㉢ 쇽업소버(Shock Absorber)는 자동차 차체에 전해지는 진동이나 충격을 완충하는 장치로서, 오일이 새는 등의 문제가 발생할 경우 승차감이 떨어지며 자동차에서 이상한 소리가 날 수 있다.

37 ㉣ 비에 젖은 노면이나 빙판길에서는 제동력이 낮아지게 되므로 미끄러져 나가는 거리가 더 길어진다.

38 비포장 도로의 울퉁불퉁한 험한 노면상을 달릴 때 '따각따각' 소리나 '킁킁' 소리가 나면 현가장치인 쇽업소버의 고장으로 볼 수 있다.

39 앞바퀴에 재생 타이어를 사용한 전세버스 – 1차 360만원(여객자동차 운수사업법 시행령 [별표 5])

40 헤드 레스트는 자동차의 좌석에서 등받이 맨 위쪽의 머리를 받치는 역할을 한다.

41 교통사고를 없애고 밝고 쾌적한 교통사회를 이룩하기 위해 가장 먼저 강조되어야 할 것은 안전교육에 대한 지식과 기능, 그리고 바람직한 태도를 갖춘 운전자를 가능한 많이 육성해 내는 데 있으며, 궁극적인 목표는 도로상에서 행동화되어야 한다는 데 있다.

42 시야 확보가 적을 때는 빈번하게 놀라게 된다.

44 ㉮ 모든 차의 운전자는 어린이나 영유아를 태우고 있다는 표시를 한 상태로 도로를 통행하는 어린이통학버스를 앞지르지 못한다(도로교통법 제51조 제3항).
㉯, ㉢, ㉣ 어린이통학버스가 도로에 정차하여 어린이나 영유아가 타고 내리는 중임을 표시하는 점멸등 등의 장치를 작동 중일 때에는 어린이통학버스가 정차한 차로와 그 차로의 바로 옆 차로로 통행하는 차의 운전자는 어린이통학버스에 이르기 전에 일시정지하여 안전을 확인한 후 서행하여야 한다. 중앙선이 설치되지 아니한 도로와 편도 1차로인 도로에서는 반대방향에서 진행하는 차의 운전자도 어린이통학버스에 이르기 전에 일시정지하여 안전을 확인한 후 서행하여야 한다(도로교통법 제51조 제1항, 제2항).

45 ㉮ 차내에 신선한 공기를 소통시키기 위해 차창을 열어 환기를 시킨다.

46 ㉯ 음주운전자는 차량조작에만 온 정신을 집중하기 때문에 주위 환경에 반응하는 능력이 크게 저하된다.

47 교량 접근도로의 형태 등은 교통사고와 밀접한 관계가 있다.

48 가변차로는 차량의 운행속도를 향상시켜 구간 통행시간을 줄여준다.

49 ㈏ 모든 차의 운전자는 다른 차를 앞지르려면 앞차의 좌측으로 통행하여야 한다(도로교통법 제21조 제1항).

50 우리나라의 보행 중 교통사고 사망자 구성비는 미국, 프랑스, 일본 등에 비해 1.5~3배이며, 특히 어린이는 4~5배 정도 높다.

51 정상적인 통행에 장애를 주면서 여러 차로를 연속적으로 가로지를 때에는 진로변경 위반이다. 그러나 정상적인 통행에 장애를 주지 않는 경우에는 위반 사항으로 볼 수 없다(도로교통법 제19조 제3항).

52 고속주행 중 브레이크를 밟을 때는 여러 번 나누어 밟아 뒤차에 알려준다.

53 불필요한 짐을 싣고 다니지 않으며, 속도에 따라 엔진에 무리가 없는 범위 내에서 고단 기어를 사용한다.

54 **교통섬** : 차량 교통을 안전하고 원활하게 처리하고 보행자가 도로를 안전하게 횡단할 수 있도록 교차로 또는 차도의 분기점 등에 설치하는 시설을 말한다.

55 차로폭이 좁은 도로의 경우는 차로수 자체가 편도 1-2차로에 불과하거나 보·차도 분리시설이 미흡하거나 도로정비가 미흡하고 자동차, 보행자 등이 무질서하게 혼재하는 경우가 있어 사고의 위험성이 높다.

56 방호울타리는 설치 위치 및 기능에 따라 노측용, 보도용, 교량용, 중앙분리대용으로 구분된다. 가요성 방호울타리는 시설물 강도에 따른 구분이다.

57 ㉮ 교차로의 대부분이 앞이 잘 보이지 않는 곳임을 알아야 한다.

58 차를 건널목 밖으로 이동시키기 위해 노력을 하고 옮길 수 없을 때는 위급상황을 알리고 무조건 대피한다.

59 자동차의 통행속도를 30km/h 이하로 제한할 필요가 있다고 인정되는 구간

60 ㉮ 비가 오는 날 물 웅덩이를 지난 직후에는 브레이크 기능이 현저히 떨어지기 때문에 특히 조심한다.

61 ㈐ 춘곤증은 피로·나른함 및 의욕저하를 수반하여 운전하는 과정에서 주의력 집중이 안 되고 졸음운전으로 이어져 대형 사고를 일으키는 원인이 될 수 있다.

62 **노면의 사고율** : 결빙 노면 > 눈 덮인 노면 > 습윤 노면 > 건조 노면

63 출발 후 진로변경이 끝나기 전에 신호를 중지하면 안 된다.

64 ㈑ 인사는 평범하고도 대단히 쉬운 행위이지만 습관화되지 않으면 실천에 옮기기 어렵다.

65 ㈏ 긴급자동차의 운전자는 긴급한 경우에는 동승자 등으로 하여금 필요한 조치나 신고를 하게 하고 운전을 계속할 수 있다(도로교통법 제54조 제5항).

66 태도는 공손하게 한다.

67 **버스준공영제 주요 시행목적 및 내용**
- 서비스 안정성 제고를 위해 운영비용에 대한 재정지원
- 적정한 원가보전 기준마련 및 경영개선유도를 위해 표준운송원가 및 표준경영모델 도입
- 수입금 투명한 관리와 시민 신뢰 확보를 위해 운송수입금 공동관리 및 정산시스템 구축
- 도덕적 해이 방지 및 운행질서 등 전반적인 서비스 품질향상을 위해 시내버스 서비스 평가제 도입
- 버스이용의 쾌적, 편의성 증대, 버스에 대한 이미지 개선을 위해 시내버스 차량 및 이용시설 개선
- 대중교통 이용 활성화 유도를 위해 무료환승제 도입

68 승용차를 포함한 다른 차량들은 버스의 정차로 인한 불편을 피할 수 있다.

69 다양한 요금체계에 대응(거리비례제, 구간요금제 등)이 용이하다.

70 ㈏ 운송사업자는 여객에 대한 서비스의 향상 등을 위하여 관할관청이 필요하다고 인정하는 경우에는 운수종사자로 하여금 단정한 복장 및 모자를 착용하게 해야 한다(여객자동차 운수사업법 시행규칙 [별표 4]).
㉮, ㈐, ㈑ 여객자동차 운수사업법 시행규칙 [별표 4]

71 ㉮ 법적으로 인정된 치료기준에서 벗어난 응급처치를 실시하여 환자의 상태를 악화시켰을 때를 말하는 것으로 의무의 소홀, 의무의 불이행, 부상이나 손해를 일으킨 경우 등이 있다.
㈏ 법적인 의무가 없는 한 응급처치를 반드시 할 필요는 없다. 그러나 직장규정에 따라 응급처치자로 지정된 사람이 사고 현장에 있을 경우에는 응급처치를 수행할 의무가 있다.

72 ㈐ 직업의 심리적 의미이다.

73 앞바퀴에는 재생 타이어를 사용해서는 안 된다(여객자동차 운수사업법 시행규칙 [별표 4]).
장의자동차 준수사항(여객자동차 운수사업법 시행규칙 [별표 4])
- 관은 차 외부에서 싣고 내릴 수 있도록 해야 한다.
- 관을 싣는 장치는 차 내부에 있는 장례에 참여하는 사람이 접촉할 수 없도록 완전히 격리된 구조로 해야 한다.
- 운구전용 장의자동차에는 운전자의 좌석 및 장례에 참여하는 사람이 이용하는 두 종류 이하의 좌석을 제외하고는 다른 좌석을 설치해서는 안 된다.
- 차 안에는 난방장치를 설치해야 한다.
- 일반장의자동차의 앞바퀴에는 재생한 타이어를 사용해서는 안 된다.

74 ㉮, ㈐, ㈑ 외에 정비상태가 불량하다, 차내가 혼잡하다 등이 있다.

76 '고객'보다는 '차를 타는 손님'이라는 뜻이 담긴 '승객', '손님'을 사용한다.

77 전문가의 도움이 필요한지를 파악한다.

78 공영제는 정부가 버스 운영체계의 전반을 책임지는 방식이다.

79 ㈑ 쇼크환자는 위장운동이 저하되어 있으므로 내용물을 토할 수 있기 때문에 환자에게 먹을 것이나 마실 것을 주지 않아야 한다.

80 버스도착 정보제공은 버스정보시스템(BIS)의 주요 기능이다.

제8회 실제유형 시험보기 p. 131~143

01	02	03	04	05	06	07	08	09	10	11	12	13	14	15	16	17	18	19	20
㉮	㉯	㉮	㉮	㉰	㉰	㉱	㉰	㉰	㉯	㉰	㉮	㉱	㉱	㉯	㉰	㉱	㉯	㉰	㉱
21	22	23	24	25	26	27	28	29	30	31	32	33	34	35	36	37	38	39	40
㉰	㉮	㉱	㉮	㉰	㉰	㉰	㉮	㉮	㉱	㉯	㉰	㉱	㉱	㉯	㉰	㉱	㉱	㉱	㉮
41	42	43	44	45	46	47	48	49	50	51	52	53	54	55	56	57	58	59	60
㉮	㉱	㉯	㉱	㉰	㉱	㉯	㉮	㉯	㉯	㉯	㉱	㉯	㉰	㉯	㉯	㉮	㉱	㉯	㉱
61	62	63	64	65	66	67	68	69	70	71	72	73	74	75	76	77	78	79	80
㉰	㉯	㉯	㉮	㉱	㉯	㉮	㉰	㉮	㉱	㉮	㉯	㉯	㉯	㉯	㉯	㉯	㉯	㉮	㉯

01 대형사고란 3명 이상이 사망(교통사고 발생일부터 30일 이내에 사망한 것을 말함)하거나 20명 이상의 사상자가 발생한 사고를 말한다(교통사고조사규칙 제2조).

02 ㉯ 도로교통법 시행규칙 [별표 6]

03 ㉮ 도로교통법 시행규칙 [별표 6]

04 ㉯, ㉱ 장소적 요건, ㉰ 피해자요건

05 ㉰ 여객자동차 운수사업법 시행규칙 제41조 제2항

06 **공소권이 있는 12가지 법규위반 항목(교통사고처리 특례법 제3조)**
- 신호・지시 위반사고
- 중앙선 침범, 고속도로 등에서의 횡단・유턴 또는 후진 위반사고
- 속도위반(20km/h 초과) 과속사고
- 앞지르기의 방법・금지시기・금지장소 또는 끼어들기 금지 위반사고
- 철길건널목 통과방법 위반사고
- 보행자보호의무 위반사고
- 무면허운전사고
- 주취운전・약물복용운전사고
- 보도침범・보도횡단방법 위반사고
- 승객추락 방지의무 위반사고
- 어린이 보호구역 내 안전운전의무 위반사고
- 화물고정조치 위반사고

07 ㉱ 외에 문을 연 상태에서 출발하여 타고 있는 승객이 추락한 경우, 승객이 타거나 또는 내리고 있을 때 갑자기 문을 닫아 문에 충격된 승객이 추락한 경우가 있다.

08 **공소권 없는 사고로 처리하는 중앙선 침범의 경우**
- 불가항력적 중앙선 침범
- 부득이한 중앙선 침범
  - 사고피양 급제동으로 인한 중앙선 침범
  - 위험 회피로 인한 중앙선 침범
  - 충격에 의한 중앙선 침범
  - 빙판 등 부득이한 중앙선 침범
  - 교차로 좌회전 중 일부 중앙선 침범

09 **국제운전면허증 또는 상호인정외국면허증에 의한 자동차 등의 운전(도로교통법 제96조)**
국제운전면허증 또는 상호인정외국면허증을 발급받은 사람은 국내에 입국한 날부터 1년 동안 그 국제운전면허증 또는 상호인정외국면허증으로 자동차 등을 운전할 수 있다.

10 **여객자동차운송사업에 사용되는 자동차의 종류(여객자동차 운수사업법 시행규칙 [별표 1])**
- 시내버스운송사업 및 농어촌버스운송사업 : 중형 이상의 승합자동차(관할관청이 필요하다고 인정하는 경우 농어촌버스운송사업에 대해서는 소형 이상의 승합자동차)
- 시외버스운송사업 : 중형 또는 대형승합자동차
- 택시운송사업 : 승용자동차 또는 승합자동차(배기량 200cc 이상이고 승차정원 13인승 이하,「환경친화적 자동차의 개발 및 보급 촉진에 관한 법률」에 다른 자동차로서 승차정원 13인승 이하)(단, 승합자동차의 경우 광역시의 군이 아닌 군 지역의 택시운송사업의 경우에는 해당하지 않는다)
- 마을버스운송사업 : 중형승합자동차(단, 관할관청이 필요하다고 인정하는 경우에는 소형 또는 대형승합자동차로 할 수 있다)
- 전세버스운송사업 : 중형 이상의 승합자동차(승차정원 16인승 이상의 것만 해당)
- 특수여객자동차운송사업 : 특수형 승합자동차 또는 승용자동차(일반장의 자동차 및 운구전용 장의자동차로 구분)
- 수요응답형 여객자동차운송사업 : 승용자동차 또는 소형 이상의 승합자동차

11 ㉰ 국가나 지방자치단체 소유의 자동차이면서 장애인 등의 교통편의를 위하여 운행되는 경우일 때 유상 운송용으로 제공하거나 임대할 수 있다(여객자동차 운수사업법 시행규칙 제103조 제5호).
㉮, ㉯, ㉱ 여객자동차 운수사업법 시행규칙 제103조

13 ㉱ 운전 경력 등의 면허기준이 적용되는 여객자동차운송사업은 개인택시운송사업으로 한다(여객자동차 운수사업법 시행령 제5조).
㉮ 여객자동차 운수사업법 제5조 제1항 제1호
㉯ 여객자동차 운수사업법 제5조 제1항 제2호
㉰ 여객자동차 운수사업법 제5조 제1항 제3호

14 ㉱ 교육실시기관은 매년 11월 말까지 조합과 협의하여 다음 해의 교육계획을 수립하여 시・도지사 및 조합에 보고하거나 통보하여야 하며, 그 해의 교육결과를 다음 해 1월 말까지 시・도지사 및 조합에 보고하거나 통보하여야 한다(여객자동차 운수사업법 시행규칙 제58조 제6항).
㉮ 여객자동차 운수사업법 시행규칙 제58조 제3항
㉯ 여객자동차 운수사업법 시행규칙 제58조 제4항
㉰ 여객자동차 운수사업법 시행규칙 제58조 제5항

15 ㉯ 시외버스운송사업자는 우편물 등의 멸실(滅失)・파손 등으로 인하여 그 우편물 등을 받을 사람에게 인도할 수 없을 때에는 우편물 등을 보낸 사람에게 지체 없이 그 사실을 통지해야 한다(여객자동차 운수사업법 시행규칙 [별표 4]).
㉮, ㉰, ㉱ 여객자동차 운수사업법 시행규칙 [별표 4]

16 ㉰ 여객자동차운송사업용 자동차 또는 화물자동차운수사업법에 따른 화물자동차 운송사업용 자동차의 운전 업무에 종사하다가 퇴직한 자로서 신규검사를 받은 날부터 3년이 지난 후 재취업하려는 자. 다만, 재취업일까지 무사고로 운전한 자는 제외한다(여객자동차 운수사업법 시행규칙 제49조 제3항 제1호).
㉮, ㉯, ㉱ 여객자동차 운수사업법 시행규칙 제49조 제3항 제1호

17 ㉱ 운송사업자는 새로 채용한 운수종사자(사업용 자동차를 운전하다가 퇴직한 후 2년 이내에 다시 채용된 자는 제외)에 대하여는 운전업무를 시작하기 전에 신규 교육을 16시간 이상 받게 하여야 한다(여객자동차 운수사업법 시행규칙 [별표 4의3]).
㉮ 여객자동차 운수사업법 제25조 제1항
㉯ 여객자동차 운수사업법 제25조 제2항
㉰ 여객자동차 운수사업법 제25조 제3항

18 **위험요소의 제거 6단계**
- 조직의 구성 : 안전관리업무를 수행할 수 있는 조직을 구성, 안전관리책임자 임명, 안전계획의 수립 및 추진이다.
- 위험요소의 탐지 : 안전점검 또는 진단사고, 원인의 규명, 종사원 교통활동 및 태도분석을 통하여 불안전행위와 위험한 환경조건 등 위험요소를 발견한다.
- 분석 : 발견된 위험요소는 면밀히 분석하여 원인을 규명한다.
- 개선대안 제시 : 분석을 통하여 도출된 원인을 토대로 효과적으로 실현할 수 있는 대안을 제시한다.
- 대안의 채택 및 시행 : 당해 기업이 실행하기에 가장 알맞은 대안을 선택하고 시행한다.
- 환류(피드백) : 과정상의 문제점과 미비점을 보완하여야 한다.

19 ㉰ 문을 완전히 닫지 아니한 상태에서 자동차를 출발시키거나 운행하는 행위(여객자동차 운수사업법 제26조 제1항 제5호)
㉮ 여객자동차 운수사업법 제26조 제1항 제1호
㉯ 여객자동차 운수사업법 제26조 제1항 제2호
㉱ 여객자동차 운수사업법 제26조 제1항 제3호

20 특별시・광역시・특별자치시 또는 시・군의 행정구역 안의 중간정차지와 기점 간 또는 중간정차지와 종점 간의 이용승객은 승하차시킬 수 없다(여객자동차 운수사업법 시행규칙 제8조 제8항 제1호 나의 단서).
㉮ 여객자동차 운수사업법 시행규칙 제8조 제8항 제1호 가
㉯ 여객자동차 운수사업법 시행규칙 제8조 제8항 제1호 다
㉰ 여객자동차 운수사업법 시행규칙 제8조 제8항 제1호 나

21 ㉰ 운송약관을 신고하지 아니하거나 신고한 운송약관을 이행하지 아니한 자는 1천만원 이하의 벌금에 처한다(여객자동차 운수사업법 제92조 제2호).
㉮ 여객자동차 운수사업법 제90조 제1호
㉯ 여객자동차 운수사업법 제90조 제2호
㉱ 여객자동차 운수사업법 제90조 제10호

22 운전 중에는 자신의 생각보다 먼저 다른 운전자들이 어떤 운전행동을 할 것인지를 미리 예측하고 이에 대비하는 마음자세로 운전한다.

23 ㉱의 경우 또는 위반행위가 사소한 부주의나 오류로 인한 것으로 인정되는 경우 등은 과태료 금액의 2분의 1의 범위에서 그 금액을 줄일 수 있다. 다만, 과태료를 체납하고 있는 위반행위자의 경우에는 그러하지 아니하다(여객자동차 운수사업법 시행령 [별표 6]).
㉮, ㉯, ㉰ 여객자동차 운수사업법 시행령 [별표 6]

24 버스 내에서는 가스가 누출되면 화재위험이 있으므로 담배를 피우지 않는다.

25 **벌점・누산점수 초과로 인한 면허 취소(도로교통법 시행규칙 [별표 28])**
1회의 위반・사고로 인한 벌점 또는 연간 누산점수가 다음의 벌점 또는 누산점수에 도달한 때에는 그 운전면허를 취소한다.
- 1년간 벌점 또는 누산점수가 121점 이상일 경우 운전면허 취소
- 2년간 벌점 또는 누산점수가 201점 이상일 경우 운전면허 취소
- 3년간 벌점 또는 누산점수가 271점 이상일 경우 운전면허 취소

26 2행정기관은 크랭크축이 1회전(360°)하여 1사이클이 완성되므로 1,080° 회전하면 3사이클이 완성된다.

27 ㉰ 적색의 등화의 점멸 시에 버스전용차로에 있는 차마는 정지선이나 횡단보도가 있을 때에는 그 직전이나 교차로의 직전에 일시정지한 후 다른 교통에 주의하면서 진행할 수 있다. 적색 등화 시에 차마는 정지선, 횡단보도 및 교차로의 직전에서 정지하여야 한다(도로교통법 시행규칙 [별표 2]).
㉮, ㉯, ㉱ 도로교통법 시행규칙 [별표 2]

28 실린더 벽의 온도는 110°C 정도로 유지하기 위해 냉각수 온도가 80°C 정도가 되도록 조절한다.

29 **좋은 엔진의 3대 조건**
- 양호한 혼합기
- 양호한 압축압력
- 정확한 시기의 확실한 점화

30 ㉱ 연료공급 계통의 공기빼기 작업은 엔진시동 꺼짐의 조치사항이다.

31 휘발유 냄새가 나는 원인은 ㉮, ㉰, ㉱ 외에 기화기 내부 뜨개의 파손이 있다.

32 **라디에이터의 구비조건**
- 단위 면적당이 방열량이 클 것
- 냉각수의 흐름 저항이 적을 것
- 공기 저항이 적을 것
- 소형 경량일 것

33 ㉱ 엔진을 기동할 때 스로틀 밸브를 조금 열고 기동에 필요한 공기를 공급하는 장치

34 ㉱ 노킹의 원인이 될 수 있다.

35 **분사제어**
- 동시 분사(비동기 분사) : 기관의 시동 시나 공전 스위치가 Off된 상태에서 급가속 시 4개의 인젝터가 동시에 연료를 분사한다.
- 순차 분사(동기 분사) : 각 실린더의 배기 행정에서 인젝터를 구동시키며 크랭크 각 감지기의 신호에 동기하여 구동된다.

36 ㉮ 세탄가 수치가 높으면 착화점이 안정되어 노킹현상을 방지할 수 있다.
㉯ 가솔린 엔진은 옥탄가로 노킹을 조절한다.
㉱ 세탄가는 발화성이 좋은 세탄을 100, 발화성이 나쁜 알파・메틸-나프탈렌을 0으로 하여 측정한다.

37 시・도지사는 국토교통부령이 정하는 바에 의하여 자동차등록번호판을 붙여야 한다(자동차관리법 제10조).

38 디젤기관의 독립식 분사펌프는 각 실린더마다 개별적으로 분사펌프가 장치된 형식으로 연료는 연료탱크 → 연료여과기 → 공급펌프 → 연료여과기 → 분사펌프 → 분사노즐로 공급된다.

39 **디젤 연소실의 구비조건**
- 기동이 쉬울 것
- 연소시간이 짧을 것
- 평균 유효압력이 높을 것
- 열효율이 높을 것
- 디젤 노크가 적고 연소 상태가 좋을 것

40 ㉮ 연료의 공급에 이상이 있을 때의 원인이다.

41 **운전의 3단계 과정** : 인지단계 → 판단단계 → 조작단계

42 ㉱ 상대방과의 신뢰관계가 이익을 창출하는 것이 아니라 상대방에게 도움이 되어야 신뢰관계가 형성된다.

43 적당한 크기와 속도로 자연스럽게 인사해야 한다.

44 ㉱ 어린이를 데리고 보행할 때에는 언제나 차도 쪽에 보호자가 걷고, 도로의 안쪽에 어린이가 걷도록 한다.

45 ㉰ 운전자의 바람직한 동기와 사회적 태도(운전상태에 대하여 인지, 판단, 조작하는 태도)가 결여될 때 교통사고가 자주 발생된다.

46 앞차의 뒤를 너무 가까이 따라가는 것이 음주운전 차량이다.

47 ㉯ 커브가 예각을 이룰수록 원심력은 커진다.

48 **증발현상** : 야간에 대향차의 전조등 눈부심으로 순간적으로 보행자를 잘 볼 수 없게 되는 현상

49 교차로 내에서 우회전할 때에는 교차하는 교통이나 대향 좌회전차 또는 보행자 등이 없는가를 확인하여야 한다.

50 ㉯ 바람직한 경우이다.

51 교통의 흐름에 맞지 않을 정도로 빠르게 차를 운전하게 된다.

52 ㉱ 앞지르기는 필연적으로 진로변경을 수반한다. 진로변경은 동일한 차로로 진로변경 없이 진행하는 경우에 비하여 사고의 위험이 높다.

53 ㉯ 밤에 산모퉁이 길을 통과할 때에는 전조등을 상향과 하향을 번갈아 켜거나 껐다 켰다 해서 자신의 존재를 알린다.

54 ㉰ 횡단을 방지할 수 있어야 한다.

56 차단기가 내려져 있지 않은 때에도 안전확인은 필수이다.

57 빗길 노면의 경우 최고속도의 20%를 줄인 속도로 운행해야 한다(도로교통법 시행규칙 제19조 제2항 제1호).

58 강성 방호울타리는 시설물의 강도에 따른 종류이다.

60 **교차로 안전운전 방어운전**
- 신호등이 있는 경우 : 신호등이 지시하는 신호에 따라 통행
- 교통경찰관 수신호의 경우 : 교통경찰관의 지시에 따라 통행
- 신호등 없는 교차로의 경우 : 통행의 우선순위에 따라 주의하며 진행

61 ㉰ 커브가 끝나는 조금 앞부터 핸들을 돌려 차량의 모양을 바르게 한다.

62 설계목적으로 시거를 계산할 때 젖은 노면상태를 기준으로 한다.

63 눈이 쌓인 미끄러운 오르막길에서는 주차 브레이크를 절반쯤 당겨 서서히 출발하며, 자동차가 출발한 후에는 주차 브레이크를 완전히 푼다.

64 ㉮ 여름철 자동차관리 사항이다.

65 안전띠를 착용하면 머리와 가슴에 전달되는 2차적인 충격을 예방한다.

66 **고객이 싫어하는 시선**
위로 치켜뜨는 눈, 곁눈질, 한곳만 응시하는 눈, 위아래로 훑어보는 눈

67 **대화의 3요소**
- 말씨는 알기 쉽게
- 내용은 분명하게
- 태도는 공손하게

68 서비스는 누릴 수는 있으나 소유할 수는 없는 무소유권이며, ㉮·㉯·㉱ 외에 서비스의 질이 누가, 언제, 어디서 제공하느냐에 따라 차이가 나는 이질성이 있다.

69 불평하는 고객이 침묵하는 불만족 고객보다 낫다. 불평이 없다고 해서 아무런 문제가 없다고 생각하는 것이 흔히 많은 기업들이 갖고 있는 착각이다. 또한 불평을 제기한 고객은 유용한 정보를 제공한다. 고객 불평을 통해 기업은 고객의 미충족 욕구를 파악할 수 있으며 제품이나 서비스를 어떻게 개선할 수 있는가에 대한 중요한 자료로 수집할 수 있다.

70 운전자, 보행자의 불안감을 해소해준다.

71 **버스운영체제의 유형**
- 공영제 : 정부가 버스노선의 계획, 버스차량의 소유·공급, 노선의 조정, 운행에 따른 수입금 관리 등 버스운영체계의 전반을 책임지는 방식이다.
- 민영제 : 민간이 버스노선의 결정, 버스운행, 서비스의 공급주체가 되고, 정부규제는 최소화하는 방식이다.
- 준공영제 : 노선버스 운영에 공공개념을 도입한 형태로 운영은 민간이, 관리는 공공영역에서 담당하게 하는 운영체제이다.

72 ㉯ 노선의 사유화로 노선의 합리적 개편이 적시적소에 이루어지기 어렵고, 타 교통수단과의 연계교통체계 구축이 어렵다.

73 ㉯ 버스노선, 요금의 조정, 버스운행 관리에 대해서는 지방자치단체가 개입하고, 지방자치단체의 판단에 의해 조정된 노선 및 요금으로 인해 발생된 운송수지적자에 대해서는 지방자치단체가 보전한다.

74 대중교통 이용률 하락으로 인해 도입되었다.

75 비상등을 점멸시키며 갓길에 차를 정차한다.

76 BIS의 주목적은 버스이용자에게 편의 제공과 이를 통한 활성화이다.

버스정보시스템 주요 기능

버스 도착 정보제공	• 정류장별 도착예정정보 표출 • 정류장 간 주행시간 표출 • 버스운행 및 종료 정보 제공
실시간 운행상태 파악	• 버스운행의 실시간 관제 • 정류장별 도착시간 관제 • 배차간격 미준수 버스 관제
전자지도 이용 실시간 관제	• 노선 임의변경 관제, 버스위치표시 및 관리 • 실제 주행여부 관제
버스운행 및 통계관리	• 누적 운행시간 및 횟수 통계관리 • 기간별 운행통계관리, 버스 노선 및 정류장별 통계 관리

77 **가로변버스전용차로의 장단점**

장 점	• 시행이 간편하고 적은 비용으로 운영이 가능하다. • 시행 후 문제점에 따른 보완 및 원상복귀가 용이하다. • 기존의 가로망 체계에 미치는 영향이 적다.
단 점	• 시행효과가 적고 가로변 상업활동과 상충된다. • 우회전하는 차량과 충돌할 위험이 존재하고, 전용차로 위반차량이 많이 발생한다.

78 ㉯ 현금지불에 대한 불편 및 승하차시간 지체문제 해소와 운송업체의 경영효율화 등을 위해 1996년 3월에 최초로 서울시가 버스카드제를 도입하였으며 1998년 6월부터는 지하철카드제를 도입하였다.

79 카드를 판독하여 이용요금을 차감하고 잔액을 기록하는 기능을 하는 것은 단말기이다.

카드시스템 구성

• 단말기구조 : 카드인식장치, 정보처리장치, 킷값(Idcenter)관리장치, 정보저장장치
• 집계시스템구성 : 데이터 처리장치, 통신장치(유/무선), 인쇄장치, 무정전정원공급장치
• 충전시스템 구조 : 충전시스템과 전화선 등으로 정산센터와 연계

80 공사를 구분하고 공평하게 대해야 한다.

제9회 실제유형 시험보기																			p. 144~157
01	02	03	04	05	06	07	08	09	10	11	12	13	14	15	16	17	18	19	20
㉰	㉱	㉮	㉮	㉯	㉮	㉱	㉰	㉱	㉯	㉮	㉱	㉯	㉰	㉯	㉱	㉱	㉮	㉰	㉱
21	22	23	24	25	26	27	28	29	30	31	32	33	34	35	36	37	38	39	40
㉱	㉮	㉰	㉱	㉮	㉰	㉱	㉮	㉰	㉯	㉯	㉱	㉱	㉱	㉯	㉮	㉱	㉱	㉰	㉰
41	42	43	44	45	46	47	48	49	50	51	52	53	54	55	56	57	58	59	60
㉯	㉱	㉱	㉰	㉯	㉮	㉮	㉰	㉱	㉱	㉰	㉯	㉮	㉮	㉯	㉰	㉱	㉯	㉱	㉱
61	62	63	64	65	66	67	68	69	70	71	72	73	74	75	76	77	78	79	80
㉱	㉯	㉰	㉮	㉱	㉰	㉮	㉱	㉮	㉯	㉱	㉯	㉮	㉯	㉮	㉯	㉱	㉯	㉱	㉱

01 "여객운송 부가서비스"란 여객자동차를 이용하여 여객운송 외에 여객의 특성과 수요에 따른 업무지원 또는 도움기능 등을 부가적으로 제공하는 서비스를 말한다(여객자동차 운수사업법 시행령 제2조 제3호).

02 노선 여객자동차운송사업에는 시내버스운송사업, 농어촌버스운송사업, 마을버스운송사업, 시외버스 운송사업이 있다(여객자동차 운수사업법 시행령 제3조 제1호). 전세버스운송사업은 구역 여객자동차운송사업에 속한다.

03 **시내버스운송사업 등의 노선구역 등(여객자동차 운수사업법 시행규칙 제8조 제6항)**

㉯ 직행좌석형 : 시내좌석버스를 사용하여 각 정류소에 정차하되, 둘 이상의 시·도에 걸쳐 노선이 연장되는 경우 지역주민의 편의, 지역 여건 등을 고려하여 정류구간을 조정하고 해당 노선 좌석형의 총 정류소 수의 2분의 1 이내의 범위에서 정류소 수를 조정하여 운행하는 형태
㉰ 좌석형 : 시내좌석버스를 사용하여 각 정류소에 정차하면서 운행하는 형태
㉱ 일반형 : 시내일반버스를 주로 사용하여 각 정류소에 정차하면서 운행하는 형태

04 ㉯·㉱는 직행형에 대한 설명이고, ㉰는 일반형에 대한 설명이다(여객자동차 운수사업법 시행규칙 제8조 제8항).

05 운송사업자는 사업용 자동차의 고장, 교통사고 또는 천재지변으로 사업용 자동차의 운행을 재개할 수 없는 경우에는 대체운송수단을 확보하여 여객에게 제공하는 등 필요한 조치를 해야 한다. 다만, 여객이 동의하는 경우에는 그러하지 아니하다(여객자동차 운수사업법 제19조 제1항).
㉯ 여객자동차 운수사업법 제19조 제1항 제2호
㉮ 여객자동차 운수사업법 제19조 제1항 제1호
㉰, ㉱ 여객자동차 운수사업법 제19조 제2항

06 **운수종사자 등의 현황 통보(여객자동차 운수사업법 제22조 제1항)**

운송사업자(자동차 1대로 운송사업자가 직접 운전하는 여객자동차운송사업의 경우는 제외)는 운수종사자에 대한 다음의 사항을 각각의 기준에 따라 시·도지사에게 알려야 한다.

• 신규 채용하거나 퇴직한 운수종사자의 명단(신규 채용한 운수종사자의 경우에는 보유하고 있는 운전면허의 종류와 취득 일자를 포함) : 신규 채용일이나 퇴직일부터 7일 이내
• 전월 말일 현재의 운수종사자 현황 : 매월 10일까지
• 전월 각 운수종사자에 대한 휴식시간 보장내역 : 매월 10일까지

07 **운수종사자의 교육 등(여객자동차 운수사업법 제25조)**

운수종사자는 국토교통부령으로 정하는 바에 따라 운전업무를 시작하기 전에 다음의 사항에 관한 교육을 받아야 한다.

• 여객자동차 운수사업 관계 법령 및 도로교통 관계 법령
• 서비스의 자세 및 운송질서의 확립
• 교통안전수칙
• 응급처치의 방법

• 차량용 소화기 사용법 등 차량화재 발생 시 대응방법
• 지속가능 교통물류 발전법 제2조 제15호에 따른 경제운전
• 그 밖에 운전업무에 필요한 사항

08 ㉰ 고속도로를 뜻한다(도로교통법 제2조 제3호).

09 "노면전차"란 도시철도법에 따른 노면전차로서 도로에서 궤도를 이용하여 운행되는 차를 말하며, "노면전차 전용로"란 도로에서 궤도를 설치하고, 안전표지 또는 인공구조물로 경계를 표시하여 설치한 도시철도법 제18조의2 제1항 각 호에 따른 도로 또는 차로를 말한다(도로교통법 제2조 제17의2호 및 제7의2호).

10 ㉮ 녹색화살표의 등화를 의미한다(도로교통법 시행규칙 [별표 2]).
㉰ 황색화살표등화의 점멸(도로교통법 시행규칙 [별표 2])
㉱ 황색화살표의 등화(도로교통법 시행규칙 [별표 2])

11 ㉮ 긴급자동차는 긴급하고 부득이한 경우에는 도로의 중앙이나 좌측 부분을 통행할 수 있다(도로교통법 제29조 제1항).
㉯ 도로교통법 제29조 제4항
㉰ 도로교통법 제29조 제5항
㉱ 도로교통법 제29조 제6항

12 ㉱ 도로교통법 제4조 제2항
㉮ 교통안전시설의 종류, 교통안전시설의 설치·관리기준, 그 밖에 교통안전시설에 관하여 필요한 사항은 행정안전부령으로 정한다(도로교통법 제4조 제1항).
㉯ 도로교통의 안전을 위하여 각종 제한·금지 등의 규제를 하는 경우에 이를 도로사용자에게 알리는 표지를 규제표지라고 한다(도로교통법 시행규칙 제8조 제1항 제2호).
㉰ 도로상태가 위험하거나 도로 또는 그 부근에 위험물이 있는 경우에 필요한 안전조치를 할 수 있도록 이를 도로사용자에게 알리는 표지를 주의표지라고 한다(도로교통법 시행규칙 제8조 제1호).

13 ㉡ 장의(葬儀) 행렬, ㉢ 군부대나 그 밖에 이에 준하는 단체의 행렬, ㉥ 말·소 등의 큰 동물을 몰고 가는 사람이 이에 해당한다(도로교통법 시행령 제7조 참조).

14 ㉰ 비·안개·눈 등으로 인한 거친 날씨에 최고속도의 20/100을 줄인 속도로 운행하여야 하는 경우는 비가 내려 노면이 젖어 있는 경우와 눈이 20mm 미만 쌓인 경우이다(도로교통법 시행규칙 제19조 제2항 제1호).
㉮, ㉱ 최고속도의 50/100을 줄인 속도를 운행하여야 하는 경우이다(도로교통법 시행규칙 제19조 제2항 제2호).

15 **주차금지의 장소(도로교통법 제33조)**
모든 차의 운전자는 다음의 어느 하나에 해당하는 곳에 차를 주차해서는 아니 된다.
• 터널 안 및 다리 위
• 다음의 곳으로부터 5m 이내인 곳
 – 도로공사를 하고 있는 경우에는 그 공사 구역의 양쪽 가장자리
 – 다중이용업소의 안전관리에 관한 특별법에 따른 다중이용업소의 영업장이 속한 건축물로 소방본부장의 요청에 의하여 시·도경찰청장이 지정한 곳
• 시·도경찰청장이 도로에서의 위험을 방지하고 교통의 안전과 원활한 소통을 확보하기 위하여 필요하다고 인정하여 지정한 곳

16 ㉱ 운전자는 안전을 확인하지 아니하고 차 또는 노면전차의 문을 열거나 내려서는 아니 되며, 동승자가 교통의 위험을 일으키지 아니하도록 필요한 조치를 해야 한다(도로교통법 제49조 제1항 제7호).
㉮ 도로교통법 제49조 제1항 제1호
㉯ 도로교통법 제49조 제1항 제2호
㉰ 도로교통법 제49조 제1항 제5호

17 ㉱ 술에 취한 상태에 있다고 인정할 만한 상당한 이유가 있는 사람으로서 경찰공무원의 측정에 응하지 아니하는 사람(자동차 등 또는 노면전차를 운전한 경우로 한정)은 1년 이상 5년 이하의 징역이나 500만원 이상 2천만원 이하의 벌금에 처한다(도로교통법 제148조의2 제2항).
㉮, ㉯, ㉰ 도로교통법 제148조의2 제2항

18 **처벌의 특례(교통사고처리 특례법 제3조)**
① 차의 운전자가 교통사고로 인하여 형법 제268조의 죄를 범한 경우에는 5년 이하의 금고 또는 2,000만원 이하의 벌금에 처한다.
② 차의 교통으로 ①의 죄 중 업무상과실치상죄 또는 중과실치상죄와 도로교통법 제151조의 죄를 범한 운전자에 대하여는 피해자의 명시적인 의사에 반하여 공소(公訴)를 제기할 수 없다.

19 ㉰ 피해자가 신체의 상해로 인하여 생명에 대한 위험이 발생하거나 불구(不具)가 되거나 불치(不治) 또는 난치(難治)의 질병이 생긴 경우에는 공소를 제기할 수 있다(교통사고처리 특례법 제4조 제1항 제2호).
㉮ 교통사고처리 특례법 제4조 제3항
㉯ 교통사고처리 특례법 제4조 제1항
㉱ 교통사고처리 특례법 제4조 제1항 제3호

20 피해자가 이미 사망하였다고 사체 안치 후송 등의 조치 없이 가버린 경우, 피해자를 병원까지만 후송하고 계속 치료를 받을 수 있는 조치 없이 가버린 경우, 쌍방 업무상 과실이 있는 경우에 발생한 사고로 과실이 적은 차량이 도주한 경우, 자신의 의사를 제대로 표시하지 못하는 나이 어린 피해자가 '괜찮다'라고 하여 조치 없이 가버린 경우 등은 도주(뺑소니)에 해당한다.

21 ㉱ 다른 사람의 건조물이나 그 밖의 재물을 손괴한 교통사고(물피사고)의 처리기준에 해당한다(교통사고조사규칙 제20조 제3항).
㉮ 교통사고조사규칙 제20조 제1항 제1호
㉯, ㉰ 교통사고조사규칙 제20조 제1항 제4호

22 인피 뺑소니 사고의 경우에는 특정범죄가중처벌 등에 관한 법률 제5조의3을 적용하여 기소의견으로 송치한다(교통사고조사규칙 제20조 제4항).

23 안전거리 확보의무 위반의 경우 일반도로라면 승합자동차의 범칙금이 2만원이지만 고속도로·자동차전용도로라면 5만원의 범칙금이 부과된다(도로교통법 시행령 [별표 8] 참조).

24 ㉱ 도로교통법 제27조 제4항
㉮ 모든 차 또는 노면전차의 운전자는 보행자가 횡단보도를 통행하고 있거나 통행하려고 하는 때에는 보행자의 횡단을 방해하거나 위험을 주지 아니하도록 그 횡단보도 앞(정지선이 설치되어 있는 곳에서는 그 정지선을 말한다)에서 일시정지하여야 한다(도로교통법 제27조 제1항).
㉯ 모든 차 또는 노면전차의 운전자는 교통정리를 하고 있는 교차로에서 좌회전이나 우회전을 하려는 경우에는 신호기 또는 경찰공무원 등의 신호나 지시에 따라 도로를 횡단하는 보행자의 통행을 방해하여서는 아니 된다(도로교통법 제27조 제2항).
㉰ 모든 차 또는 노면전차의 운전자는 보행자가 횡단보도가 설치되어 있지 아니한 도로를 횡단하고 있을 때에는 안전거리를 두고 일시정지하여 보행자가 안전하게 횡단할 수 있도록 하여야 한다(도로교통법 제27조 제5항).

25 ㉮의 교통안전교육기관 운영의 정지 또는 폐지 신고를 하지 아니한 사람은 500만원 이하의 과태료를 부과한다(도로교통법 제160조 제1항 제1호).
㉯, ㉰, ㉱의 경우에는 20만원 이하의 과태료를 부과하는 경우에 해당한다(도로교통법 제160조 제2항 참조).

26 운전석에서 점검할 사항으로는 연료 게이지량, 브레이크 페달 유격 및 작동상태, 에어압력 게이지상태, 룸미러 각도, 경음기 작동상태, 계기 점등상태, 와이퍼 작동상태, 스티어링 휠(핸들) 및 운전석 조정 등이다.

27 ㉱ 차체의 먼지나 오물을 마른 걸레로 닦아내면 표면에 자국이 발생한다.

28 ㉮ 브레이크를 밟을 때 2~3회에 나누어 밟게 되면 안정된 성능을 얻을 수 있고, 뒤따라오는 자동차에게 제동정보를 제공함으로써 후미추돌을 방지할 수 있다.

29 ㉰ 내리막길에서는 엔진브레이크를 사용하면 방향조작에 도움이 된다. 오르막길에서는 한번 멈추면 다시 출발하기 어려우므로 차간거리를 유지하면서 서행한다.

30 ㉯ 안전벨트에 별도의 보조장치를 장착하지 않는다(안전벨트의 보호효과 감소).

31 ㉯ 시계 반대방향으로 돌려 연료주입구 캡을 분리한다.

32 ㉱ 감속 브레이크의 장점이다.

33 ㉱ 시동모터가 작동되나 시동이 걸리지 않는 경우의 추정원인이다.

34 ㉮, ㉯, ㉰ 브레이크가 편제동될 경우의 추정원인이다.

35 변속기는 도로의 상태, 주행속도, 적재 하중 등에 따라 변하는 구동력에 대응하기 위해 엔진과 추진축 사이에 설치되어 엔진의 출력을 자동차 주행속도에 알맞게 회전력과 속도로 바꾸어서 구동바퀴에 전달하는 장치를 말한다.

36 ㉯, ㉰, ㉱ 조향핸들이 무거운 원인이다.

37 감속 브레이크는 제3의 브레이크라고도 하며, 엔진 브레이크, 제이크 브레이크, 배기 브레이크, 리타터 브레이크 등이 있다.

38 ㉱ 에너지 소비가 작다.

39 **튜닝승인신청 구비서류(자동차관리법 시행규칙 제56조 제1항)**
튜닝승인신청서, 튜닝 전·후의 주요제원대비표(제원변경이 있는 경우), 튜닝 전·후의 자동차의 외관도(외관변경이 있는 경우), 튜닝하려는 구조·장치의 설계도

40 사업용 자동차가 의무보험에 가입하지 않은 기간이 10일 이내인 경우에는 3만원, 가입하지 않은 기간이 10일을 넘는 경우에는 3만원에 11일째부터 계산하여 1일마다 8천원을 더한 금액이다. 다만, 과태료의 총액은 자동차 1대당 100만원을 넘지 못한다(자동차손해배상보장법 시행령 [별표 5]).

41 시동을 걸 때에는 기어가 들어가 있는지 확인한다. 기어가 들어가 있는 상태에서는 클러치를 밟지 않고 시동을 걸지 않는다.

42 고속도로에 진입할 때는 방향지시등으로 진입의사를 표시한 후 안전하게 천천히 한다. 진입 후에 빠른 가속으로 교통흐름에 방해되지 않도록 한다.

43 함부로 부상자를 움직여서는 안 되며, 특히 두부에 상처를 입었을 때에는 움직이지 말아야 한다. 단, 2차 사고의 우려가 있을 경우에는 부상자를 안전한 장소로 이동시킨다.

44 111번은 국가정보원에서 운영하는 간첩·테러·국제범죄·해킹 등을 신고하는 전화번호이다.

45 터널 내에서는 안전거리를 유지하고 차선을 바꾸지 않는다.

46 엔진을 끈 후 키를 꽂아둔 채 신속하게 하차한다.

47 황색신호에 무리한 교차로 진입을 하지 말고, 교차로 접근 시 미리 감속한다.

48 버스 운전석은 승용차에 비해 1.5~2배 높아 같은 거리라도 길게 느껴지기 때문에, 운전자들은 전방차량과 거리를 좁혀 주행하는 특성이 있다. 이 경우 야간주행이나 고속주행 시 전방차량 제동 등과 같은 돌발상황을 인지하지 못하여 급감속하는 경우가 발생하므로 항상 규정속도로 주행하고 차간거리를 확보해야 한다.

49 가속·감속을 부드럽게 하는 것이 연료소모를 줄이는 방법이다.

50 경제운전은 운전 중 접하는 여러 가지 외적 조건(기상, 도로, 차량, 교통상황 등)에 따라 운전방식을 맞추어 감으로써, 연료소모율을 낮추고 공해배출을 최소화하며 안전의 효과를 가져오는 운전방식이다. 다른 말로는 에코드라이빙이라고도 한다.

51 지선에서 차량속도가 높은 본선으로 합류할 때는 안전이 중요하므로 경제운전보다 강한 가속이 필수적이다.

52 진입을 위한 가속차로 끝부분에서 감속하지 않도록 주의해야 한다.

53 고속도로에서는 차로를 변경하려는 지점에 도착하기 전 100m 이상 지점에서 방향지시등을 작동시킨다. 일반도로의 경우 차로를 변경하려는 지점에 도착하기 전 30m 이상의 지점에 이르렀을 때 방향지시등을 작동시킨다(도로교통법 시행령 [별표 2]).

54 앞지르기차로에 대한 설명이다. 양보차로는 양방향 2차로 앞지르기 금지구간에서 차의 원활한 소통을 위해 갓길 쪽으로 설치하는 저속자동차의 주행차로이다.

55 변속차로는 차가 다른 도로로 유입하는 경우 본선의 교통흐름을 방해하지 않고 안전하게 감속 또는 가속하도록 설치하는 차로이다. 고속자동차가 감속하여 다른 도로로 유입하는 경우에 감속차로라고 하고, 저속자동차가 고속자동차들 사이로 유입할 경우에 가속차로라 한다.

56 ㉰는 주정차대에 대한 설명이다. 교통섬은 자동차의 안전하고 원활한 교통처리나 보행자도로 횡단의 안전을 확보하기 위하여 교차로 또는 차도의 분기점 등에 설치하는 섬 모양의 시설이다(도로교통법 제2조 제13의2).

57 ㄷ. 측대 : 길어깨(갓길) 또는 중앙분리대의 일부분으로 포장 끝부분 보호, 측방의 여유 확보, 운전자의 시선을 유도하는 기능을 갖는다.
ㅁ. 분리대 : 자동차의 통행방향에 따라 분리하거나 같은 방향에서 성질이 다른 교통을 분리하기 위하여 설치하는 도로의 부분이나 시설물을 말한다.

58 신호대기 등으로 잠시 정지할 때에는 주차브레이크를 당기거나 브레이크페달을 밟아 차량이 미끄러지지 않도록 한다.

59 핸들을 조작할 때마다 상체가 한쪽으로 쏠리지 않도록 왼발은 발판에 놓아 상체 이동을 최소화시킨다.

60 고속도로 2504 긴급견인 서비스(1588-2504, 한국도로공사 콜센터)에 대한 설명이다. 대상차량은 승용차, 16인 이하 승합차, 1.4t 이하 화물차이다.

61 흥분상태를 유발한 일에 대한 생각에 빠지면 운전상황에 부주의해져서 사고로 이어지기 쉽다.

62 진로변경을 하려면 먼저 방향지시등을 켜고 차로를 천천히 변경하여 옆 차로의 차량이 이를 인지하도록 하고, 차로 전방뿐만 아니라 후방의 교통상황도 고려한다.

63 ㉰ 간접적 요인에 해당한다.

64 동체시력은 정지시력과 어느 정도 비례관계를 갖는다. 정지시력이 저하되면 동체시력도 저하된다.

65 차의 통행방향에 따라 분리하거나 성질이 다른 같은 방향의 교통을 분리하기 위하여 설치하는 것은 분리대이다. 방호울타리의 주요기능은 차의 차도 이탈을 방지하는 것, 탑승자의 상해 및 자동차의 파손을 감소시키는 것, 자동차를 정상적인 진행방향으로 복귀시키는 것, 운전자의 시선을 유도하는 것 등이다.

66 서비스의 특징에는 무형성, 동시성, 인적의존성, 소멸성, 무소유권, 변동성, 다양성 등이 있다.

67 ㉯ 공사를 구분하여 공평하게 대한다.
㉰ 항상 긍정적으로 생각한다.
㉱ 고객의 입장에서 생각한다.

68 악수를 할 때 손끝만 잡거나, 손을 꽉 잡거나, 악수하는 손을 흔드는 것은 좋은 태도가 아니다. 그리고 악수를 할 때 상대방의 시선을 피하거나 다른 곳을 쳐다보지 않도록 한다.

69 방향지시등을 작동시킨 후 차로를 변경하고, 차로변경의 도움을 받았을 때에는 비상등을 2~3회 작동시켜 양보에 대한 고마움을 표현하는 것이 올바른 행동이다.

70 ㉯ 운행 전 일상점검을 철저히 하고, 이상이 발견되면 관리자에게 즉시 보고하여 조치를 받은 후에 운행해야 한다.

71 교통사고가 발생할 경우 운수종사자는 도로교통법령에 따라 현장에서의 인명구호, 관할경찰서 신고 등의 의무를 성실히 이행해야 한다. 어떤 사고라도 임의로 처리하지 말고, 사고발생 경위를 육하원칙에 따라 거짓 없이 정확하게 회사에 보고해야 한다.

72 **버스운영체제의 유형**
- 공영제 : 정부가 버스노선의 계획에서부터 버스차량의 소유·공급, 노선 조정, 수입금 관리 등 버스 운영체계의 전반을 책임진다.
- 민영제 : 민간이 버스 운행 및 서비스의 공급주체가 되고, 정부규제는 최소화한다.
- 버스준공영제 : 노선버스 운영에 공공개념을 도입한 형태로 운영은 민간, 관리는 공공영역에서 담당한다.

73 국토교통부장관은 여객자동차운송사업에 관한 운임·요금의 신고의 수리(受理)의 권한을 시·도지사에게 위임한다(여객자동차 운수사업법 시행령 제37조 제2항 제4호).

74 **간선급행버스체계의 도입 배경**
- 도로와 교통시설 증가의 둔화
- 대중교통 이용률의 하락
- 교통체증의 지속
- 도로 및 교통시설에 대한 투자비의 급격한 증가
- 신속하고, 양질의 대량수송에 적합한 저렴한 비용의 대중교통 시스템 필요

75 ㉮ 버스정보시스템(BIS ; Bus Information System)은 버스와 정류소에 무선 송수신기를 설치하여 버스의 위치를 실시간으로 파악하고, 이를 이용해 이용자에게 정류소에서 해당 노선버스의 도착예정시간을 안내하고 이와 동시에 인터넷 등을 통하여 운행정보를 제공하는 시스템이다.

76 ㉯ 버스전용차로는 버스 통행량이 일정 수준 이상이고, 편도 3차로 이상 등 도로 기하구조가 전용차로를 설치하기 적당한 구간에 설치하는 것이 좋다.

77 ㉱ 버스 및 16인승 승합차와 긴급자동차만 통행 가능하며, 택시는 심야시간에 한해 통행이 가능하다.

78 ㉯ 교통카드시스템의 도입효과 중 이용자 측면의 효과에 해당한다.
교통카드시스템 도입의 이용자 측면의 효과
- 현금소지의 불편을 해소할 수 있다.
- 가지고 다니기 편리하다.
- 신속하게 요금을 지불할 수 있다.
- 하나의 카드로 다수의 교통수단을 이용할 수 있다.
- 요금할인 등으로 교통비를 절감할 수 있다.

79 ㉱ 소아의 가슴압박 깊이는 영아에 준하여 실시한다.

80 ㉱ 인명구출 시 부상자, 노인, 어린아이, 부녀자 등 노약자를 우선적으로 구조한다.

제10회 실제유형 시험보기 p. 158~170

01	02	03	04	05	06	07	08	09	10	11	12	13	14	15	16	17	18	19	20
㉯	㉯	㉱	㉱	㉰	㉰	㉮	㉮	㉱	㉰	㉱	㉰	㉱	㉯	㉱	㉯	㉮	㉯	㉯	㉱
21	**22**	**23**	**24**	**25**	**26**	**27**	**28**	**29**	**30**	**31**	**32**	**33**	**34**	**35**	**36**	**37**	**38**	**39**	**40**
㉰	㉯	㉱	㉰	㉮	㉯	㉰	㉰	㉯	㉯	㉱	㉱	㉮	㉰	㉯	㉯	㉮	㉰	㉱	㉰
41	**42**	**43**	**44**	**45**	**46**	**47**	**48**	**49**	**50**	**51**	**52**	**53**	**54**	**55**	**56**	**57**	**58**	**59**	**60**
㉮	㉱	㉰	㉱	㉯	㉰	㉰	㉰	㉱	㉮	㉮	㉯	㉰	㉯	㉯	㉯	㉰	㉯	㉱	㉱
61	**62**	**63**	**64**	**65**	**66**	**67**	**68**	**69**	**70**	**71**	**72**	**73**	**74**	**75**	**76**	**77**	**78**	**79**	**80**
㉰	㉮	㉱	㉮	㉰	㉮	㉯	㉱	㉰	㉮	㉱	㉯	㉱	㉰	㉰	㉰	㉮	㉰	㉯	㉮

01 보기는 노선 여객자동차운송사업에서 농어촌버스운송사업에 대한 설명이다(여객자동차 운수사업법 시행령 제3조).

02 중앙선이란 차마의 통행방향을 명확하게 구분하기 위하여 도로에 황색 실선이나 황색 점선 등의 안전표지로 표시한 선 또는 중앙분리대나 울타리 등으로 설치한 시설물을 말한다. 다만, 가변차로가 설치된 경우에는 신호기가 지시하는 진행방향의 가장 왼쪽에 있는 황색 점선을 말한다(도로교통법 제2조).

03 **자전거 우선도로** : 자동차의 일일 통행량이 2천대 미만인 도로의 일부 구간 및 차로를 정하여 자전거 등과 다른 차가 상호 안전하게 통행할 수 있도록 도로에 노면표시로 설치한 자전거도로(자전거 이용 활성화에 관한 법률 제3조)

04 **자동차** : 철길이나 가설된 선을 이용하지 아니하고 원동기를 사용하여 운전되는 차(견인되는 자동차도 자동차의 일부로 본다)로서 다음의 차(도로교통법 제2조 제18호)
- 자동차관리법에 따른 승용자동차, 승합자동차, 화물자동차, 특수자동차, 이륜자동차(다만, 원동기장치자전거는 제외)
- 건설기계관리법에 따른 덤프트럭, 아스팔트살포기, 노상안정기, 콘크리트 믹스트럭, 콘크리트펌프, 천공기(트럭적재식), 도로보수트럭, 노면파쇄기, 노면측정장비, 콘크리트믹서트레일러, 아스팔트콘크리트재생기

05 국군 및 주한 국제연합군용 자동차 중 군 내부의 질서 유지나 부대의 질서 있는 이동을 유도하는 데 사용되는 자동차(도로교통법 시행령 제2조)

06 ㉰ 비가 내려 노면이 젖어 있는 경우 최고속도의 20/100을 줄인 속도로 운행하여야 한다(도로교통법 시행규칙 제19조).

07 ㉯, ㉰, ㉱ 외에 앞차의 좌측에 다른 차가 앞차와 나란히 가고 있는 경우, 앞차가 다른 차를 앞지르고 있거나 앞지르려고 하는 경우에는 앞지르기가 금지된다(도로교통법 제22조).

08 우회전이나 좌회전을 하기 위하여 손이나 방향지시기 또는 등화로써 신호를 하는 차가 있는 경우에 그 뒤차의 운전자는 신호를 한 앞차의 진행을 방해하여서는 아니 된다(도로교통법 제25조 제4항).

09 소방차·구급차·혈액 공급차량 등의 자동차 운전자는 해당 자동차를 그 본래의 긴급한 용도로 운행하지 아니하는 경우에는 자동차관리법에 따라 설치된 경광등을 켜거나 사이렌을 작동하여서는 아니 된다. 다만, 대통령령으로 정하는 바에 따라 범죄 및 화재 예방 등을 위한 순찰·훈련 등을 실시하는 경우에는 그러하지 아니하다(도로교통법 제29조 제6항).

10 **서행 장소(도로교통법 제31조 제1항)**
- 교통정리를 하고 있지 아니하는 교차로
- 도로가 구부러진 부근
- 비탈길의 고갯마루 부근
- 가파른 비탈길의 내리막
- 시·도경찰청장이 도로에서의 위험을 방지하고 교통의 안전과 원활한 소통을 확보하기 위하여 필요하다고 인정하여 안전표지로 지정한 곳

11 모든 차 또는 노면전차의 운전자는 다음의 장소에서는 일시정지하여야 한다(도로교통법 제31조 제2항).
- 교통정리를 하고 있지 아니하고 좌우를 확인할 수 없거나 교통이 빈번한 교차로
- 시·도경찰청장이 도로에서의 위험을 방지하고 교통의 안전과 원활한 소통을 확보하기 위하여 필요하다고 인정하여 안전표지로 지정한 곳

12 **정차 및 주차의 금지(도로교통법 제32조)**
㉮ 건널목의 가장자리 또는 횡단보도로부터 10m 이내인 곳
㉯ 교차로의 가장자리나 도로의 모퉁이로부터 5m 이내인 곳
㉱ 안전지대가 설치된 도로에서는 그 안전지대의 사방으로부터 각각 10m 이내인 곳

13 ㉱ 도로보수트럭은 1종 대형면허를 취득해야 운전할 수 있다(도로교통법 시행규칙 [별표 18]).

14 **어린이통학버스 특별보호 위반 범칙금(도로교통법 시행령 [별표 8])**
- 승합자동차 등 : 10만원
- 승용자동차 등 : 9만원
- 이륜자동차 등 : 6만원

15 **특례의 적용 및 배제(교통사고처리 특례법 제3조)**
- 차의 교통으로 업무상과실치상죄 또는 중과실치상죄와 도로교통법의 다른 사람의 건조물이나 그 밖의 재물을 손괴한 죄를 범한 운전자에 대하여는 피해자의 명시적인 의사에 반하여 공소(公訴)를 제기할 수 없다.
- 다만, 차의 운전자가 업무상과실치상죄 또는 중과실치상죄를 범하고도 피해자를 구호(救護)하는 등 사고발생 시의 조치를 하지 아니하고 도주하거나 피해자를 사고 장소로부터 옮겨 유기(遺棄)하고 도주한 경우, 같은 죄를 범하고 도로교통법의 술에 취한 상태에서의 운전 금지를 위반하여 음주측정 요구에 따르지 아니한 경우(운전자가 채혈 측정을 요청하거나 동의한 경우는 제외)에는 그러하지 아니하다.

16 ㉯ 속도위반(20km/h 초과) 과속사고(교통사고처리 특례법 제3조 제2항)

17 음주 또는 약물의 영향으로 정상적인 운전이 곤란한 상태에서 자동차 등을 운전하여 사람을 상해에 이르게 한 사람은 1년 이상 15년 이하의 징역 또는 1,000만원 이상 3,000만원 이하의 벌금에 처한다(특정범죄 가중처벌 등에 관한 법률 제5조의11).

18 **여객자동차 운수사업** : 여객자동차운송사업, 자동차대여사업, 여객자동차터미널사업 및 여객자동차운송플랫폼사업(여객자동차 운수사업법 제2조 제2호)

19 **용어의 정의(여객자동차 운수사업법 시행령 제2조, 시행규칙 제2조)**
- 노선 : 자동차를 정기적으로 운행하거나 운행하려는 구간
- 정류소 : 여객이 승차 또는 하차할 수 있도록 노선 사이에 설치한 장소
- 택시승차대 : 택시운송사업용 자동차에 승객을 승하차시키거나 승객을 태우기 위하여 대기하는 장소 또는 구역

20 수요응답형 여객자동차운송사업은 운행계통・운행시간・운행횟수를 여객의 요청에 따라 탄력적으로 운영하여 여객을 운송하는 사업이다(여객자동차 운수사업법 제3조 제1항).

21 **여객자동차운송사업의 종류(여객자동차 운수사업법 시행령 제3조)**
- 노선 여객자동차운송사업 : 시내버스운송사업, 농어촌버스운송사업, 마을버스운송사업, 시외버스운송사업
- 구역 여객자동차운송사업 : 전세버스운송사업, 특수여객자동차운송사업, 일반택시운송사업, 개인택시운송사업

22 **여객자동차운송사업에 사용되는 자동차(여객자동차 운수사업법 시행규칙 [별표 1])**
- 시외고속버스 : 고속형에 해당하는 것으로서 원동기 출력이 자동차 총 중량 1톤당 20마력 이상이고 승차정원이 30인승 이상인 대형승합자동차
- 시외일반버스 : 일반형에 사용되는 중형 이상의 승합자동차
- 시내좌석버스 : 광역급행형, 직행좌석형 및 좌석형에 사용되는 것으로서 좌석이 설치된 것

23 다른 여객에게 위해를 끼치거나 불쾌감을 줄 우려가 있는 동물(장애인 보조견 및 전용 운반상자에 넣은 애완동물은 제외)을 자동차 안으로 가지고 들어오는 행위는 안전운행과 다른 여객의 편의를 위하여 이를 제지하고 필요한 사항을 안내하여야 한다(여객자동차 운수사업법 시행규칙 [별표 4]).

24 ㉮와 ㉯의 요건을 갖추고, 여객자동차 운수 관계 법령과 지리 숙지도(熟知度) 등에 관한 시험에 합격한 후 국토교통부장관 또는 시・도지사로부터 자격을 취득할 것 또는 교통안전체험에 관한 연구・교육시설에서 교통안전체험, 교통사고 대응요령 및 여객자동차 운수사업법령 등에 관하여 실시하는 이론 및 실기 교육을 이수하고 자격을 취득해야 한다(여객자동차 운수사업법 제24조 제1항).

25 **운전적성정밀검사 대상(여객자동차 운수사업법 시행규칙 제49조 제3항)**
- 신규검사의 경우
  - 신규로 여객자동차 운송사업용 자동차를 운전하려는 자
  - 여객자동차 운송사업용 자동차 또는 화물자동차 운수사업법에 따른 화물자동차 운송사업용 자동차의 운전업무에 종사하다가 퇴직한 자로서 신규검사를 받은 날부터 3년이 지난 후 재취업하려는 자. 다만, 재취업일까지 무사고로 운전한 자는 제외한다.
  - 신규검사의 적합판정을 받은 자로서 운전적성정밀검사를 받은 날부터 3년 이내에 취업하지 아니한 자. 다만, 신규검사를 받은 날부터 취업일까지 무사고로 운전한 사람은 제외한다.
- 특별검사의 경우
  - 중상 이상의 사상(死傷)사고를 일으킨 자
  - 과거 1년간 도로교통법 시행규칙에 따른 운전면허 행정처분기준에 따라 계산한 누산점수가 81점 이상인 자
  - 질병, 과로, 그 밖의 사유로 안전운전을 할 수 없다고 인정되는 자인지 알기 위하여 운송사업자가 신청한 자
- 자격유지검사의 경우
  - 65세 이상 70세 미만인 사람(자격유지검사의 적합판정을 받고 3년이 지나지 아니한 사람은 제외)
  - 70세 이상인 사람(자격유지검사의 적합판정을 받고 1년이 지나지 아니한 사람은 제외)

26 ㉯ 비탈길을 내려올 때 계속 풋 브레이크만 사용하면 제동효율이 떨어지므로 엔진 브레이크를 사용한다.

27 ㉮ 천연가스는 메탄(CH_4)을 주성분으로(83~99%) 하는 탄소량이 적은 탄화수소연료이다. 메탄 이외에 소량의 에탄(C_2H_6), 프로판(C_3H_8), 부탄(C_4H_{10}) 등이 함유되어 있다.
㉯ 메탄의 비등점은 −162℃이고, 상온에서는 기체이다.
㉱ 유황분을 포함하지 않으므로 SO_2 가스를 방출하지 않는다.

28 ㉮ 차바퀴가 빠져 헛도는 경우에 엔진을 갑자기 가속하면 바퀴가 헛돌면서 더 깊이 빠질 수 있다.
㉯ 필요한 경우에는 납작한 돌, 나무 또는 타이어의 미끄럼을 방지할 수 있는 물건을 타이어 밑에 놓은 다음 자동차를 앞뒤로 반복하여 움직이면서 탈출을 시도한다.
㉱ 진흙이나 모래 속을 빠져나오기 위해 무리하게 엔진회전수를 올리면 엔진 손상, 과열, 변속기 손상 및 타이어가 손상될 수 있다.

29 겨울철 운행 시 타이어체인을 장착한 경우에는 30km/h 이내 또는 체인 제작사에서 추천하는 규정속도 이하로 주행한다.

30 ㉮ 속도계 : 자동차의 단위 시간당 주행거리
㉰ 전압계 : 배터리의 충전 및 방전 상태
㉱ 연료계 : 연료탱크에 남아 있는 연료의 잔류량

31 ㉱ 가속페달을 힘껏 밟는 순간 '끼익!' 하는 소리가 나는 경우가 많은데, 이는 팬벨트 또는 기타의 V벨트가 이완되어 걸려 있는 풀리와의 미끄러짐에 의해 일어난다.

32 오버히트가 발생하는 원인은 냉각수가 부족하거나, 엔진 내부가 얼어 냉각수가 순환하지 않는 경우이다. 운행 중 수온계가 H 부분을 가리키고 있을 때, 엔진출력이 갑자기 떨어질 때, 노킹소리가 들릴 때 등은 엔진 오버히트가 발생할 때 나타나는 징후이다.

33 ㉯, ㉰ 핸들이 무거울 경우 추정되는 원인
㉱ 오버히트할 경우 추정되는 원인

34 ㉰ 회전관성이 적어야 한다.

35 스태빌라이저는 좌우 바퀴가 동시에 상하 운동을 할 때에는 작용을 하지 않으나, 좌우 바퀴가 서로 다르게 상하 운동을 할 때 작용하여 차체의 기울기를 감소시켜 주는 장치이다. 커브 길에서 자동차가 선회할 때 원심력 때문에 차체가 기울어지는 것을 감소시켜 차체가 롤링(좌우 진동)하는 것을 방지하여 준다.

36 ㉯ 고장이 발생한 경우에는 정비가 어렵다.

37 ㉮ 감속 브레이크의 장점이다.

38 비사업용 승용자동차의 검사유효기간은 2년(신조차로서 자동차관리법 제43조 제5항에 따른 신규검사를 받은 것으로 보는 자동차의 최초 검사유효기간은 4년)이다(자동차관리법 시행규칙 [별표 15의2]).

39 ㉱ 임시검사를 받는 경우이다.

40 ㉰ 자동차 종합검사기간 전 또는 후에 자동차 종합검사를 신청하여 적합 판정을 받은 경우에는 자동차 종합검사를 받은 다음 날부터 계산한다(자동차종합검사의 시행 등에 관한 규칙 제9조).

41 도심지나 저속운영구간 등 편경사가 설치되어 있지 않은 평면곡선구간에서 고속으로 곡선부를 주행할 때에는, 원심력에 의한 도로 외부 쏠림현상으로 차량의 이탈사고가 빈번하게 발생할 수 있다.

42 운전 중 판단의 기본 요소는 시인성, 시간, 거리, 안전공간 및 잠재적 위험원 등에 대한 평가이다. 평가의 내용은 주행로(다른 차의 진행방향과 거리), 행동(다른 차의 운전자가 할 것으로 예상되는 행동), 타이밍(다른 차의 운전자가 행동하게 될 시점), 위험원(특정 차량, 자전거 이용자 또는 보행자의 잠재적 위험), 교차지점(교차하는 문제가 발생하는 정확한 지점) 등이다.

43 예정보다 빨리 회전하거나 한쪽으로 붙을 때는 운전자의 의도를 신호로 알린다.

44 타이어 마모에 영향을 주는 요소는 타이어 공기압, 차의 하중, 차의 속도, 커브, 브레이크, 불량한 노면 등이다. 기온이 올라가는 여름철에 타이어 마모가 촉진되는 경향이 있다.

45 내리막이나 오르막길에서의 급출발은 시동을 꺼지게 하거나 사고의 원인이 될 수 있으므로 속도를 줄이고 서서히 출발한다.

46 ㉰ 혈중알코올농도 0.02~0.04%인 운전자의 징후이다.

47 버스는 우회전 시 뒷바퀴가 앞바퀴보다 안쪽으로 회전하는 특징이 있으므로 횡단대기 중인 보행자에 각별히 유의해야 한다.

48 차량 이동이 어려운 경우, 탑승자들을 신속하고 안전하게 가드레일 바깥 등의 안전한 장소로 대피시킨다.

49 터널 내 화재 시에는 터널에 설치된 소화기나 소화전으로 조기진화를 시도한다. 조기진화가 불가능할 경우, 젖은 수건이나 손등으로 코·입을 막고 낮은 자세로 유도등을 따라 신속히 대피한다.

50 정보 확보를 위해 터널 진입 시 라디오를 켠다.

51 경제운전을 위해서는 가능한 한 일정속도로 주행하는 것이 매우 중요하다. 여기에서 일정속도란 평균속도가 아니고, 도중에 가감속이 없는 속도를 의미한다.

52 정지할 때까지 여유가 있는 경우에는 브레이크페달을 가볍게 2~3회 나누어 밟는 '단속조작'을 통해 정지한다. 반드시 지켜야 하는 의무사항은 아니다.

53 다른 통행차량 등에 대한 배려나 양보 없이 버스 위주의 진로변경을 하지 않는다.

54 경제운전은 연료소모율을 낮추고 공해배출을 최소화하는 운전방식이다. 제동을 적게 하기, 공회전 줄이기 등 몇 가지만 지켜도 매년 18% 이상 연료절감 효과를 얻을 수 있다.

55 여름에 시동을 걸 때 적정한 공회전 시간은 20~30초 정도이다.

56 ㉮ 특정 시간대에 방향별 교통량이 현저하게 차이 나는 도로에서 교통량이 많은 쪽으로 차로수가 확대되도록 신호기로 차로 진행방향을 지시하는 차로이다.
㉰ 교통흐름이 지체되고 앞지르기가 불가능할 경우, 원활한 소통을 위해 도로 중앙 측에 설치하는 고속자동차의 주행차로이다.
㉱ 차가 다른 도로로 유입하는 경우 본선의 교통흐름을 방해하지 않고 안전하게 감속 또는 가속하도록 설치하는 차로이다.

57 ㉰는 변속차로에 대한 설명이다. 고속자동차가 감속하여 다른 도로로 유입하는 경우에 감속차로라 하고, 저속자동차가 고속자동차들 사이로 유입할 경우에 가속차로라 한다.

58 ㉮ 시거 : 운전자가 자동차 진행방향에 있는 장애물 또는 위험요소를 인지하고 제동·정지하거나 또는 장애물을 피해서 주행할 수 있는 거리를 말한다.
㉰ 편경사 : 평면곡선부에서 자동차가 원심력에 저항할 수 있도록 설치하는 횡단경사를 말한다.
㉱ 교통섬 : 자동차의 안전하고 원활한 교통처리나 보행자 도로횡단의 안전을 확보하기 위하여 교차로 또는 차도의 분기점 등에 설치하는 섬 모양 시설이다.

59 ㉱ 편경사에 대한 설명이다. 편경사는 평면곡선부에서 자동차가 원심력에 저항할 수 있도록 설치하는 횡단경사를 말한다.

60 ㉮ 평면곡선부에서 자동차가 원심력에 저항할 수 있도록 설치하는 횡단경사를 편경사라고 한다.
㉯ 자동차와 보행자를 안전하게 이동시킬 목적으로 회전차로, 변속차로, 교통섬, 노면표시 등을 이용하여 상충하는 교통류를 분리·통제하여 명확한 통행경로를 지시해주는 것을 도류화라고 한다.
㉰ 측대는 갓길 또는 중앙분리대의 일부분으로 포장 끝부분 보호, 측방의 여유 확보, 운전자의 시선을 유도하는 기능을 갖는다.

61 무엇보다 승객의 안전이 우선이므로, 앞 차량에 근접하여 주행하지 않고 좌우측 차량과 일정거리를 유지한다.

62 정지할 때까지 여유가 있는 경우에는 브레이크페달을 가볍게 2~3회 나누어 밟는 '단속조작'을 통해 정지한다.

63 고속도로 2504 긴급견인 서비스는 고속도로 본선, 갓길에 멈춰 2차 사고가 우려되는 소형차량을 안전지대까지 견인하는 제도로서 한국도로공사에서 비용을 부담하는 무료서비스이다. 대상차량은 승용차, 16인 이하 승합차, 1.4t 이하 화물차이다.

64 비상전화나 휴대폰을 이용하여 119뿐만 아니라 터널관리소나 한국도로공사에 구조요청을 할 수 있다. 사고 현장에 의사나 구급차가 도착할 때까지 가능한 응급조치를 하지만, 함부로 부상자를 움직여서는 안 되고, 특히 두부 부상자는 움직이지 말아야 한다. 단 2차사고의 우려가 있을 경우에는 부상자를 안전한 장소로 이동시킨다.

65 콘크리트 포장도로는 아스팔트 포장도로보다 타이어 마모가 더 발생한다.

66 ㉮ 고객은 일반적으로 중요한 사람으로 인식되고 싶어하는 경향이 있다.

67 ㉯ 인사는 본 사람이 먼저 하는 것이 좋으며, 상대방이 먼저 인사한 경우에는 응대한다.

68 바람직한 직업관은 소명의식을 지닌 직업관, 사회구성원으로서의 역할 지향적 직업관, 미래 지향적 전문능력 중심의 직업관 등이다. 생계유지 수단적 직업관, 지위 지향적 직업관, 귀속적 직업관, 차별적 직업관, 폐쇄적 직업관 등은 잘못된 직업관이다.

69 ㊁ 차는 회사의 움직이는 홍보도구이므로 차의 내·외부를 청결하게 관리하여 쾌적한 운행환경을 유지해야 한다.

70 ㉮ 내리막길에서는 엔진 브레이크를 적절히 사용하고, 풋 브레이크는 장시간 사용하지 않는다.

71 ㊃ 책임의식의 결여로 생산성이 저하되는 것은 민영제가 아니라 공영제의 단점이다.

72 버스준공영제는 형태에 따라 노선 공동관리형, 수입금 공동관리형, 자동차 공동관리형으로 나눌 수 있다.

73 **버스요금체계의 유형**
- 단일(균일)운임제 : 이용거리와 관계없이 일정하게 설정된 요금을 부과하는 요금체계
- 구역운임제 : 운행구간을 몇 개의 구역으로 나누어 구역별로 요금을 설정하고, 동일구역 내에서는 균일하게 요금을 부과하는 요금체계
- 거리운임요율제 : 거리운임요율에 운행거리를 곱해 요금을 산정하는 요금체계
- 거리체감제 : 이용거리가 증가함에 따라 단위당 운임이 낮아지는 요금체계

74 ㊁ 중앙버스차로와 같은 분리된 버스전용차로 제공

75 ㊁ 버스회사의 기대효과이다.
버스운행관리시스템의 운영으로 인한 버스회사의 기대효과
- 서비스 개선에 따른 승객 증가로 수지개선
- 과속 및 난폭 운전에 대한 통제로 교통사고율 감소 및 보험료 절감
- 정확한 배차관리, 운행간격 유지 등으로 경영합리화 가능

76 ㊁ 중앙버스전용차로의 단점이다.

77 ㉮ 대중교통 전용지구는 도심의 상업지구를 활성화하기 위해 만들었다.

78 **교통카드의 종류**
- 카드방식에 따른 분류
  - MS방식 : 자기인식방식으로 간단한 정보 기록이 가능하고, 정보를 저장하는 매체인 자성체가 손상될 위험이 높으며, 위·변조가 용이해 보안에 취약하다.
  - IC방식(스마트카드) : 반도체 칩을 이용해 정보를 기록하는 방식으로 자기카드에 비해 수백 배 이상의 정보 저장이 가능하고, 카드에 기록된 정보를 암호화할 수 있어 자기카드에 비해 보안성이 높다.
- IC카드의 종류(내장하는 칩의 종류에 따라)
  - 하이브리드 : 접촉식+비접촉식 2종의 칩을 물리적으로 결합하여 서로 간에 연동이 안 된다.
  - 콤비 : 접촉식+비접촉식 2종의 칩을 화학적으로 결합하여 서로 간에 연동이 된다.

79 ㊀ 골절 부상자는 잘못 다루면 오히려 더 위험해질 수 있으므로 구급차가 올 때까지 가급적 기다리는 것이 바람직하다.

80 ㉮ 승객의 안전조치를 우선적으로 한다.

■ 여객자동차 운수사업법 시행규칙 [별지 제27호서식] <개정 2023. 12. 21.>

(앞 쪽)

(버스운전, 택시운전) 자격시험 응시원서

① 성 명	(한글) (한자)	생년월일		성별	반명함판 사진 (3㎝×4㎝)
② 주 소					
③ 연 락 처	(전화번호) (휴대전화)				
④ 운전면허증	(번호) (종류)				
⑤ 확인사항 및 첨부서류	○ 확인사항 1. 운전면허증 2. 운전경력증명서 ○ 첨부서류(택시운전자격시험 응시자 중 시험과목 일부를 면제 받으려는 자에 한정하며 해당란에 체크) 1. 다른 지역 택시 종사자( ) 2. 사업용 무사고증명관련 서류( ) 3. 도로교통법 제146조 관련 서류( )				
*⑥ 수험번호		*⑦ 시험장소			

「여객자동차 운수사업법 시행규칙」 제53조에 따라 운전자격시험에 응시하기 위하여 원서를 제출하며, 만일 시험에 합격 후 거짓으로 기재한 사실이 판명되는 경우에는 합격취소처분을 받더라도 이의를 제기하지 않겠습니다.

년 월 일

응시자 (서명 또는 인)

한국교통안전공단 이사장 귀하

행정정보 공동이용 동의서

본인은 이 건 업무처리와 관련하여 「전자정부법」 제36조제1항에 따른 행정정보의 공동이용을 통하여 위의 담당 공무원 확인사항 에 대한 사항을 확인하는 것에 동의합니다. ※ 동의하지 않는 경우에는 신청인이 해당 서류를 제출해야 합니다.

신고인(대표자) (서명 또는 인)

(버스운전, 택시운전) 자격시험 응시표

*⑧ 수험번호		반명함판 사진 (3㎝×4㎝)
*⑨ 시험일시		
*⑩ 시험장소		
⑪ 성 명		

년 월 일

한국교통안전공단 이사장 직인

210㎜×297㎜[백상지(80g/㎡) 또는 중질지(80g/㎡)]

(뒤 쪽)

택시운전 자격시험 면제과목 확인	면제과목	면제과목	비 고
	교통 및 운수관련 법규 ( )	안전운행 요령 및 운송서비스 ( )	

응시원서 작성방법

1. ①항은 응시자의 성명 및 생년월일을 정확히 적으시기 바랍니다.
2. ②항은 응시자가 우편물을 받을 수 있는 주소를 적으시기 바랍니다.
3. ③항은 응시자와 연락 가능한 전화번호를 정확히 적으시기 바랍니다.
4. ④항의 운전면허증의 번호에는 응시자가 취득한 운전면허의 번호를 정확히 적으시고, 운전면허의 종류에는 사업용 자동차를 운전하기에 적합한 운전면허를 적습니다.
5. ⑤항의 첨부서류는 택시운전 자격시험 응시자 중 시험과목 일부를 면제 받으려는 자에 한정하며, 해당란에 체크하고 해당 서류를 제출(다른 지역 택시 종사자는 제출을 생략합니다)해야 합니다.
6. *⑥, *⑦, *⑧, *⑨, *⑩항은 응시자가 적지 않습니다.

주 의 사 항

1. 응시표를 받은 후 정해진 기입란에 빠진 사항이 없는 지 확인하시기 바랍니다.
2. 응시표를 가지고 있지 아니한 사람은 응시하지 못하며, 잃어버리거나 헐어 못 쓰게 된 경우에는 재발급을 받아야 합니다(사진 1장 제출).
3. 시험장에서는 답안지 작성에 필요한 컴퓨터용 수성사인펜만을 사용할 수 있습니다.
4. 시험시작 30분 전에 지정된 좌석에 앉아야 하며, 응시표와 신분증을 책상 오른쪽 위에 놓아 감독관의 확인을 받아야 합니다.
5. 응시 도중에 퇴장하거나 좌석을 이탈한 사람은 다시 입장할 수 없으며, 시험실 안에서는 흡연, 담화, 물품 대여를 금지합니다.
6. 부정행위자, 규칙위반자 또는 주의사항이나 감독관의 지시에 따르지 않은 사람에게는 즉석에서 퇴장을 명하며, 그 시험을 무효로 합니다.
7. 그 밖에 자세한 것은 감독관의 지시에 따라야 합니다.